煤化工废水

无害化处理技术研究与应用

刘永军　刘　喆　等编著

U0243778

化学工业出版社

·北京·

内 容 提 要

本书共分六章，内容包括煤化工废水的来源及其水质特征、煤化工废水典型处理工艺与效果、煤化工废水资源回收与无害化处理技术、煤化工废水无害化处理新技术、煤化工废水无害化处理技术原理与新工艺开发、煤化工废水无害化处理技术集成与应用；书后还附有相关标准，供读者参考。

本书具有较强的技术应用性和针对性，可供煤化工行业相关企业、环保公司及工业污水处理厂工程技术人员和科研人员参考，也可供高等学校环境工程、市政工程、化学工程及相关专业师生参阅。

图书在版编目（CIP）数据

煤化工废水无害化处理技术研究与应用/刘永军等编著. —北京：化学工业出版社，2020.5（2021.9重印）
ISBN 978-7-122-36247-6

Ⅰ.①煤⋯ Ⅱ.①刘⋯ Ⅲ.①煤化工-废水处理-无污染工艺-研究 Ⅳ.①X784

中国版本图书馆 CIP 数据核字（2020）第 030151 号

责任编辑：刘兴春　刘　婧　　　　　　　装帧设计：张　辉
责任校对：张雨彤

出版发行：化学工业出版社（北京市东城区青年湖南街 13 号　邮政编码 100011）
印　　装：涿州市般润文化传播有限公司
787mm×1092mm　1/16　印张 18¾　字数 421 千字　2021 年 9 月北京第 1 版第 2 次印刷

购书咨询：010-64518888　　售后服务：010-64518899
网　　址：http://www.cip.com.cn
凡购买本书，如有缺损质量问题，本社销售中心负责调换。

定　　价：98.00 元　　　　　　　　　　　　　　　　版权所有　违者必究

前　言

　　煤化工废水的污染控制一直是国内外工业废水污染控制的重大难题。煤化工废水水量大，水质复杂，是一种典型的处理难度高的工业废水。目前国内外煤化工废水的生化处理系统普遍存在运行稳定性差、出水难以达标排放等实际问题。随着国家水污染防治相关法律法规的相继出台，煤化工行业节能减排的压力逐年加大，高能耗、高排放的发展模式已经成为制约煤化工产业发展的瓶颈问题，其中影响煤化工产业持续、健康发展的一个核心因素是污染废水的无害化处理问题没有彻底解决。

　　针对煤化工废水无害化处理过程中存在的问题及处理工艺运行现状，本书系统阐述了煤化工废水的来源、水质特征及煤化工废水典型处理工艺的运行效果，并对煤化工废水中资源物质的回收及国内外废水无害化处理新成果进行了分类总结。在此基础上，系统介绍了煤化工废水无害化处理技术原理、新工艺设备的开发以及煤化工废水无害化处理技术的集成与应用效果，旨在将煤化工废水处理领域面临的困境、相关最新研究成果及其应用情况介绍给读者，并积极探索煤转化废水资源化利用途径，以期从根本上解决煤化工废水的无害化处理问题，彻底消除污水的污染隐患。这对保护生态环境、保护人体健康、促进煤化工产业的良性、健康、可持续发展具有重要的实际意义。本书具有较强的技术应用性和针对性，可供从事污水处理处置的工程技术人员和科研人员参考，也可供高等学校环境工程、市政工程及相关专业师生参阅。

　　本书由刘永军，刘喆等编著，他们均为高等学校长期致力于煤化工废水无害化处理基础理论研究与工艺技术开发的教师和科研工作者。本书具体编著分工如下：第1章由西安建筑科技大学张爱宁编著；第2章由西安工程大学高敏编著；第3章由延安大学刘羽编著，第4章由榆林学院刘静编著；第5章由西安建筑科技大学刘永军编著；第6章由西安建筑科技大学刘喆编著。全书最后由刘永军和刘喆统稿并定稿。

　　在本书的编著过程中得到了神木市兰炭产业服务中心贾建军以及中国煤炭加工利用协会的大力支持，在此一并表示感谢。

　　限于编著者水平及编著时间，书中不足和疏漏之处在所难免，敬请各位读者提出宝贵意见。

编著者

2019 年 12 月

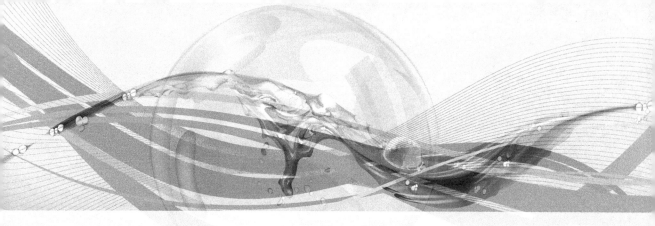

目 录

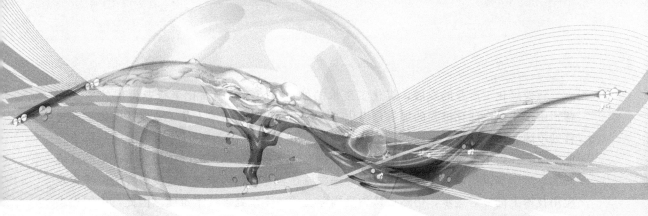

第1章 煤化工废水的来源及其水质特征

　　我国煤储量占世界总储量的 36%，占我国能源总量的 70% 以上，目前我国煤化工行业产值约占国民经济总量的 16%。因此，在我国煤化工是燃料化工的主导。煤化工主要包括煤制焦、煤制兰炭、煤制气、煤制油、煤制醇醚以及煤制烯烃等新方向。

　　图 1-1 所示为煤化工产业链示意。

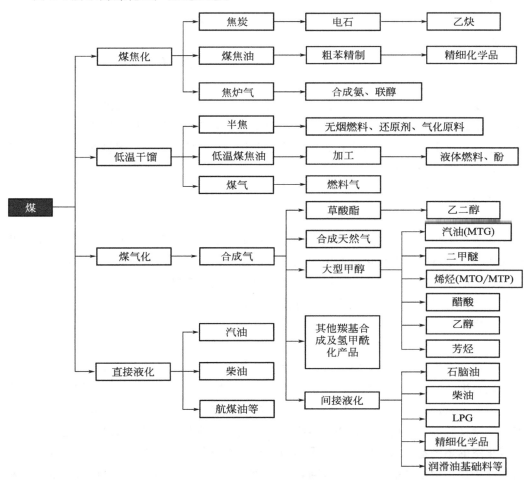

图 1-1　煤化工产业链示意

随着煤化工产业的发展，煤化工废水的处理成为了限制煤化工行业发展的瓶颈问题。由于工业全球化进程的加快，煤化工行业生产份额已基本上从工业发达国家逐渐转移到中国、印度等发展中国家；其中，中国承担着全球50%以上的生产份额。这个行业的发展在给中国带来基础工业繁荣及提供大量就业岗位的同时，也引发了深刻的环境问题。半个多世纪以来，煤化工废水处理领域在全球范围内未能取得突破性研究成果及应用技术上的显著进步，仍然被认为是国际上的一个水处理技术难题。因此，中国追求在这个领域里的可持续发展，首要的任务是解决好环境污染及污水无害化处理问题。

1.1 煤化工废水的来源

1.1.1 煤炭焦化生产工艺及废水来源

1.1.1.1 煤炭焦化的定义、用途

煤炭焦化是以煤为原料，在隔绝空气的条件下加热到950～1050℃，经过干燥、热解、熔融、黏结、固化、收缩等阶段最终制成焦炭，同时获得煤气、煤焦油并回收其他化工产品的一种煤转化工艺。

焦炭主要用于高炉炼铁以及铜、铅、锌、钛、锑、汞等有色金属的鼓风炉冶炼，发挥着还原剂、发热剂和料柱骨架的作用。焦炭属于二次能源，是重要的固体燃料，钢铁工业重要的基础原材料。我国一直是世界焦炭第一生产大国、消费大国和出口大国。以焦化所得煤焦油制取的萘、蒽等稠环化合物是有机化工的重要原料。当前，世界上从煤焦油中分离出来的化工产品约有200余种，主要用于制备防腐剂、塑料助剂、染料、溶剂、香料及橡胶助剂等。

1.1.1.2 煤炭焦化生产工艺

（1）传统机焦炉焦化生产工艺

传统机焦炉是指炭化室与燃烧室分设，在正压状态下将煤干馏成焦，而装煤和出焦是在热态下进行的。由炭化室产生的荒煤气，经冷却、净化，回收其中的焦油、苯、氨等化工产品，净化后的煤气部分返回燃烧室与空气混合燃烧，产生的热通过炉壁传给炭化室，从而将煤热解成焦。燃烧室也可使用其他可燃气体，置换出焦炉煤气完全外供使用。其生产流程如图1-2所示。

（2）改良型焦炉焦化生产工艺

该种焦炉炭化室与燃烧室分设后，荒煤气直接靠烟筒自然抽力导入燃烧室，然后与由进风孔进入的空气混合燃烧，产生的热量通过炉壁传给炭化室，使煤热解成焦，其示意见图1-3。改良型炉炼焦为间歇式生产，采用冷态装煤，经配比的洗精煤分层装并夯实，堆密度较高，炭化室与燃烧室多组相连，燃烧室的燃气可直接通过连接通道引入相邻炭化室的燃烧室，用于炼焦煤的干燥和预热。燃烧室废气经各室分烟道进入主烟道窑由烟筒排放。烟道窑中燃气温度很高，可达800～1000℃，一些厂利用烟道窑烧耐火材料，也有的放置废热锅炉。无化产回收焦炉工作状态如前所述，煤热解产生的荒煤气全

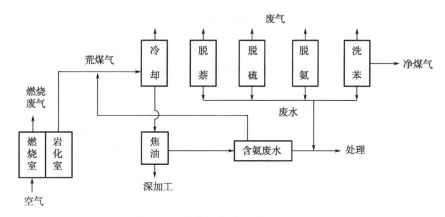

图 1-2 传统机焦炉生产流程示意

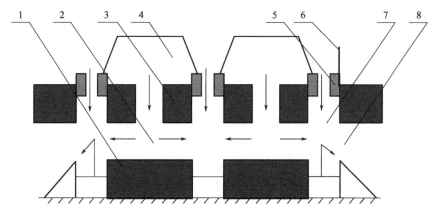

图 1-3 改良型焦炉示意

1—底部炭化室；2—中部燃烧室；3—上部炭化室；4—上部燃烧室；5—侧部燃烧室
空气进口调节板；6—分烟道调节板；7—侧部燃烧室；8—分烟道窑

部在燃烧室和烟道窑中燃烧。部分回收化产的焦炉是从炭化室下部或中部抽出部分荒煤气，经冷却回收其中煤焦油和煤气。

1.1.1.3 煤焦化废水来源

目前国内机焦生产中大都采用湿式熄焦。熄焦过程中红焦与水直接接触，产生粉尘和烃类化合物等污染物，同时也有熄焦水产生，熄焦水中含有悬浮物、酚类、氰化物等污染物，其中，部分污染物会在熄焦过程中转入大气环境。荒煤气中含有氨、酚类、氰化物、水汽、苯类、焦油雾、硫化物、烃类化合物等。荒煤气冷却过程中煤焦油被冷凝下来，同时水汽及氨、酚类、氰化物等溶于水的污染物也被冷凝下来与焦油分离，这部分含氨废水除一部分用于荒煤气冷却外，剩余部分要排放。在煤气脱硫、洗氨、洗苯等化产回收净化过程中也会产生外排水，这些废水总称为焦化废水。

一般 1t 焦排水量为 0.4～0.6t。以焦炭生产规模为 $1.00×10^6$t 的韶钢焦化厂为例，废水主要来源于硫氨工段和浓氨工段，原废水量为 50～60m³/h，其化学需氧量（COD）浓度为 2900～4100mg/L，NH_4^+-N 浓度为 100～400mg/L，代表了普遍的技术水平。但对于少数工艺较为落后、规模小的炼焦厂而言，其废水 COD 浓度可达 8000mg/L 以上。

1.1.2 煤炭低温干馏生产工艺及废水来源

1.1.2.1 煤炭低温干馏定义

煤在隔绝空气的低温（500～700℃）条件下所发生的一系列复杂的物理、化学变化，而生产出半焦（俗称兰炭）、低温煤焦油、煤气的过程称为煤炭低温干馏。煤炭低温干馏原料主要是低变质煤（不黏煤、弱黏煤及长焰煤），生产装置多集中在我国陕蒙晋宁接壤区。陕西榆林是我国煤炭低温干馏行业的发源地和目前最大的生产基地。

兰炭又称半焦、焦粉，目前其广泛应用于电石、电厂、冶金、化肥、废水处理、材料制备等行业中，已经成为一种重要的炭素材料。兰炭为块状结构，直径通常在 3mm 以上，外表颜色为浅黑色。与一般的冶金焦炭相比，兰炭具有更多的优点。自 2008 年国家产业目录将兰炭产业列入以后，兰炭产业得到迅猛的发展，直到 2011 年年底兰炭产业已具有十分庞大的规模。虽然兰炭产业带来了巨大的经济效益，但是其造成的环境危害也十分严重。所以，兰炭废水的治理应引起人们的重视。

1.1.2.2 煤炭低温干馏生产工艺

煤炭低温干馏生产工艺按干馏炉加热方式可分为内热式和外热式：内热式炉的加热介质与原料直接接触，因加热介质的不同分为气体热载体法和固体热载体法两种；外热式炉的加热介质与原料不直接接触，热量由炉壁传入。

图 1-4 所示为煤炭低温干馏生产工艺流程。

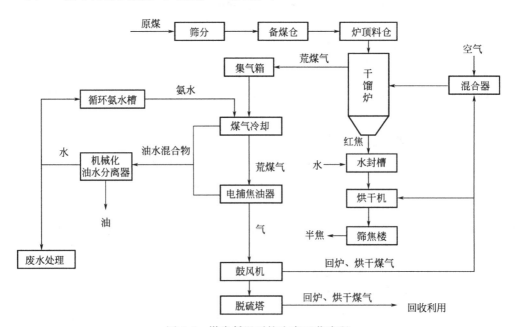

图 1-4　煤炭低温干馏生产工艺流程

（1）内热式炉

1）气体热载体内热式炉

气体热载体内热式立式炉能干馏 20～80mm 块状褐煤和型煤，这种炉型不适用于中等黏结性和高黏结性烟煤。目前，神木、府谷一带的煤炭低温干馏多采用气体热载体内热式立式炉，典型炉有神木市三江煤化工有限责任公司的 SJ-Ⅲ 低温干馏内燃内热式连续直立方型炉、陕西省冶金设计研究院研发的内热式 SH 系列直立炉等。

加入干馏炉的块煤首先被装入炉顶最上端的煤仓内，再经进料口和辅助煤箱装入炭化室内。加入炉内的块煤向下移动，与布气花墙送入炉内的加热气体逆向接触，并逐渐加热升温，煤气经上升管从炉顶导出，炉顶温度应控制在 80～100℃ 之间。炉体分为三段，其中上部为干燥段，块煤逐步向下移动进入中部的干馏段，在此段被加热到 650～700℃，完成低温干馏。半焦通过炉体下部的冷却段时，与通入此段熄焦产生的蒸汽生成水煤气，和熄焦水冷却到 80℃ 左右，通过推焦机、刮板机连续排除进入烘干机。煤料在干燥段产生的水蒸气、干馏过程中产生的煤气、加热燃烧后的废气以及冷却焦炭产生的水煤气的混合气（荒煤气），通过炉顶集气罩收集，经上升管进入净化回收系统。

2）固体热载体内热式炉

固体热载体快速热解工艺（DG 工艺）是固体热载体内热式炉的典型工艺，该工艺是由大连理工大学郭树才教授研究开发的，已在陕西省神木市有示范装置建成试车。其基本流程是将预热过的煤（100～120℃）和加热至 800℃ 用作热载体的半焦在螺旋式混合器中进行混合，其中半焦是干燥煤量的 2～6 倍。混合后加热至 500～700℃ 并送入反应器中进行热解，热解产物经除尘器至冷却回收系统得到焦油、煤气，半焦部分排出，剩余部分则在提升管内加热，然后经半焦储槽进入反应器，继续作为热载体进行原料煤热解。采用固体热载体快速热解工艺不仅可以解决干馏时间长的问题，还能够打破干馏炉只能使用块状原料的限制。

（2）外热式炉

干馏所需热量由加热炉壁传入称外热式炉，原料煤可以用弱黏性的烟煤，也可以用热稳定性好的块状长焰煤。英国开发的伍德炉、德国开发的 Koppers 炉、中国鞍山焦化耐火材料设计研究院开发的 JLW、JLK、JLH-D 型立式炉均为外热式炉。目前国内投产运营的外热式炉不多，该技术小试已取得稳定可靠的运行效果，目前处于中试阶段。该工艺采用粒径＜30mm 的原煤作为原料。

原煤干燥后通过溜管进入缓冲仓，由缓冲仓经双翻板阀门进入回转干馏炉，与来自外返料装置的 650℃ 的数倍热半焦进行混合，原料煤被迅速升温至 400～600℃ 进行热解反应，混合物料连续向炉尾流动，并通过外部夹套循环热烟气对混合物料进一步加热干馏，将混合物最终加热至 600～700℃，热解后得到半焦和含有焦油的高温荒煤气。

热裂解产生的半焦一部分由炉尾排出送入回转冷却炉熄焦冷却；另一部分通过返料装置返回炉头与预热煤进行混合，并不断在干馏系统中循环。热裂解产生的含焦油的高温荒煤气由回转干馏炉导气管导出进入净化单元。

针对气体热载体内热式炉、固体热载体内热式炉和外热式炉，其主要工艺参数对比见表 1-1，其资源能源消耗及综合利用对比见表 1-2。

表 1-1 三种煤低温干馏工艺主要参数比较

参数 \ 典型工艺/炉型	内热式		外热式
	气体热载体	固体热载体	
原煤适应范围	块煤	块煤、末煤	末煤
工艺成熟程度	成熟	较成熟	较不成熟
投资	低	较高	较高
半焦产率/%	60	50～60	60
焦油产率/%	6	10	8～10
吨煤煤气产量/(m³/t)	600～1000	270	200
煤气热值/(kcal/m³)	1800	4200	4200
熄焦方式	水熄焦	水间接冷却熄焦	水间接冷却熄焦

注：1kcal≈4185.85J，后同。

表 1-2 三种煤低温干馏工艺资源能源消耗及综合利用比较

项目(按每吨焦计) \ 典型工艺/炉型	内热式		外热式
	气体热载体	固体热载体	
煤耗/(t/t)	1.6	1.65	1.65
水耗/(m³/t)	0.3	0.4	0.16
电耗/(kW·h/t)	22～25	12	28
煤气利用方式	燃料	工业原料	工业原料

1.1.2.3 煤炭低温干馏废水来源

兰炭废水的来源主要有以下2个方面。

① 除尘洗涤水，主要是原料煤的破碎和运输过程中的除尘洗涤水、焦炉装煤或出焦时的除尘洗涤水，以及兰炭装运、筛分和加工过程的除尘洗涤水。这类废水主要含有高浓度悬浮固体煤屑、兰炭颗粒物等，一般经澄清处理后可重复使用。

② 低变质煤在中低温干馏过程中以及煤气净化、兰炭蒸汽熄焦过程中形成的一种工业废水。这种废水成分复杂，废水中含有种类繁多的高浓度有机物和无机物，是毒性很强的污染体，一般很难处理回用。有的兰炭企业还会产生生活污水及洗煤工段的洗煤废水等。

废水中无机污染物主要有硫化物、氰化物和硫氰化物，有机污染物除大量酚类外，还有单环及多环的芳香族化合物，以及含氮、硫、氧的杂环化合物等。其中多环芳烃通常还是致癌物质，因此焦化废水的大量排放，不但会对环境造成严重污染，同时也直接威胁人类的健康。

另外，对于在生产过程中产生的固体废弃物，如备煤工段产生的煤矸石、末煤和产品筛分工序筛出的半焦粉，化产回收工段产生的焦油渣，有些企业处理不当，随意丢弃，乱堆乱放，也会随着刮风下雨污染空气和水源。

图 1-5 所示为污染物排放环节分析示意。

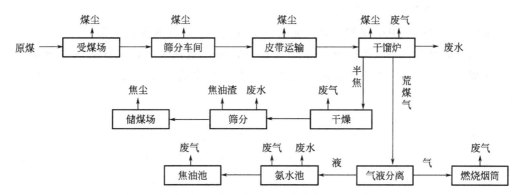

图 1-5 煤炭低温干馏生产过程污染物排放环节分析示意

1.1.3 煤气化生产工艺及废水来源

1.1.3.1 煤气化定义

煤气化过程是以煤或煤焦为原料，以氧气、空气、氢气或水蒸气等作气化剂，在加热、加压条件下使煤或煤焦中的可燃部分发生化学反应，使其转化为气体燃料的过程。

煤气化得到的是水煤气、半水煤气、空气煤气，这些煤气的发热值较低，故又统称为低热值煤气；煤干馏法中焦化得到的气体称为焦炉煤气，属于中热值煤气，可供城市作民用燃料；煤气中的 CO 和 H_2 是重要的化工原料，可用于合成氨、合成甲醇等。到2015 年，我国已形成每年 200 亿立方米的煤制天然气产能，占天然气消费量的 10% 左右。煤制合成天然气（SNG）正在成为我国煤化工的新热点。

1.1.3.2 煤气化生产工艺

煤气化工艺是生产合成气产品的主要途径之一，通过气化过程将固态的煤转化成气态的合成气，同时副产蒸汽、焦油（个别气化技术）、灰渣等副产品。煤气化工艺技术分为固定床煤气化技术、流化床煤气化技术、气流床煤气化技术三大类。各种气化技术均有其各自的优缺点，并对原料煤的品质均有一定的要求，其工艺的先进性、技术成熟程度也有差异。

（1）固定床煤气化技术

固定床气化一般采用一定块径的块煤（焦煤、半焦煤、无烟煤）或成型煤为原料，与气化剂逆流接触，用反应残渣（灰渣）和生成气的显热，分别预热入炉的气化剂和煤，在这个过程中，相对于气体的上升速度而言煤料下降速度很慢，甚至可视为固定不动，因此称之为固定床气化。该技术的典型代表是鲁奇（Lurgi）加压气化技术和 BGL 碎煤熔渣气化技术。

1）固定床煤气化技术的优点

原料适应范围广，除黏结性较强的烟煤外，从褐煤到无烟煤均可气化，可气化水分、灰分较高的劣质煤。

氧耗量较低，气化较年轻的煤时，可以得到各种有价值的焦油、轻质油及粗酚等多种副产品。

2）固定床煤气化技术的不足

该技术出炉煤气中甲烷和二氧化碳的含量较高，有效气的含量较低。

蒸汽分解率低。一般蒸汽分解率约为40%，蒸汽消耗较大，未分解的蒸汽在后序工段冷却，造成气化废水较多，由于废水中含有酚类物质，导致废水处理工序流程长，投资高。

（2）流化床煤气化技术

流化床气化以空气、氧气或富氧蒸汽为气化剂，在适当的煤粒度和气速下，使床层中粉煤沸腾（故又称沸腾床气化），气固两相充分混合接触，高温下进行煤气化。典型的代表有德国温克勒（Winkler）气化技术，中国科学院山西煤炭化学研究所的ICC灰融聚气化技术和恩德粉煤气化技术。

虽然近年来流化床气化技术已有较大发展，相继开发了如高温温克勒（HTW）、U-Gas等加压流化床气化新工艺以及循环流化床工艺（CFB），在一定程度上解决了常压流化床气化存在的带出物过多等问题，但仍然存在煤气中带出物含量高、带出物碳含量高且又难分离、碳转化率偏低、煤气中有效成分低，而且要求煤高活性、高灰熔点等多方面问题。

（3）气流床煤气化技术

气流床加压气化技术大都以纯氧作为气化剂，在高温高压下完成气化过程，粗煤气中有效气（$CO+H_2$）含量高，碳转化率高，不产生焦油、萘和酚水等，是一种环境友好的气化技术。

气流床气化技术主要分为水煤浆气化技术和粉煤气化技术，分别以德士古（Texaco）、壳牌（Shell）技术为代表。干粉进料主要有K-T（Koppres-Totzek）炉、Shell-Koppres炉、Prenflo炉、Shell炉、GSP炉、ABB-CE炉；水煤浆进料主要有德士古（Texaco）气化炉、Destec炉等。

煤气化技术工艺流程如图1-6所示。

典型的鲁奇炉液体废料中至少有焦油、轻油、粗酚、氨和硫五种副产品。煤气先用水淬冷和冷却，大部分副产品被有机物和冷凝液吸收或冷凝。重焦油先在废热锅炉中分离为焦油酚水。在煤气冷却段，轻油和其余的焦油冷凝形成含油酚水。在脱酸性气阶段，分离出硫化氢和石脑油，石脑油送入储罐。含硫化氢的酸气进一步加工以回收硫，氨和硫回收作为商品。

煤气化循环过程如图1-7所示。

1.1.3.3　煤气化废水的来源

煤气化废水主要来源于气化过程的洗涤、冷凝和分馏工段。以剩余氨水为主，同时含有产品加工过程中产生的酚水、粗苯冷却水、低温甲醇废水以及地坪冲洗水等。在气化过程中产生的有害物质大部分溶解于洗气水、洗涤水、储罐排水和蒸汽分流后的分离水中，形成了煤气化废水。

煤气化废水是一种典型的难生物降解的废水，外观一般呈深褐色，黏度较大，泡沫较多，有强烈的刺激性气味。废水中含有大量固体悬浮颗粒和溶解性有毒有害化合物

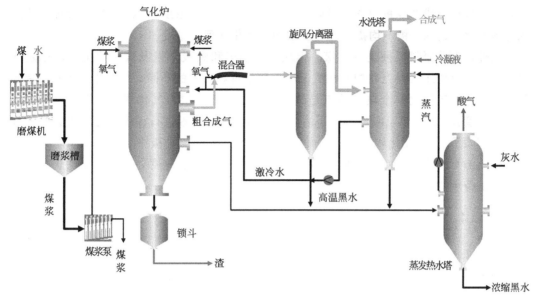

图 1-6　煤气化技术工艺流程

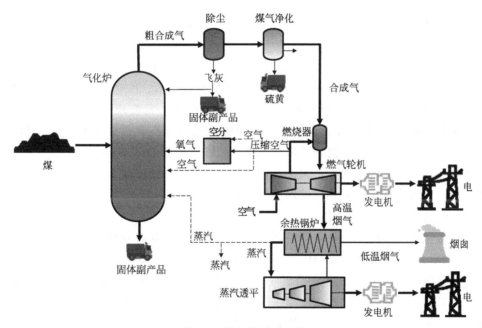

图 1-7　煤气化循环过程

（如氰化物、硫化物、重金属等），可生化性较差，有机污染物种类繁多，化学组成十分复杂，除了含有酚类化合物（单元酚、多元酚）、稠环芳烃、咔唑、萘、吡咯、呋喃、联苯、油等有毒有害物质，还有很多的无机污染物如 NH_4^+-N、硫化物、无机盐等。

　　其中无机盐主要来源于煤中含有的氯、金属等杂质；酚类等芳香族化合物主要来源于某些煤气化工艺中产生的焦油、轻质油高温裂化；NH_4^+-N、氰化物以及硫化物主要来源于煤中含有的氮、硫杂质，在气化时这些杂质部分转化为氨、氰化物和硫化物，而氨和气化过程生成的少量甲酸又可以反应生成甲酸氨，高浓度的 NH_4^+-N 造成煤气化废水的碳氮比（C/N）极不均衡，进一步增加了生化处理的难度。

此外，随着原料煤种类（褐煤、烟煤、无烟煤和焦炭）以及煤气化工艺"固定床（鲁奇炉）、流化床（温克勒炉）和气流床（德士古炉）"的不同，煤气化废水水质差异很大。如固定床气化一个典型特点是气化分灰层、燃烧层、气化层、干馏层、干燥层等。当温度在 550℃ 以上时，一些干馏产物焦油、轻质油等进行深度裂化产生芳香族烃类（酚和萘等）。而流化床气化、气流床气化工艺产生的酚类极少，一般废水中酚含量低于 20mg/L。因此，如何形成可应用于大多数煤气化废水深度处理与回用的优化组合工艺是亟待解决的难题。

1.1.4 煤液化生产工艺及废水来源

1.1.4.1 煤液化定义和分类

以煤为原料，在一定反应条件下生产液体燃料和化工原料的煤炭液化技术，通常有直接液化和间接液化两种工艺路线。

① 直接液化是指煤炭在催化剂的作用下直接加氢生成液态烃类燃料的技术。该技术对原料煤质的要求较高，反应控制条件严格，目前大多为实验室和工业示范研究阶段，尚无长周期、满负荷、安全运行的经验。

② 间接液化是将煤炭转化为合成气，通过合成气催化加氢转化为液态烃类燃料的技术，主要以荷兰 Shell 公司的中间馏分油（SMDS）合成技术、南非 Sasol 公司的费托合成技术、美国 Mobil 公司的甲醇合成油（MTG）技术为代表，已实现了工业化运行。

煤炭和石油一样都是烃类化合物，但煤的氢含量和氢碳比远远低于汽油、柴油，氧含量却较高，因此无论采用何种技术路线，其关键技术都是提高氢碳比。上述两种技术合成的产品具有很好的互补性：直接液化合成的燃料转化效率较高；间接液化产品使用效率较高，比直接液化产品的环保性能好，但副产物多。

（1）煤直接液化

煤直接液化是指将煤粉碎到一定粒度后，与供氢溶剂及催化剂等在一定温度（430～470℃）、压力（10～30MPa）下直接作用，使煤加氢裂解转化为液体油品的工艺过程。最早的液化工艺中没有使用氢气和催化剂，是先将煤在高温、高压的溶剂中溶解，产生高沸点的液体。1927 年，德国首次建成了第一座煤直接液化工厂，所使用的液化技术称为 Pott-Broche 液化工艺或者 IG Farben 液化工艺，该技术受关注的程度及其发展随石油价格的波动而变化。

煤直接液化技术主要包括：

① 煤浆配制、输送和预热过程的煤浆制备单元；

② 煤在高温高压条件下进行加氢反应，生成液体产物的反应单元；

③ 将反应生成的残渣、液化油、气态产物分离的分离单元；

④ 稳定加氢提质单元。

相继开发出的典型煤直接液化技术有美国的氢煤法 H-Coal 和 HTI 工艺、德国的二段液化 IGOR（Integrated Gross Oil Refining）工艺、日本的 NEDOL 工艺和我国的神华工艺。

图 1-8 所示为煤直接液化典型流程。

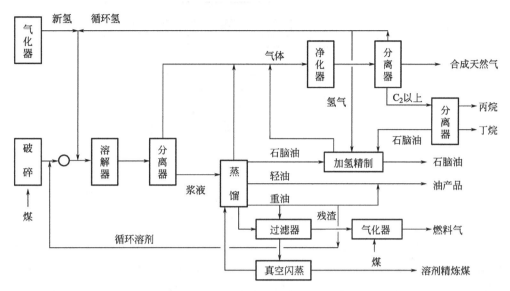

图 1-8　煤直接液化典型流程

尽管国际上已进行大型中试的各种煤直接液化工艺至今均未商业化，但围绕改进这些工艺的应用基础研究却始终不断进行，主要集中在反应器的改善、反应机理的探讨、煤的组成对煤浆流变特性的影响、溶剂作用及其性质、催化作用和新的催化剂、逆反应对液化的影响和抑制、降低液化过程中的氢耗等方面。

（2）煤间接液化

煤间接液化是先将煤气化、净化生产出 H_2/CO 体积比符合要求的合成气，然后以其为原料在一定温度、压力和催化剂条件下合成液态产品的工艺过程，简称 F-T 合成。煤间接液化的 3 个主要产品是烃类燃料、甲醇和二甲醚。1936 年，德国建成世界上第一座煤间接液化工厂并迅速发展，第二次世界大战结束时，煤间接液化和直接液化厂每年共可生产汽油约 400 万吨，占德国汽油总消费量的 90%。和直接液化一样，随着廉价石油的发现，煤间接液化工厂也相继停产。尽管在 20 世纪 50 年代初期和中期，美国的煤液化技术有了一些发展，但由于石油价格下降，煤液化技术越来越缺乏吸引力。除南非之外，其他国家在 20 世纪 70 年代初才开始重视煤液化技术。

煤间接液化技术主要包括：

① 大型加压煤气化、备煤和脱硫、除尘净化系统的造气单元；

② 在固定床、循环流化床、固定流化床和浆态床等合成反应器中进行合成反应的 F-T 合成单元；

③ 将反应产物进行分离的分离单元；

④ 后加工提质单元。

图 1-9 所示为煤间接液化典型流程。

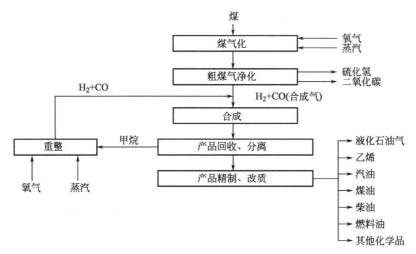

图 1-9　煤间接液化典型流程

近年来，国内外对 F-T 合成烃类液体燃料技术的研究开发工作都集中于如何提高产品的选择性和降低成本方面。造气单元中，煤气化技术的发展趋势主要为：a. 增大气化炉的断面，以提高产量；b. 提高气化炉温度和压力，以增加空收率；c. 采用粉煤气化，以降低对煤质的要求；d. 研制气化新工艺和气化炉新结构，以减少基本建设投资和操作费用。以粉煤添加催化剂的水煤浆为原料的德士古气化炉和两段陶氏气化炉、以干粉煤为原料的 GSP 炉和 Shell 公司开发的 SCQP 炉均适用于生产合成气，国内自行开发的多喷嘴水煤浆气化炉也具有较好的发展前景。

目前，商业化生产的煤间接液化技术主要有南非的 Sasol 液化工艺（LTFT、HT-FT 工艺）、荷兰 Shell 公司的固定床（SMDS）工艺和美国 Mobil 公司的甲醇制汽油（MTG）工艺、低压合成二甲醚工艺等，其他间接液化工艺只达到小试规模的程度，和 Shell 工艺或 Sasol 工艺类似，只是所用专有催化剂不同。研制这些工艺的公司包括 Kavemer 公司、美国 Exxon 公司和 Syntmleum 公司。

1.1.4.2　煤液化生产工艺

（1）煤制甲醇生产工艺

以煤为原料生产甲醇。煤炭、天然气、焦炉气三者均可作为甲醇生产的原料，且以煤炭为主，这种结构符合我国油气资源不足、煤炭资源相对丰富的国情。我国目前每年焦炉煤气的产量是 800 亿立方米，如全部制成甲醇其规模可达每年 4000 万吨。

图 1-10 所示为煤制甲醇生产工艺流程。

（2）煤制油生产工艺

由煤炭气化生产合成气、再经费托合成生产合成油称为煤间接液化技术。

图 1-11 所示为煤制油生产工艺流程。

目前，我国石油开采远远满足不了对石油高速增长的需求，造成对进口原油和石油产品的过度依赖。煤制油技术有助于缓解我国对进口原油和石油产品的过度依赖，从而

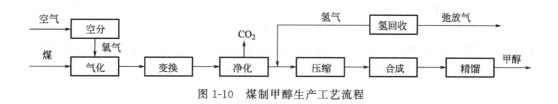

图 1-10　煤制甲醇生产工艺流程

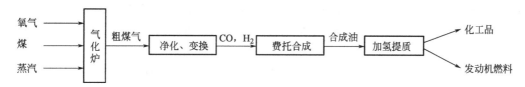

图 1-11　煤制油生产工艺流程

提高能源安全。据统计，2010 年，我国用煤炭生产的油品达到 1000 万吨以上。在国家发改委《煤化工产业中长期发展规划》中，到 2020 年煤制油的发展规模将达到每年 3000 万吨。

（3）煤制烯烃生产工艺

煤制甲醇技术是煤制烯烃技术的核心。煤制烯烃首先要把煤制成甲醇，主要有 4 个步骤：

① 煤气化制成合成气；

② 合成气变换；

③ 转换后的合成气净化；

④ 净化合成气制成粗甲醇并精馏，最终产出合格的甲醇。

煤制烯烃主要分为煤制甲醇、甲醇制烯烃这两个过程，包括煤气化、合成气净化、甲醇合成及甲醇制烯烃四项核心技术，而其中煤制甲醇的过程包含了煤气化、合成气净化、甲醇合成这三项核心技术。

图 1-12 所示为煤制烯烃生产工艺流程。

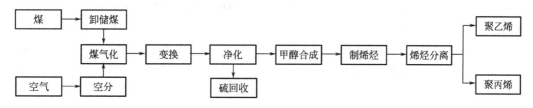

图 1-12　煤制烯烃生产工艺流程

根据《石油和化学工业"十三五"发展指南》要求，"十三五"期间我国要加快现有乙烯装置的升级改造。到 2020 年，全国乙烯年产能 3200 万吨，年产量约 3000 万吨，其中煤（甲醇）制乙烯所占比例达到 20% 以上。

1.1.4.3　煤液化废水的来源

煤液化废水是在煤的转化（包括炭化、气化和液化）、产品回收和加工过程中形成的废水。一般情况下干馏和焦化 1t 煤产生的废水约 0.2t，气化 1t 煤约排放废水 1t，液化 1t 煤约排放 0.5t 废水。煤转化废水中除含有原煤中存在的物质外，还可能含有煤转化的中间产物和终产物，以及生产过程中加入的其他化学物质等。这些废水的共同特点是污染物浓度高，组成复杂，生物毒性大。有机物中有单核和多核芳香族化合物、杂环化合物和脂肪酸等。无机物以硫化物和铵盐为主。

我国大型煤液化项目设计思路主要采用"煤气化＋气体变换＋费托合成＋费托产品加工"路线，产污的特点与其采用的气化工艺及费托合成技术直接相关，其重点关注的环保问题在于煤气化和费托合成废水的治理、含硫酸性气体的治理以及废渣的有效处置。

煤气化是实现煤间接液化的重要前端工艺。目前，国内外煤气化技术有十几种，新建大型煤液化装置采用的多为中温以及高温气化技术，从目前实际运行的煤气化工程分析，中温气化技术的废水成分复杂，含有难降解的焦油、酚等。采用一般的生化工艺很难处理，需要设置焦油和酚氨回收等设施进行预处理，预处理后的废水 COD 浓度仍高达 1000mg/L 以上，BOD/COD 值在 0.3 左右，可生化性较差。高温气化技术的废水成分相对简单，COD 浓度较低，一般为 500mg/L 左右，BOD/COD 值在 0.6 左右，可生化性较好。

费托合成是间接液化技术的关键，从废水污染物组分分析，高温费托合成废水的 COD 浓度高达 15000～17000mg/L，低温费托合成废水 COD 浓度可控制在 1000～4000mg/L，相对更易于生化处理。目前，国内煤液化项目大多采用低温费托合成技术。实验表明，由于费托合成废水中的低分子有机酸浓度较高，将对后继的生化处理产生较大冲击，可采取蒸汽汽提和化学中和的预处理措施将废水 COD 浓度控制在 1000mg/L 以下，大大减轻了有机酸的影响，提高了废水处理达标的可靠性。

1.2　煤化工废水的水质特征

燃料化工行业造成的水污染相当严重，因此大部分发达国家因环境问题将这个产业转移到发展中国家。我国煤炭储量大，煤化工行业的环境污染问题最严重，废水污染首当其冲。首先，废水排放量大，至 2020 年全国煤化工企业废水排放量超过 10 亿吨；其次，废水成分复杂。煤化工废水中检测到的有机物质包括苯酚、烷基苯酚、喹啉、异喹啉、苯、烷基苯、吡啶、烷基吡啶、苯胺、烷基苯胺、烷基萘、萘、烷基喹啉、联苯、烷基联苯、菲、蒽、吖啶、烷基咔唑、咔唑、烷基菲（蒽）、烷基萘并噻吩、芘、苯萘并呋喃、烷基芘、对联三苯、苯并菲（蒽）、苯并吖啶、烷基苯并菲（蒽）、吲哚、苯并芘、烷基吲哚、烷基吖啶、苯并噻吩、烷基噻吩、苯并呋喃、苊、噻吩、芴、烯烃、烷烃等。特别地，还有多种持久性有机污染物，有多氯联苯（PCBs）、单环苯烃（MAHs）、多环芳烃（PAHs）、多氯代二噁英（PCDDs），相当多组分表现出环境荷尔蒙（EDCs）的特征。大量的研究工作已经证明了燃料化工行业废水中污染物种类的多样性，上述 4 个核心燃料化工过程存在上下游的生产关系，所产生的废水水质接近，主要表现为除了含有 NH_4^+-N、氰化物、硫化物、硫氰化物、氟化物等无机污染物外，还含有酚类化合物、油、胺、萘、吡啶、喹啉、蒽等含氮、氧、硫杂环化合物及多环芳香族化合物（PAHs）。据德国媒体报道，焦化废水中复杂组分有机污染物的种类过万，由于检测手段和人们认识方面的局限性，还有近1/2的新物种未能命名，某些成分对环境的潜在影响尚未被解析。在已知的污染物当中，一些典型污染物（剂量低、毒性大）的生成机制与控制原理尚不明朗，污染控制过程与环境转移过程的机制还需要通过加强基础研究来阐明。

1.2.1 焦化工业废水污染物组成及水质特征

目前国内外关于焦化废水的文献报道主要集中在采用不同的方法对焦化废水进行处理，或者对不同的生物处理工艺进行比较，却鲜见全面分析焦化废水污染物质组成和水质特性的论文。焦化废水作为有毒/难降解工业有机废水中的典型代表，其水质污染特性的分析与明确是选择高效、实用、经济处理工艺的前提。

由于历史及认识上的局限性，早期人们认为焦化废水主要由酚、氰污染物组成，称焦化废水为"酚氰污水"。目前已报道的焦化废水中的化合物种类超过300种，包括甲基茚、噻吩类、苊、芴、菲、蒽、腈、氯苯类、苯并芘等物质广泛分布于焦化废水中，萘、菲、芘、苯并[a]芘是典型代表；卤代烃类的存在也很广泛，除了含氯卤代烃外，还有检出含氟和含溴的卤代烃，此外还含有一些烷基酚、邻苯二酸（酯）、吡啶等环境内分泌干扰物。

焦化废水中有机物的类别与含量见表1-3。

表1-4 所列为焦化废水中的阴阳离子检测结果。

表1-3 焦化废水中有机物的类别与含量

序号	物质类别	所占TOC比例/%	浓度/(mg/L)
1	苯酚类及其衍生物	60.08	189.8
2	喹啉类化合物	13.47	42.57
3	苯类及其衍生物	9.84	31.09
4	吡啶类化合物	2.42	7.647
5	萘类化合物	1.45	4.582
6	吲哚类化合物	1.14	3.602
7	咔唑类化合物	0.95	3.002
8	呋喃类化合物	1.67	5.277
9	咪唑类化合物	1.6	5.056
10	吡咯类化合物	1.29	4.076
11	联苯、三联苯类化合物	2.09	6.604
12	三环以上化合物	1.8	5.668
13	吩噻嗪类化合物	0.84	2.654
14	噻吩类化合物	1.36	4.29

表 1-4 焦化废水中的阴阳离子检测结果

指标	含量/(mg/L)	污水排放标准（一级、二级）/(mg/L)	指标	含量/(mg/L)	污水排放标准（一级、二级）/(mg/L)
F^-	75.09	10/10	Al^{3+}	0.070	—
Cl^-	1112.96	—	总 Co	/	—
Br^-	23.65	—	总 Si	13.52	—
I^-	8.4	—	总 Mo	/	—
NO_2^-	/	—	总 Cu	0.060	0.5/1.0
NO_3^-	27.43	—	总 Mn	0.002	2.0/5.0
SO_4^{2-}	48.5	1.0	总 Zn	0.031	2.0/5.0
PO_4^{3-}	/	1.0	总 Ni	0.007	1.0
Na^+	1763.41	—	总 Pb	0.012	1.0
K^+	19.88	—	总 Cd	0.001	0.1
Mg^{2+}	2.63	—	总 Cr	/	1.5
Ca^{2+}	69.46	—	总 As	0.012	0.5
$Fe(Ⅱ, Ⅲ)$	2.47	—	总 Hg	/	0.05

注："/"表示未检出。"—"表示未有标准。

焦化废水的基本污染特征可归纳如下：

① 污染物浓度高，组成复杂，存在有机污染物与无机污染物共存的复合污染。

② 废水呈碱性，含色度成分与油分，其 BOD/COD 值<0.3，富氮缺磷，生物利用的营养失衡，还存在毒性抑制与惰性抑制，可生化性差，难以厌氧降解；毒性污染物占 COD 比例高，其中含有多环芳烃、杂环芳烃、卤代烃与二噁英等 POPs，含氮（氨、氰化物、硫氰化物）与含硫的毒性无机物普遍存在，含大量挥发性组分。

③ 表征水质结构的废水中分子间作用力与分子内的化学键能处于热力学不稳定的高能量状态。因此，该废水由于成分复杂与反应活性低导致处理工艺水力停留时间很长。

④ 由于水质波动大以及营养成分的失衡导致国控指标难以稳定达标。

⑤ 高能量状态的废水其处理工程的建设与运行费用高于其他工业有机废水。

⑥ 达标排放尾水中残余的微污染物继续构成对受纳水体的环境风险，挥发性有机物对大气环境与人体健康也造成影响，污泥的处理与处置尚缺乏安全有效的技术。

目前，对于煤化工焦化废水水质特征的认识不足，对污染物转化过程及生物降解过程产生的抑制缺乏深入理解，导致污染控制工艺的选择带有盲目性。因此，煤化工焦化废水污染物的安全转化与控制一直是工业废水处理领域中的一个世界性难题。

表 1-5 所列为国内若干企业焦化废水水质水量。

表 1-5　国内若干企业焦化废水水质水量

企业名称	水量 /(m³/h)	COD /(mg/L)	NH₄⁺-N /(mg/L)	挥发酚 /(mg/L)	氰化物 /(mg/L)	石油类 /(mg/L)	色度 /倍	pH 值
宝山钢铁厂	130	1500~2000	150~300	50~200	5~15	<100	500~600	6~9
南昌钢铁厂	32	<2500	<200	<600	<50	<250	300	6~9
昆明钢铁厂	95~98	1500~2500	300~1300	500~1200	30~100	100~500	350	8.5~10
三明钢铁厂	30~40	2000~3000	<150	200~600	30~40	<120	450~610	7~8
南京钢铁厂	40	3000	150	600~700	20~30	25~50	350~450	8.5
莱芜钢铁厂	100	7000~8000	100~200	1000	20	80	300	8.5~9
广东韶钢厂	73~75	2900~4100	100~400	720~910	15~69	103~165	230~350	8.5~11

1.2.2　兰炭工业废水污染物组成及水质特征

兰炭废水中的无机污染物主要有硫化物、氰化物、NH₄⁺-N 和硫氰化物等；有机污染物主要含有煤焦油类物质，其中酚类的含量很高，还有单环及多环的芳香族化合物，以及含氮、硫、氧的杂环化合物等。因此，兰炭废水具有成分复杂、污染物浓度高、色度高、毒性大、性质稳定的特点，属于较难处理的工业废水之一。表 1-6 为兰炭废水综合水质，表 1-7 为兰炭废水中有机污染物组成，表 1-8 为兰炭废水中重金属含量。

表 1-6　兰炭废水综合水质

项目	COD/(mg/L)	pH 值	BOD /(mg/L)	NH₄⁺-N /(mg/L)	挥发酚 /(mg/L)	油类 /(mg/L)	色度 /倍
数值	15000~30000	8~10	3000~4000	3000~5000	2000~4000	500~1000	100000

表 1-7　兰炭废水中有机污染物组成

化合物	含量/(mg/L)	比例/%	化合物	含量/(mg/L)	比例/%
苯	11.46	10.30	2-甲基-4,6-二硝基酚	20.00	0.60
甲苯	34.45	31.00	2,3,4,6-四氯酚	48.60	1.50
乙苯	10.95	9.90	2-氯苯酚	19.80	0.60
间/对甲苯	46.63	41.90	氯间甲酚	48.96	1.50
邻甲苯	3.49	3.10	2,4,5-三氯酚	316.44	9.40
异丙苯	1.50	1.40	2,4,6-三氯酚	60.84	1.80
苯乙烯	2.61	2.30	萘	1328.04	99.60
苯酚	1333.44	39.80	苊稀	5.93	0.44
邻甲酚	279.00	8.30	芴	0.43	0.03
间/对甲酚	855.72	25.50	菲	0.29	0.01
邻硝基酚	43.92	1.30	荧蒽	0.93	0.06
对硝基酚	26.64	0.80	邻苯二甲酸二丁酯	2.01	
2,4-二甲基苯酚	281.52	8.40	吲哚	0.19	
五氯酚	16.00	0.50			

表 1-8　兰炭废水中重金属含量

重金属	Cu	Zn	As	Cd	Fe	Mn	Pb	Hg
含量/(mg/L)	0.407	1.019	0.108	0.016	8.645	0.4901	0.255	4.015

兰炭废水污染特征主要是：

① 兰炭废水含有大量半乳化焦油，其成分复杂、毒性大、色度高、性质稳定，NH_4^+-N、挥发酚和其他有机污染物含量高，COD 很高，BOD 较低，可生化性较差，是典型的高浓度难降解有机废水，如不处理将会造成严重的环境污染。

② 兰炭废水中的氨和酚是工业废水中常见的高毒、难降解有机物，可抑制微生物分解作用，影响生化处理。但酚及其衍生物也是重要的化工原料，因此如何经济、高效地处理及回收兰炭废水中的酚显得极为重要。

③ 兰炭废水和焦化废水中污染物成分相近，所以国内兰炭废水处理技术借鉴了焦化废水处理工艺开展的研究。焦化废水中污染物浓度较低，可生化程度高，可直接采用生化处理工艺；而兰炭废水污染物浓度比焦化废水中高 10 倍左右、组成复杂、可生化性差，所以需先经过物化预处理工艺，降低 COD、NH_4^+-N 和酚类污染物的浓度，提高可生化性，为后续生化处理提供保障，生化处理后再经过深度处理工艺，使出水达到国家排放标准。

1.2.3 煤制气废水污染物组成及水质特征

煤制气废水成分非常复杂，并且不同的工艺、不同的煤制气厂家所产生的煤制气废水也大不相同。其特点是污染物浓度极高、溶解或悬浮有粗煤气中的多种成分，酚类物质是该类废水的主要有机污染物，占总成分的 60%～80%（质量分数，下同），还含有大量的 NH_4^+-N、焦油、氰化物和硫氰酸盐等污染物，以及众多的多环芳烃、含氧多环和杂环化合物，包括有机酸类、苯甲酸类、吡啶类、吡啶酮类、苯并呋喃和吡喃酮类等多种难降解有毒有害物质。煤制气废水水质及污染物组成情况见表 1-9，表 1-10 所列为国内煤气化厂煤气化废水水质指标，表 1-11 为不同气化工艺水质情况。

表 1-9 煤制气废水水质及污染物组成情况

项目	数值	项目	数值
COD/(mg/L)	5220	碳酸盐/(mg/L)	791
BOD_5/(mg/L)	1430	重碳酸盐/(mg/L)	836
NH_4^+-N/(mg/L)	225.0	氰化物/(mg/L)	0.17
有机氮/(mg/L)	71.2	总酸度(以 HCl 计)/(mg/L)	<10
硝酸盐(以 N 计)/(mg/L)	0.47	总碱度(以 $CaCO_3$ 计)/(mg/L)	2010
亚硝酸盐(以 N 计)/(mg/L)	<0.01	悬浮物/(mg/L)	20
挥发酚(以苯酚计)/(mg/L)	453.20	总油/(mg/L)	≤200
pH 值	9.6	可溶性硅/(mg/L)	24.2
电导率/(μS/cm)	4330	胶体硅/(mg/L)	65.1
溶解性总固体/(mg/L)	3630	苯并芘	未检出
全盐量/(mg/L)	3570	二异丙基醚/(mg/L)	100
硫化物/(mg/L)	0.042	挥发性脂肪酸/(mg/L)	618
氯化物/(mg/L)	56.2	色度/倍	4200
硫酸盐/(mg/L)	75.3	磷酸盐/(mg/L)	1.35
氟化物/(mg/L)	5.03		

表 1-10　国内煤气化厂煤气化废水水质指标

煤气化厂	COD /(mg/L)	BOD₅ /(mg/L)	pH 值	NH₄⁺-N /(mg/L)	总酚 /(mg/L)	总油 /(mg/L)	总氮(TN) /(mg/L)
河南义马气化厂	5500	2350	9.45	195	1200	200	308
中煤鄂尔多斯图克能源化工有限公司	≤4000		6~7.5	125	≤700	≤100	≤350
中煤龙化哈尔滨煤化工有限公司	20000		9~10.5		6000		
大唐阜新煤制天然气厂	5000~6000			350			

煤气化废水是一种典型的高浓度、高污染、有毒、难降解的工业有机废水。废水外观呈深褐色,黏度较大,pH 值在 7~11 之间,泡沫较多,有强烈的酚、氨气味。在煤气冷却和洗涤过程中,煤气中大量的有机、无机污染物被溶解至水中。致使产生的废水具有黏度大、色度高、有机物含量高、COD 浓度高、毒性大等特点。

煤制气废水处理过程水质主要有以下几个特征。

(1) 废水处理难度大

主要体现在:

① 废水成分较复杂,污染物浓度高,对相应的处理负荷要求高;

② 废水含有酚、氰类物质,毒性大,会抑制微生物活性;

③ 废水可生化性较差,BOD/COD 值通常会低于 0.3 或 0.4,不易生物降解。

由于传统生化工艺难以实现对污染物的高效处理,使得后续深度处理与达标回用的难度加大,所以需要采用以生化处理为主、物化处理为辅的治理方案。

表 1-11　不同气化工艺的废水水质情况

污染物种类	污染物浓度/(mg/L)		
	固定床(鲁奇床)	流化床(温克勒炉)	气流床(德士古炉)
焦油	<500	10~20	无
苯酚	1500~5500	20	<10
甲酸化合物	无	无	100~1200
氨	3500~5000	5000	1300~2700
氰化物	1~40	5	10~30
COD	3500~23000	200~300	200~760

(2) 硬度高

煤气化废水的硬度一般在 1000mg/L(以 CaCO₃ 计)左右,由于废水排放标准对硬度没有要求,一般处理工艺不设置除硬措施,但高硬度会导致生化系统的设备和曝气头结垢,影响设备的正常运转,活性污泥结垢影响微生物与水中有机物的直接接触,导致处理系统不稳定。

(3) 温度高

煤气化废水的温度一般超过 40℃,若不采用强制降温措施,在夏季高温天气很容易因曝气池温度过高导致整个生化系统的瘫痪,若采用强制降温措施又会因高硬度产生结垢问题,从而影响冷却系统的正常运行。

(4）NH_4^+-N 高、有机物含量不能满足反硝化要求

煤气化废水的 NH_4^+-N 浓度一般在 400mg/L 左右，随着环保要求的进一步提高，出水水质中不仅 NH_4^+-N 要达标，对 TN 的排放也提出了更高的要求，而水中 BOD 浓度约为 500mg/L，不能满足反硝化的需求。

1.2.4 煤液化废水污染物组成及水质特征

1.2.4.1 煤制油废水污染物组成

煤制油高浓度废水指经汽提、脱酚装置处理后的出水，主要包括煤液化、加氢精制、加氢裂化及硫黄回收等装置排出的含硫、含酚废水。

水质分析数据如表 1-12 所列。生化池进水设计温度为 35～45℃。根据水质报告可知，总溶解固体的质量浓度为 2000mg/L 左右，但 Ca^{2+}、Mg^{2+}、SO_4^{2-} 及 Cl^- 等离子浓度不高，很难确定经汽提、脱酚后水中阴、阳离子的组成。

表 1-12　煤制油高浓度废水的水质分析数据

水质项目	数值	水质项目	数值
COD/(mg/L)	9000～10000	硫化物/(mg/L)	50
石油类/(mg/L)	100	挥发酚/(mg/L)	50
NH_4^+-N/(mg/L)	100	Cl^-/(mg/L)	120
TSS/(mg/L)	50	二异丙基醚/(mg/L)	80
pH 值	7.0～9.0		

此废水水质的特点是含油量低，悬浮物浓度低，乳化程度高，色度大；有机物浓度高且成分复杂，其中 COD 浓度可达 9000～10000mg/L，已经超出了常规生物处理的范畴；含盐量少，阴、阳离子的组成与新鲜水相似，硫化物的质量浓度约为 50mg/L，挥发酚的质量浓度约为 50mg/L。

煤制油作为新兴煤化工产业，在近些年才得到大力发展，因此国内外对煤制油废水处理的研究较少且研究深度有限。2006 年，内蒙古境内建成第一条年产成品油100 万吨的煤制油生产线以后，其面临的问题是"废水水量大、有机物浓度高、国内首例、出水排放要求高"。当时由于国内外没有类似的废水处理经验可借鉴，加之废水回用的要求，增加了废水处理的难度。因此，工艺的选择和确定具有较高的难度。最终对此高浓度废水采用了 BAF 生化池进行含油污水的二次生化处理，保证了出水水质稳定。

1.2.4.2 煤制烯烃废水污染物组成

煤制烯烃过程中煤气化装置产生的废水，水质因采用气化装置的不同而具有较大差异，碎煤加压气化废水组成复杂，COD 浓度一般为 3500～5000mg/L，含有酚类、烷烃类及杂环类等多种难降解有机物；而水煤浆气化废水和粉煤气化废水的水质组成相对简单，但其中总溶解性固体（TDS）含量较高。

表 1-13 所列为煤制烯烃有机废水来源及水质特点。

表 1-13　煤制烯烃有机废水来源及水质特点　　　　　单位：mg/L

污染指标	气化装置废水			MTO 装置废水	净化低温甲醇废水	生活污水
	碎煤加压气化废水	水煤浆气化废水	粉煤气化废水			
COD	3000~5000	300~500	200~500	1800~3000	1800~2500	200~400
NH_4^+-N	200~400	150~250	150~250	—	—	30~60
TDS	—	2000~3000	>10000	100000~150000	—	250~850
焦油	<500	—	10~20	5~20	—	—
总酚	200~300	<10	20	—	—	—
氰化物	1~40	5~10	5	—	—	—

煤制烯烃废水水质的共性是 NH_4^+-N 浓度较高，且含有油类物质、固体悬浮物和氰化物等污染物，因此是煤制烯烃废水处理过程中的重点与难点。MTO 装置废水中污染物主要包括甲醇、废碱、油等物质，TDS 浓度高达 100000mg/L 以上。

1.2.4.3　煤制甲醇废水污染物组成

废水来源主要为气化废水，占 50%左右，某化工有限责任公司采用"德士古"水煤浆加压气化、克劳斯脱硫、低温甲醇洗等先进的生产工艺生产甲醇，其废水主要有气化废水，煤浆系统冲洗水，灰水处理、甲醇精馏、硫回收等装置所排生产废水及厂区生活污水。

某煤制甲醇公司废水水质与水量见表 1-14。

表 1-14　某煤制甲醇公司废水水质与水量

废水类型	正常水量/(m³/h)	pH 值	COD_{Cr}/(mg/L)	BOD_5/(mg/L)	SS/(mg/L)	NH_4^+-N/(mg/L)	总氰/(mg/L)
气化废水	160	7.5	1000	440	100	495	5
地面冲洗水	4	7.5	500	300	100	5	0
煤浆系统冲洗水	12	7	60	20	500	0	0
甲醇共用工程站冲洗水	20	7	500	300	100	5	0
生活污水	10	8	280	140	200	40	0
综合污水	206	7.5	850	383	129	398	4

煤制甲醇废水水质特征：高 NH_4^+-N（约 300mg/L）；COD 浓度适中（约 700mg/L）；有机物以甲酸为主，可生化性强，NH_4^+-N 以无机氨为主；悬浮物以无机物为主。

废水具有以下特点：

① 由于生产的不稳定性，废水水质、水量变化较大，调节容量要求较高；

② 废水中的 BOD/COD 值较高（0.40~0.50），但代谢性好的天然营养物较少；

③ 由于实际运行操作、事故排水等原因，废水中 NH_4^+-N 浓度可能暂时较高（可达到 500~800mg/L），对生化处理产生严重的冲击，造成系统崩溃，需要较长时间恢复，此阶段 NH_4^+-N 浓度不能达标。

1.3　煤化工废水的危害与污染风险

1.3.1　煤化工废水的危害

煤化工废水中污染物浓度高，存在许多难降解污染物，其中含有大量有毒物质，如酚类、多环芳烃、重金属、NH_4^+-N 等，这些物质的存在使其在外排过程中可能会对环境造成巨大的危害。

（1）酚类物质的危害

当酚类物质进入人体后，与细胞原浆中的可溶性蛋白质反应形成不溶性蛋白，会使人体的细胞失去活力，对皮肤、黏膜具有很强的腐蚀作用，还能导致人体神经损伤，抑制和损伤中枢神经。苯酚还可以引起急性中毒，当人体吸入较高浓度的苯酚蒸气，会引起头痛、头昏、休克、全身无力、视力模糊不清、肺水肿等急性症状，严重会造成呼吸道黏膜损伤及呼吸衰竭。当食用被酚污染的食物或饮用被污染的水，会灼伤消化道，损伤胃黏膜和肠道，造成胃肠穿孔，同时还会造成肺、肝脏和肾脏损伤等。酚类进入水体环境会使水体动物中毒死亡，对水环境造成严重的破坏。酚类同样对植物也有毒性，用酚污染的水源灌溉农田，也会使农作物枯死或减产。仅酚类污染物就使得煤化工废水具有很强的毒性，这种生物毒性对生化处理阶段的微生物产生极大的抑制效应，进而给生化处理带来诸多问题。

（2）多环芳烃的危害

废水中多环芳烃（PAHs）类物质毒性极强，对中枢神经、血液毒性作用很强，尤其是带烷基侧链的，会刺激损伤黏膜，对人体健康具有很大的危害。PAHs 具有"三致"作用（致癌、致畸、致突变），是持久性有机污染物的典型代表之一，其中致癌特性最强的有苯并 [a] 芘（B [a] P）、3-甲基胆蒽、1,2-二甲基苯蒽及二苯并 [a，h] 蒽等。其中 B [a] P 分布广泛、性质稳定、致癌性强，是环境中 PAHs 污染的重要指标。由于 PAHs 的结构稳定，对细胞具有破坏作用，使微生物的生长受到抑制，因此很难被微生物降解。同时 PAHs 还具有光诱导毒性，PAHs 可以吸收太阳光中波长在 400～760nm 范围内的可见光和波长为 290～400nm 紫外光，在紫外光辐射的条件下很容易引起光化学反应。同时暴露于 PAHs 环境中和紫外照射条件下，PAHs 会产生自由基，进而损伤细胞组织，破坏细胞的结构和 DNA，最终导致遗传信息错乱，发生癌变或基因突变。PAHs 在光诱导下氧化成内过氧化物，可形成毒性更强的醌类。如果这些毒害物质直接排放或者释放到大气，将会对生态环境产生严重影响。

（3）重金属的危害

重金属大多为非降解有毒物质，其自身并不能通过自然降解进行去除，所以一旦进入自然水体就只能人为消减。重金属在水体中经食物链的生物放大，逐级在生物体内富集，积累到一定的限度就会对生个生态系统产生严重危害，引起生态系统中各级生物的不良反应。而对于人类来说，重金属是人体所必须的微量元素，但是如果含量过大就会对人体产生毒害作用，例如人体铜过量，肝内含铜量会增加数倍，会发生溶血。铜含量长时间过高还会导致老年痴呆症。摄入含有过量锌的食物和饮料会引起一系列急性锌中毒反应，出现呕吐、头晕等症状。

有些重金属则不是生物体生命活动的必需元素，甚至对生物体的毒害作用十分明显。例如汞形成的化合物会对生物产生巨大的破坏作用，当汞在生物体内与蛋白质发生反应时会使生物体内酶的活性降低，抑制生物的正常生理活动。1956年在日本爆发的震惊世界的"水俣病"，就是由含有大量汞的工业废水排放引发的。

（4）氰化物的危害

废水中氰化物具有很高的毒性，当人或家畜摄入每千克体重毫克级浓度的极少量氰化物，就会在短时间内中毒死亡。氰化物进入水体中达到0.05mg/L的浓度就会使水中鱼虾等水生物死亡。土壤中的氰化物还可以使农作物中毒减产，国内外也时有报道关于氰化物污染中毒的事件。因此要加强处理废水中的氰化物，严格控制氰化物的排放浓度，即便一些低毒性的氰化物，如铁氰酸盐和亚铁氰酸盐，这些物质可在自然光照条件下转化为游离态的高毒性氰化物，引起中毒事故。

（5）硫化物的危害

废水中硫化物对人与动植物的健康也有影响。有资料表明在饮用水中 H_2S 浓度即使低到 $0.07mg/m^3$ 也能影响水的味道。由于 H_2S 是与氰氢酸具有同样水平的毒性物质，当水中 H_2S 浓度达到 $0.15mg/m^3$，即影响新放养的鱼苗的生长和鱼卵的成活，鱼类接触24h后也具有毒性。H_2S 对高等植物根的毒害也很大，$3\sim4.5mg/m^3$ 即会对柑橘类根产生影响。

（6） NH_4^+-N 的危害

废水中 NH_4^+-N 是一种不稳定的物质，在微生物作用下会发生硝化反应，生成 NO_2^--N 和 NO_3^--N。NO_2^--N 是致癌物，NO_3^--N 会破坏血液的吸氧功能。NH_4^+-N 对水体环境的影响很大，水体中的非离子型氨容易透过细胞膜进入水生生物体内，影响膜的稳定性和酶的活性，进一步影响生物体的代谢活动，使生物中毒甚至是死亡。

煤化工废水中的各种高毒性有机污染物种类繁多，且含量较高。同时，这些高毒性有机污染物通常难以被去除，其排放会造成环境水体的毒性污染，对环境产生长久的破坏影响。与此同时，废水中还含有大量的无机污染物，其中许多种类对生物具有毒性作用。可以看出煤化工废水对于生物的危害十分严重，所以应该引起人们的高度重视。

1.3.2 煤化工废水的污染风险

1.3.2.1 煤化工废水的污染现状

煤化工项目耗水量巨大，主要用水装置-气化和空分装置规模巨大，相应的蒸汽和循环水用量非常大。煤制天然气项目在标态状态下每 $1000m^3$ 天然气新鲜水耗达6～8t，煤制烯烃项目每吨烯烃新鲜水耗高达27～30t；一个典型100万吨/年煤制油企业年耗水量超过1000万吨，一个典型60万吨/年煤制烯烃工厂、一个典型40亿立方米/年煤制天然气工厂年耗水量均超过2000万吨。

与高水耗相对应的是高废水产生量。一个典型13亿立方米煤制气项目（耗新鲜水量高于 912m³/d）污水量为 300m³/h，占新鲜水量的 33％；某典型煤制化肥项目（耗新鲜水量高于 833m³/d）污水量为 330m³/h，占新鲜水量的 40％。

以宁夏某能源化工基地为例，2014 年该基地废水排放量约 2500 万吨，其中煤化工企业废水排放量占该基地排放废水总量的 49.8％～60.6％，COD 和 NH_4^+-N 的排放总量分别为 861.98t 和 241.05t，分别占该基地 COD 和 NH_4^+-N 排放总量的 37.1％和 90.7％。研究数据表明宁夏某能源化工基地附近下游断面（甜水河大坝）NH_4^+-N 呈明显上升，2014 年 NH_4^+-N 排放量比 2010 年增长 5.8 倍，2014 年比 2013 年废水排放量超出 1.08 倍，NH_4^+-N 浓度超出 0.56 倍。2010～2014 年，该基地废水排放量、NH_4^+-N 排放量与基地下游断面（甜水河大坝）NH_4^+-N 浓度呈显著正相关。自 2009 年第一家煤化工企业投产，黄河干流下游喇嘛湾断面电导率、NH_4^+-N、COD、石油类等指标呈明显上升趋势，2014 年电导率为 1117.2μS/cm，比 2010 年（488μS/cm）高出约 1.3 倍。

目前尚无数据表明水质变化与煤化工基地的关系权重，但煤化工废水污染情况是比较严峻且亟待解决的。

1.3.2.2 煤化工废水的污染风险

煤化工产业对环境的威胁主要来自产生的废气、粉尘及有毒气体排出的高浓度污水、硫酸铵污水、含油污水、含盐污水以及废渣等。高浓度煤气洗涤废水含有大量酚、氰化物、油、NH_4^+-N 等有毒有害物质。废水中 COD 含量一般在 5000mg/L 左右，NH_4^+-N 浓度为 200～500mg/L，是一种典型的含有难降解的有机化合物的工业废水。若控制不好，煤化工废水排放后将对我国水环境造成严重的危害。另外，目前我国煤化工（煤制油）产业园区、项目大都规划建在煤炭主产区，这些地方的环境容量非常有限，大部分地区排污总量已经用完。因此，煤化工废水的污染风险与日俱增，主要表现在以下几个方面。

（1）对人体健康的危害风险

煤化工废水中含有的酚类化合物是原型质毒物，可通过皮肤、黏膜的接触和经口服而侵入人体内。高浓度的酚可以引起剧烈腹痛、呕吐和腹泻、血便等症状，重者甚至死亡。低浓度的酚可引起积累性慢性中毒，使人产生头痛、头晕、恶心、呕吐、吞咽困难等反应。酚可以引起皮肤灼伤，少量的接触也可引起接触性皮炎。酚溅入眼睛会立即引起结膜及角膜灼伤、坏死。长期饮用被酚污染的水会引起头晕、贫血以及各种神经性系统疾病。水中氰化物大多数是氢氰酸，毒性很大。当 pH 值在 8.5 以下时氰化物的安全浓度为 5mg/L。人食用的平均致死量氢氰酸为 30～60mg/L，氰化钠为 0.1g，氰化钾为 0.12g。在多环芳烃中，有的物质已经被证明具有致癌、致畸和致突变特性，这已引起了人们的广泛关注。

此外，煤化工废水中含有大量的 NH_4^+-N，即使经处理后氮也并未完全脱除，可能转化为 NO_2^--N 或 NO_3^--N。人体若饮用了 NO_2^--N＞10mg/L 或 NO_3^--N＞50mg/L 的水，可使人体内正常的血红蛋白氧化成高铁血红蛋白，失去血红蛋白在体内的输氧能力，人会出现缺氧的症状，尤其是婴儿。当人体血液中高铁血红蛋白＞70％时会发生窒息现象。若亚硝酸盐长时间作用于人体，可引起细胞癌变。经水煮沸后的亚硝酸盐浓缩，其危害程度更大。以亚硝酸盐为例，自来水中含量为0.06mg/L时，煮沸5min后增加到0.12mg/L，增加了100%。亚硝酸盐与胺类作用生成亚硝酸胺，对人体有极强的致癌作用，并有致畸胎的威胁。

（2）对水体和水生生物的危害风险

焦化废水中含有大量的有机物，部分有机物具有生物可降解性，因此能消耗水中的溶解氧，而当氧的浓度低于某一限值时水生生物的生存会受到影响。例如，鱼类要求的氧的限值是4mg/L，如果低于此值则会导致鱼类大量死亡。当氧消耗殆尽时，将造成各种水生生物的死亡、水质腐败，从而严重影响周围环境卫生。

酚类物质对给水水源的影响也特别严重。长期饮用被酚污染的水会引起头晕、贫血以及各种神经系统病症。我国政府在《地面水中有害物质的最高允许浓度》中规定挥发酚的最高允许浓度为0.01mg/L；在《生活饮用水卫生标准》中规定，挥发酚类不得超过0.02mg/L。加氯消毒的水，当酚量超过0.001mg/L时则产生令人不愉快的氯酚味。酚污染严重影响水产品的产量和质量，能使贝类减产，海带腐蚀，养殖的砂贝、牡蛎逐渐死亡。当水体中含有酚时，能影响鱼类的洄游繁殖；浓度为0.1～0.2mg/L时，鱼肉有酚味；浓度更高时，引起鱼类大量死亡，甚至绝迹。我国《渔业水体中有害物质的最高允许浓度》中规定，挥发酚的最高允许浓度为0.01mg/L。酚的毒性还可以抑制一些微生物如细菌、海藻等的生长。

含氮化合物能导致水体发生富营养化，其危害表现在以下几个方面：

① 消耗受纳水体中的氧，导致水中溶解氧急剧降低，使水体出现亏氧，发生变质，并造成恶臭。

② 对于具有饮用功能的水体，若受到NH_4^+-N污染，在加氯消毒时，水中的NH_4^+-N会与氯及其中所含的溴反应，生成氯胺或三卤甲烷，具有较强的致癌作用，成为危害公众健康的一大隐患。

③ 当水体pH值较高时，氨态氮往往以游离氨的形式存在，游离氨对水体中的鱼及其他生物皆有毒害作用，当水体中NH_4^+-N＞1mg/L时会使生物血液结合氧的能力下降；当NH_4^+-N＞3mg/L时，在24～96h内，金鱼及鳊鱼等大部分鱼类和水生生物就会死亡。

④ 导致水体富营养化，使水体中藻类大量繁殖，从而也使水质恶化变臭，尤其对沼泽、湖泊等封闭水域的危害更大，并对饮用水源、水产业和旅游业造成危害。

（3）对农业的危害风险

采用未经处理的焦化废水直接灌溉农田，将使农作物减产和枯死，特别是在播种期和幼苗发育期，幼苗因抵抗力弱，含酚的废水会使其毒烂。而用未达到排放标准的污水灌溉，收获的粮食和果菜有异味；焦化废水中的油类物质能堵塞土壤孔隙，含盐量高而使土壤盐碱化；农业灌溉用水中TN含量如超过1mg/L，则作物吸收过剩的氮能产生贪青倒伏现象。

（4）对水资源的影响

煤、水是煤化工的两大资源要素。我国煤炭资源和水资源总体呈逆向分布，由于产业布局受煤炭资源主导，使得产业发展中水资源配置的问题尤为凸显。以煤制油项目为例，1t产品消耗煤炭3~4t、消耗水资源8~12t，而煤化工项目建设往往需配套数十亿吨的大型煤炭基地，且每年消耗数千万吨的水资源，水资源匮乏的地区往往水环境容量不足，甚至缺乏纳污水体，大量废水面临无处可排的困境。

据国家发改委《煤化工产业中长期发展规划》（征求意见稿）显示，我国规划煤化工（煤制油）产业园区多数分布在煤炭资源相对集中的中西部地区，将面临水资源严重短缺的风险。中西部煤炭产地人均水资源占有量和单位国土面积水资源保有量仅为全国水平的1/10。煤化工（煤制油）吨产品耗水量通常都在5~20t，一个年产300万吨的煤制油项目年用水量将达到6000万吨左右，这相当于十几万人口的水资源占有量或100多平方千米国土面积的水资源保有量。因此，在我国中西部地区规划建设大型现代煤化工（煤制油）产业园区，将面临水资源供给瓶颈制约，对本地区水资源平衡和生态环保造成非常大的影响。

1.3.2.3　我国煤化工废水"零排放"的实践

由于废水排放受限，一些煤化工项目相继提出废水"零排放"的设计方案，期望解决废水的出路问题。"十一五"期间，报国家审查的煤化工项目共27个，其中提出废水"零排放"的项目15个，涉及煤炭资源用量1.3×10^8t/a，其中属于煤化工示范项目的13个，包括煤制醇醚项目5个、煤制天然气项目4个、煤制油项目2个、煤制烯烃项目2个。就区域水环境特点分析，废水"零排放"项目10个位于黄河中上游区域，该区域水资源短缺，大多采取跨区域、流域调水方式，由于黄河排污受限，缺少纳污水体；3个位于华北、华东地区，该区域水资源矛盾相对缓和，但地表水体如辽河、淮河水体污染严重，已无环境容量；2个位于新疆边境地区，涉及地表水体多为跨境河流，水域环境敏感。由此可见，区域排污受限已成为煤化工选址布局中面临的突出问题。

煤化工废水"零排放"技术研究和应用在我国处于起步阶段，其"零排放"虽然在技术理论方面基本可行，但在实际工程设计中存在诸多难点，面临着严峻的考验，主要表现在以下几个方面：

① 气化工艺有机废水水质波动大、预处理难度高，经生化处理后水质仍不能满足循环再生水水质标准，会对后续浊循环系统造成腐蚀，引起系统寿命缩短等问题，鉴于此部分出水无法达到回用水要求，只能送出界外。

② 浓盐水膜浓缩和多效蒸发结晶投资大、能耗高，污堵问题和设备腐蚀问题严重。水中污染物对膜装置的堵塞和高盐分对设备的腐蚀会降低膜浓缩和多效蒸发的处理效率和装置的使用寿命，需要加大量的软化剂进行除垢，运行成本极高。

③ "零排放"衍生二次污染问题突出。煤化工废水"零排放"最终的出路一种为直接通过结晶；另一种是回收废水的70%~80%，其余运到蒸发塘实现自然结晶。但在实际的过程中两种方法都存在缺点，衍生的二次污染不可忽视。如中煤图克大化肥每天约产生结晶盐1t，由于结晶盐成分复杂，部分性质还属于危险废物且目前还没有结晶盐的分盐分质处理技术，日积月累造成大量结晶盐的堆存，造成二次环境污染。高浓度盐水去蒸发塘，实际运行过程中企业外排水量远高于蒸发塘的设计储水能力，其储存和

实际能力明显不足，致使池子越建越多，就环境而言存在高位运行面临溃坝危险，浓水中易含有工业污染物对地下水构成潜在污染等问题。

④ 经济合理性不高，投资过高。现代煤化工项目投资额基本都在 100 亿元上，其废水处理工段的投资就高达 6 亿～8 亿元，水处理投资额均占项目环保投资的 50% 以上，一般处理到回用 90% 左右的高盐水，其处理成本为 40 元/t。

以鄂尔多斯市为例探索煤化工废水的出路。鄂尔多斯市煤化工行业项目多、体量大，同时，鄂尔多斯市属于生态脆弱区，生态环境更为珍贵。如何利用有限的资源发展现代煤化工项目，需要进行深入研究，作为一个整体项目科学分析。以 2013 年数据分析，鄂尔多斯市生态环境质量目前状况总体良好，但生态需水较大要求，急需整改。

鄂尔多斯解决煤化工废水"零排放"运行管理的关键问题在于：

① 系统的风险防控，对不同煤化工项目废水实施分质处理回用，最大限度地回收利用水资源，探索含盐污水的"最小化"排放控制技术路线。同时加强煤化工废水的高科技创新技术研究，重点从酚氰废水、高有机酸废水、高盐水的处理技术突破。

② 目前煤化工废水"零排放"，主要依托高效浓缩结晶、蒸发塘等方式实现，就单个、分散项目而言，废水"零排放"的能耗、物耗极高，且水平衡调度困难，存在较大的环境风险。在园区工业废水治理、灰渣厂利用、蒸发塘配置、降低区域环境风险等方面进行统筹调度，最大程度体现分类规模化环境效益。

③ 要结合地区实际出台较为切实可行的地方标准和环境监管政策措施，同时地方政府配套合理的财政税收优惠政策支持煤化工废水"零排放"技术的发展壮大。

当前，鄂尔多斯市现代煤化工产业发展已初具规模，而且还在迅速发展，产生的污染物呈增长趋势。随着国家节能减排政策的深入推进，鄂尔多斯市主要污染物如 SO_2、NO_x 等排放量不断下降，但其他污染物增长相对较快；环境质量虽有一定改善，但环境保护压力仍然较大。

参考文献

[1] 范振华，李绍京，寇竹娟.煤焦化过程中污染物的产生与控制 [J].煤炭转化，1997（4）：34-40.

[2] 韦朝海.煤化工中焦化废水的污染、控制原理与技术应用 [J].环境化学，2012，31（10）：1465-1472.

[3] 韦朝海，贺明和，任源，等.焦化废水污染特征及其控制过程与策略分析 [J].环境科学学报，2007，（7）：1083-1093.

[4] 高景丽.焦化行业水污染防治问题与对策研究 [J].煤，2006（2）：41-42.

[5] 赵世永.榆林煤低温干馏生产工艺及污染治理技术 [J].中国煤炭，2007，33，（4）：58-60.

[6] 王晓云，张智锋，雷芬.煤低温干馏工艺发展与环境保护 [J].环境与可持续发展，2014，39（1）：83-85.

[7] 万象明，邢国栋，王玉彬.低阶煤低温干馏技术发展分析 [J].干燥技术与设备，2015，13（02）：1-6.

[8] 刘佳，曹祖宾，韩冬云，等.低阶煤低温干馏工艺技术的发展现状 [J].当代化工，2015，44（9）：2151-2154.

[9] 陈昌海.焦化废水处理技术现状及研究进展 [J].污染防治技术，2017，30（01）：15-19.

[10] 罗金华，盛凯.兰炭废水处理工艺技术评述 [J].工业水处理，2017，37（08）：15-19.

[11] 刘靖，何选明，李翠华，等.兰炭特性及应用研究进展 [J].洁净煤技术，2018，24（04）：7-12.

[12] 赫森，李学新.煤气化过程污染的控制 [J].城市煤气，1981（02）：61-68.

[13] 张润楠，范晓晨，贺明睿，等.煤气化废水深度处理与回用研究进展 [J].化工学报，2015，66（9）：

3341-3349.

[14]   Ji Q, Tabassum S, Hena S, et al. A review on the coal gasification wastewater treatment technologies: past, present and future outlook [J]. Journal of cleaner production, 2016, 126: 38-55.

[15]   Zhu H, Han Y, Xu C, et al. Overview of the state of the art of processes and technical bottlenecks for coal gasification wastewater treatment [J]. Science of the Total Environment, 2018, 637: 1108-1126.

[16]   令狐荣科. 对煤气化三废的治理 [J]. 硅谷, 2009, 18: 108.

[17]   Shi J, Han Y, Xu C, et al. Biological coupling process for treatment of toxic and refractory compounds in coal gasification wastewater [J]. Reviews in Environmental Science and Bio/Technology, 2018, 17 (4): 765-790.

[18]   杨晔. 中国煤液化技术的环保问题探析 [J]. 环境污染与防治, 2010, (12): 102-104.

[19]   Yung-Tse Hung, 云冲. 活性污泥法处理褐煤液化废水的评价 [J]. 环境科学研究, 1984, (12): 76-84.

[20]   常丽萍. 煤液化技术研究现状及其发展趋势 [J]. 现代化工, 2005, 25 (10): 17-20.

[21]   韩洪军, 麻微微, 方芳, 等. 煤制烯烃废水处理与回用技术解析 [J]. 环境工程, 2017, 35 (02): 24-27.

[22]   张鹏娟, 武彦巍, 张莹莹, 等. 预处理-A/O-絮凝沉淀-BAF 工艺处理煤制甲醇生产废水 [J]. 水处理技术, 2013, (1): 84-88.

[23]   武治谋, 康军, 马松. 煤化工中焦化废水的污染、控制原理与技术应用 [J]. 化工管理, 2015 (18): 214.

[24]   李良杰, 高迎新, 李伟成. 两种煤化工废水的产甲烷抑制性 [J]. 化工环保, 2013, 33 (06): 477-480.

[25]   任源, 韦朝海, 吴超飞, 等. 焦化废水水质组成及其环境学与生物学特性分析 [J]. 环境科学学报, 2007 (07): 1094-1100.

[26]   朱强, 刘祖文, 王建如. 焦化废水处理技术现状与研究进展 [J]. 有色金属科学与工程, 2011, 2 (05): 93-97.

[27]   许国栋. 焦化废水处理技术 [J]. 数字化用户, 2013 (18): 43-43.

[28]   郭树才, 胡浩权. 煤化工工艺学 [M]. 北京: 化学工业出版社, 2012.

[29]   余长军. 煤化工技术发展现状及趋势 [J]. 煤炭与化工, 2016, 39 (5): 27-30.

[30]   顾宗勤. 我国煤化工发展主要问题分析及政策性建议 [J]. 煤炭加工与综合利用, 2014 (2): 7-11.

[31]   赵晓. 中国新型煤化工发展方向探讨 [J]. 中国煤炭, 2014 (12): 87-90.

[32]   刘文革, 韩甲业, 熊志军, 等. 我国新型煤化工产业发展现状及趋势 [J]. 中国煤炭, 2015, 41 (3): 81-85.

[33]   Schobert H H, Song C. Chemicals and materials from coal in the 21st century [J]. Fuel, 2002, 81 (1): 15-32.

[34]   Chang J, Leung D Y C, Wu C Z, et al. A review on the energy production, consumption, and prospect of renewable energy in China [J]. Renewable and Sustainable Energy Reviews, 2003, 7 (5): 453-468.

[35]   Li C, Suzuki K. Resources, properties and utilization of tar [J]. Resources, Conservation and Recycling, 2010, 54 (11): 905-915.

[36]   Mochida I, Okuma O, Yoon S H. Chemicals from direct coal liquefaction [J]. Chemical reviews, 2013, 114 (3): 1637-1672.

[37]   Liu F J, Wei X Y, Fan M, et al. Separation and structural characterization of the value-added chemicals from mild degradation of lignites: A review [J]. Applied energy, 2016, 170: 415-436.

[38]   Li Z K, Wei X Y, Yan H L, et al. Advances in lignite extraction and conversion under mild conditions [J]. Energy & Fuels, 2015, 29 (11): 6869-6886.

[39]   Liu Z, Shi S, Li Y. Coal liquefaction technologies—Development in China and challenges in chemical reaction engineering [J]. Chemical Engineering Science, 2010, 65 (1): 12-17.

[40]   Vasireddy S, Morreale B, Cugini A, et al. Clean liquid fuels from direct coal liquefaction: chemistry, catalysis, technological status and challenges [J]. Energy & Environmental Science, 2011, 4 (2): 311-345.

[41]   孙启文, 吴建民, 张宗森, 等. 煤间接液化技术及其研究进展 [J]. 化工进展, 2013, 32 (1): 1-12.

[42]   李克健, 吴秀章, 舒歌平. 煤直接液化技术在中国的发展 [J]. 洁净煤技术, 2014 (2): 39-43.

[43]   Steynberg A P, Espinoza R L, Jager B, et al. High temperature Fischer-Tropsch synthesis in commercial

practice [J]. Applied Catalysis A：General，1999，186 (1-2)：41-54.

[44] Espinoza R L，Steynberg A P，Jager B，et al. Low temperature Fischer－Tropsch synthesis from a Sasol per-spective [J]. Applied Catalysis A：General，1999，186 (1-2)：13-26.

[45] Irfan M F，Usman M R，Kusakabe K. Coal gasification in CO_2 atmosphere and its kinetics since 1948：A brief review [J]. Energy，2011，36 (1)：12-40.

[46] Minchener A J. Coal gasification for advanced power generation [J]. Fuel，2005，84 (17)：2222-2235.

[47] 赵彦，秦云虎，张宁，等.固定床气化用煤指标及其在陕西省彬长矿区的应用 [J].中国煤炭地质，2018，30 (A02)：5-8.

[48] 王倩，张小庆，杨永忠，等.中国煤气化技术进展及应用概况 [J].山东化工，2019，48 (03)：58-59，61.

[49] 蔡永宽，张智芳，刘浩，等.兰炭废水处理方法评述 [J].应用化工，2012，41 (11)：1993-1995.

[50] 安路阳，张立涛，潘雅虹，等.兰炭废水处理技术的研究与进展 [J].煤化工，2016，44 (01)：27-31，40.

[51] 马健，白延梅.陕北兰炭工业废水处理现状及建议 [J].延安大学学报（自然科学版），2013，32 (3)：95-97.

[52] 孟庆锐，李超，安路阳，等.兰炭废水处理工艺的试验研究 [J].工业水处理，2013，33 (12)：35-38.

[53] Liu Y，Liu J，Zhang A，et al. Treatment effects and genotoxicity relevance of the toxic organic pollutants in semi-coking wastewater by combined treatment process [J]. Environmental pollution，2017，220：13-19.

[54] Ma X，Wang X，Liu Y，et al. Variations in toxicity of semi-coking wastewater treatment processes and their toxicity prediction [J]. Ecotoxicology and environmental safety，2017，138：163-169.

[55] 刘敏，李小锋，华媛，等.兰炭废水处理技术的研究 [J].广东化工，2015，42 (15)：178-179，153.

[56] 谢康，王磊，王欣，等.煤制气废水处理中试实验研究 [J].环境污染与防治，2010，32 (08)：28-31.

[57] 赵嫱，孙体昌，李雪梅，等.煤气化废水处理工艺的现状及发展方向 [J].工业用水与废水，2012，43 (04)：1-6.

[58] 付强强.煤气化废水水质分析及深度处理工艺研究 [D].青岛：青岛科技大学，2016.

[59] 张占梅，付婷.煤制气废水处理技术研究进展综述 [J].环境科学与管理，2014，39 (10)：29-33.

[60] 乔丽丽，耿翠玉，乔瑞平，等.煤气化废水处理方法研究进展 [J].煤炭加工与综合利用，2015 (02)：18-27，16.

[61] 李晓玲，李华.煤气化废水处理工艺探讨 [J].净水技术，2015，(z1)：103-104，107.

[62] Na C，Zhang Y，Quan X，et al. Evaluation of the detoxification efficiencies of coking wastewater treated by combined anaerobic-anoxic-oxic (A_2O) and advanced oxidation process [J]. Journal of hazardous materials，2017，338：186-193.

[63] 郝志明，郑伟，余关龙.煤制油高浓度废水处理工程设计 [J].工业用水与废水，2010，41 (03)：76-79.

[64] 吴限.煤化工废水处理技术面临的问题与技术优化研究 [D].哈尔滨：哈尔滨工业大学，2016.

[65] 蒋芹.浅谈 SBR 法处理大型煤制甲醇废水的应用与发展 [J].科技情报开发与经济，2008，(11)：130-131.

[66] 代伟娜，贺延龄，李恒.SBR 法处理煤制甲醇废水工程实例 [J].水处理技术，2011，37 (10)：128-130.

[67] 池勇志，李亚新.硫化物的危害与治理进展 [J].天津城市建设学院学报，2001 (02)：105-108.

[68] 张万辉，韦朝海，吴超飞，等.焦化废水中有机物的识别、污染特性及其在废水处理过程中的降解 [J].环境化学，2012，31 (10)：1480-1486.

[69] 高剑，刘永军，童三明，等.兰炭废水中有机污染物组成及其去除特性分析 [J].安全与环境学报，2014，14 (06)：196-201.

[70] 王卓，张潇源，黄霞.煤气化废水处理技术研究进展 [J].煤炭科学技术，2018，46 (09)：19-30.

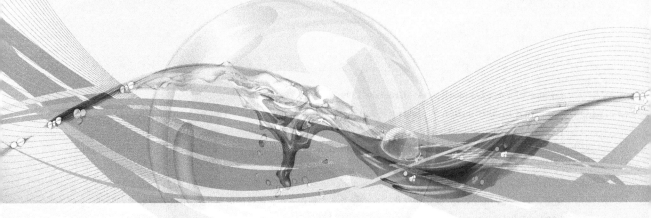

第2章 煤化工废水典型处理工艺与效果

2.1 焦化废水处理工艺与效果

2.1.1 焦化废水处理技术概况

焦化废水是煤在高温干馏过程以及煤气净化、化学产品精制过程中形成的废水，水质随原煤组成和炼焦工艺而变化，是一种典型的难降解有机废水。废水排放量大，水质成分复杂，除了含氨、氰、硫氰根等无机污染物外，还含有酚、油类、萘、吡啶、喹啉、蒽等杂环及多环芳香族化合物（PAHs），这些物质对生物具有毒害作用，难以生物降解。焦化废水的大量排放，不但对环境造成严重污染，同时也直接威胁人类的健康。

20世纪80年代焦化废水处理一般采用的工艺为回收、调节、隔油、生物处理、排放，后续逐渐发展了化学混凝、活性炭吸附、膜分离技术等深度处理工艺，经深度处理后的废水也被用于冷却水、消防用水、绿化水等，可以实现"零排放"。

焦化废水回用现状如表2-1所列。

表 2-1 焦化废水回用现状

回用方式	对水质的要求	二次污染	存在问题	工程应用情况
湿熄焦	生化处理后出水	较大	操作环境较差,设备腐蚀严重	应用较广,但逐步被淘汰
高炉冲渣	生化处理后出水	较大	操作环境较差,设备及管道腐蚀,用水量有限,污染物富集	部分钢厂应用
煤场抑尘	生化处理后出水	小	用水量有限	应用较广
烧结混料	生化处理后出水	小	操作环境差,设备腐蚀,喷头易堵塞	部分钢厂应用
工业给水	钢厂循环冷却水的水质要求	无	处理成本较高,浓水去向问题	部分钢厂正在建设及调试,实际运行报道较少

2.1.1.1 焦化废水的生物处理技术

（1）活性污泥法

活性污泥法是一种污水的好氧生物处理法，由英国的克拉克（Clark）和盖奇（Gage）在1913年于曼彻斯特的劳伦斯污水试验站发明并应用。活性污泥法及其衍生的改良工艺是处理城市污水和工业废水使用最广泛的方法，它能从污水中去除溶解性的和胶体状态的可生化有机物以及能被活性污泥吸附的悬浮固体，同时也能去除一部分磷素和氮素。活性污泥法包括传统活性污泥法、阶段曝气活性污泥法、吸附再生活性污泥法、完全混合式活性污泥法、生物吸附-降解活性污泥法（AB法）、序批式活性污泥法、氧化沟活性污泥法等。目前，活性污泥法已应用于首钢集团、攀枝花钢铁集团、昆明钢铁集团等焦化厂，取得了较为良好的处理效果。

（2）生物膜法

生物膜法是通过附着在载体或介质表面上的细菌等微生物生长繁殖，形成膜状活性生物污泥——生物膜，利用生物膜降解污水中有机物的生物处理方法。生物膜中的微生物以污水中的有机污染物为营养物质，在新陈代谢过程中将有机物降解，同时微生物自身也得到增殖。生物膜法的主要特点为：

① 微生物种群丰富，除细菌和原生动物外，还出现活性污泥法中少见的真菌、藻类和原生动物等，同时还存在厌氧菌；

② 优势菌种分层生长，传质条件好，有利于有机物的降解；

③ 工艺过程稳定，适应性强，可以间歇运行；

④ 动力消耗少，运行管理方便，不会发生污泥膨胀现象。

生物膜法工艺结构包括普通生物滤池、高负荷生物滤池、塔式生物滤池、生物接触氧化法、生物转盘、曝气生物滤池、生物流化床、生物移动床等。

（3）生物脱氮技术

传统焦化废水生物脱氮技术的发展大致可分为 O/A/O、A/O、A/A/O 等工艺。

① O/A/O 工艺虽可达到预期的处理效果，但占地面积大，投资及操作费用高；

② A/O 法将硝酸盐、亚硝酸盐还原为氮气，能够实现 NH_4^+-N 的无害化处理；

③ A/A/O 工艺是在 A/O 法流程前加一个厌氧段，废水中难以降解的有机物通过酸化厌氧作用开环变为链状化合物，链长的化合物断链为链短的化合物，提高了废水的可生化性。

除传统的生物脱氮技术外，目前发展了包括全程自养脱氮、短程硝化反硝化脱氮、厌氧氨氧化等新型生物脱氮技术，不过这些方法多数处于试验研究阶段，技术尚不成熟，但它们开辟了废水生物脱氮技术的新领域。

全程自养生物脱氮是限制 DO 为 1.0mg/L 左右，由自养菌完成整个 NH_4^+-N 的去除过程，不存在明显的异养反硝化。这种方法无需曝气，能耗仅为常规硝化反硝化脱 NH_4^+-N 能耗的 1/3～1/2，无需添加有机碳源进行反硝化，处理费用大为降低，全程自养脱氮率达 70% 左右。

短程硝化反硝化原理是将 NH_4^+-N 氧化控制在亚硝化阶段，利用硝酸菌和亚硝酸在动力学特性上存在的固有差异，控制硝化反应只进行到 NO_2^--N 阶段，造成大量的 NO_2^--N 累积，然后直接进行反硝化反应。实现亚硝化反亚硝化的关键是寻求抑制硝化菌而不抑制亚硝化菌活性的合适条件，防止生成的 NO_2^--N 转化成 NO_3^--N。

同步硝化反硝化（Simultaneous Nitrification and Denitrification，SND）是指在一定条件下，硝化与反硝化反应发生在同一处理条件及同一处理空间内。近十余年来，在不少污水处理工艺的实际运行中发现了 SND 现象。利用 SND 固定生物膜混合动力系统处理焦化废水同样可以达到较好的去除 COD 和 NH_4^+-N 的效果。

厌氧氨氧化（Anaerobic Ammonium Oxidation，Anammox）是指在缺氧条件下，以亚硝酸盐作为电子受体，将氨转化为氮气，同时伴随着以亚硝酸盐为电子受体固定二氧化碳并产生硝酸盐的生物过程。厌氧氨氧化实际包括两个过程：

第一过程为分解（产能）代谢，以氨为电子供体，亚硝酸盐为电子受体，两者以1：1的比例反应生成氮气，并把产生的能量以 ATP 的形式储存起来。

第二过程为合成代谢，以亚硝酸盐为电子受体提供还原力，利用碳源二氧化碳以及分解代谢产生的 ATP 合成细胞物质，并在这一过程中产生硝酸盐。执行这一过程的就是厌氧氨氧化（Anammox）菌。

和传统的硝化反硝化工艺相比，厌氧氨氧化具有以下几个优点：

① 厌氧氨氧化在缺氧条件下进行，不需要曝气装置供氧，可以减少能量的消耗；

② 厌氧氨氧化以 CO_2 作为碳源，不需要提供外加碳源，减少对碳源的消耗；

③ Anammox 菌生长缓慢，产泥量低，减少剩余污泥量，污泥处置费用低。

（4）生物流化床技术

生物流化床兼有完全混合式活性污泥法的高效率及生物膜法能够承受负荷变化冲击的双重优点，具有良好的处理效果，因此近年在处理难降解有机废水方面越来越受到人们的重视。厌氧流化床能有效提高焦化废水的可生化性，高效降解有机污染物及 NH_4^+-N。

（5）生物强化技术

生物强化技术就是为了提高废水处理系统的处理能力，而向该系统中投加从自然界中筛选的优势菌种或通过基因组合技术产生的高效菌种，以去除某一种或某一类有害物质的方法。经过实验室培养能降解特定污染物的优势微生物，然后将微生物菌体接种到生物反应器中可以达到较好的难降解有机物去除效果。生物强化技术能在不扩充现有水处理设施的基础上提高其水处理的范围和能力。针对目前我国焦化废水的处理现状，将生物强化技术与普通生化技术相结合是一条比较实用的思路。

（6）固定化微生物技术

固定化微生物技术是通过物理或化学的方法和技术在特定的空间内将某些游离的微生物固定，从而保持其特有的催化活性，能够被复制和连续使用的生物工程技术。固定化微生物技术目前国内还没有统一的分类标准，主要包括吸附法、包埋法、共价结合法、交联固定化、介质截留法、无载体自固定化法等几种方法，将不同的微生物固定在不同的载体上从而将废水中的各类污染物质分解去除。常用的载体：a.无机载体，包括硅藻土、多孔砖、碎石等；b.有机载体，包括天然载体琼脂、角叉菜胶、海藻酸钠等；

c.人造载体，包括塑料、离子交换树脂、聚丙烯酰胺等。有研究表明用固定化微生物小球技术结合厌氧-好氧工艺处理焦化废水，出水能满足排放标准。

（7）膜生物反应器（Membrane Bioreactor，MBR）

MBR工艺是20世纪90年代发展起来的一种污水处理新技术，是生物处理与膜分离技术相结合形成的一种高效污水处理工艺。该技术用膜分离技术取代传统接触氧化法的二沉池，膜的高效固液分离能力使出水水质优良，处理后的出水可直接回用。MBR对于COD以及NH_4^+-N的处理效果均好于常规的A/O法，但是MBR造价较二沉池高，在经济效益方面不如传统二沉池有优势，成为制约其工业化应用的主要因素。

2.1.1.2　焦化废水的物理化学处理技术

（1）混凝法

混凝法的关键在于混凝剂，常见的混凝剂有铝盐、铁盐、聚铝、聚铁和聚丙烯酰胺等。目前国内焦化厂家一般采用聚合硫酸铁、聚合氯化铝铁及聚丙烯酰胺处理废水，生成的矾花大而密实，沉降速度快，出水色度低，效果较好。研究表明硫酸亚铁可有效去除焦化废水处理过程中前置反硝化工艺出水中的氰化物，尤其是铁氰化物。

（2）吸附法

吸附法处理成本高，吸附剂再生困难，不利于处理高浓度的废水，故常用于废水的深度处理。颗粒活性炭、粉煤灰等常被用来作为吸附剂，可对焦化废水中NH_4^+-N、色度等进行深度处理。

根据吸附剂表面吸附力的不同，吸附可分为化学吸附和物理吸附两种类型。表2-2为两种吸附类型的比较。

表 2-2　物理吸附和化学吸附的特征比较

吸附性能	物理吸附	化学吸附
作用力	分子引力(范德华力)	剩余化学价键力
选择性	一般无选择性	有选择性
形成吸附层	单分子或多分子	单分子
吸附热	较小,一般为41.9kJ/mol	较大,相当于化学反应热, 一般为83.7～418.7kJ/mol
吸附速度	快,几乎不需活化能	较慢,需要一定活化能
温度	放热过程,低温有利于吸附	温度升高,吸附速率增加
可逆性	较易解析	化学价键力大时,吸附不可逆

（3）稀释和气提

焦化废水中含有的高浓度NH_4^+-N以及微量高毒性的CN^-等对微生物有抑制作用。因此这些污染物应尽可能在生化处理前降低浓度，通常采用稀释和汽提的方法。一般情况下，汽提不能使NH_4^+-N达到排放标准，只能作为预处理方法。

（4）烟道气处理焦化废水

烟道气可用来处理焦化剩余氨水或全部焦化废水，是利用烟道气含有硫化物和焦化废水中氨进行化学反应,使二者均可得到净化的"以废治废"的新方法,在江苏淮钢集团焦化剩余氨水处理工程中获得成功应用。实践证明,该方法与常规的生化法相比,不仅研究思路全新,效果也迥异。它是将废水中的污染物,主要是有机污染物以固化状态与废水分离,而废水中的水分全部汽化,从而实现了废水经处理后的"零排放",并确保烟道气达标外排。它"以废治废",具有投资省、运行费用低、处理效果好的巨大优势。

(5)膜分离技术

利用膜的选择透过性能将离子、分子或某些微粒从水中分离出来的过程称为膜分离过程。膜分离法通常用于二级生物处理后废水的进一步深度处理,利用膜技术降低污染物的浓度,可以使这部分水循环利用于绿化灌溉、设备冷却水等,减少了企业的生产用水量,杜绝废水因排放不达标所造成的污染问题。

膜分离技术包括电渗析、反渗透、超滤、微滤等,其特点是:a.可在室温和无相变条件下进行,能耗低,具有广泛的适用性;b.规模可大可小,易于自控;c.不需要外加物质,节约原材料;d.利用膜孔大小分离物质,不会破坏物质结构和属性;e.分离和浓缩同时进行,可回收资源。

2.1.1.3 焦化废水的化学处理方法

(1)Fenton 试剂法

Fenton 试剂法在处理难生物降解或一般化学氧化难以去除的有机废水时具有设备简单、反应条件温和、操作方便、高效等优点,极有应用潜力。但是该方法处理费用较高,只适用于低浓度、少量废水的处理。Fenton 试剂也可以与其他方法联合使用,有研究表明 UV-Fenton 试剂对焦化废水进行氧化处理,COD 去除率能达到 86% 以上,挥发酚基本能被完全去除。

(2)焚烧法

焚烧处理工艺对于处理焦化厂和煤气厂产生的高浓度废水是一种切实可行的处理方法,特别适用于北方寒冷地区,焚烧工艺还可以副产蒸汽以供生产和生活使用,从而降低运行费用,对于高浓度废液也不失是一种可行的办法。尽管焚烧法处理效率高,不造成二次污染,但其处理费用昂贵,在国内应用较少。

(3)放电等离子体处理技术

放电等离子体技术可以用来处理焦化废水,对焦化废水中氰化物、NH_4^+-N 及 COD、多环芳烃等有较好的去除效果,可减少后续生物处理过程中氰化物及 NH_4^+-N 对生物的抑制作用,提高生化处理的效果。该技术是一种高效、低能耗、使用广泛、处理水量大的新型环保技术。但是,该技术处理装置费用较高,有待于进一步研究开发,以降低投资费用。

(4)催化湿式氧化技术

催化湿式氧化技术指在一定温度、压力下,利用催化剂作用,经空气氧化使污水中的有机物、NH_3 分别氧化分解成 CO_2、H_2O 及 N_2 等无害物质,达到净化目的。该技术具有适用范围广、氧化速度快、处理效率高、二次污染低、可回收能量和有用物料等优点。但是，由于其催化剂价格昂贵，处理成本高，且在高温高压条件下运行，对工艺设备要求严格，投资费用高。

湿式氧化处理技术可用于焦化厂废水处理技术的改造，焦化厂废水经预处理后，通过废水分流技术，辅以催化湿式氧化处理技术进行剩余氨水的进一步处理，再进入传统的生化处理设施。催化湿式氧化处理技术应用于焦化废水处理中获得优良效果，在进水废水中 COD 含量在 6000～10000mg/L 之间，NH_4^+-N 含量在 3000～5000mg/L 之间，pH 值为 9.8，采取催化湿式氧化处理技术改造后，废水出水含量 COD 含量在 50mg/L 以下，NH_4^+-N 含量在 10mg/L 以下，pH 值降低为 7。

（5）超临界水氧化技术

超临界水氧化技术以超临界水作为反应介质，以氧气或过氧化氢作为氧化剂，通过高温高压下的自由基氧化反应，能迅速将各种难降解有机物彻底氧化为 CO_2、H_2O 及少量无机盐等无害物质。因此，将超临界水作为反应介质的污水处理技术已经受到广泛关注。采用催化超临界水氧化技术针对焦化废水的主要污染物降解过程研究表明，废水经处理后，苯酚降解率达到 100%，喹啉和 NH_4^+-N 的降解率也分别达到 99% 和 96% 以上。

（6）臭氧氧化技术

臭氧能与废水中的绝大多数有机物、微生物迅速反应，可去除废水中的酚、氰，并降低废水的 COD、BOD 值，同时起到脱色、除臭、杀菌的作用。臭氧的强氧化性可将废水污染物快速除去，自身分解为氧，不会造成二次污染，管理操作方便。但是，这种方法存在投资高、电耗大、处理成本高的缺点，目前臭氧氧化技术主要应用于焦化废水的深度处理。

（7）电化学氧化技术

电化学氧化技术氧化能力强、工艺简单、不产生二次污染，是一种应用前景比较广阔的废水处理技术。电极对焦化废水有较好的去除效果，在臭氧的存在下，以高锰酸钾为催化剂，高岭土作为载体进行电化学氧化处理，难降解有机物的废水可被有效地处理，COD 去除率达 92.5%。另外，电极材料、氯化物浓度、电流密度和 pH 值对电化学反应过程中 COD 的去除率及电流效率具有显著影响。

（8）光催化氧化技术

光催化氧化技术是一种新发展起来的废水处理技术。其氧化机理为：光能引起电子和空隙之间的反应，产生具有较强反应活性的电子（空穴对），这些电子（空穴对）迁移到颗粒表面，便可以参与并加速氧化还原反应。在焦化废水中加入光催化剂粉末，在紫外线的照射下，鼓入空气，能将废水中的有机毒物和色度去除，尤其对高浓度的酚类物质有较好的去除效果。光催化氧化技术比传统的化学氧化法具有明显的优势，能耗低，操作条件容易控制、无二次污染、可重复利用、对几乎所有的有机污染物都可实现完全降解的优点，因而受到国内外学者的普遍重视，是目前环保和材料领域研究的热点。该方法要求体系具有良好的透光性，有时会产生一些有害的光化学产物，造成二次污染。

（9）微波诱导技术

微波诱导催化反应是将高强度短脉冲微波辐照聚集到含有某种"敏化剂"（如铁磁金属）的固体催化剂床表面上，由于表面金属点位与微波能强烈的相互作用，微波能将被转变成热能，从而使某些表面点位选择性地被迅速加热到很高的温度。尽管反应器中的有机试剂都不会被微波直接加热，但当它们与受激发的表面点位接触时却可发生反应。通过适当控制微波脉冲的开关时间可以控制催化剂表面的温度，加上适当控制反应物的压力和流速，就可进一步控制化学反应并减少副反应的发生。因为此时反应介质的本体仍然处于或接近于室温，在此反应过程中，催化剂的作用不仅在于把热能聚焦，而且还可借它与反应物和产物相互作用的选择性而影响反应的进程。

微波诱导技术用于治理环境污染是近年发展起来的，并且取得了良好的进展。昆钢煤焦化有限公司安宁分公司从 2008 年年底开始进行了工业化试运行，微波处理工艺系统运行状况良好，并发现出水水质比原有的 A^2/O 工艺出水水质好，出水水质指标优于废水排放标准。

2.1.2 焦化废水典型处理工艺与效果

国内大多数焦化厂废水处理系统都是采用一级处理和二级处理工艺，近几年来逐渐开始采用三级深度处理。

① 一级处理是指高浓度废水中污染物的回收利用，其工艺包括脱酚、氨水蒸馏和终冷水脱氰等。废水水脱酚可采用溶剂萃取法、蒸汽脱酚法、吸附法和离子交换法等；氨水蒸馏分采用直接蒸汽蒸馏和复式蒸汽蒸馏；终冷水脱氰又称黄血盐技术，其工艺是处理废水在脱氢装置中与铁刨花和碱反应生成亚铁氰化钠（黄血盐）。

② 二级处理主要指焦化废水的无害化处理，以活性污泥法为主，还包括强化生物法处理技术，如生物铁法、投加生长素法、强化曝气法等，这对提高处理效果有一定的作用。

③ 三级深度处理是指在生化处理后的排水仍不能达到排放标准时所采用再次深度净化。主要工艺有活性炭吸附法、炭-生物膜法、混凝沉淀（过滤）法和氧化塘法等。

2.1.2.1 传统的生化处理技术

当前诸多焦化厂在废水的处理工艺选择方面，多是选择传统的生化处理技术，该技术工艺通常由除油池、调节池、曝气池、浮选池、生化反应池、沉淀池等相关构筑物构成。现实中因为 NH_4^+-N 的浓度过高，所以在进行生化处理步骤之前需要先将废水进行混合送入蒸氨装置中，脱掉相应 NH_4^+-N 污染废物。

焦化厂传统废水处理工艺如图 2-1 所示。

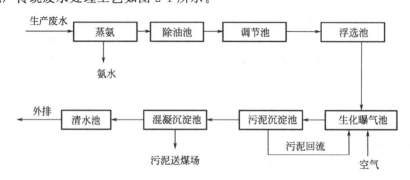

图 2-1 焦化厂传统废水处理工艺

通过普通的生化处理工艺通常能够有效去除废水内所含的酚、氰等排放物，但是，因为该技术的局限性，废水中 NH_4^+-N、BOD_5 与 COD_{Cr} 等污染物指标难以达到标准要求，尤其是对 NH_4^+-N 污染物的降解更难有效展开，NH_4^+-N 在净化后含量仍达 100～200mg/L，无法满足污水综合排放标准。因此，焦化厂废水排放 NH_4^+-N 污染物数量巨大，易对环境造成较大的污染。

2.1.2.2　A^2/O 工艺在焦化废水处理中的应用

A^2/O 工艺是较常见的焦化废水处理工艺。某焦化企业年产焦总量达到了 60 万吨。公司新建 A^2/O 污水处理装置，废水主要由剩余氨水、煤气初冷、脱硫及焦油脱水过程产生的污水及煤气管道水封水等组成，设计污水处理量 $70m^3$/h。新工艺利用微生物的生物化学作用，将废水中含氮物质经硝化反硝化脱氮，较好地解决了焦化废水的处理问题。

A^2/O 废水处理工艺可分为预处理系统、生化处理系统和深度处理系统，如图 2-2 所示。

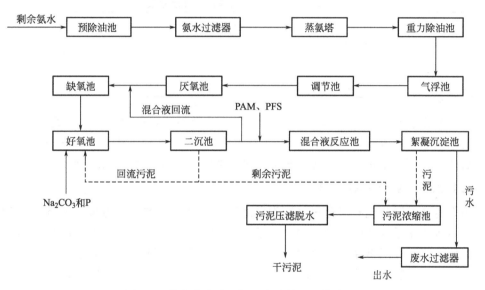

图 2-2　某焦化企业 A^2/O 废水处理工艺流程

（1）预处理

为防止废水中的高浓度 NH_4^+-N、COD 对微生物的毒害和抑制，对来水进行预处理。预处理系统主要包括对剩余氨水的加碱蒸氨、重力除油、气浮除油等。设置预除油池，以增加焦油与氨水的分离时间，防止剩余氨水中焦油过多，蒸氨过程中，大量重质焦油沉积下来，堵塞蒸氨塔和换热器。同时在原料氨水进蒸氨塔前增加氨水过滤器进一步除去剩余氨水中的焦油，通过预处理后，进入调节池的废水水质 NH_4^+-N 浓度<150mg/L、油含量<80mg/L、酚含量<300mg/L、COD 浓度<1700mg/L。

（2）生化处理

污水依次通过厌氧池、缺氧池、好氧池，经过一系列的生物化学反应，水中的酚、氰、NH_4^+-N 被转化为 CO_2、H_2O、N_2 等。通过微生物的生物化学作用，经硝化反硝化过程，将废水中的含氮物质逐步转化为氮气。在设施上，厌氧池和缺氧池采用新型布水装置和挂泥填料，使进水更加均匀；好氧池采用新型圆帽曝气器，曝气效率更高；加药系统采用新型计量加药装置，使系统的各项工艺指标如 pH 值、磷含量等更容易调节；通过增加蒸汽预热装置控制风温来调节好氧池的温度，解决了环境温度对好氧池内温度的影响。

（3）深度处理

经过生化处理的废水，除去了废水中大部分的酚类、氰化物及 NH_4^+-N 类物质，出水中酚、氰等指标已经能达到国家二级排放标准。但 NH_4^+-N、悬浮物和 COD 仍然超标，为此必须进行后处理。从二沉池出来的污水经混合液反应池、絮凝沉淀池进入废水过滤器进一步降低水中的悬浮物和 COD，后设置废水过滤器，以沸石为填料，利用沸石的吸附与离子交换作用有效地去除废水中的 NH_4^+-N，出水的 NH_4^+-N 最终能达到国家二级排放标准，二沉池出水水质及最终废水滤池出水水质如表 2-3 所列。

表 2-3　A^2/O 工艺处理后的废水水质

项目	COD /(mg/L)	pH 值	NH_4^+-N /(mg/L)	氰化物 /(mg/L)	挥发酚 /(mg/L)	石油类 /(mg/L)	SS /(mg/L)
二沉池出水	183.11	7.3	27.54	0.07	0.17	8.74	75.42
最终废水滤池出水	47.93	6.8	16.42	0.06	0.16	5.56	45.48

A^2/O 工艺处理焦化废水，各环节运行指标只要控制在规定范围内，处理后的废水就能达到国家二级排放标准，且运行稳定。公司废水处理量可达到 $60 \sim 70 m^3/h$，若将处理后的废水用于熄焦和调节池补充水，每年能降低用水成本 30 余万元。

2.1.2.3　A/O-BAF 工艺

山东兖矿国际焦化有限公司（简称兖矿国焦公司）年产 200 万吨焦炭和 20 万吨甲醇，产生废水水量约 $103 m^3/h$，另外稀释水水量 $95 m^3/h$。该厂甲醇废水含 COD 浓度高，在脱硫工段会间歇性有硫化物进入水体，蒸氨废水 NH_4^+-N 浓度高且不稳定。根据生产工艺和水质特点，选用 A/O-BAF（曝气生物滤池）工艺处理焦化废水，设计处理量为 $206 m^3/h$。

A/O-BAF 工艺流程如图 2-3 所示，原水及处理后水质指标见表 2-4。

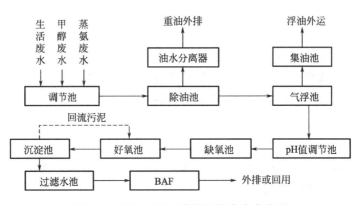

图 2-3　A/O-BAF 工艺处理焦化废水流程

表 2-4　原水及处理后水质指标

水样	COD/(mg/L)	NH_4^+-N/(mg/L)	挥发酚/(mg/L)	氰/(mg/L)	pH 值
原水	<3000	80~1700	<800	<15	9.5~11.0
二沉池出水	120	25	0.5	0.5	6.5~8.0
BAF 出水	100	5	0.5	0.5	6.5~8.0

　　三股废水混合经过除油池、气浮池后，进入 pH 值调节池，经缺氧给水泵和布水器进入缺氧池。回流比控制在 3 左右，为反硝化提供 NO_2^- 和 NO_3^-，缺氧池水力停留时间为 10h。缺氧池溶解氧一般控制在 0.8mg/L 左右，温度控制在 25℃左右，反硝化的效果明显，实际运行中缺氧池对 COD 和 NH_4^+-N 的去除率分别为 70% 和 85%。废水经过缺氧池后，可生化性得到提高，后续的好氧池降解一部分 COD，同时发生硝化反应。好氧池内溶解氧一般控制在 2~3mg/L。好氧池对 COD 和 NH_4^+-N 都有较好的去除效果，出水 COD 基本可以稳定在 120mg/L 左右，NH_4^+-N 基本可以稳定在 13mg/L 左右；投加 Na_2CO_3 控制好氧池 pH 值，一般控制在 8 左右。实际运行中，好氧池对 COD 和 NH_4^+-N 的去除率分别为 80% 和 75%。

　　曝气生物滤池（BAF）是一个典型的大颗粒固定床生物滤池（见图 2-4），BAF 工艺属于生物膜法。该工艺具有集生物氧化和吸附截留于一体、容积负荷高、水力停留时间短、基建投资省、能耗低、出水水质高的特点，是近年来研究较多的一种污水处理新工艺。BAF 中沿水流方向存在污染物的浓度梯度，并且曝气生物滤池内的陶粒颗粒比表面积大，污水和微生物能充分接触，有利于提高生化效果。另外，膜法"污泥龄"

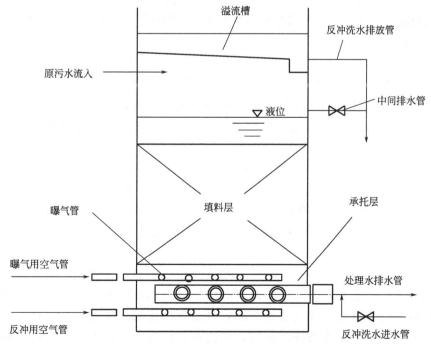

图 2-4　曝气生物滤池（BAF）构造示意

长，硝化菌等生长速度缓慢的细菌也得以繁殖，BAF 中生物类型繁多，食物链长且复杂，生物量大，剩余污泥少。废水经过前段缺氧好氧处理后，BAF 仍能去除少量的 COD，使出水 COD 达标，NH_4^+-N 浓度进一步降低，BAF 出水 NH_4^+-N 浓度基本维持在 5mg/L 左右。实际运行中，BAF 对 COD 和 NH_4^+-N 的去除率分别为 20% 和 50%。对 BAF 出水检测酚、氰等其他污染物指标，均能达到排放标准。

2.1.3 焦化废水处理存在的问题

20 世纪 80 年代到 20 世纪末期是我国焦化发展的关键时期，在这 20 余年的时间里，我国设计并兴建了近十座焦化厂，而且每年的产焦量也在不断增加，焦化行业的快速进步与发展对于我国工业的发展以及经济的进步具有重要的促进作用，但是这些焦化厂在快速进步发展的同时，也带来了一定的环境问题，焦化厂每年所排放的焦化废水不仅污染了环境，甚至还威胁了人们的健康。

焦化废水是在煤制焦炭、煤气净化和焦化产品回收的过程中所产生的含芳香族化合物与杂环化合物的典型废水，是一种很难处理的高浓度有机废水，处理工艺中主要包含以下问题：

① 物理化学处理方法作为焦化废水深度处理方法，对 NH_4^+-N 等的去除率较低，单独使用，很难使焦化废水处理达标排放，必须与其他方法相结合才能使出水达标。

② 各种深度处理技术对设备要求高，操作复杂，耗能大，处理费用昂贵，目前在工厂中实际应用很少。

③ 常规的生物处理方法的稀释水用量大，处理设施规模大，停留时间长，投资费用较高，对废水的水质要求条件严格，废水的 pH 值、温度、营养物质、有毒物质的浓度、进水有机物的浓度、溶解氧量等多种因素都会影响细菌的生长和出水水质，对操作管理提出较高的要求，操作费用较高。

④ 传统的生化处理技术在废水 NH_4^+-N、BOD_5 与 COD_{Cr} 等污染源处理指标等方面难以达到标准要求，尤其是对 NH_4^+-N 污染物的降解更难有效展开，NH_4^+-N 在净化后仍达到 200mg/L，同废水排放标准相差很大。因此，我国每年焦化厂废水所排 NH_4^+-N 污染物达万吨之多，这类情况是亟待解决的，如不加以重视将会产生更为严重的污染。

⑤ 为了提高焦化废水处理效果，在预处理过程中往往需要添加较多的化学药剂，如除油池内放入一定量的絮凝剂和助凝剂，用以除去水中的胶体和悬浮物质，并在一定程度上降低生物处理厌氧段的 COD 负荷。混凝剂的作用会受到水温、pH 值以及悬浮物浓度的影响，价格较高，处理成本高，并且对设备要求严格。所以在废水处理中，化学药剂的合理选择是当前的主要问题之一。

⑥ 焦化厂不同环节所产生的废水往往温度也具有一定的差别，而温度往往会对生物的活性产生一定的影响，温度是限制细菌繁衍的重要因素，尤其要注意冬夏不同季节水温差别对蒸氮系统的影响。在好氧池里，如果温度过高会导致污泥活性产生急剧的恶化，受温度等条件的影响，污泥也会出现一定的老化，老化后的污泥往往存在一定的排放难度，从而导致了淤积污泥具有较高的浓度，久而久之污泥活性

大大降低。

⑦ 熄焦水质超标、污染物转嫁。熄焦塔的循环水，水温在70℃左右，余热利用难度大，如果返回生化池处理，需要预冷单元，否则会杀死生化处理单元的活性微生物，所以，有的企业将熄焦的循环水配上清洁水和生化出水，循环熄焦使用。更有甚者，只要污水过一下处理设施，便直接引来熄焦，而循环熄焦水质已严重超标，会将污水中有机污染物变相引入大气中，因此存在污染物转嫁的问题。采用湿法熄焦工艺的焦化企业存在这个问题，采用干熄焦的企业，干熄焦设备检修期间也存在该问题。

⑧ 生化处理不稳定、达标率低。焦化废水 COD 一般浓度为 3000mg/L 左右，NH_4^+-N 浓度为 50～500mg/L，挥发酚和氰化物含量也比较高。处理工艺不同处理效果也不同，比较成熟的工艺出水 COD 浓度能降到 100～150mg/L，NH_4^+-N 降到 15～25mg/L。尽管焦化废水中酚类物质和氰化物对微生物有毒性，但从实际工程反应的情况来看，还是可以利用生化的方法去除，焦化废水主要还是 NH_4^+-N 和 COD 超标。

⑨ 生化处理过程中逸散有毒物质多。由焦化废水的处理工艺可以看出，生化法是处理过程中不可缺少的一部分，主要用来去除焦化废水中的酚、氰和易生物降解的污染物。焦化废水生化处理过程中逸散出大量有毒有害有机组分。逸散 VOCs 主要为酚类、PAHs、含氮杂环、酯类、烷烃和含卤有机物等，其中大部分是有毒有害污染物，VOCs 经过化学变化还会对环境、人体造成二次危害。

⑩ 反渗透处理技术不能有效应用。焦化废水深度处理过程中采用的反渗透处理系统对进水水质要求较高，生化段出水经后处理的水质和膜系统进水水质差异较大，生化出水经过后处理，还要进行砂滤、活性炭和树脂柱吸附、微滤、纳滤或超滤后，才能进 RO 反渗透系统。也有很多焦化厂，为了满足当地环保部门的要求，安装了 RO 膜深度处理系统，但是生化处理单元和膜处理单元间的阀门却不能打开，RO 膜深度处理系统成了应付环保检查的硬件，却不能真正运行。

焦化废水治理技术能否成功应用，主要受处理效果、投资运行费用以及是否会造成二次污染 3 个因素制约。目前各种处理技术单独使用都不能满足上面 3 个要求，它们各有优缺点，因此需要根据实际的处理状况，对工艺进行选择和组合，取长补短才能找到治理焦化废水的最佳方法。同时，深入研究焦化废水的先进处理技术，既是当前建设环保型社会面临的现实问题，也是将来进行技术攻关的重点。寻求既高效又经济的处理技术，对改善环境质量、实现水资源的循环利用有着现实意义。

焦化废水处理技术的进展方向如下。

（1）推行清洁生产工艺

为了减轻焦化废水的治理负担，焦化企业应积极寻求炼焦生产新工艺，调整产业结构，尽量推行清洁生产。新建和改、扩建的焦化企业的工艺与装备要达到《清洁生产标准　炼焦行业》（HJ/T 126—2003）中生产工艺与装备的二级标准要求。通过减少进入生产流程的物质量和多次反复使用某种物品，最终达到最佳生产、最适消费和最少废弃的目的。主要措施有：

① 改革生产工艺，加强运行管理；

② 对产生的焦化废水进行相应的处理，使其达到相应的排放要求；采用干熄焦技术，提高焦炭质量，达到节水的目的。

（2）选择适当的废水处理工艺

① 开发高效低耗的处理工艺，利用物化法预处理提高其可生化性，再结合生化处理工艺是一条较合理的途径；

② 采用生物强化技术，包括选育优势菌种、提高污泥活性、增加微生物浓度、固定化和膜化等强化生物技术；

③ 开发高效反应器一直受众多研究者重视，固定床、GAC 膨胀床、生物转盘、生物流化床和加半软性填料的固定膜系统在处理焦化废水时均取得较好效果；

④ 通过各单元工艺组合形成的组合工艺处理焦化废水应该是未来发展的主要方向。

2.2 兰炭废水处理工艺与效果

2.2.1 兰炭废水处理技术概况

兰炭产业 2008 年被国家工信部列入产业目录后，在陕北地区及新疆、宁夏、内蒙古等地迅速发展，产能成倍增长。与此同时，一个年产 60 万吨的兰炭厂，每天产生的废水约为 120m³；该类废水成分复杂，处理难度大，已成为兰炭产业能源基地建设中亟待解决的关键难题之一。

兰炭废水是煤在中低温干馏（约 650℃）过程中产生的废水。兰炭为低温干馏，在生产过程中产出的焦油量大，低分子有机质多，因而废水中含有大量未被高温氧化的污染物，其浓度要比焦化废水高出 10 倍左右。兰炭废水包含 300 多种污染物。无机污染物主要有硫化物、氰化物、NH_4^+-N 和硫氰化物等，有机污染物主要为煤焦油类物质，还有多环芳香族化合物及含氮、氧、硫的杂环化合物等。由于废水中还含有各种生色基团和助色基团物质，兰炭废水色度高达上万倍。废水中所含的酚类、杂环化合物及 NH_4^+-N 等会对人类、水产、农作物构成很大危害，必须经过处理，使污染物含量达到一定的标准后才能排放。

由于兰炭行业兴起较晚，目前国内外还没有成熟的兰炭废水处理工艺，现有的处理方法主要借鉴水质相似的焦化废水。目前，兰炭废水处理系统通常包括常规的两级处理。

① 一级处理是从高浓度废水中回收污染物，工艺包括隔油、脱酚、蒸氨等。经物化预处理后的废水水质很难达到回用水标准，废水中的 COD 及 NH_4^+-N 仍然很高，其 BOD/COD 值在 0.10~0.16 之间，生化难度依然很大，需要在调节池中稀释并加入营养盐和抑制剂，进一步提高废水的可生化性。

② 二级处理是对预处理后的废水进行无害化处理，以活性污泥法为主，利用微生物来处理污水中呈溶解或胶体状的有机污染物质，很多废水经过二级处理水质仍不达标，需要进行膜分离、混凝和吸附等深度处理。

生物法是焦化废水处理较经济、操作管理较简单、较理想的方法，兰炭废水的生物处理方法和焦化废水相似，由于兰炭废水水质恶劣、可生化性差，在预处理和深度处理方面，根据其水质特性开发了一些物理处理方法和化学处理方法，下面进行详细论述。

2.2.1.1 除油技术

兰炭废水中含有大量的重质焦油、轻质焦油和乳化油，可利用自然重力分离回收重质焦油渣等固体颗粒或胶状杂质，同时添加破乳剂，去除乳化油并回收悬浮在废水表面的轻质油。兰炭废水含有大量乳化油，会对生化系统中的微生物造成危害，显著降低生化处理效率，乳化焦油一旦破乳会形成黏稠状固形物，在后续工序中堵塞管道，严重影响污水处理系统的运行效果，可采用气浮法进行除油，选择适当的破乳剂来去除乳化油。

2.2.1.2 吹脱法

吹脱法可以有效降低废水中的 NH_4^+-N。将废水调至碱性，使废水中 NH_4^+-N 转为游离氨，然后在汽提塔中通入空气或蒸汽，利用液相中氨的平衡浓度与实际浓度的差异，将废水中的游离氨吹脱至大气中。一般认为，吹脱效率与温度、pH 值和气液比等有关。崔崇等采用吹脱法对兰炭废水进行了预处理研究，实验结果表明，在最佳条件下，吹脱法对 NH_4^+-N 的去除效果明显，NH_4^+-N 可从进水的 2500mg/L 降到 630mg/L，调节水质后能达到生物处理阶段微生物所能承受的 NH_4^+-N 和 COD 污染负荷。吹脱法受温度影响较大，装备尺寸也会影响处理效果，能耗高，装置和管道容易结垢，处理费用较高。

2.2.1.3 蒸馏法

蒸馏法是通过加碱将固定铵盐转化为游离氨后，利用蒸汽进行多级蒸馏，挥发氨从液相扩散到气相，从气相中回收氨。工业中常使用精馏塔进行蒸氨，回收高浓度氨水。有研究采用蒸馏法处理兰炭废水，两次蒸馏，NH_4^+-N 浓度可从进水的 5280mg/L 降低至 416mg/L，且挥发酚得到有效去除。蒸馏法处理兰炭废水能回收氨水或液氨，脱除效率高，容易操作，没有二次污染，但由于蒸汽消耗大，使得蒸馏法成本较高。

2.2.1.4 溶剂萃取法

溶剂萃取法常用来回收废水中浓度较高的酚类物质。该法是利用难溶于水的萃取剂与废水接触，使废水中酚类物质与萃取剂结合，实现酚类物质的相转移。溶剂萃取法分为萃取和反萃取两个过程。萃取操作常用的萃取剂有苯、重苯、甲苯、轻油、重溶剂油、异丙醚、脂类、醋酸乙酯、甲基异丁酮、磷酸三丁酯等，可单独使用，也可相互配合使用。反萃取操作即为了实现有价值的酚类物质的回收和萃取剂的循环使用，将萃取剂进行再生处理。兰炭废水中含酚超过了 3000mg/L，用溶剂萃取法提取废水中的酚类物质，分离效果好、设备投资少、占地面积小、操作弹性大、能耗低、脱酚效率高，且萃取剂可以重复利用，可以实现酚类物质的高效提取和资源化利用，降低了兰炭废水中酚类物质的去除成本，具有较高的经济效益。

常用萃取剂物理常数如表 2-5 所列。

表 2-5　常用萃取剂物理常数

项目 ＼ 名称	二异丙醚	醋酸丁酯	N-503 溶剂＋煤油	重苯
沸点/℃	68.3	125	155±1	—
相对密度(20℃)	0.725	0.875	0.86	0.885
黏度(20℃)/(Pa·s)	0.34×10^{-3}	0.74×10^{-3}	19.5×10^{-3}	—
表面张力/(N/m³)	—	$25.48\times10^{-3}(20℃)$	—	29.3×10^{-3}
燃点/℃	433	—	190	—
闪点/℃	−27.7	—	158	—
凝固点/℃	−60	—	−54	—
水中溶解度(20℃)	0.2%	0.7%	0.01g/L	—
水中共沸温度/℃	6104	90.2	—	—
分配系数	26.6	48.1	8~32	2.3
毒性	无	轻微	轻微	有毒
腐蚀性	无	轻微	无	无
乳化性	不	基本不	乳化	乳化

2.2.1.5　液膜法

液膜分离是指通过两液相间形成的界面膜将两种组成不同但又互相混溶的溶液分开，经选择性渗透，使物质达到分离提纯的目的。采用液膜分离技术以磷酸三丁酯（TBP）为载体，煤油为膜溶剂，NaOH 水溶液为内水相对兰炭废水进行处理，经过 15min 的萃取，苯酚去除率达 85% 以上，COD 去除率达 83% 以上。液膜分离法比固体膜分离技术更高效、快速、节能，并且萃取剂用量和溶剂流失量较少，但是存在液膜稳定性差、溶胀性高、破乳困难等问题，同时制乳和破乳的工艺复杂，操作要求高，所以需要研究简单的破乳方法和装置，以实现工业化。随着支撑液膜稳定性的不断提高、新型表面活性剂和破乳技术研究的不断发展，液膜分离技术在兰炭废水处理方面将具有广阔的前景。

2.2.1.6　吸附法

吸附法是利用吸附剂发达的孔隙结构和巨大的比表面积，吸附处理水中难降解的有机物。目前，使用较为广泛的吸附材料有活性炭、磺化煤、大孔树脂、沸石、膨润土等。吸附法效果稳定、工艺简单、无二次污染，饱和的吸附剂经再生处理后可重复利用。吸附法可以回收水中的酚类，具有一定的经济性。但该法处理成本高，吸附剂再生困难，吸附剂孔径微小，易出现堵塞现象，常用于处理含酚浓度低、水质成分单一的废水，或与其他方法联合使用。

2.2.1.7　混凝法

兰炭废水经预处理及生化处理后 COD 浓度在 400mg/L 左右，仍不能达标排放，其中含有一些生物难降解的有机物，悬浮物较多，色度仍然较高，可采用混凝法进一步处理。混凝过程中可能发生吸附电中和、压缩双电层、络合沉降、絮体吸附等作用。混凝剂中含有大量能与各种有机官能团络合的金属阳离子，能与有机污染物分子的—CO—、—O—、—NH₂、—NR₂—、—OH等基团发生络合反应，形成结构复杂的大分子络合物，降低其水溶性，使其聚集程度加大从而被混凝沉降下来。同时混凝剂在混凝过程中形成大量氢氧化物絮体沉淀，有很强的吸附能力，COD去除率可以达到50%以上。

混凝法作为预处理技术，对污染物的去除率较低，但其处理设备简单、操作容易、适用范围广，可以作为深度处理技术，处理污染物浓度较低的废水，但是添加的药剂会产生大量的沉淀物，需要妥善处理，避免造成二次污染。此外，采用无机盐混凝剂处理效果差，且容易腐蚀设备，而聚合高分子混凝剂的价格较高，投加量大，会导致运行成本高，使其在实际运行中受到限制。

2.2.1.8 催化湿式氧化法

催化湿式氧化（Catalytic Wet Air Oxidation，CWAO）法是20世纪中期发展起来的一种用于处理高浓度、有毒有害、难降解废水的高级氧化技术，尤其适用于处理高浓度难降解有机废水。

催化湿式氧化法是在一定的温度和压力下，氧化剂在催化剂的作用下产生具有极强氧化性的·OH、RO·、ROO·等自由基，攻击废水中的有机物，在极短的时间内引发一系列的链式反应，最终生成小分子有机酸、H_2O及CO_2，同时具有脱臭、脱色及杀菌消毒的作用，从而达到净化废水的目的。

该技术具有适用范围广、反应条件温和、体系运行稳定、设备紧凑、占地面积小、氧化速度快、处理效率高、可回收能量和有用物料，二次污染低（尾气不含NO_x或SO_x等异味物质）等优点，具有广阔的市场前景。但该技术的难点在于需制备出活性高、成本低、稳定性强的催化剂，且反应需要在高温高压条件下进行，高昂的投资及运行成本制约了其工程转化，目前仅应用于部分高浓度、小水量难降解废水的处理。

2.2.1.9 Fenton氧化法

Fenton氧化法是利用Fe^{2+}和H_2O_2之间的链反应催化生成具有强氧化性的·OH来深度氧化各种有毒和难降解的有机化合物，同时生成Fe^{3+}，具有絮凝作用，最终达到去除污染物的目的。该法在处理难生物降解或一般化学氧化难以奏效的有机废水时，具有设备简单、反应条件温和、操作方便、高效等优点。有研究显示Fenton氧化法对兰炭废水COD的去除明显，但对NH_4^+-N的去除有限，需与其他方法联用以提高废水的可生化性。Fenton氧化-吹脱法、电Fenton氧化法、混凝沉淀-Fenton氧化法、活性炭吸附-Fenton氧化法等能有效去除废水中的有机物，提高兰炭废水可生化性，同时大分子有机污染物可分解为小分子污染物。Fenton氧化法反应必须在酸性条件（pH值在3～5之间最佳）下进行，反应后中和溶液需消耗大量碱液，需考虑铁泥的处置问题。

2.2.1.10 铁炭微电解

铁炭微电解法是利用金属腐蚀原理，以Fe、C形成原电池对废水进行处理的工艺，又称内电解法、铁屑过滤法，其基本原理是原电池反应。铁炭床具有处理工艺简单、效果好、成本低等优点，但由于该法要求 pH 值较低，会溶出大量的 Fe^{2+}，后续处理会产生大量的 $Fe(OH)_2$ 沉淀。有研究表明铁炭微电解填料利用了铁的还原性、铁的电化学性、铁离子的絮凝吸附三者共同作用来处理兰炭废水。兰炭废水 COD 浓度高达上万毫克每升，采用该法进行预处理，可有效降低后续生物处理的负荷，还不会引起铁炭床的钝化和板结。

2.2.1.11　三维电催化氧化法

三维电催化氧化是在填充粒子和通入空气条件下的电化学氧化，可以在常温常压下实现·OH 的生成。该方法综合采用合金化电极、固定催化剂及氧化剂技术，利用·OH 极高的氧化还原电位和很好的亲电性可以将废水中的高分子污染物氧化为低分子化合物，实现废水中高浓度有机污染物或难降解有机污染物的降解，提高废水可生化性。在常温常压下使用三维电催化氧化技术处理高浓度兰炭废水，可有效去除 COD 和氰类污染物，显著提高废水 BOD/COD 值，有利于后续生化处理。电催化氧化技术具有氧化能力强、反应条件温和、不易造成二次污染、管理方便等优点，在预处理方面有着广阔的应用前景。但该法受电极材料的限制，在降解有机物过程中电流效率较低，电耗较高，使其在实际应用中受到了限制。

2.2.1.12　电絮凝法

电絮凝法是将络合吸附与氧化还原、酸碱中和、气浮分离结合起来的废水处理工艺。电絮凝过程通过牺牲阳极产生沉淀，以絮凝和吸附方式去除水中的污染物，絮凝效果比传统化学絮凝法更好，是一种很有前途的处理高浓度有机废水的电化学方法，被广泛用于多种生物难降解废水的预处理。电絮凝法具有活性高、易操控、泥量低等优点，但该技术存在电极易钝化和极化、运行成本较高等问题，相关过程机理也尚未完全明晰。今后的研究还需对电絮凝过程中电沉积、絮凝和气浮等过程的相互作用和增效机制进行深入解析。

2.2.1.13　臭氧氧化法

臭氧的强氧化作用可使难生物降解的有机分子破裂，通过将大分子有机物转化为小分子有机物和改变分子结构，降低出水 COD，增加可生物降解物的质量。但臭氧氧化有强选择性及分解有机物不彻底等缺点。将臭氧氧化及其组合技术用于生化之后的深度处理，对于废水中的 COD、NH_4^+-N、色度等都有很好的去除效果。采用该方法要保证臭氧氧化系统的尾气破坏装置连续稳定运行；此外，受臭氧自身物理性质所限（臭氧在水中溶解度极其有限），如果进水 COD 浓度较高，采用该法将很难取得满意的处理效果。

2.2.2　兰炭废水典型处理工艺与效果

近年来，我国陕西北部和内蒙古鄂尔多斯地区兰炭产业正向大型化、集中化方向发展。与此同时兰炭生产过程中产生的污水带来的环保问题更加突出。兰炭废水组成复杂，除含有大量酚类有机污染物外，还含有氰化物和 NH_4^+-N 等有毒有害物质，COD 和色度均较难除去，为此急需研究经济适用的兰炭废水处理工艺。

2.2.2.1 物化-生化-物化联合处理工艺

陕西某煤化有限公司蒸汽熄焦现场产生的废水（兰炭废水），水质指标如表 2-6 所列。

表 2-6 兰炭废水主要水质指标

水质指标	pH 值	NH_4^+-N/(mg/L)	挥发酚/(mg/L)	COD_{Cr}/(mg/L)
原水	8.2~8.5	6000~7000	6000~7000	30000~50000

焦化厂位于陕北神木地区，该厂生产采用蒸熄焦工艺，蒸熄焦属于干熄焦方法，干熄焦可以提高红焦热量利用率，改善焦炭质量。由于该厂的兰炭废水各污染物含量浓度高，因此在确定兰炭废水处理工艺时，需要对 NH_4^+-N、酚类以及 COD 的去除效果进行考虑；同时也要注意节约成本，不能造成二次污染，应可以大面积进行推广使用等诸多因素。因此针对该厂生产工艺，在综合考虑、分析比对之后，处理工艺采用物化-生化-物化组合工艺，其主要流程为萃取柱、吹氨塔、厌氧池、好氧池、沉淀池、兰炭吸附柱。其工艺流程如图 2-5 所示。

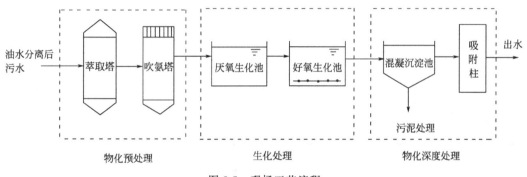

图 2-5 现场工艺流程

该工艺日处理水量为 3~5t。处理后出水水质稳定。具体工艺介绍如下。

（1）萃取

现场工艺以 30％的磷酸三丁酯-煤油混合物为萃取剂对兰炭废水进行了萃取，具体方法如下：常温条件下，调节兰炭废水至设定的 pH 值；萃取剂磷酸三丁酯-煤油与兰炭废水分别以 1∶7 的体积比混合进入萃取柱内，在机械搅拌器搅拌作用下进行萃取，萃取时间为 20min；一段时间后停止搅拌，混合液在萃取柱静止分层，进行分离。

氢氧化钠溶液和萃取过的磷酸三丁酯-煤油混合物分别以一定的体积比进行混合进入反萃取柱，在机械搅拌器搅拌作用下进行反萃取反应，反萃取达到一定的时间后停止搅拌。混合液静止分层，回收上层萃取剂以便于循环利用。

（2）空气吹氨

NH_4^+-N 在废水中主要是以游离氨（NH_3）和铵离子（NH_4^+）的形式存在，两者存在平衡关系：$NH_3 + H_2O \rightleftharpoons NH_4^+ + OH^-$

当 pH 值升高时，反应向左进行，游离氨（NH_3）含量增大。空气吹脱法根据此原理，在碱性条件下通过风机吹入大量的空气，游离氨随着空气从废水中逸出，以达到去

除废水中 NH_4^+-N 的目的。通过控制不同的气液比，调节吹氨前的 pH 值至 11，进行吹脱。

（3）生化处理

经过萃取-吹脱后的兰炭废水进入生化处理阶段，采用 A/O 法处理，进水 pH 值为 7～8，生物处理总停留时间为 20h，利用驯化过的活性污泥对有机物进行降解，厌氧池中保持厌氧状态，好氧池中不断曝气，经过驯化的活性污泥降解一段时间后生化出水进入混凝沉淀工艺。

（4）混凝沉淀

现场条件下生化出水进入混凝沉淀池，沉淀池中投加的混凝剂选用聚合硫酸铁，兰炭为助凝剂，pH 值保持在 7～8 之间，聚合硫酸铁的投加量为 1.0～1.5g/L，助凝剂兰炭的投加量为 1g/L。经过机械搅拌后，混凝剂和废水充分接触，经过絮凝后沉淀，进一步降低废水中的污染物浓度和色度。

（5）兰炭吸附

现场条件下混凝沉淀出水后，废水浊度还比较高，需要活性炭对其进行深度处理才能达到废水回用标准，吸附物质采用改性后的兰炭，在进水 pH 值为 7 的条件下，吸附时间为 15min。

最终出水水质如表 2-7 所列。

表 2-7　兰炭废水出水水质特征

水样	COD/(mg/L)	挥发酚/(mg/L)	NH_4^+-N/(mg/L)	pH 值	色度/倍
生化出水水质	800±100	100±20	105±20	7.5±0.5	350±50
最终出水	76±12	0.2±0.02	12±1.4	7.5±0.5	16

2.2.2.2　平板膜生物反应器（MBR）技术

由北京清大国华环保科技有限公司开发，根据国内煤化工废水处理的现状，结合工程实践和兰炭废水处理项目的实际情况，按照"分类收集，分质处理"的原则，采用"预处理＋厌氧酸化＋混凝沉淀＋平板膜生物反应器（MBR）"的优化组合处理工艺，在确保后续生化系统的稳定运行和出水水质达标的同时降低系统的运行费用。

其工艺流程示意见图 2-6。

污水经该技术处理后，设计出水水质可达到《炼焦化学工业污染物排放标准》（GB 16171—2012）限值要求。经过进一步再生回用处理后，回用水水质可达到《城市污水再生利用工业用水水质》（GB/T 19923—2005）中"敞开式循环冷却水系统补充水"的水质指标，回用于循环冷却水系统的补水或其他生产生活用水，主要指标为：COD≤60mg/L，NH_4^+-N≤10mg/L，硬度≤450mg/L，Cl$^-$≤250mg/L，溶解性总固体≤1000mg/L，石油类≤1mg/L，硫酸盐≤250mg/L。脱盐系统浓水经过膜浓缩系统减量化后，进入蒸发塘，实现系统"零排放"。

2.2.2.3　生物强化废水综合处理技术

由新加坡宇洁环保生物科技有限公司开发，采用生化法深度处理兰炭废水，根据污

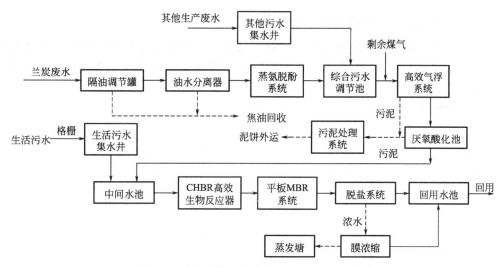

图 2-6　清大国华兰炭废水处理工艺流程示意

水中各主要污染指标的处理特性，采取具有针对性的治理工艺进行分步预处理，结合自主研发的"宇洁优势菌群"生物技术进行综合处理，最终实现达标排放。"宇洁优势菌群"是由 300 多种菌落组成的高效微生物菌群，其中 76 种经新加坡经济部标准局的专利认可，专门应用于废水处理。根据不同废水水质，对微生物进行筛选及驯化，有针对性地选择多种微生物组成的菌群，并将其植入污水处理系统中。在微生物周而复始、生长不息的新陈代谢过程中，利用生物工程技术对其进行合理的诱导，使菌群内部产生大量高效生物酶和辅酶，以发挥生化系统各种酶的抗毒能力、抗冲击能力，特别是加强了难降解有机物的催化分解作用。在此过程中，达到改良系统微观体系，培养和驯化出具有特殊降解功能的"宇洁优势菌群"。菌群具有分解不同污染物的能力，并形成相互依赖的生物链和分解链，突破了常规细菌只能将某些污染物分解到某一中间阶段就不能进行下去的限制。其最终产物为 CO_2、H_2O、N_2 等，达到废水无害化的目的。

具体工艺过程如图 2-7 所示。

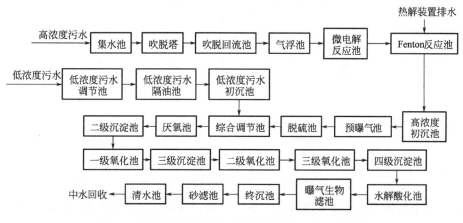

图 2-7　"宇洁优势菌群"生物技术联合处理工艺过程

2.2.2.4 微电解-高效菌种生化-催化氧化联合处理工艺

目前，国内外研究工作多集中于生物强化法及开发高级氧化技术处理常规焦化废水，采用除油-微电解-吹氨-高效菌种生化技术-混凝沉淀及催化氧化等联合工艺处理兰炭废水，出水水质可达到《炼焦化学工业污染物排放标准》(GB 16171—2012)中的现有企业直接排放标准要求。

(1) 废水水质

兰炭生产工序主要由备煤、炼焦、煤气净化回收和熄焦等组成。炼焦生产过程中产生大量兰炭废水，废水水质见表 2-8。兰炭废水含有大量半乳化焦油，COD 很高、BOD_5 较低，可生化性较差。在实施生物法处理之前必须进行预处理，以降低污染物浓度，提高可生化性。

表 2-8 兰炭废水水质

项目	COD /(mg/L)	pH 值	NH_4^+-N /(mg/L)	BOD /(mg/L)	挥发酚 /(mg/L)	石油类 /(mg/L)	色度/倍
数值	15000～30000	8～10	3000～5000	3000～4000	2000～4000	500～1000	100000

(2) 工艺流程

兰炭废水处理工艺分为预处理、生化处理和深度处理 3 个阶段，工艺流程见图 2-8。

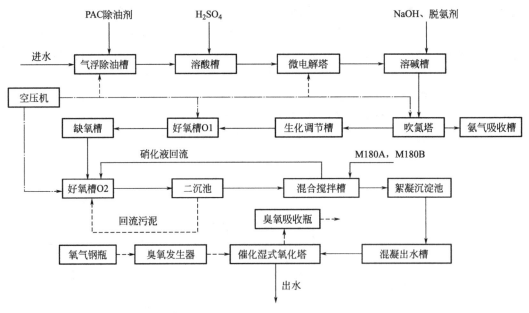

图 2-8 工艺流程（M180A、M180B 为 M180 混凝剂）

预处理段利用除油、微电解及脱氨的物理化学作用去除高浓度的油类、COD、高级酚和 NH_4^+-N 等污染物，使其尽量满足生化处理要求；生化处理段采用 O/A/O 工艺并利用高效生物技术进一步去除废水中的污染物；深度处理段采用混凝沉淀＋催化氧化技术来提高出水质量。

（3）处理工艺及运行效果

1）预处理

① 首先采用重力沉降方式去除水中的重质焦油渣等固体颗粒或胶状杂质,然后添加破乳剂和气浮方法除掉水中的乳化油和悬浮在水面的轻质油。经过大量试验,以聚氧乙烯、聚氧丙烯醚类有机物为破乳剂,添加量为 300～500mg/L,除油率达到 90%,COD 去除率达到 30%左右。

② 采用微电解方法来提高废水的可生化性。试验过程为间歇式,废水经除油后调节 pH 值为 2～5 进入微电解塔,塔中加入两块自制的铁炭微电解填料,反应过程中不断曝气,控制温度在 30～45℃,停留时间为 4～6h。经微电解处理后废水的 COD 去除率为 50%左右,可生化性显著提高,色度去除率达 60%～80%。最终微电解工艺出水 COD 浓度可达 7000mg/L 以下。

③ 进水 NH_4^+-N 质量浓度为 3000mg/L,调整 pH 值至 12,温度控制在 31℃,气液比为 1500m^3/m^3,添加高效复合型脱氮剂,投加量为 50mg/L。采用两段式高效吹氨技术:第一阶段为高 NH_4^+-N 含量阶段,加入脱氮剂,在微负压条件下进行机械搅拌;第二阶段将剩余的废水送入吹氨塔,补充脱氮剂并鼓风,最终 NH_4^+-N 去除率可达 90%以上。吹出含氨的废气可用稀硫酸吸收生产硫酸铵或者回收他用。

最终,经过物化预处理工艺后出水 COD 浓度可达 6000mg/L 以下,NH_4^+-N 浓度可达 200～300mg/L,BOD/COD 值由 0.1 提高至 0.3～0.6。

2）生化处理

选用高效菌种结合 O/A/O 工艺对预处理后的废水进行生化处理。由于高效优势菌种是有针对性地对污染物进行降解,因此其承受污染物负荷能力远远高于普通生物菌种,处理效果也好于普通生化处理。预处理后污水中含有一些硫氰化物和高浓度有机物,对随后的脱氮有抑制作用,因此需对污水进行初步生物降解,采用 O/A/O 工艺对兰炭废水进行生化处理。取焦化厂普通活性污泥作为菌种进行第一段好氧 O_1,目的是去除污水中的硫氰酸盐和高浓度酚类,为接下来的 A/O 工艺稳定运行创造良好的生化水环境基础;将韩国 SK 化工提供的编号为 307 的高效菌种接入第二段好氧 O_2 工艺,主要是进行生物脱氮和提高剩余 COD 的去除率。

系统串联后,调整运行参数,进水量为 1L/h,硝化液回流量为 2L/h,污泥回流量为 3L/h。随着试验的进行,生化进水 COD 按照 2000mg/L、3000mg/L、6000mg/L 分时进行,进水 pH<8,温度 25～30℃,O_1、O_2 好氧槽内溶解氧控制在 2～4mg/L,A 槽内溶解氧<0.5mg/L,按 $m(C):m(N):m(P)=100:5:1$ 补加葡萄糖、尿素和磷酸盐。采用高效菌种结合 O/A/O 工艺降解预处理后的兰炭废水,其对 COD 的最高耐受能力可达 6000mg/L。试验过程中控制进水 COD 浓度在 2000～3000mg/L,COD 去除率高达 90%以上,NH_4^+-N 去除率达 80%以上。试验过程中笔者发现高效菌种在降解污水时的排泥量很少,SV_{30} 最高只有 11%左右。随着进水浓度的提高,COD、NH_4^+-N 的去除率均有所降低。图 2-9 为系统 COD 浓度变化曲线。最终生化出水的 COD 浓度为 300～400mg/L,NH_4^+-N 浓度为 10～15mg/L。

3）深度处理

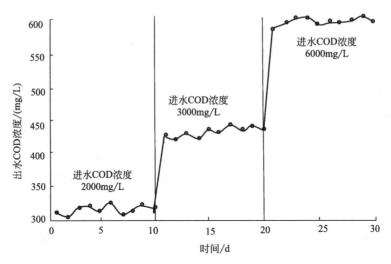

图 2-9 系统 COD 浓度变化曲线

① 混凝处理：兰炭废水经预处理及生化处理后 COD 浓度在 400mg/L 左右，仍不能达标排放，其中含有一些生物难降解的有机物，悬浮物较多，色度仍然较重，需采用混凝法进一步处理，最终 COD 去除率可以达到 50％以上，出水 COD 浓度为 150～200mg/L。

② 催化氧化：为了使处理后的废水达标排放或回用，设计了一套催化氧化设备，并以氧化铝为载体、铜为活性组分自制了催化剂，对前段工艺出水进行深度处理。在反应器中均匀投放 240～270g 铜系催化剂，废水由污水泵从底部打入催化氧化塔，其流量为 0.07L/min，臭氧发生器的出气管与氧化塔底部的微孔曝气器相连，臭氧投加量为 15～20g/m³，反应 30～45min 后，COD 去除率为 60％以上，最终出水 COD 浓度可控制在 100mg/L 以下。

4）结论

采用除油、微电解、吹氨、高效菌种生化技术、混凝沉淀以及催化氧化联合工艺处理兰炭废水，处理效果稳定可靠，操作简单，最终出水各项指标均达到《炼焦化学工业污染物排放标准》（GB 16171—2012）的现有企业直接排放标准要求。经上述处理后废水也可回用于熄焦，实现工业废水"零排放"。其推广应用有利于半焦行业的健康发展。

2.2.3 兰炭废水处理存在的问题

① 从兰炭废水处理技术研究来看，实验室研究阶段虽然取得了较好的成果，但还存在着处理成本较高、工艺有待改进等问题。物理法操作简单，但需要组合使用才能降低废水中的酚、氨物质，导致工艺复杂、处理流程较长；化学法降解速度快、效率高，是目前研究的热点，但废水处理成本较高。因此，降低处理成本，同时达到预期处理效果是当前兰炭废水预处理领域需要关注的重点问题之一。

② 传统的吹脱工艺 NH_4^+-N 去除率很难达到 90％以上，其原因主要是不同温度范围内氨在水中有相应的平衡溶解度；另外，溶解于水中的 NH_3 和水分子之间存在氢键

的相互作用，大大增加了分子间的结合力，所以溶解度范围内的氨不可能用传统吹脱法去除，大量实验证明仅靠一次简单吹脱往往不能将 NH_4^+-N 完全从废水中分离出来。脱氮剂能破坏水分子与 NH_3 分子间的结合力，使 NH_3 分子几乎全部从水中分离出来。

③ 兰炭废水经过预处理和生化处理后，某些有毒有害物质（氰化物、难降解有机物及 NH_4^+-N 等）仍达不到国家允许的排放标准，需要进一步深度处理。深度处理费用昂贵，令许多兰炭企业望而却步，一些兰炭废水经过二级处理甚至是简单的物化预处理后即用于熄焦，致使有毒污染物由液相转化为气相，对环境造成二次污染。

④ 制约兰炭产业持续、健康发展的一个重要因素是兰炭产业的污水处理。在目前的兰炭生产过程中虽然也实现了污水的"零排放"，但污水也仅仅是在未排放的情况下不断循环使用，并没有实现污水的真正处理，污水中所含有的大量氨、酚类有机物以及其他有毒有害污染物并没有在真正意义上被去除，污水用于熄焦后又直接把污染物转移到兰炭中。这不仅会在兰炭运输及下游兰炭使用中造成环境的二次污染，而且由于兰炭中含有高浓度有机污染物严重影响了兰炭的品质，同时也造成极大的资源浪费，不符合环境保护的要求，严重制约了行业的健康发展。

⑤ 兰炭废水采用目前国内外普遍采用的以生物处理为核心的 A/O（包括 A^2/O 和 A/O^2）工艺，出水 COD 根本无法达标，且处理中均需加入至少 3 倍的新鲜水予以稀释，增加了处理水量和处理成本。在水资源严重短缺、环境保护形势极其严峻的地区，迫切需要找到一条焦化废水减量化并循环回用的新途径。

⑥ 兰炭废水仍旧没有成熟的处理方法，少数成功的处理工艺仅仅停留在实验室研究阶段。在这种形势下，兰炭废水的处理方法及工艺研究迫在眉睫。

兰炭废水的处理目前是国内外废水处理领域的难点，随着我国兰炭产能的不断扩大，环境保护管理的日益完善，研究开发经济有效的兰炭废水处理工艺将是兰炭废水处理研究的热点课题之一。目前国内现有的处理技术还处于实验室阶段，工业化难以实施，主要原因是工程中不能达到预期效果、投资及运行成本高。所以，兰炭废水处理，首先针对兰炭废水中的焦油、氨水、粗酚等污染物作为初级化工原料进行回收利用，补贴水处理成本，使其可工程化实施，甚至对粗酚继续进行精制，从而获得附加值更高的苯酚、邻甲酚、间甲酚、对甲酚等重要化工产品的技术将成为研究方向；其次研究技术成熟、成本低廉的生物反应器，进一步提高兰炭废水生化处理效率，为后续处理奠定基础；最后，探索低成本、高效率的废水深度脱盐技术及浓盐水和渣盐的处理处置，实现废水回用，将成为兰炭废水"零排放"的关键。

2.3 煤气化废水处理工艺与效果

2.3.1 煤气化废水处理技术概况

煤气化是以煤或煤焦为原料，在一定的温度和压力条件下，将煤或煤焦与氧气、水蒸气等气化剂反应转化为水煤气的过程。煤气化企业在我国已经初具规模，其生产废水处理问题已成为制约该产业发展的瓶颈。煤气化废水是一种典型的高浓度、高污染、有毒且难以生化降解的有机废水。

在我国应用的煤气化技术主要有德士古工艺、壳牌工艺、鲁奇工艺和 BGL (British gas/Lurgi，BGL) 工艺，不同气化工艺产生气化废水的水质、水量差异较大。德士古工艺有机污染程度较低，但 NH_4^+-N 浓度较高；壳牌工艺废水水质相对洁净，但 NH_4^+-N 及氰化物浓度较高；鲁奇工艺气化温度低，但废水污染物高且成分复杂，COD、NH_4^+-N 和酚的含量均较高，含有大量的有毒有害物质，处理难度很大。

针对煤气化废水水质特性，国内外在处理工艺路线选择上重点考虑难降解有机污染物、酚、NH_4^+-N 等污染物的去除，一般采用物化与生化相结合的综合强化处理工艺，主要由预处理、生化处理和深度处理三个阶段组成。其中，预处理能够实现酚和氨的回收，同时减轻后续处理压力，而生化处理和深度处理则是为了有效降低 COD 和 NH_4^+-N，最终实现废水达标排放。

2.3.1.1　预处理技术现状

煤气化废水中高浓度酚、氨及油类物质的存在都会对后续生化处理产生不利影响。在预处理阶段，油类物质一般可以通过气浮法或隔油池得到有效去除，而酚、氨的去除一直是煤气化废水预处理技术的研究重点。

（1）水蒸气脱酚法

水蒸汽脱酚是将含酚废水与蒸汽在脱酚塔内逆向接触，废水中挥发酚转入气相被蒸汽带走，达到脱酚的目的。含酚蒸汽在再生塔中与碱液作用生成酚盐而回收。该操作方法简单，不影响环境，但脱酚效率仅为 80%，效率偏低，而且耗用蒸汽量大。

（2）溶剂萃取脱酚法

国内外普遍采用溶剂萃取法进行脱酚，溶剂萃取法则是利用萃取剂的高分配系数使酚转移到萃取剂中，实现酚的分离。萃取脱酚是一种液-液接触萃取、分离与反萃再生结合的方法，该法脱酚效率高，可达 95% 以上，而且运行稳定，易于操作，运行费用也较低，在我国焦化行业废水处理中应用最广。煤气化废水含单元酚及多元酚。总酚质量浓度可达 5000～6000mg/L，脱酚是这类废水处理过程中的关键环节。萃取剂的选取是萃取脱酚技术的主要研究方向，目前常用的萃取剂有重苯、粗苯、煤油、二异丙醚等。

（3）蒸氨法

NH_4^+-N 浓度过高会抑制微生物的生长与代谢，煤气化废水中的氨浓度可高达 6000mg/L 以上，因此，在预处理阶段如何有效地降低氨的浓度是煤气化废水的处理中值得引起重视的研究内容。二级生化处理之前，高 NH_4^+-N 煤气化废水一般通过水蒸气汽提工艺对氨类物质进行回收，水蒸气汽提又可分为单塔和双塔两种工艺。双塔工艺由于装置占地面积大、设备多、流程复杂、能耗高、投资大等缺点，现在已逐步被单塔加压侧线汽提工艺取代。单塔加压侧线抽出汽提法流程简单、可同时回收氨和硫化氢等酸性物质、操作平稳且灵活，适用于中等浓度的含酸、氨污水的处理。

2.3.1.2　生化处理技术现状

经过预处理后的煤气化废水主要污染物为 NH_4^+-N 和 COD，难降解有机物的存在会对生化处理效果产生不利影响，也容易造成处理出水难以达到排放标准的问题。由于常规活性污泥法脱氮能力差，目前国内外应用较多的生化工艺是 A/O、A^2/O 及 SBR 等方法。为了进一步提高处理效果，降低运行成本，近年来国内学者对生物膜法（MBR）、厌氧及组合工艺、改型 A/O 及多级生物膜法等新工艺进行了广泛研究。

（1）A/O 法

用常规的活性污泥处理煤气化废水，对去除酚、氰以及易于生物降解的污染物是有效的，但对于 COD 中难降解部分的某些污染物以及 NH_4^+-N 与氰化物很难去除。A/O 法内循环生物脱氮工艺，即缺氧-好氧工艺，其主要工艺路线是缺氧在前，好氧在后，泥水单独回流，缺氧池进行反硝化反应，好氧池进行硝化反应，废水先流经缺氧池后进入好氧池。与传统生物脱氮工艺相比，A/O 工艺对有机物及 NH_4^+-N 有一定的去除效果，具有流程简短、工程造价低、不必外加投入碳源等优点；同时也存在着脱氮率不高（85%左右）等不足，污泥浓度低、抗冲击负荷能力差、出水水质不稳定等劣势。随着煤气化废水排放标准的不断提高，A/O 工艺的应用受到很大限制。

（2）A^2/O 法

与 A/O 工艺相比，A^2/O 工艺对 TN 的去除效果更好，既能起到生物选择器的作用，改善污泥的沉降性能，也能通过产生的碱度对硝化过程中的碱消耗进行一定的补偿。但是 A^2/O 工艺也具有一定的局限性，如需要分别设置混合液回流系统和污泥回流系统，对于动力的消耗较大。

（3）PACT 工艺

PACT（生物炭）工艺是在曝气池前（或曝气池内）投加粉末活性炭（PAC）与回流的含炭污泥混合，一起进入曝气池完成对废水有机污染物物理化学-生物处理的过程。在处理过程中，难降解的有机物首先被吸附在 PAC 表面，导致废水中的难降解物质和有毒物质的浓度降低，这样游离微生物的代谢活性就得以提高，其对污染物的分解和去除能力得到增强。另外，PAC 也可以同时吸附难降解物质和微生物，延长了微生物与这些物质的接触时间。微生物通过降解这些被吸附的物质，使炭表面得到再生，再生了的 PAC 可以重新吸附新的有机物。这种协同作用为更好地去除可吸附的难降解和不能降解的有机物提供了有利条件。一般来说，PACT 工艺对 COD 的去除率（视废水的种类）可提高 10%～40%。PACT 工艺应用于煤气化废水处理目前还处于研究阶段，中试试验结果发现其对 COD 的去除率可达到 99%，对 NH_4^+-N 的去除率可达到 98%，相比传统活性污泥法有较大优势。

PACT 工艺存在的问题主要包括：排出的剩余污泥具有一定的磨损性，对生化系统中使用的设备材料的耐磨性要求较高；PAC 投加量较大时，出水中含有较多的 PAC 颗粒；同时，在工程应用中应考虑其运行成本及再生问题。

（4）生物铁法及炭-生物铁法

生物铁法是在曝气池中投加铁盐，以提高曝气池活性污泥浓度为主，充分发挥生物氧化和生物絮凝作用的强氧化生物处理方法。在生物与铁的共同作用下能够强化活性污泥的吸附、凝聚、氧化及沉淀作用，达到提高处理效果、改善出水水质的目的。炭-生物铁法是在原传统的生物铁法的基础上再加一段活性炭生物吸附、过滤处理，老化的活性炭采用生物再生。该工艺流程简便，易于操作，设备少，投资低，由于炭不必频繁再生，故可减少处理费用。对于已有生物处理装置处理水后不符合排放标准的处理厂，采用炭-生物铁法进一步处理以提高废水净化程度也是一种有效的方法。

（5）SBR 法

SBR 是一种通过间歇曝气方式来运行的活性污泥污水处理技术，主要是利用时间分割的操作方式来替代空间分割的操作方式，实现稳态生化反应。其主要特点是运行的有序性和间歇性。这一工艺通过净化池内厌氧好氧的交替式变换来达到较好的净化效果，且净化池内的处理水还能够对煤气化废水有一定的缓冲稀释作用，有较好的耐冲击负荷。整个工艺操作简单成本较低，但设备闲置率高，操作管理复杂，易产生浮渣。

（6）厌氧复合工艺

厌氧工艺具有改善废水可生化性的优点，且污泥产量较低、动力消耗较少，因而在处理高浓度煤气化废水中得到了广泛关注。煤气化废水中含有以喹啉、吲哚、吡啶、联苯等为代表的难降解有机物。该类污染物分子量大，结构复杂，在好氧的条件下难以被完全降解去除。然而该类污染物具有较好的厌氧降解性能，在好氧处理前如果先经过一步厌氧处理，则这些难降解物质会被厌氧微生物分解为较易降解的小分子有机物，再通过好氧处理即可实现难降解有机物的生物去除。研究表明，上流式厌氧污泥床（UASB）工艺及活性炭厌氧膨胀床工艺被应用于煤气化废水处理中，均取得了良好的效果。

不同厌氧复合工艺处理煤气化废水效果比较如表 2-9 所列。

表 2-9　不同厌氧复合工艺处理煤气化废水效果比较

工艺	驯化时间/d	投机基质	质量浓度/(mg/L)		去除率/%	
			COD	总酚	COD	总酚
UASB	—	—	2240	752	95.0	95.0
厌氧间歇式反应器	120	—	1100	220	45.0	50.0
复合式厌氧滤池	90	—	1300～1700	—	31.3	—
复合式厌氧流化床	150	硝酸钠	3600	—	94.0	—

厌氧工艺普遍存在启动时间长的问题，接种污泥填装系统后要经过很长周期的启动阶段。在驯化或稳定运行阶段，往往需要添加甲醇等共代谢基质，改善废水的厌氧生化环境，提高微生物的代谢效率。

（7）多级生物膜法

生物膜法所提供的附着生长方式可以有效减少优势菌群的流失。将系统中的优势菌群维持在较高的水平，从而保证难降解有机物及 NH_4^+-N 的高效去除。

（8）MBR 工艺

MBR 工艺将传统活性污泥技术与膜分离技术结合，在废水处理上较其他工艺具有较大的优势。其中膜组件能将污泥截留，维持系统较高的污泥浓度，获得稳定的处理效果。同时，膜组件对废水的色度、浊度等的去除也有很大帮助。根据膜组件和生物反应器的组合位置不同可将膜生物反应器分为一体式（SMBR）、分置式和复合式三大类，如图 2-10 所示。

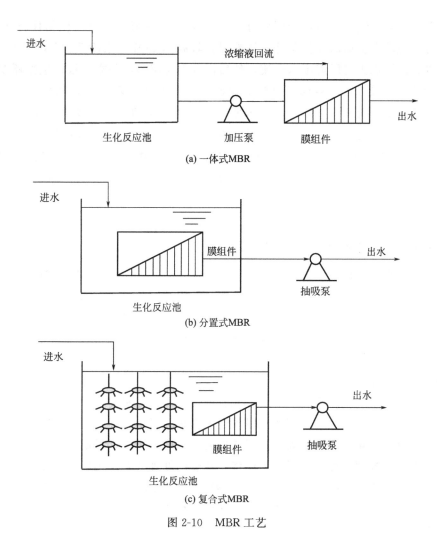

(a) 一体式MBR

(b) 分置式MBR

(c) 复合式MBR

图 2-10　MBR 工艺

（9）MBBR 工艺

MBBR（流动床生物膜）工艺通过向反应器中投加一定数量的悬浮载体（密度接近于水），提高反应器中的生物量及生物种类，从而提高反应器处理效率。该工艺中，每个载体内部都附着生物膜，生物膜外部为好氧菌，内部为厌氧或兼氧菌，通过同步硝化反硝化能够高效地去除 NH_4^+-N 和 TN。另外，MBBR 反应器内污泥质量浓度较高，可达 15～25g/L，菌种富集度较高，使得该工艺能够有效地降解煤气化废水中的特征污染物，在提高有机物处理效率的同时耐冲击负荷能力也得到增强。韩洪军等采用 MBBR 工艺处理经过活性污泥法处理后的煤气化废水，发现 MBBR 反应器可以在较短的水力停留时间内将 NH_4^+-N 的质量浓度降低到 10mg/L 以下，降低了能耗和运行成本。MBBR 工艺的最大缺点是使用的填料主材质为聚丙烯，原料成本较高，今后的研究重点应放在开发低成本的悬浮填料上。

（10）HCF 工艺

HCF（深层曝气法）工艺采用射流曝气加鼓风曝气方式供氧，是一种高负荷的好氧处理系统。其空气氧的转化利用率可高达 50%，溶解氧的质量浓度易保持在 5mg/L 以上，可承受较高负荷的运行条件，且能保证较高的 COD_{Cr} 去除率。HCF 为完全混合型运行方式，原水先与回流废水合流，然后再进入反应器，并立即被快速循环混合，抗冲击负荷的能力强。工程实践和中试试验表明，HCF 工艺对发酵、制药、食品、煤气化等行业的废水都能进行有效处理。云南解化集团鲁奇加压气化废水 COD_{Cr} 的质量浓度为 5000～6000mg/L，NH_4^+-N 的质量浓度为 800mg/L，处理难度大。采用了以 HCF-接触氧化为主体生化工艺的流程处理后，出水 COD<80mg/L，NH_4^+-N<10mg/L。单 HCF 反应器就可实现 88% 的 COD 去除率和 95% 以上的 NH_4^+-N 去除率，同时解决了传统工艺泡沫多的问题。HCF 工艺的缺点是其池体深度较大，因此运行所需功率大，能耗多。

2.3.1.3 深度处理技术现状

煤气化废水经过预处理及生化处理后，NH_4^+-N 及大部分有机物得到有效去除，但废水中仍含有一定的难降解有机物及悬浮物，需要通过深度处理才能达到排放和回用要求。深度处理是煤气化废水的最后处理阶段，主要针对废水中难降解的有机物及悬浮物以达到排放标准，现已应用的深度处理技术有高级氧化法、吸附法、混凝沉淀法及膜分离法等。

（1）高级氧化法

高级氧化技术利用产生羟基自由基无选择性地氧化分解废水中有机污染物。高级氧化法应用在煤气化废水生化处理的前段可改善废水的可生化性，提高难降解有机物的去除效果，但存在氧化剂消耗量大、处理成本高的问题。所以，目前该技术主要应用于煤气化废水的深度处理，可以获得更为经济和理想的处理效果。国内外应用在煤气化废水深度处理中的高级氧化技术主要有 Fenton 氧化法、臭氧氧化法、催化湿式氧化法、电催化氧化法、光催化氧化法等方法，其中光催化氧化法在去除煤气化废水中的有毒污染物（如酚、喹啉等）方面更具有优势。

（2）吸附法

吸附法作为一种物理化学处理方法，在煤气化废水的深度处理方面有着一定的优势。吸附剂的选择一直是吸附法的研究重点。常用的吸附剂有活性炭、焦炭等，其中活性炭具有良好的吸附性能和稳定的化学性质，在煤气化废水的深度处理中主要用在膜分离回用工艺超滤装置前的过滤器内，可有效去除水中的有机物、悬浮物、游离氯、重金属离子等。常用的吸附材料虽然有较高的吸附性能，但大部分吸附剂价格高昂，工艺运行、吸附再生回收成本高，且吸附后的吸附剂也成为一种污染，使其难以得到广泛应用。

（3）混凝沉淀法

煤气化废水在经过生化处理后仍存在一定的难降解有机物和悬浮物，这些污染物可以通过混凝沉淀得到进一步去除。混凝沉淀法是通过向废水中投加一定量的混凝化学药剂，使废水中难降解有机物改变稳定状态凝聚成大絮体或颗粒沉淀后得到分离。在众多应用于煤气化废水深度处理混凝剂中，PFS（聚合硫酸铁）是一种比传统絮聚剂效能更优异的高分子混凝剂，其絮体形成速度快，颗粒密度大，沉降快，易分离，而且投加量少，对于浊度、COD、色度、微生物和重金属都有很好的去除效果。

（4）膜分离法

膜处理技术利用膜的微小孔径对废水中污染物进行选择性截留和分离。目前主要采用 MBR、纳滤、超滤、反渗透（RO）等膜技术，常用膜分离技术比较如表 2-10 所列。经膜技术深度处理后的污水可工业回用。近年来，越来越多的煤气化企业试图通过煤气化废水的再生回用解决企业生产上的缺水问题，而膜分离技术早已成功应用于工业废水的再生处理，将其应用于煤气化废水的深度处理具有技术上的可行性。

表 2-10　常用膜分离技术比较

分离技术类型	反渗透	纳滤	超滤	微滤
膜的形式	表面致密的非对称膜、复合膜等	非对称膜，表面致密	非对称膜，表面有微孔	微孔膜
膜材料	纤维素、聚酰胺等	纤维素、聚砜等	聚丙烯腈、聚砜等	纤维素、PVC 等
分离的物质	分子量小于 500 的小分子物质	分子量在 100 左右	分子量大于 500 的大分子和细小胶体微粒	粒径为 0.1～10μm 的粒子
分离机理	非简单筛分，膜的物化性能对分离起主要作用	非简单筛分，膜的物化性能对分离起主要作用	简单筛分，膜的物化性能对分离起一定作用	简单筛分，膜的物理结构对分离起决定作用
水的渗透通量/[m³/(m²·d)]	0.1～2.5	0.6～2.5	0.5～5	20～200

（5）超声波与微波法

利用微波与超声波降解水中化学污染物，尤其是难降解的有机污染物，是近几年来发展起来的一项新型处理技术。对液体而言，微波仅对其中的极性分子起作用，微波电磁场能使急性分子产生高速旋转碰撞而产生热效应，降低反应活化能和化学键强度；在微波场中，剧烈的极性分子震荡，能使化学键断裂，故可用于污染物的降解。超声波由一系列疏密相间的纵波构成，并通过液化介质向四周传播，相关研究表明，包括卤代脂肪烃、单环和多环芳香烃及酚类物质等都能被超声波降解。

深入研究煤气化废水的先进处理技术，既是当前经济建设面临的现实问题，也是将来进行技术攻关的重点，只有不断提高现有处理技术的处理能力、增强新技术的经济技术可行性，将各种方法有机地结合起来，取长补短才能找到治理煤气化废水的最佳方法。

2.3.2　煤气化废水典型处理工艺与效果

煤气化废水处理通常可分为一级处理、二级处理和深度处理。这里的一级处理、二级处理的划分与传统的城市污水处理在概念上有所不同，一级处理主要是指有价物质的回收，二级处理主要是生化处理，深度处理普遍应用的方法是臭氧化法和活性炭吸附法。

一级处理包括沉淀、过滤、萃取、汽提等单元，以除去部分灰渣、油类等。一级处理中主要重视有价物质的回收，如用溶剂萃取、汽提、吸附和离子交换等脱酚并进行回收。这不仅避免了资源的流失浪费，而且对废水处理有利。煤气化废水通常萃取脱酚和蒸汽提脱氨后，废水中挥发酚和挥发氨分别能去除99％和98％以上，COD也相应去除90％左右。

二级处理主要是生化法，包括活性污泥法和生物过滤法及相应的改型工艺等。

煤气化废水普遍应用的深度处理方法是臭氧氧化法和活性炭吸附等。

以下介绍几种煤气化废水处理典型工艺及其运行效果。

2.3.2.1 间歇多段短程反硝化处理技术

某气化厂煤气化废水中含有高浓度的酚类、油分及 NH_4^+-N，而且含有生化有毒及抑制性物质，是一种典型的高浓度、高污染、有毒、难生化降解的工业有机废水。厂废水处理站设计规模为 $4320m^3/d$，废水在生物处理前预先进行水解酸化处理，增强可生化性；然后经主体处理工序 IMC 池，除去废水中大多数污染物；之后进入好氧处理以及物化处理阶段。处理后的水满足《污水综合排放标准》中二类污染物的一级排放标准。该厂的进水水质见表 2-11。

表 2-11　间歇多段短程反硝化进水水质

污染指标	COD /(mg/L)	NH_4^+-N /(mg/L)	BOD /(mg/L)	总酚 /(mg/L)	油类 /(mg/L)	氰化物 /(mg/L)
进水水质	5500	400	2500	200	7.50	15

进入污水处理站的工艺废水在生物处理前需预先进行气浮处理，同时作为调节池调节进入水解池的 pH 值与水量，之后进行水解酸化处理，增强可生化性。预处理后的工艺废水进入主体处理工序——多段 A/O 的 IMC 池，废水在其间通过好氧、缺氧交替作用，最大限度地去除污水中的有机物、NH_4^+-N 以及 TN 等污染物。然后，经生物处理的工艺废水经过酸碱调节后进入接触氧化池。最后经沉淀、氧化消毒后达标排放。本套工艺还采用了污泥循环消化技术。污泥循环消化不仅可最终减少剩余量，降低运行费用，减轻人工操作劳动强度，还可以提高前级处理设施的处理效率，同时也有助于提高废水的可生化性和处理效率。具体做法是：IMC 剩余污泥进入接触氧化系统，提高接触氧化系统的生物保有量；沉淀池污泥一部分进入水解系统，一部分进入接触氧化系统，剩余部分排至污泥处理系统经污泥压滤机压缩为泥饼外运。

具体工艺流程详见图 2-11。

该气化厂的主体工艺——IMC 工艺为间歇多段短程反硝化处理技术，其将硝化和反硝化系统合二为一，不仅可减少污水和污泥回流系统，也可有效降低运行费用。IMC 工艺采用多段硝化和反硝化，可有效提高脱氮效率。

IMC 工艺的主要优点是：

① IMC 是一种典型的时间推流型反应器，其扩散系数最小，不存在浓度返混作用，生物反应速率也大，因此反应池的单位容积处理效率高；

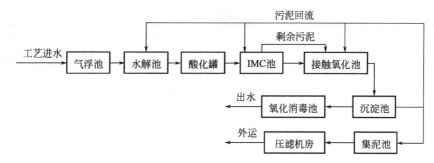

图 2-11　煤气化废水处理设计工艺流程

② IMC 反应池内的活性污泥交替处于厌氧、缺氧和好氧状态，因此，具有脱氮除磷的功效，脱氮率达到 75% 以上，无污泥回流量，池内污泥浓度大，因此 IMC 法的脱氮效率不但高而且稳定；

③ 在相同的曝气设备条件下，IMC 可以获得更高的氧传递效率；

④ IMC 反应池中 BOD_5 浓度梯度的存在有利于抑制丝状菌的生长，能克服传统活性污泥法常见的污泥膨胀问题；

⑤ 池型采用完全混合式，抗冲击负荷能力强；

⑥ IMC 可根据来水的水温、水量、水质情况调节运行工况，以适应不同情况的运行需要；

⑦ 利用控制阀、溶氧仪、pH 仪、自动记时器及可编程序控制器等可使 IMC 污水处理系统的运行过程全自动化。

该污水处理设施于 2012 年投入试运营，运行效果良好，出水水质指标见表 2-12。

表 2-12　IMC 工艺出水水质指标

项目	COD /(mg/L)	氰化物 /(mg/L)	NH_4^+-N /(mg/L)	BOD_5 /(mg/L)	总酚 /(mg/L)	石油类 /(mg/L)	色度/倍
数值	≤50	≤0.5	≤5	≤9	≤1	≤8	≤49

采用以 IMC 为主体工艺的污水处理系统来处理煤气化废水，系统对 COD 的平均去除率可达 98% 以上，且运行稳定。出水 COD、BOD_5、NH_4^+-N、总酚、石油类、氰化物、色度均达到《污水综合排放标准》（GB 8978—1996）中的一级排放标准。

2.3.2.2　EBA 生物组合工艺

中煤鄂尔多斯能源化工有限公司一期年产 100 万吨合成氨、175 万吨尿素，采用 BGL 煤气化工艺。该工艺是 Lurgi 气化工艺的改进型，具有更高的温度，在底部设置了喷嘴，具有较低的需氧量和较高的产气效率，其产生的废水与 Lurgi 工艺产生的废水性质类似，但水量减少了近 50%。BGL 煤气化废水具有高酚、高 NH_4^+-N 的特征，含有一些酚类、多环芳香族化合物、杂环化合物、油和 NH_4^+-N 等有毒有害和难降解物质。生化处理单元总处理水量约为 140m^3/h，其中气化炉洗气、净化和冷凝废水量约为 80m^3/h，生活污水约为 60m^3/h。废水水质见表 2-13。处理出水要求达到《循环冷却水用再生水水质标准》（HG/T 3923—2007）（TDS 指标除外），废水处理工艺流程见图 2-12。

表 2-13 煤气化废水水质

项目	COD /(mg/L)	pH 值	NH_4^+-N /(mg/L)	BOD_5 /(mg/L)	总酚 /(mg/L)	石油类 /(mg/L)
数值	1800~2500	8~9	220~330	300~500	300~500	≤50

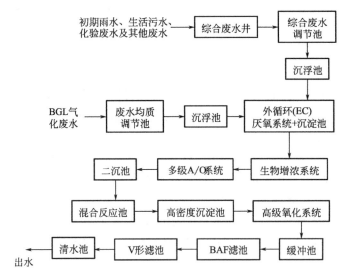

图 2-12 EBA 生物组合工艺流程

3 台 BGL 气化炉正常产气,启动 EC 厌氧系统和多级 A/O 系统,出水 COD 浓度分别为 1600~1900mg/L 和 70~120mg/L,COD 平均去除率分别为 25% 和 36%;投加臭氧后,曝气生物滤池的出水 COD 浓度为 41~83mg/L,平均 COD 去除率为 46%。生物增浓系统、多级 A/O 系统和曝气生物滤池对 NH_4^+-N 的平均去除率分别达到 92%、58% 和 63%,最终出水 NH_4^+-N 浓度为 1~4mg/L。挥发酚虽具有生物毒性,但对于已经驯化的活性污泥来说属于易降解物质,煤气化废水中挥发酚浓度为 50~150mg/L,在生物增浓系统可以被完全去除,在出水中未检出。生物增浓系统、多级 A/O 系统和曝气生物滤池对总酚的平均去除率分别为 88%、51% 和 23%。可以看出,投加臭氧对总酚的去除具有明显效果,最终出水总酚浓度为 3~8mg/L。

2.3.2.3 萃取+厌氧+多级好氧+混凝沉淀工艺

某厂水处理总量为 360m³/h,其中包含煤气化废水 210m³/h、甲醇等工艺废水 25m³/h 和生活废水 125m³/h。酚氨回收工艺采用华南理工大学"先脱氨再萃取脱酚"工艺,采用甲基异丁基酮(MIBK)作为脱酚萃取剂提高多元酚的萃取效率;主生化工艺采用"厌氧+多级好氧"工艺,通过增加短程硝化反硝化以及投加填料,提高难降解有机物和 NH_4^+-N 的脱除能力;生化出水与冲灰水一同进入储水池,经混凝沉淀回用,其工艺流程如图 2-13 所示。

运行初期曝气池内泡沫较多,大量微生物粘附在泡沫上脱水死亡;污水处理厂运行过程中气味较大,操作环境较差;出水采取外排的方式,没有设置采用膜工艺的回用水

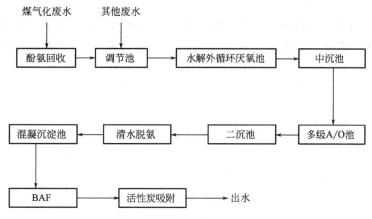

图 2-13　萃取＋厌氧＋多级好氧＋混凝沉淀工艺流程

站，水回用率不高，造成水资源的浪费。

2.3.3　煤气化废水处理存在的问题

① 高浓度的 NH_4^+-N 和难降解有机物是煤气化废水处理的最大难点，目前已投入应用的煤气化废水处理技术在出水效果及运行成本上还不太理想。大部分国内外学者的研究还在试验阶段，虽然研究结果比较好，但是想将这些技术投入大规模的应用还存在很多问题。

② 针对酚氨回收预处理技术进行研究，使得煤气化废水达到生化处理的要求，但处理成本高、系统管道堵结等问题仍旧亟待解决。传统蒸氨工艺中，二氧化碳和氨共存，容易反应生成氨盐结晶，从而导致设备的结垢问题，影响正常脱氨效果。

③ 由于过多的油类物质会使后期的生化处理效果受到严重的影响，而隔油法可以使这一难题得到较好的解决，因此，需要采用隔油法来预处理煤化工企业的废水，然而隔油法的处理效果却十分有限，而且在对其进行回收利用中存在很大的难度。

④ 对预处理完成后的废水进行后期处理，通常是采用缺氧-好氧的方式，因为许多杂环类与多环类等物质存在于煤气化废水中，好氧生物法处理会在一定程度上降低废水中出水的 COD 与 NH_4^+-N 的浓度，然而由于难降解有机物的影响，出水的 COD 及色度等参数不能与化工废水的排放标准相符合，出水水质波动很大。

⑤ 经传统生物处理后的废水深度处理方法还不完善，造价较高，一些工艺处理效果不明显。深度处理工艺往往与污水回用相连，膜技术是煤气化废水深度处理的有效手段，但膜污染问题还需进一步的研究。

⑥ 经济方面，煤化工企业都需要投入大量的资金处理相关废水。据估算，针对采用鲁奇工艺且投资资金大于 100 亿元的煤化工企业，其在处理废水方面的投入资金预计在 8 亿元左右，大概是企业环保投入资金总额的 2/3，而针对采用水煤浆工艺的煤化工企业，其在处理废水方面的投入资金大概是企业环保投资总额的 50%，开发低成本的优良工艺任重道远。

当前人们对煤气化废水的无害化及资源化处理尚处于初步实践的阶段，工艺技术还需要进一步优化，工程经验还需要积累，主要从以下几方面着手。

① 从源头抓起，现代煤化工产业的技术流程及煤的质量等直接影响其产生的煤气化废水的水质与水量，优化煤化工技术的设计及运行对煤气化废水的处理有很大的帮助。

② 对煤气化废水水质进行详细的分析和检测，贯彻执行国家关于环境保护的政策，符合国家的有关法规、规范及标准，防止二次污染和污染物转移。

③ 注重废水处理厂实际运行的灵活性和抗冲击性，确保所选工艺可根据进水水质波动情况调整运行方式和参数，最大限度地发挥构筑物的处理能力。

④ 根据废水处理厂进、出水水质要求，选用先进成熟的废水处理工艺，达到处理效果稳定，保证长期连续运行，出水水质稳定达标，满足厂内生产安全性要求。

⑤ 基建投资合理，运行费用低，运转方式灵活，以尽可能小的投入取得尽可能大的收益。

⑥ 为确保工程的可靠性及有效性，提高自动化水平，降低运行费用，减少日常维护检修工作量，改善工人操作条件，尽量选用质量好、价格合理、效率高、先进可靠、国产化程度高及成套性好的通用设备以及在国内外有良好业绩的产品。

⑦ 积极稳妥地采用新技术、新工艺、新设备和新材料，在合理利用外部资源的同时，充分利用国外的先进技术和设备，以提高行业的装备和技术水平。

2.4 煤液化废水处理工艺与效果

2.4.1 煤液化废水处理技术概况

煤液化包括煤的直接液化和间接液化两种工艺，是以煤为原料生产汽油、柴油、煤油等的煤炭转化技术。煤液化废水主要来源于液化、加氢精制、加氢裂化等操作过程中产生的含酚、含 NH_4^+-N 等工业废水，成分复杂，可生化性差，油含量大，乳化程度高，难以生物降解，是一种处理难度极大的工业废水。随着国家对煤化工项目的废水排放政策进一步收紧，煤液化废水的处理成为人们日益关注的问题之一，煤液化废水的处理不是简单一两个工艺的组合，而是需要系统地组合处理工艺。

2.4.1.1 煤制甲醇废水处理技术

（1）物化处理工艺

1）混凝沉淀法

混凝沉淀法是水处理的一个重要方法，用以去除水中细小的悬浮物和胶体污染物质。它的原理是向废水中加入混凝剂，产生电性相反的电荷，使废水中的胶体脱稳，形成絮状颗粒沉降下来。混凝剂按其化学成分分为无机和有机两大类：常用的无机混凝剂有铁盐、铝盐；有机混凝剂主要是有机高分子类，如聚丙烯酰胺（PAM）等。

2）吸附法

吸附法是利用多孔性的固体物质，使废水中的一种或多种物质被吸附在固体表面而去除的方法。根据固体表面吸附力的不同，吸附可分为物理吸附和化学吸附两种类型。废水处理中常用的吸附剂有活性炭、磺化煤、沸石、活化煤、活性白土、硅藻土、腐殖酸、焦炭、木炭、木屑等。

3）离子交换法

离子交换法是一种用离子交换剂去除废水中阴阳离子的方法，废水处理中使用的离子交换剂有离子交换树脂和磺化煤，离子交换树脂在废水处理中的应用较为广泛，其交换实质是不溶性的电解质（树脂）与溶液中的另一种电解质所进行的化学反应。它可分为强酸阳树脂、弱酸阳树脂、强碱阴树脂、弱碱阴树脂、螯合树脂几类。

4）气浮法

气浮法是固液分离或液液分离的一种技术，它通过某种方法产生大量的微气泡，使其与废水中密度接近于水的固体或液体污染物微粒粘附，形成密度小于水的气浮体，在浮力的作用下，上浮至水面形成浮渣进行分离。

5）超滤法

超滤法用于去除水中的大分子物质和微粒，它的作用机理有膜表面孔径机械筛分作用、膜孔阻塞、阻滞作用和膜表面及膜孔对杂质的吸附作用，主要是筛分作用。在外力的作用下，被分离的溶液以一定的流速沿着超滤膜表面流动，溶液中的溶剂和低分子量的物质、无机离子，从高压侧透过超滤膜进入低压侧，并作为滤液排出；而溶液中高分子物质、胶体微粒及微生物等被超滤膜截留，溶液被浓缩并以浓缩液形式排出。

（2）生化处理工艺

在生化处理工艺中，由于甲醇生产废水最主要的特点是 NH_4^+-N 与悬浮物含量高，碳氮比严重失调，采用常规的活性污泥法处理时硝化作用不完全，反硝化作用则几乎不发生，总氮（TN）的去除率仅在 $10\% \sim 30\%$ 之间，因此很难实现甲醇生产废水的生物脱氮。目前，甲醇生产废水生化处理部分常用的工艺有 A/O、A^2/O 工艺等。

1）缺氧-好氧处理工艺（A/O）

A/O 工艺由缺氧池和好氧池串联而成，如图 2-14 所示，作用是在去除有机物的同时取得良好的脱氮效果。A/O 工艺又称前置反硝化，最显著的工艺特征是将脱氮池设置在除碳过程的前部，先将废水引入缺氧池，回流污泥中的反硝化菌利用原污水中的有机物作为碳源，将回流混合液中的大量硝态氮（NO_x-N）还原成 N_2 达到脱氮的目的；然后废水进入后续的好氧池，进行有机物的生物氧化、有机氮的氨化和 NH_4^+-N 的硝化等生物反应，O 段后设沉淀池，部分沉淀污泥回流至 A 段，以提供充足的微生物，同时还将 O 段内混合液回流至 A 段，以保证 A 段有足够的硝酸盐。

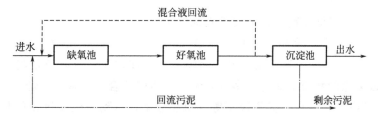

图 2-14　A/O 脱氮工艺流程

2）厌氧-缺氧-好氧处理工艺（A/A/O 或 A²/O）

A²/O 工艺由厌氧池、缺氧池、好氧池串联而成，如图 2-15 所示，系在 A/O 工艺流程前加一个厌氧池，在厌氧池里废水中难以降解的有机物开环变为链状化合物，链长的化合物开链变为链短的化合物，这些有机物进入缺氧池就能成为可利用的碳源。其特点为：

① 厌氧、缺氧、好氧 3 种不同的环境条件和不同种类微生物菌群的有机配合，同时具有去除有机物、脱氮除磷的功能；

② 在同时脱氮除磷的工艺中，该工艺流程最为简单，总的水力停留时间也少于同类其他工艺；

③ 在厌氧-缺氧-好氧交替运行条件下沉降性好，丝状菌不会大量繁殖；

④ 污泥中磷含量高，一般在 2% 以上；

⑤ 该工艺脱氮效果受混合液回流比大小的影响，除磷效果则受回流污泥中夹带的溶解氧和硝酸态氮的影响。

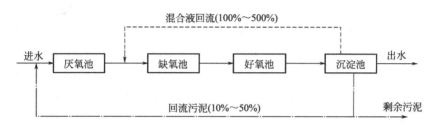

图 2-15　A²/O 脱氮工艺流程

2.4.1.2　煤制油和烯烃废水处理技术

煤制油和烯烃废水是一类污染物种类多、成分复杂的高浓度有机废水，主要的处理方法有混凝、化学沉淀、活性炭吸附法、臭氧氧化法、催化湿式氧化法、光催化氧化法、电化学氧化法等。在废水的实际处理过程中，单靠传统的物理和化学方法处理，往往难以达到排放标准，对于该废水的处理通常要多种方法结合，效果较好。

（1）电化学氧化法

电化学水处理技术的基本原理是使污染物在电极上发生直接电化学反应或利用电极表面产生强氧化性活性物质，使污染物发生氧化还原转变，适用于降解生物难降解有机物。现阶段研究表明，电化学氧化法工艺简单、氧化能力强、不产生二次污染，是一种颇有前景的废水处理技术。

（2）光催化氧化法

光催化氧化是光催化剂在特定波长光源的照射下产生催化作用，激发周围的水分子及氧气，使其形成极具活性的 OH^- 和 O^{2-}。目前采用的半导体材料主要有 TiO_2、ZnO、CdS、WO_3、SnO_2 等。在污水治理领域，光催化作用可有效地将许多难降解或其他方法难以去除的物质如氯仿、多氯联苯、有机磷化合物、多环芳烃等有机物转化为 H_2O、CO_2、PO_4^{3-}、NO_3^-、卤素离子等无机小分子，达到完全无机化的目的。该方法反应条件温和、设备简单、二次污染小、易于操作控制，尤其对低浓度污染物具有很好的去除效果。

（3）活性炭吸附法

活性炭是一种由含碳为主的物质作原料，经高温炭化活化制得的疏水性非极性吸附剂。由于其含有大量的微孔和中孔，具有较大的比表面积，而且在其孔的表面上含有大量的羧基、羟基、酚羟基、内酯等官能团，因此具有很强的吸附性能。

（4）催化湿式氧化法

催化湿式氧化法是在高温、高压及催化剂作用下，经空气氧化使污水中的有机物、氨分别氧化分解成 CO_2、H_2O 及 N_2 等无害物质，达到净化目的。目前，该方法主要应用于两大方面：一是用于高浓度难降解有机废水的预处理；二是用于处理有毒的工业废水。该方法具有适用范围广、氧化速度快、处理效率高、流程简单、二次污染小等优点。

（5）臭氧氧化法

臭氧氧化的工艺流程为：废水经隔油池去除油和酚，进入调节池调节 pH 值；然后与臭氧一起喷入接触氧化器，污水以一定的压力和速度通过喷嘴，借喷射形成的负压将臭氧吸入。该方法为瞬时反应，无永久性残留，处理效率高。采用化学沉淀-臭氧氧化法处理焦化废水后，废水 COD、NH_4^+-N、挥发酚和色度的去除率均达 97% 以上。

（6）鸟粪石（MAP）化学沉淀法

MAP 化学沉淀法主要针对煤化工废水中高浓度 NH_4^+-N 的去除。由于 NH_4^+-N 一般不与阴离子生成沉淀，而它的某些复盐不溶于水，如磷酸铵镁、磷酸铵锌等。因此，向废水中投加 PO_4^{3-} 和特定的金属离子可与高浓度的 NH_4^+-N 结合生成沉淀物，从而将其去除。控制适宜的反应温度、pH 值及镁、氮、磷的量比及反应时间，废水中 NH_4^+-N 的去除率可达 98% 以上。由于 MAP 化学沉淀法对废水中 NH_4^+-N 去除效果较好，工艺简单，沉淀反应不受温度、水中毒素的限制，且无二次污染，不会对后续处理造成影响，因而被广泛应用于高浓度 NH_4^+-N 废水的处理。

（7）固定化生物技术

固定化生物技术是近年来发展起来的新型技术，其在固定优势菌种方面具有较大的选择性和针对性，对含有难降解有机毒物的废水处理效果较好。在工业废水处理技术中，采用固定化细胞技术有利于提高生物反应器内原微生物细胞浓度和纯度，并保持高效菌种，污泥量少，有利于反应器的固液分离；此外，其对于氨的去除也比较有效。

（8）PACT 法

PACT 法是在生化进水中投加粉末活性炭（PAC），利用粉末活性炭吸附溶解氧和有机物，在曝气池中进行微生物分解的污水处理工艺。由于巨大的比表面积和很强的吸附能力，活性炭可以吸附废水中大量的污染物和有毒物质，将污染物的水力停留转化为固体停留以延长生化反应时间，同时避免有毒物质对微生物的毒害，保证了废水处理的稳定。工艺中的活性炭可循环利用。

2.4.2　煤液化废水典型处理工艺与效果

煤液化废水是一种处理难度极大的工业废水，其不能靠简单的物理化学方法或生物化学方法来完全处理，而是需要多种工艺的组合。

以下介绍几种典型的处理工艺及运行效果。

2.4.2.1 臭氧氧化＋A/O＋MBR＋活性炭吸附工艺

（1）工艺简介

某煤制油工程采取"清污分流、污污分治"的原则，按照高浓度污水、低浓度污水、回用水、高盐水四部分对项目产生污水进行分质分流处理，项目水处理流程如图2-16所示。

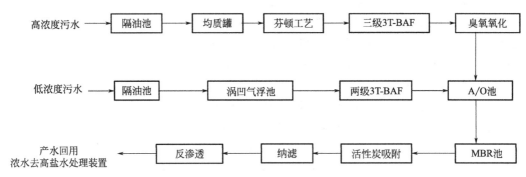

图 2-16 某煤制油项目水处理系统流程

高浓度污水指经汽提、脱酚装置处理后的出水，处理水量为 $100m^3/h$；低浓度污水包括生活污水、含油污水、煤气化废水以及变换冷凝液，总水量为 $200m^3/h$，含油较高、可生化性较好；深度处理采用"A/O＋MBR"工艺，出水进入回用系统，回用系统设计规模为 $300m^3/h$。

（2）运行效果

该项目高浓度有机废水 COD 浓度为 $4500\sim6000mg/L$、NH_4^+-N 为 $300\sim500mg/L$、总酚为 $300\sim400mg/L$、挥发酚为 $40\sim100mg/L$、硫化物为 $20\sim110mg/L$。深度处理 MBR 产水水质为 COD＝50mg/L，NH_4^+-N＜8mg/L。

（3）存在的问题

1）分质处理设置不合理

运行中发现低浓度含油污水处理容易达到设计标准；高浓度有机污水处理由于污水污染物浓度高、营养物单一、缺乏氮磷等元素，同时水中含大量油、酚、长链烷烃类物质，导致处理效果不好、运行不稳定。

2）芬顿前处理成本高、效果差

由于羟基自由基（·OH）氧化有机物时没有选择性且进水浊度较高，采用芬顿作为前处理工艺，且后端又设置臭氧氧化，药剂使用量较大、运行费用高。并且芬顿塔采用硫酸调节 pH 至酸性，大量 SO_4^{2-} 进入污水中，在 3T-BAF 厌氧环境生物降解过程中产生 H_2S 有毒气体。

2.4.2.2 A/O＋BAF 工艺

（1）工艺简介

工艺废水主要包含气化废水、甲醇精制废水（MTO）废水、事故及生活废水，总水量 460～560m³/h，主生化采用常规 A/O 工艺，深度处理采用 BAF（曝气生物滤池）。回用系统承接生化出水、循环排污水、热电脱盐废水及净水厂排泥水，总水量约 750m³/h，采用"双膜法"为核心的工艺。

项目水处理及回用流程如图 2-17 所示。

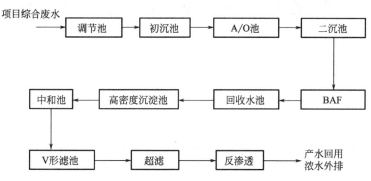

图 2-17　某煤制烯烃项目水处理及回用流程

（2）运行效果

该项目废水有机物浓度相对较低、NH_4^+-N 浓度相对较高，调节池水质为 COD1300mg/L、NH_4^+-N250mg/L、BOD/COD 值 0.42，适于采用 A/O 工艺。实际工况二沉池出水 COD＜50mg/L、NH_4^+-N＜10mg/L。且由于二沉池出水 COD 较低，BAF 挂膜效果较差，因此该生物滤池主要起截留 SS 的作用，基本无生化作用，进出水水质差别很小。

（3）存在的问题

① 主生化泡沫和臭气问题：主体 A/O 工艺水力停留时间较长（75h），污泥龄长，污泥浓度低（2500mg/L），系统内死泥较多，导致曝气池内污泥发泡上浮，随出水进入二沉池，影响出水水质。

② NH_4^+-N 去除不稳定：实际运行中 NH_4^+-N 去除效率有限，出水 NH_4^+-N 不能稳定达标。

③ 高密度沉淀池沉淀效果不佳：回用装置高密度澄清池沉降区容易产生短流，沉降效果不佳。

④ 高盐水外排问题：该项目每小时外排 460t 高盐废水，存在环境风险且造成水资源浪费。

2.4.2.3　A/O＋微电解＋VTBR 工艺

（1）工艺流程

污水处理来水包括煤气化废水 192.6m³/h、合成油废水 24.2m³/h、生活污水 8.8m³/h 三部分。污水设计规模 250m³/h。污水处理达到循环水回用标准，直接作为浊循环系统补充水。

VTBR 为垂直折流多功能生化反应器，工艺流程如图 2-18 所示。

（2）存在的问题

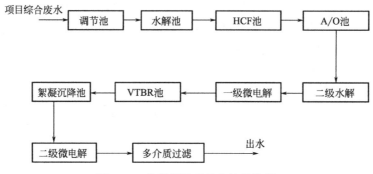

图 2-18　某煤制油项目水处理流程

① 微电解处理效果差：实际运行中微电解改性效果差，不能达到预期效果；同时项目污污分流处理较差，废水中总油含量较高，整体处理效果较差、出水效果不好。

② 腐蚀、泡沫与臭气问题：运行中设备腐蚀较严重，水质波动时曝气池内泡沫较多，并且主生化池未封闭，气味较大，操作环境恶劣。

2.4.2.4　SBR＋BAF 工艺

（1）工艺简介

污水处理总水量 500m³/h，包括 MTO 废水 180m³/h、气化废水 270m³/h、生活污水 50m³/h，废水处理采用"SBR＋BAF"处理工艺。回用系统承接生化出水、循环水系统浓水、脱盐水站来水和甲醇锅炉排污水，总处理水量 1750m³/h，采用"双膜法"，项目水处理及回用工艺流程如图 2-19 所示。

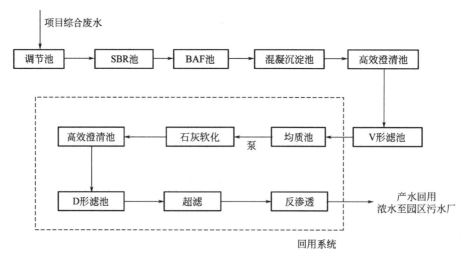

图 2-19　某煤制烯烃项目水处理及回用工艺流程

（2）存在的问题

① SBR 反硝化不完全：运行中主体 SBR 工艺反硝化不完全，导致污泥随反硝化产生的氮气上浮，并随出水进入 BAF，影响出水水质。

② 高盐水外排问题：该项目反渗透装置 400m³/h 高盐水外排至园区污水厂，水回

用率较低。

2.4.2.5 CASS+BAF+臭氧氧化+炭吸附+超滤+二级反渗透工艺

（1）工艺简介

某典型煤制二甲醚项目废水处理系统采取分质预处理的方式：煤气化废水经过"脱酸、萃取、脱氨"的传统酚氨回收工艺后，经"冷却、隔油、气浮、MIC（多级厌氧内循环）反应器"进入调节池；其他综合废水则经过上述除酚氨回收、MIC 反应器之外的工艺后汇入调节池。进入调节池之后的混合废水再依次经过水解酸化、接触氧化、CASS 池（循环活性污泥法）进行生化处理，生化出水进入"BAF+臭氧氧化"深度处理工艺，深度出水再经"炭吸附+超滤+二级反渗透"工艺处理至出水回用于生产，详细流程如图 2-20 所示。

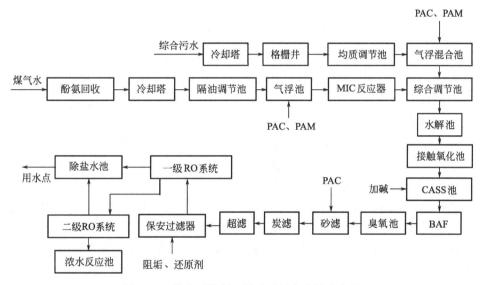

图 2-20 某典型煤制二甲醚项目废水处理流程

（2）存在的问题

① 出水 COD 不达标：气化废水油含量高导致生化系统处理效果差，出水 COD 超标。

② 工艺重复设置：厌氧反应器重复设置；MIC 反应器已经通过厌氧处理将大分子物质水解酸化成小分子，后续水解池功能上与之重复，导致厌氧过程运行负荷低，效果不好；CASS 池设计不合理，与前面的接触氧化池承担了类似的功能，并且 CASS 池增加了系统内碱度的消耗。

③ 深度处理工艺不合理："BAF+臭氧"的深度处理流程设置不合理，臭氧池应放在 BAF 之前，先对废水中有机物进行氧化改性，然后再进入 BAF 进行深度生物处理与过滤。

2.4.2.6 两级气浮+调节罐+3T-AF+3T-BAF 联合工艺

（1）污水处理流程

高浓度污水处理系统采用"两级气浮+调节罐+厌氧生物流化床（3T-AF）+曝气

生物流化床（3T-BAF)＋混凝沉淀＋过滤"处理工艺。

具体处理流程如图 2-21 所示。

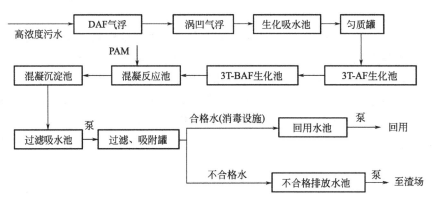

图 2-21 两级气浮＋调节罐＋3T-AF＋3T-BAF 联合工艺

高浓度污水首先进入一级气浮（采用部分回流多级溶气释放工艺 DAF），一级气浮出水自流进入二级气浮（采用涡凹气浮工艺 CAF），实现油水分离。高浓度污水经过两级气浮后去除大部分分散油、乳化油及部分 COD，其出水含油量要求小于 20mg/L，COD 总去除率在 30%左右。

二级气浮出水自流进入高浓度污水生化吸水池，用泵提升进入 5000m³ 匀质罐，停留约 20h，匀质罐出水自流进入 3T-AF 生化池，进行厌氧处理，将污水中的难降解有机物进行酸化水解和甲烷化，提高可生化性，3T-AF 生化池出水自流进入 3T-BAF 生化池，进行好氧处理，大部分 COD 及 NH_4^+-N 等污染物在此去除。经两级生化处理后的出水进入混凝反应池，投加聚丙烯酰胺（PAM）充分混合、反应，出水进入混凝沉淀池，进行泥水分离，去除大部分悬浮物及少量生物处理未能去除的 COD，以提高出水效果。混凝沉淀池出水自流至高浓度污水过滤吸水池，由泵提升进入高浓度污水改性纤维球过滤＋活性炭吸附设备。经过滤器处理后的出水投加 ClO^-，消毒灭菌后作为循环水场的补充水。不合格水切换进入不合格水排放池，用泵提升送至渣场蒸发处理。

（2）流程特点

3T-BAF 工艺综合了介质流态化、吸附和生物化学过程，运行机理较为复杂，但管理方便、操作简单。特别是物理化学法与生物法相结合，同时兼顾了活性污泥法、生物膜法和固定化微生物技术的长处，已越来越受到水处理界的重视。3T-BAF 工艺占地面积小、耐冲击性好、出水稳定、操作简单、自动化程度高、易于控制。

2.4.3 煤液化废水处理存在的问题

① 煤液化项目废水硬度较高，当废水总硬度达 1000mg/L 以上时容易导致废水处理设备结垢，使得液下设备的电机散热效果变差并可能烧坏，严重影响设备的使用寿命，管线结垢后只能更换管线。废水硬度大于 1000mg/L 时，建议废水进行除硬预处理，减轻对水处理设备的损害。

② 废水中含有油类及二甲醚等难降解的物质，进入生化系统前应增加隔油和气浮

等设施，减轻对后续生化系统的冲击。若没有此类设施，则运行过程中极易受到油类的冲击，尤其在生产装置不稳定的情况下。另外，煤制烯烃废水处理运行过程中应加强二甲醚的监控，避免装置异常时对生化系统造成冲击。

③ 煤制烯烃等化工项目生产过程中涉及的化学品种类较多，尤其是表面活性剂类，对生化系统影响较大，曝气过程中会产生大量的泡沫，夹带活性污泥上浮，使其降解性能变差，严重时会使污泥大量流失，影响出水水质。生产过程中，应加强废水处理装置与前端生产装置之间的沟通，尤其当主装置在更换化学品时应提前考虑废水生化系统的处理能力，避免对生化系统的冲击。

④ 新型煤化工发展较快，在水处理设施或系统的管理方面，经验欠缺，一些煤化工水处理管理和操作人员往往没有相关专业或从业背景，缺乏必备的水处理经验，这也是废水处理过程中的重要问题。在实际生产过程中应配备足够的熟练专业人员，同时加强技能培训，建立专业化的团队，从业人员不仅要掌握水处理工艺，还要熟悉生产装置工艺。

⑤ 实际生产过程中的"跑、冒、滴、漏"，造成点源污染物的无组织排放，也是废水处理的难题。由于生产装置物料浓度较高，微量的物料就会冲击废水生化系统，受抑制浓度的影响，生化系统可能就会瘫痪。因此加强生产装置运行过程中点源污染物的监控分析，避免高浓度污染物对生化系统的冲击。

⑥ 项目开车过程中受各种因素影响，可能都会造成装置开车过程持续时间较长，突发事件频出。加之一些牺牲公用工程系统保主化工系统、重生产轻环保等错误思想的存在，使得水处理设施在开车期间更容易受到水质波动的影响。pH 值、温度、污染物负荷、水量负荷及有毒有害物质等因素都会对水处理过程产生冲击性影响，开车过程必须制订切实可行的开工方案及应急预案。

参考文献

[1] 吴限.煤化工废水处理技术面临的问题与技术优化研究 [D].哈尔滨：哈尔滨工业大学，2016.

[2] 钟晨，张海峰，高培桥.A/O-BAF 工艺在焦化废水处理工程中的应用 [J].煤化工，2008，36 (4)：12-15

[3] 赵国华，陈长松，陈健敏.改良 A/O 工艺在大型焦化废水处理站的应用 [J].中国给水排水，2015 (6)：62-65.

[4] 余菊华.焦化废水处理工艺研究 [D].湘潭：湘潭大学，2008.

[5] 罗雄威，马宝岐.煤制兰炭废水处理技术的进展 [J].煤炭加工与综合利用，2015 (2)：28-36.

[6] 罗金华，盛凯.兰炭废水处理工艺技术评述 [J].工业水处理，2017，37 (8)：15-19.

[7] 丛昊.紫外接枝改性 PVDF 膜基支撑液膜萃取体系处理含酚废水 [D].哈尔滨：哈尔滨工业大学，2018.

[8] 汪丛，李林波，毕强，等.乳液液膜法处理高浓度兰炭含酚废水 [J].环境化学，2014，33 (03)：494-499.

[9] Zidi C，Tayeb R，Ali M B S，et al. Liquid－liquid extraction and transport across supported liquid membrane of phenol using tributyl phosphate [J]. Journal of Membrane Science，2010，360 (1-2)：334-340.

[10] Mortaheb H R，Amini M H，Sadeghian F，et al. Study on a new surfactant for removal of phenol from wastewater by emulsion liquid membrane [J]. Journal of hazardous materials，2008，160 (2-3)：582-588.

[11] Kumar A，Thakur A，Panesar P S. A review on emulsion liquid membrane (ELM) for the treatment of various industrial effluent streams [J]. Reviews in Environmental Science and Bio/Technology，2019，18 (1)：153-182.

[12] Raza W，Lee J，Raza N，et al. Removal of phenolic compounds from industrial waste water based on membrane-based technologies [J]. Journal of industrial and engineering chemistry，2019，71：1-18.

[13] 邱凯杰. 超临界水氧化法处理焦化废水的实验研究 [D]. 太原：太原理工大学，2012.

[14] 李锦景. 复极性三维电极反应器预处理焦化废水的试验研究 [D]. 马鞍山：安徽工业大学，2016.

[15] 钟鹏飞. 磁性复合催化剂 $\gamma\text{-}Fe_2O_3$/TS-1 光催化降解模拟焦化废水 [D]. 大连：大连理工大学，2015.

[16] 梅璐莎. 脉冲电化学氧化法处理焦化废水的研究 [D]. 武汉：华中科技大学，2014.

[17] 欧阳创. 超临界水氧化法处理有机污染物研究 [D]. 上海：上海交通大学，2013.

[18] Bermejo M D, Cocero M J. Supercritical water oxidation：a technical review [J]. AIChE Journal，2006，52 (11)：3933-3951.

[19] Yuan X, Sun H, Guo D. The removal of COD from coking wastewater using extraction replacement－biodegradation coupling [J]. Desalination，2012，289：45-50.

[20] Pal P, Kumar R. Treatment of coke wastewater：a critical review for developing sustainable management strategies [J]. Separation & Purification Reviews，2014，43 (2)：89-123.

[21] Sharma N K, Philip L. Combined biological and photocatalytic treatment of real coke oven wastewater [J]. Chemical Engineering Journal，2016，295：20-28.

[22] Wang N, Zhao Q, Xu H, et al. Adsorptive treatment of coking wastewater using raw coal fly ash：Adsorption kinetic，thermodynamics and regeneration by Fenton process [J]. Chemosphere，2018，210：624-632.

[23] Ji Q, Tabassum S, Hena S, et al. A review on the coal gasification wastewater treatment technologies：past，present and future outlook [J]. Journal of cleaner production，2016，126：38-55.

[24] Zhu H, Han Y, Xu C, et al. Overview of the state of the art of processes and technical bottlenecks for coal gasification wastewater treatment [J]. Science of the Total Environment，2018，637：1108-1126.

[25] Guo C, Tan Y, Yang S, et al. Development of phenols recovery process with novel solvent methyl propyl ketone for extracting dihydric phenols from coal gasification wastewater [J]. Journal of cleaner production，2018，198：1632-1640.

[26] Shi J, Han Y, Xu C, et al. Biological coupling process for treatment of toxic and refractory compounds in coal gasification wastewater [J]. Reviews in Environmental Science and Bio/Technology，2018，17 (4)：765-790.

[27] Cui P, Qian Y, Yang S. New water treatment index system toward zero liquid discharge for sustainable coal chemical processes [J]. ACS Sustainable Chemistry & Engineering，2017，6 (1)：1370-1378.

[28] Zheng M, Xu C, Zhong D, et al. Synergistic degradation on aromatic cyclic organics of coal pyrolysis wastewater by lignite activated coke-active sludge process [J]. Chemical Engineering Journal，2019，364：410-419.

[29] Xu P, Xu H, Zheng D. The efficiency and mechanism in a novel electro-Fenton process assisted by anodic photocatalysis on advanced treatment of coal gasification wastewater [J]. Chemical Engineering Journal，2019，361：968-974.

[30] Liu Z Q, You L, Xiong X, et al. Potential of the integration of coagulation and ozonation as a pretreatment of reverse osmosis concentrate from coal gasification wastewater reclamation [J]. Chemosphere，2019，222：696-704.

[31] Wang Y, Wang S, Guo Y, et al. Oxidative degradation of lurgi coal-gasification wastewater with Mn_2O_3，Co_2O_3，and CuO catalysts in supercritical water [J]. Industrial & Engineering Chemistry Research，2012，51 (51)：16573-16579.

[32] Rubio-Clemente A, Torres-Palma R A, Penuela G A. Removal of polycyclic aromatic hydrocarbons in aqueous environment by chemical treatments：a review [J]. Science of the total environment，2014，478：201-225.

[33] Zhang M H, Zhao Q L, Bai X, et al. Adsorption of organic pollutants from coking wastewater by activated coke [J]. Colloids and Surfaces A：Physicochemical and Engineering Aspects，2010，362 (1-3)：140-146.

[34] 王艺霏. 高铁酸盐-Fenton 联合氧化法对焦化废水的处理研究 [D]. 太原：太原理工大学，2017.

[35] 曹宏斌，许高洁，宁朋歌，等. 酚油共萃协同解毒技术及其在煤化工高浓废水中的应用 [J]. 过程工程学报，

2019，19（S1）：81-92.

[36] 舒展.催化臭氧化法处理煤化工废水的研究进展[J].现代化工，2019，39（06）：75-79.

[37] Zhu H，Ma W，Han H，et al. Catalytic ozonation of quinoline using nano-MgO：efficacy, pathways, mechanisms and its application to real biologically pretreated coal gasification wastewater [J]. Chemical Engineering Journal，2017，327：91-99.

[38] Ma W，Han Y，Xu C，et al. Biotoxicity assessment and toxicity mechanism on coal gasification wastewater (CGW)：A comparative analysis of effluent from different treatment processes [J]. Science of the Total Environment，2018，637：1-8.

[39] Zhuang H，Han H，Jia S，et al. Advanced treatment of biologically pretreated coal gasification wastewater by a novel integration of heterogeneous catalytic ozonation and biological process [J]. Bioresource technology，2014，166：592-595.

[40] 郭学会，董亚勇，任晓杰.IMC工艺在煤气化废水处理中的应用[J].河南科技，2014（15）：21-22.

[41] 徐春艳，贾胜勇，韩洪军，等.鄂尔多斯能源化工有限公司煤气化废水处理工程调试[J].中国给水排水，2014，（18）：145-148.

[42] 李晓玲，李华.煤气化废水处理工艺探讨[J].净水技术，2015（a01）：103-104.

[43] 陈赟，王卓.煤气化污水酚氨回收技术进展、流程优化及应用[J].煤化工，2013，41（4）：44-48.

[44] 雒建中.神华煤直接液化示范工程废水处理工艺分析[J].洁净煤技术，2012，18（1）：82-85.

[45] 潘碌亭，吴锦峰.焦化废水处理技术的研究现状与进展[J].环境科学与技术，2010，33（10）：91-96.

[46] 丁玲，梁玉河，刘鹏.焦化废水处理技术及其应用研究进展[J].工业水处理，2011，31（3）：6-10.

[47] 朱强，刘祖文，王建如.焦化废水处理技术现状与研究进展[J].有色金属科学与工程，2011，02（5）：93-97.

[48] 黄力群.焦化废水处理技术研究开发最新进展[J].水处理技术，2008，34（12）：1-6.

[49] 郭爱红，王杰平，祝悦，等.焦化企业废水处理中存在的问题研究[J].环境科学与管理，2015，40（7）：86-89.

[50] 李登勇，潘霞霞，吴超飞，等.氧化/吸附/混凝协同工艺处理焦化废水生物处理出水的过程及效果分析[J].环境工程学报，2010（8）：1719-1725.

[51] 刘斌.焦化废水处理存在的问题及其解决对策[J].低碳世界，2017，（18）：17-21.

[52] 刘亮.焦化废水处理存在的问题与改进[J].燃料与化工，2017，48（1）：49-51.

[53] 郭菁.焦化废水处理中存在的问题及对策[J].化工管理，2015，（16）：114-114.

[54] 安路阳，张立涛，潘雅虹，等.兰炭废水处理技术的研究与进展[J].煤化工，2016，44（1）：27-31.

[55] 谭晓婷，郑化安，张红星，等.兰炭废水处理现状与预处理技术进展[J].工业水处理，2014，34（10）：13-16.

[56] 蔡永宽，张智芳，刘浩，等.兰炭废水处理方法评述[J].应用化工，2012，41（11）：1993-1995.

[57] 孟庆锐，李超，安路阳，等.兰炭废水处理工艺的试验研究[J].工业水处理，2013，33（12）：35-38.

[58] 蒋芹，郑彭生，张显景，等.煤气化废水处理技术现状及发展趋势[J].能源环境保护，2014，28（5）：9-12.

[59] 何玉玲，褚春凤，张振家.高浓度煤气化废水处理技术研究进展[J].工业水处理，2016，36（9）：16-20.

[60] 范树军，余良永，刘春辉.煤直接液化高浓度污水处理技术开发及应用[J].煤炭工程，2017，49（s1）：33-36.

[61] 陆小泉.煤化工废水处理技术进展及发展方向[J].洁净煤技术，2016，22（4）：126-131.

[62] 何奕.物化-SBR工艺处理甲醇生产废水应用研究[D].西安：长安大学，2007.

[63] 王少青，侯炜，乔子荣.煤制烯烃和油废水研究进展[J].内蒙古石油化工，2017，（1）：19-21.

[64] 王建兵，段学娇，王春荣，等.煤化工高浓度有机废水处理技术及工程实例[M].北京：冶金工业出版社，2015.

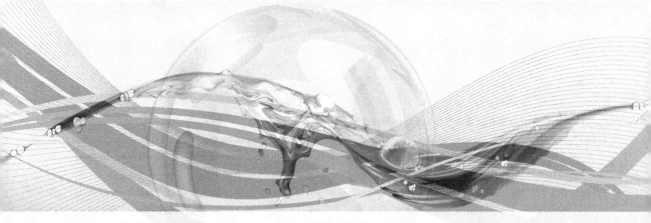

第3章 煤化工废水资源回收与无害化处理技术

3.1 煤化工废水中资源物质的回收技术

煤化工废水是一种高浓度有机废水，具有极其复杂的污染物成分和许多难以降解的物质。它含有各种污染物，如酚类、氨、油、氰化物和硫化物。酚氨回收是煤化工废水预处理的关键环节，以水质最差的气化炉——鲁奇炉为例，其典型气化废水水质挥发酚含量为 $2900 \sim 3900mg/L$，非挥发酚含量为 $1600 \sim 3600mg/L$，NH_4^+-N 含量为 $3000 \sim 9000mg/L$。如此高的酚类、NH_4^+-N 含量，废水如果无预处理直接进入生化处理阶段，将严重影响污泥的活性并且也是资源的浪费。采用特殊高油原料煤的煤化工项目会产生高含油废水，例如广汇某二甲醚项目和庆华某煤制天然气项目，废水含油量大于 $1000mg/L$。煤化学废水中的油性物质难以通过微生物降解除去，生化系统中的油含量高于 $30mg/L$ 将对氧转移效率产生很大的影响，所以必须在预处理阶段除去大部分油类。

3.1.1 废水中氨的回收技术

3.1.1.1 氨回收概述

煤化工废水中的 NH_4^+-N 主要产生于煤气化反应中的热解产物和煤气化反应中使用的残留氨水。含有高浓度 NH_4^+-N 的煤化工废水，直接进入生化处理阶段，将会抑制硝化菌的作用，导致脱氮效果不佳，出水 NH_4^+-N 浓度达不到排放标准要求。因此，废水中的氨除去以后，再将其送至生化处理装置进一步处理，这样不仅可以降低剩余氨水中的氨含量，满足后续生化阶段的要求，同时还回收了大量的氨。

3.1.1.2 氨回收技术现状与分析

煤化工废水中的氨可分为两种，即游离铵盐和固定铵盐。游离铵盐是指 $(NH_4)_2CO_3$ 与 $(NH_4)_2S$ 之类的弱酸铵盐。游离铵盐在污水汽提塔中通过加热方法可以直接分解，如下式所示：

$$(NH_4)_2CO_3 \longrightarrow 2NH_3\uparrow + CO_2\uparrow + H_2O$$
$$(NH_4)_2S \longrightarrow 2NH_3\uparrow + H_2S\uparrow$$

而固定铵盐是指 $(NH_4)_2SO_4$、NH_4Cl、NH_4CNS 与 $(NH_4)_2S_2O_3$ 等强酸铵盐。固定铵盐在污水汽提塔中无法通过热解的方式分解，需加入碱液反应转化后才能处理，如下式所示：

$$(NH_4)_2SO_4 + 2NaOH \longrightarrow 2NH_3 \uparrow + 2H_2O + Na_2SO_4$$

$$NH_4Cl + NaOH \longrightarrow NH_3 \uparrow + H_2O + NaCl$$

$$NH_4CNS + NaOH \longrightarrow NH_3 \uparrow + H_2O + NaCNS$$

$$(NH_4)_2S_2O_3 + 2NaOH \longrightarrow 2NH_3 \uparrow + 2H_2O + Na_2S_2O_3$$

氨蒸馏技术（蒸氨技术）是对剩余氨水预处理的重要组成部分。通过该步骤，废水中的氨含量可以从处理前的 6000×10^{-6} 下降至 100×10^{-6} 或更低。根据蒸馏设备操作压力的不同，蒸氨技术可分为常压工艺和真空负压工艺；根据热源类型的不同，也可分为蒸汽蒸氨和炉式加热法，如图 3-1 所示。

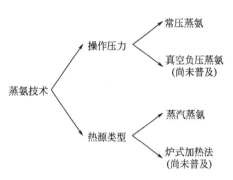

图 3-1　蒸氨技术发展状况

目前，国内脱氨工艺主要采用蒸汽汽提-蒸氨法。将大量的高温蒸汽通入煤化工废水，使二者充分接触，从而将 NH_4^+-N 从水中吹脱，有效地降低了废水中 NH_4^+-N 的浓度。汽提后的含氨蒸汽再进行分离和蒸馏等处理过程，以实现氨的回收利用。

由于废水的碱度主要是由挥发氨造成的，固定铵仅占 1.0%（质量分数），因此蒸汽提取效率高，其工艺流程见图 3-2。具体工艺：原料煤中固有的氨以及炼焦过程中产生的剩余氨水经过重力沉降并添加碱；然后进入蒸氨塔中与蒸汽逆向接触，析出可溶性气体，再通过吸收器，氨被磷酸铵溶液吸收，从而使氨与其他气体分离；再将此富氨溶液送入汽提器，使磷酸铵溶液再生，并回收氨。回收的氨再经蒸馏提纯，为了防止微量成分的形成，在此加入苛性钠（NaOH）。塔底废水冷却后被送至生化单元进行生化处理。

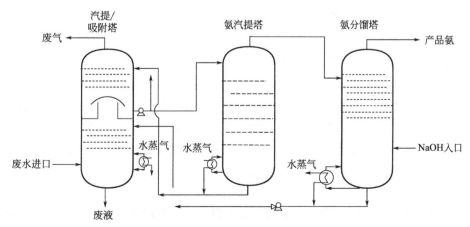

图 3-2　氨回收工艺流程示意

3.1.2　废水中酚的回收技术

3.1.2.1　酚回收概述

在煤化工行业中，煤本身以及气化过程中引入的水汽会在冷凝环节中冷却下来，排除喷淋循环使用的部分之外，还有相当量的废水排出，这些高浓度有机废水中含有众多不易挥发的酚类化合物，如苯酚、甲基苯酚、二甲基苯酚和萘酚等。在部分褐煤原料的废水中，酚类含量可达到 5000mg/L。

酚类物质有很强的生物毒性，不易被生物降解，能够导致蛋白质变性，并进入血液循环系统，引起不可逆的损伤，给煤化工企业和操作人员带来了极大的经济负担。酚类是一种重要的化学原料，广泛应用于工业制造中，可用于塑料、合成纤维、燃料、农药、医药、消毒剂等物质的生产。从废水中提取酚，不仅可以减轻环境污染，同时也是生产酚的一个不可忽视的途径。

通常，酚浓度大于 1g/L 的废水被称为高浓度含酚废水，需要将酚类物质回收利用；酚浓度小于 1g/L 的废水被称为低浓度含酚废水，此类废水应尽量重复循环使用，或者进行无害化处理后才准许排放至环境中。常用的酚回收方式包括蒸馏脱酚、吸附脱酚、萃取脱酚等，在实际工程中主要采取萃取脱酚方法，如图 3-3 所示。

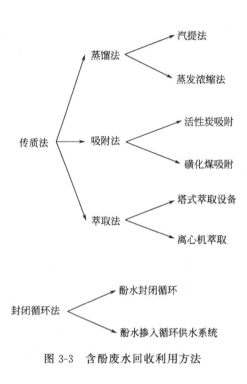

图 3-3　含酚废水回收利用方法

3.1.2.2　酚回收技术现状

（1）蒸馏回收酚

根据酚类物能否随水蒸气一同蒸发，可分为挥发酚和不挥发酚。水蒸气脱酚即废水中的挥发酚通过水蒸气直接蒸出，被碱液吸收随水蒸气一同带出的酚蒸气，成为酚钠盐溶液；然后经过中和与精馏，使废水中的酚得到回收。其工艺如图 3-4 所示。水蒸气脱酚流程简单，处理成本低，但废水中不挥发酚并不能被去除，还需经过无害化处理才能排放。因此，在实际操作中，萃取脱酚仍然是主要的回收酚方式，适当地结合实际情况和水蒸气脱酚法的特点，可提高废水预处理中脱酚效果。

（2）吸附回收酚

吸附脱酚是通过使用高比表面积的吸附材料，其产生的表面力可以将酚从煤化工废水中去除。当吸附材料饱和后，可使用有机溶剂蒸气对吸附剂解脱再生。常用的吸附材

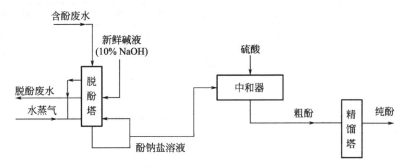

图 3-4 水蒸气脱酚工艺流程示意

料包括改性膨润土、活性炭和磺化煤等。

（3）萃取回收酚

溶剂萃取法的原理是利用酚类物质在水中的溶解度小于在萃取剂中的溶解度的特性，使酚类物质从废水中转移至萃取剂中，从而实现酚类物质的回收。萃取剂可以再生后重复循环使用。该方法脱酚效率高还具有设备占地面积小、投资少、能耗低、操作简单等优点，可有效回收废水中的酚类物质，因而被广泛应用，其工艺流程如图 3-5 所示。

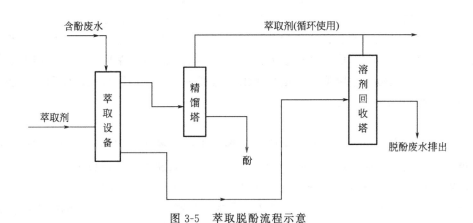

图 3-5 萃取脱酚流程示意

影响萃取回收酚的因素主要是萃取剂种类和萃取工艺参数。

1）萃取剂

萃取剂类型众多，目前我国煤气厂普遍使用的萃取剂有苯、轻油、重苯、醋酸丁酯、乙酸乙酯、重溶剂油、异丙醚、二异丙醚等，萃取剂应具有萃取效率高、不易乳化、不易挥发、油水易分离、不造成二次污染且易再生使用等特性。

几种萃取剂的分配系数见表 3-1。

2）萃取设备

萃取设备有脉冲筛板塔、转盘萃取、箱式萃取器和离心萃取等，目前，国内使用较多的萃取设备为脉冲筛板塔。

表 3-1　常见主要萃取剂的分配系数

萃取剂名称	分配系数	萃取剂名称	分配系数
苯	2.2	轻油	2~3
氯苯	2	重油	4.8
汽油	0.2	重苯	2.47
二乙基醚	17	磷酸三甲酯	28
二丙基醚	17	高沸点苯酚溶剂	49
轻芳香油	5~7	醋酸丁酯	60
重芳香油	20	醋酸异丁酯	69
硝基苯	7.7	N-503	500
丁醇	19	793液体树脂	2000
异丙醇	20	苯乙酮	110
洗油	14~16		

（4）脉冲萃取回收酚

脉冲萃取主要采用往复叶片式脉冲筛板塔。以筛板塔尺寸较小，附加脉冲后可提高萃取效率。此塔分为三个部分：中间是工作区域；上下两个扩大部分为分离区域。工作区域内有一根垂直中心轴，轴上装有多个筛板，筛板与塔体内壁之间留有一定的空隙，筛板上筛孔的直径为 6~8mm，垂直中心轴依靠塔顶电机的偏心轮装置驱动，做上下脉冲运动。脉冲萃取脱酚的装置流程为含酚废水和萃取剂在塔内逆流接触，脱酚后废水从塔底排出，萃取酚后的萃取剂从塔顶流出，送往再生塔进行反萃取再生。当溶剂溶解了较多的酚后，可用碱洗过精馏的方法得到酚钠盐或酚。萃取剂则可循环使用，一般萃取的酚回收率在 90%~95% 之间。

（5）封闭循环法

封闭循环法中，酚水循环系统常应用于煤化工厂的最终冷却器排出的低浓度含酚废水及煤气发生站的洗涤废水，以减少排污的污水量，减轻污水处理负担，同时可以节约用水。酚水掺入循环供水系统的方法是在循环供水系统中加入含酚废水，其中含酚废水的用量占补充水量的 3%~10%，混合使循环水水质稳定，防止结垢，减缓对金属设备的腐蚀。但是，采用这种方法时，要求对酚水中的游离氨、焦油、悬浮物、溶解性固体等杂质进行预处理，否则会对循环系统产生有害影响。

3.1.2.3　酚回收技术分析

煤化工废水酚类物质各种回收利用方法比较见表 3-2。

表 3-2　含酚废水回收利用方法的比较

回收利用方法	适用范围	回收效果	优点	缺点
汽提法	适用于焦化厂含挥发酚为主的废水	80%左右	方法简单、直接，操作较方便	只能回收挥发酚，填料塔庞大、笨重，效率较低
蒸发浓缩法	少量高浓度含酚废水	90%以上	可消除排放	对锅炉操作、管理有一定影响

回收利用方法	适用范围	回收效果	优点	缺点
塔式萃取设备	含酚浓度 1g/L 以上,性质不限	90%～95%	回收效率高	设备较多、较大,废水有新的污染
离心机萃取	含酚浓度 1g/L 以上,性质不限	90%～95%	回收效率高、设备小	设备制造及安装要求较高,废水有新的污染
活性炭或磺化煤吸附	少量含酚废水	85%～90%	设备简单、制造方便	再生麻烦,预处理要求高,吸附剂较贵
酚水封闭循环法	适用于煤气洗涤系统	—	不排或少排废水,减少了危害	给生产带来一定的影响
循环供水系统	净循环供水系统	—	不排或少排废水,减少了危害	预处理要求高

3.1.3 废水中油的回收技术

3.1.3.1 油回收概况

虽然在我国油类污染物不属于优控污染物,但在煤化工废水处理中属于难处理物质,尤其焦化废水中含有大量的焦油,例如蒸氨后的废水含油量>1000mg/L,焦油分离精制废水则含油量更高,这将严重危害后续的物理化学、生物处理。

焦油包裹在活性污泥菌胶团表面,会阻碍微生物对氧的利用,影响污泥活性,从而降低了生化处理效率。此外,粘附焦油后的污泥密度减小,活性污泥的沉降性能受影响,导致污泥上浮进一步流失。通常,生化处理单元的进水要求废水含油量低于50mg/L,因此需将油回收去除。

煤化工废水中油类污染物主要是焦油,焦油在水中的存在形式与乳化剂、水和其自身的性质有关,主要以浮油、分散油、乳化油、溶解油、油固体物 5 种物理状态存在。常用的油回收方式有气浮法、静置沉降法、化学破乳法、过滤法等,在实际工程中以气浮法为主。如图 3-6 所示。

3.1.3.2 含油废水回收处理技术

（1）气浮法

通常,煤化工废水预处理的首道工序就是除油去渣,目前成熟的处理方法就是气浮法。气浮法是利用在油水悬浮液中释放出的大量微气泡（10～120μm）,依靠其表面张力作用吸附分散在水中的微小油滴,气泡的浮力不断增大,气泡上浮,最终实现油水分离。

目前煤化工处理常用的气浮工艺包括加涡凹气浮、尼可尼泵气浮、浅层气浮和氮气气浮等,对比情况见表 3-3。

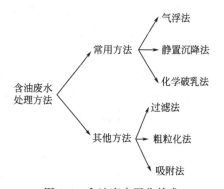

图 3-6 含油废水回收技术

表 3-3　煤化工废水气浮工艺对比

工艺类型	微气泡直径/μm	优点	缺点
涡凹气浮	40～60	投资省,能耗低,运行管理方便	处理精度相对较低(85%以下)
尼可尼泵气浮	20～50	投资省,调试速度快	处理效果一般
浅层气浮	1～10	停留时间短(3～5min),体积小,投药少,处理效果好	结构复杂,对设备制造要求高
氮气气浮	视工艺而定	避免废水的预氧化,保证可生化性	氮气投资较空气高

（2）静置沉降法

静置沉降法即重力分离法,采用斯托克斯原理,利用油和水之间的密度差及不相溶性,实现油珠、悬浮物与水在静止状态下分离。煤化工废水中的轻油珠在浮力作用下缓慢上浮、分层,而废水中的重油珠在重力作用下缓慢下沉、分层,油珠上浮或下沉的速度（u）与油珠颗粒的直径（d）、废水与油之间的密度差（$\rho_g - \rho_r$）呈正相关,与流体的黏度（μ）呈负相关,可用式(3-1)表示。受油和水的密度差、黏度等因素影响,一般处理温度选择 70～80℃较为合适。

$$u = \frac{(\rho_g - \rho_r)\beta g d^2}{18\mu\psi}$$ (3-1)

式中　u——油珠上浮或下沉速度,m/s;

ρ_g、ρ_r——废水与油的密度,kg/m^3;

β——废水中油珠上浮或下沉速度降低系数,取 0.95;

g——重力加速度,m/s^2;

d——油珠颗粒的直径,m;

μ——废水的动力黏度系数,kg/(m·s);

ψ——考虑水流不均匀、紊流等因素的修正系数,一般取 1.35～1.50。

静止沉降分离技术最常用的设备是隔油池。它是利用油比水密度小的特性,将油分离于水面并撇除。

隔油池的形式主要有以下几种。

① 平流式隔油池:构造简单,容易操作管理,除油效率稳定;但尺寸大,占地面积大,处理能力较弱,不易排泥,出水中仍残留乳化油和吸附在悬浮物上的油分,通常很难满足出水要求。

② 平板式隔油池:已有很长的应用历史,池型最简单,容易操作,除油效果稳定,但占地面积大,受水流不均匀性影响,处理效率不理想。

③ 斜板式隔油池:将平行板组倾斜在 30°～40°之间放置,除油效率可很大程度提高,但具有造价费用高、设备体积大等缺点。

（3）化学破乳法

化学破乳法是一种广泛使用的破乳方法,主要利用破乳剂改变油水界面性质或破坏膜强度。由于药剂与油水界面上存在乳化作用,其吸附在油水界面处,降低了水中油滴的表面张力和界面膜强度,使乳状液滴絮凝、聚集,最终破乳,提高油水分离效率。

常用的无机破乳剂有硫酸铝、硫酸亚铁、聚合氯化铝、三氯化铁等，常用的有机破乳剂有聚醚型、聚酰胺型、聚丙烯酸型等。不同破乳剂的适宜 pH 值范围不同。为增强絮凝效果，实际处理过程中往往复合使用两种或几种破乳剂。采用化学破乳法要避免破乳剂对后续除氨、脱酚等工序产生影响，以及选用较经济的破乳剂。

废水经物理除油后（含油量＜300mg/L，主要是乳化油、溶解油、油固体物及细分散油），进入破乳加药混合器中，以废水：破乳剂＝3000：1（体积比）加入某种化学破乳剂，破乳后的废水经过沉淀分离槽，其中的油或胶体颗粒失去稳定的排斥力及吸引力形成絮体，进一步因化学桥联形成大量矾花，矾花沉降至沉淀分离槽的底部形成沉渣，从而完成废水中残留油的分离，其流程示意如图 3-7 所示。

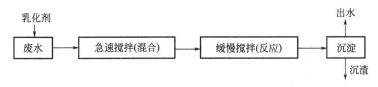

图 3-7　化学破乳法示意

（4）其他方法

1）过滤法

过滤法是使废水通过带有孔眼的装置或由某种颗粒介质组成的滤层，使废水中的油分（主要是浮油、分散油及部分乳化油）利用其截留、筛分、惯性碰撞等作用得以去除。由于煤化工废水具有一定的粉尘量和黏度，在煤化工废水除油中应用过滤法的核心是确定适宜的过滤材料和反冲洗方式。过滤器一般配备 2 套，1 套在线过滤，1 套反冲洗，反冲洗的周期主要由床层阻力增大来决定，首先通入空气松散床层，然后用高速清水反冲洗，整个清洗再生需要 30min 左右。

2）粗粒化法

粗粒化法是利用聚结材料对油、水两相亲和力不同的特性，将油类捕获并滞留于材料表面和空隙内形成油膜，当油膜增大到一定厚度时，在水力和浮力等作用下油膜剥离合并为较大的油珠，从而实现油水分离。实现粗粒化的方式主要有润湿聚结和碰撞聚结两种，含油废水润湿聚结除油材料有聚乙烯、聚丙烯塑料聚结板等。

3）吸附法

吸附法是利用多孔吸附剂对废水中的油分进行物理（范德华力）、化学（化学键力）、交换（静电力）等吸附来实现油水分离。常用的吸附剂包括活性炭、磁铁砂、纤维、活性白土、矿渣、高分子聚合物及吸附树脂等。随着来源广泛、成本低、吸附效率高的吸附剂不断被开发，吸附法也逐渐发展为一种非常有前景的煤化工废水除油方法。

3.1.3.3　油回收技术现状分析

气浮、化学絮凝、过滤和重力分离是常规的油水分离处理技术。虽然这些方法成熟且经济有效，但也存在一些不足之处，如表 3-4 所列。

表 3-4 常用除油处理技术比较

技术名称	使用范围	去除粒径/μm	主要优点	主要缺点
重力分离	浮油,分散油	>60	效果稳定,运行费用低	占地面积大
化学絮凝	乳化油	>10	效果好,工艺成熟	占地大,药剂用量多,污染难处理
过滤	分散油,乳化油	>10	处理效果好,能耗低,使用范围较广	易被污染,处理量小,价格高
气浮	分散油,乳化油	>10	除油效率高,连续操作,浮渣含水率低,停留时间短	药剂用量多,难大型化

气浮法和化学絮凝法都需额外添加浮选剂和混凝剂,含油废水被净化的同时却又产生了大量更难处置的含油污泥和浮渣;重力分离法虽然通常不需额外添加药剂,但缺点是当废水中泥沙含量较高时滤料容易堵塞,运行周期缩短;过滤通常只作为油水分离的最末端处理方法,由于滤料容易堵塞,需要配备反冲洗装置,该方法设备投资大,而且操作不易。

煤化工废水的油回收多包括以气浮为主体的一系列组合工艺,如隔油气浮、隔油沉淀、混凝沉浮、多级气浮等。在我国已运行和在建的煤化工项目,一般均设计并采用气浮预处理工段。

典型含油废水处理流程如图 3-8 所示。

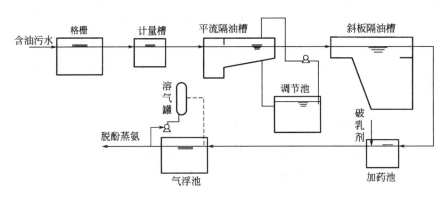

图 3-8 典型含油废水处理流程

采用气浮预处理的项目中,绝大多数采用改进的气浮组合工艺,如隔油沉淀+气浮、多级气浮和氮气隔油气浮等。已建成的赤峰某煤制化肥、山西某煤制合成氨、义马某煤制气 3 例化工厂的废水中焦油含量均低于 10mg/L,废水分类、分质执行情况较好,均采用单级气浮。

3.1.4 废水中工业盐的回收技术

3.1.4.1 盐回收概况

煤化工废水根据含盐量可分为两类:一类是有机废水,主要来自煤化工工艺废水、厂区生活污水等，其特点是含盐量低、污染物以有机物为主；另一类是高含盐废水，主要来自生产过程中的洗涤废水、循环水系统排水等，有时还包括生化处理后的出水，其特点是含盐量高，部分废水中还含有难降解有机物。

过去，煤化工废水更加注重有机废水的达标排放，含盐废水可以作为清洁下水直接排放，但是，随着人们环境保护意识的提高，不仅要求废水达标排放，还要求企业尽量将废水处理合格后作为中水回用，减少环境污染同时节约水资源，在环境敏感区甚至要求废水"零排放"。在这种情况下，企业的普遍做法是将废水分类收集、分质处理并回收利用，含盐废水的处理逐渐引起人们的关注。

(1) 含盐（低盐）水

煤化工低盐废水一般是指有机物含量较低、含盐量低于 10000mg/L 的废水。通常采用分质处理方式，将低盐水直接排入回用水站并对其进行处理以获得回用水。含盐废水中的盐类物质大部分源于原水、原料煤、生产过程产生水和水处理过程添加的絮凝、阻垢等化学药剂。根据生产过程划分，则主要来自生产过程中脱盐水系统出水、生产工艺过程产生水、循环水系统出水、回用系统浓水等，有时也包括生化处理后的排水。

(2) 高盐水

高盐水主要指回用系统等的反渗透浓水，其水中盐分经反渗透膜浓缩至 10000～50000mg/L，甚至更高，随盐分一同富集的还有废水中的其他污染物，典型浓盐水的化学需氧量值为 500～2000mg/L。

目前有三种可能的高盐水处理方法，即地下深井注入、蒸发塘与蒸发结晶。地下深井注入技术在我国缺乏相应的法律政策、制度和控制措施，其产生的地下环境风险尚不清楚，现阶段禁止采用；蒸发塘技术本身深受自然环境的影响，而且由于底泥处置尚不完善，目前只能作为工程调试期和意外事故阶段的紧急处理措施；蒸发结晶技术将高浓盐水转化为固态结晶盐，在一定程度上可以实现废水完全不外排的目标，是现阶段较为成熟稳定的工艺，但迫切需要解决结晶盐的处理问题。

3.1.4.2 高盐水处理技术现状

(1) 浓缩预处理

目前，高盐水处理的核心工艺集中在蒸发结晶工艺上，蒸发结晶的费用较高，据研究，多效蒸发和机械蒸汽再压缩蒸发的能耗成本分别高达 60 元/t 和 37.5 元/t。为了节省费用和最大限度回用水资源，通常在蒸发器之前设置预处理工艺，先将废水中的盐浓度浓缩至 50000～60000mg/L，甚至更高，以便减少进入蒸发结晶器的水量。目前，国内高盐水浓缩预处理采取的主要工艺有高效反渗透（HERO）、振动膜、碟管式反渗透（DTRO）、电渗析等。

(2) 蒸发浓缩

经过浓缩预处理工艺后，高盐水进入蒸发结晶工艺段。蒸发结晶工艺由蒸发段和结晶段两部分组成。蒸发器的功效是通过蒸发水分使盐分饱和并结晶，蒸发出的水蒸气经冷凝后回用。目前，煤化工领域使用广泛的蒸发器类型有单效或多效蒸发、机械蒸汽再压缩蒸发。

1) 多效蒸发

多效蒸发是指将多个蒸发器串联起来，每个蒸发器成为一效，其中第一效通入新鲜蒸汽，其后几效依次使用前一效产生的二次蒸汽进行蒸发操作。多效蒸发通过多次重复利用蒸汽可以在提高效率的基础上降低运行成本。传统的单效蒸发器蒸发 1t 水约消耗 1t 蒸汽，而一般三效蒸发器在相同条件下仅需 0.3t 蒸汽。在煤化工行业的高盐水蒸发段中经常采用三效蒸发器或四效蒸发器。

2) 机械蒸汽再压缩蒸发

机械蒸汽再压缩蒸发是一种单体蒸发器，其工作原理是通过外部压缩机压缩蒸发器产生的二次蒸汽，提高压力、增加热焓值后，替代新鲜蒸汽进入蒸发器中进行循环利用。机械蒸汽再压缩蒸发在系统启动后很少需要补充外部新鲜蒸汽，主要能耗为电能，蒸发 1t 水的典型耗电量为 20~30kW·h。机械蒸汽再压缩蒸发具有自控程度高、能耗低和运行成本低的优点，其缺点是设备投资成本较高。

(3) 结晶

蒸发后的浓缩液进入结晶段，根据结晶原理将结晶器分为蒸发结晶与冷却结晶。

1) 蒸发结晶

蒸发结晶是指加热蒸含盐溶液，使含盐溶液由不饱和变为饱和，析出盐分的过程。蒸发结晶目前是煤化工废水"零排放"的关键技术，几乎所有项目都使用蒸发型结晶器，结晶产物主要是由氯化钠和硫酸钠组成的混合结晶盐。目前项目采用的工艺主要有单效蒸发型结晶或机械蒸汽再压缩蒸发结晶。

2) 冷却结晶

冷却结晶是指将含盐浓液加热到一定温度然后冷却析出盐分的技术。蒸发型结晶器适用于氯化钠的结晶，而对于水中的硫酸钠，因其溶解度随温度升高而减小，蒸发结晶温度高于 30℃ 时析出的是无水硫酸钠晶体，当废水中杂质含量较高时析出的硫酸钠晶体纯度较低。因此，需要通过冷却结晶先得到 $Na_2SO_4 \cdot 10H_2O$，再经蒸发结晶才可获得高纯度的可资源化硫酸钠。

3.1.4.3　高盐水处理技术现状分析

在我国典型的煤化工项目中，大多数项目（60%）均使用蒸发结晶技术处理高盐水，也有相当部分项目（27%）采用外排方式，少数项目（4%~8%）将高盐水送至蒸发塘或者园区的污水处理厂进行集中处理。高盐水现状处置方式如图 3-9 所示。

如图 3-9 所示，新建项目均设计采用蒸发结晶（结晶混盐）工艺；已建项目中也有相当一部分以蒸发结晶装置替换原有的排污方式；根据目前的统计资料显示，所有盐水外排项目均于 2010 年或更早时期运营，现多在规划整改当中。

此外，蒸发结晶工艺和设备相对成熟，并且有许多实际的工程成功案例，蒸发结晶技术处理煤化工高盐水已经成为当下的设计趋势。在工艺模式的选择上，蒸发方式为机械蒸汽再压缩蒸发或多效蒸发，结晶方式均为蒸发型结晶，最终产品为混合结晶盐。

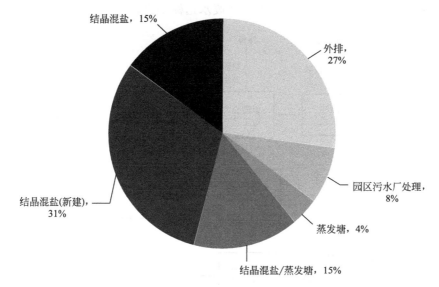

结晶混盐, 15%

外排, 27%

园区污水厂处理, 8%

蒸发塘, 4%

结晶混盐/蒸发塘, 15%

结晶混盐(新建), 31%

图 3-9　高盐水现状处置方式

3.2　煤化工废水无害化处理技术

煤化工可以分为传统煤化工与新型煤化工：传统煤化工主要以煤焦化为主，生产电石、乙炔等产品；新型煤化工则以煤气化、煤液化为主，生产合成气、油品等产品，是煤炭清洁利用的重要手段。我国正逐步实现从传统煤化工向新型煤化工的转化。

煤化工作为我国能源战略的重点之一，近年来迅速发展。煤化工生产需要消耗大量新鲜水，同时每年也产生了近 10 亿吨的工业废水。自 1967 年我国第一套吉林焦化废水处理装置投产以来，已有数千套的煤化工废水处理装置建成投产，对改善我国环境、控制污染起到了重要的作用。就煤化工处理工艺而言，充分发挥处理工艺中各阶段的作用，提高一级预处理、二级生物处理、三级深度处理，能很大程度改善现有处理设备的处理能力与效率。

煤化工废水主要源自煤气化、煤液化和煤焦化等生产过程，常含高浓度油类、酚类、氰化物、氨、杂环和多环烃类、无机盐等污染物，成分复杂、毒性强、可生化性差，处理难度很大，污染物组成及产生浓度因煤类型及转化工艺不同呈现差异。此外，在化学与生化处理反应过程中，废水中的其他含氮化合物如二氰、硫氰化物、硝酸与亚硝酸盐以及有机氮化合物，如吡啶、喹啉、吲哚等也能转化为 NH_4^+-N，还有多种苯系物、多环芳烃等作为生物处理阶段的碳源。因此，煤化工废水实现无害化、资源化，必须对生物脱氮工艺和新型煤化工废水处理工艺进行合理的技术组合与集成。

目前，国内相关行业中所设计的煤化工废水无害化处理系统大都采用相类似的工艺，即"物化预处理→生化处理→物化深度处理"的流程，图 3-10 为煤化工废水无害化处理典型工艺流程。其中，物化预处理能够实现油、酚和氨的回收，同时也减轻后续生化处理压力，而生化处理和深度处理则是为了有效降低 COD、NH_4^+-N 及难降解物质，通过脱盐工艺后，最终实现中水回用或废水达标排放。

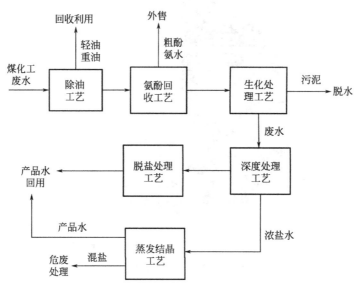

图 3-10　煤化工废水无害化处理典型工艺流程示意

　　生化处理技术因运行费用低、操作简单、处理水量大、无二次污染等诸多优点，成为处理煤化工废水最重要的核心单元。当前，我国应用的煤化工废水生化处理工艺主要是由厌氧、缺氧、好氧中两种或三种组合的工艺，COD、NH_4^+-N、挥发酚、氰化物和硫化物等污染物的去除主要依靠优势微生物的代谢和多样化的种群结构间的相互作用，生物群落结构是废水处理效率的基础。

3.2.1　焦化废水无害化处理技术

3.2.1.1　焦化废水特点

　　焦化废水是在煤的高温干馏、煤气净化以及化工产品精制过程中所产生的废水。主要有以下 3 类废水源：

　　① 剩余氨水，它是在煤干馏及煤气冷却过程中产生的废水，其水量至少占焦化废水总量的 50%；

　　② 在煤气净化过程中产生的废水，如煤气终冷水和粗苯分离水等；

　　③ 在焦油、粗苯精制过程等产生的废水。

　　焦化废水中含有大量难降解有机污染物，如多环芳烃类化合物、杂环化合物、酚类化合物、有机氯化合物等，具有浓度高、毒性大且难以生物降解的特征。目前情况下，一方面焦化厂大多采用生化法、物化法结合技术处理此类废水，处理后出水很难达标排放；另一方面，随着国家发展循环经济，努力实现清洁生产，要求企业废水"零排放"的政策提出，使得本来达标排放都困难的焦化企业形势变的更加严峻。

3.2.1.2　焦化废水无害化处理工艺流程分析

　　图 3-11 为某焦化废水无害化处理工艺流程，焦化废水经过蒸氨脱酚以后进入调节

池，然后输送到内电解强化预处理系统，进行铁碳内电解反应和生物厌氧反应；随后进入缺氧池和好氧池进行 A/O 生化反应，然后再进入二沉池和后混凝池进一步处理，得到生化出水；生化出水进一步进入纤维过滤器、三维电极反应器和超滤反渗透系统进行深度处理。

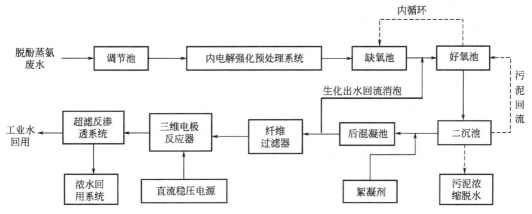

图 3-11　某焦化废水无害化处理工艺流程

（1）内电解强化预处理系统

内电解强化预处理系统采用上流式厌氧生物滤池，厌氧生物滤池中布置有发生内电解反应的内电解填料；内电解填料采用高温烧结制成，高温烧结的温度为 800～1100℃，填料的颗粒直径为 0.5～40cm，烧制原料为铁粉与炭粉，填料的含铁量大于 75%。

内电解填料为多孔大表面积填料，使得厌氧生物滤池中的厌氧微生物附着其上，形成厌氧生物膜；焦化废水流经挂有所述厌氧生物膜的填料时，废水中的有机物被生物膜中的厌氧微生物降解为更易降解的有机物。

铁-炭颗粒之间存在着电位差而形成了多个原电池，以电位低的铁为阴极，电位高的炭为阳极，在焦化废水中发生内电解反应具体为：铁受到腐蚀变成二价的亚铁离子进入焦化废水溶液中，亚铁离子与焦化废水溶液中的氢氧根作用形成了具有混凝作用的氢氧化亚铁，其与焦化废水中带负电荷的微粒异性相吸，形成絮凝物而去除。废水中难降解的大分子被炭颗粒所吸附和/或经过亚铁离子的絮凝反应而减少。

（2）A/O 生化处理

焦化废水首先进入缺氧池发生反硝化反应，经过缺氧池处理后的焦化废水进入好氧池发生硝化反应、脱氰反应及脱酚反应，经过好氧池处理后的焦化废水进入二沉池进行沉淀，焦化废水在厌氧生物滤池停留时间为 4h，与填料接触时间为 10～120min。焦化废水在 A/O 生化反应系统的缺氧池停留时间为 12h，好氧池停留时间为 32h，焦化废水在厌氧生物滤池、缺氧池和好氧池总的停留时间为 48h。

二沉池的部分污泥回流到好氧池中，污泥回流百分比为 50%；二沉池的剩余污泥通过污泥泵送入污泥浓缩池，然后通过压滤机压缩脱水；好氧池的硝化液回流到缺氧池中，硝化液回流百分比为 300%。

（3）深度处理

通过二沉池处理后的焦化废水进入后混凝池进行处理，进入后混凝池前加入絮凝剂聚丙烯酰胺，聚丙烯酰胺加入量为 $0.2\sim0.5mg/L$。后混凝池生化出水部分作为好氧池消泡水，回流比为 80%；后混凝池的生化出水通过纤维过滤器去除悬浮物之后再进入三维电极反应器。

三维电极反应器由 Ti/RuO_2-IrO_2 电极以及催化填料组成三维电极，催化填料为活性炭，在外加直流电源的作用下，在 Ti/RuO_2-IrO_2 电极和填料的催化和吸附耦合作用下，通过直接和间接的催化氧化，使得生化出水中的通过三维电极反应器处理后的生化出水进入超滤反渗透系统进一步净化，出水作为工业回用水；而反渗透浓水通过浓水回用系统进行回用处理，浓水回用系统采用化学药剂氧化除去有机物和硬度，然后通过管式膜进一步减量化，减量化后的浓水送入蒸发结晶系统进行处理。

3.2.1.3 焦化废水工艺污染物去除效果

通过内电解强化预处理，生化处理出水回流作为消泡水，减少了稀释水，从而减少后续生化处理和深度处理水量，进而降低了生产运行成本。内电解强化预处理系统和厌氧生物滤池结合起来，可以降低进水 COD，提高焦化废水 BOD/COD 值，从而保证生化处理水质。深度处理采用三维电解催化氧化处理工艺，避免了大量使用化学药剂，减少了污泥处理量。反渗透浓水回用系统可以使少量浓水处理回用，最终蒸发结晶，真正达到焦化废水"零排放"，所以可以从根本上达到焦化废水减量化、无害化和资源化的要求。

焦化废水经过铁碳内电解、A/O 生化处理、三维电解催化氧化、超滤反渗透系统后，处理后的水质分别见表 3-5。

表 3-5　各阶段出水水质指标

项目	单位	焦化原水	内电解强化预处理	生化出水	三维电解出水	超滤反渗透出水
pH 值		6.5	7.0	7.5	7.5	7.0
电导率	$\mu S/cm$	$\leqslant6000$	$\leqslant6500$	$\leqslant7000$	$\leqslant7000$	$\leqslant200$
TDS	mg/L	$\leqslant4000$	$\leqslant4200$	$\leqslant4500$	$\leqslant4500$	$\leqslant100$
COD	mg/L	$\leqslant4000$	$\leqslant2800$	$\leqslant100$	$\leqslant50$	$\leqslant5$
NH_4^+-N	mg/L	$\leqslant300$	$\leqslant250$	$\leqslant10$	$\leqslant5$	$\leqslant0.5$
浊度	NTU	$\leqslant100$	$\leqslant200$	$\leqslant10$	$\leqslant5$	$\leqslant0.02$

研究表明，多数硫氰化物在 A/A/O 工艺的好氧单元中被降解去除，N 元素和 S 元素相应地转化为 NH_3、NO_2^- 和 S^{2-} 等还原性中间产物，并进一步被氧化为 NO_3^- 和 SO_4^{2-}。NH_4^+-N 在硝化细菌作用下生成 NO_2^- 和 NO_3^-，通过调整好氧单元回流比，NO_2^- 和 NO_3^- 在缺氧单元反硝化细菌作用下，以有机物为电子供体发生反硝化作用，转化为 N_2。

焦化废水有机组分主要为苯酚、甲酚、二甲酚等酚类化合物，以喹啉、吲哚为代表的含氮杂环化合物，以及 PAHs。苯酚类及苯类属于结构简单、分子量小的易降解有机物，吡啶、萘等属于可降解有机物，而吲哚、喹啉和咔唑等均属难降解有机物。在 A/A/O 工艺中，酚类和吡啶在厌氧、缺氧和好氧条件下均可以发生降解，而吲哚的去除发生在厌氧和缺氧单元，喹啉的去除则完全发生在厌氧条件。难降解的环烃 PAHs，高分子量和低分子量的 PAHs 分别在厌氧和好氧单元去除，因与污泥有很强的亲和性，低分子量的 PAHs 在污泥上的吸附量为 24％～49％，而高分子量的吸附量为 56％～76％。

3.2.2 兰炭废水无害化处理技术

3.2.2.1 兰炭废水无害化处理工艺流程分析

陕北神木某兰炭厂生产采用蒸熄焦工艺，蒸熄焦属于干熄焦方法，干熄焦可以提高红焦热量利用率，改善焦炭质量。

废水进水水质特征如表 3-6 所列。

表 3-6 兰炭废水进水水质特征

项目	COD/ (mg/L)	挥发酚/ (mg/L)	NH_4^+-N/ (mg/L)	SS/ (mg/L)	pH 值	色度/ 倍
进水水质	70000±5000	7000±1000	6000±500	212±10	8±0.5	10000

由表 3-6 中可以看到该厂的废水中的各种指标的具体含量相比于一般的焦化废水要高出许多，其原因主要有：

① 在无烟煤的烧制过程中，需要用水进行熄焦，在煤高温熄焦的过程中，煤炭中的各种杂质就会进入熄焦水中，导致水质指标高；另外，在煤焦油的分离过程中也会对水质产生影响。

② 由于国家对焦化废水的排放标准要求高，许多小企业无法负担水处理费用，只能对熄焦废水循环利用，这导致焦化废水中的各项水质指标不断上升。

在原废水中选定的 46 种物质检测到 31 种，其总浓度为 4584.02mg/L，见表 3-7。苯系物、酚类物质、多环芳烃、邻苯二甲酸二丁酯、吲哚、喹啉、吡啶均有检测到。酚类物质所占比例最大，为 73.1％。苯系物为 2.4％，多环芳烃为 24％，杂环化合物所占比例仅为 0.4％。其中 8 种苯系物质含量为 111.09mg/L；18 种酚类物质，检出 14 种酚类，其总含量为 3350.88mg/L。其中苯酚为 1333.44mg/L，二甲基酚类物质总浓度为 1137.24mg/L，硝基酚类物质总浓度为 90.56mg/L，氯酚类物质总浓度为 510.64mg/L。

表 3-7 废水中有机污染物检测结果

化合物名称	含量/(mg/L)	比例/%	化合物名称	含量/(mg/L)	比例/%
苯	11.46	10.30	间/对甲苯	46.63	41.90
甲苯	34.45	31.00	邻甲苯	3.49	3.10
乙苯	10.95	9.90	异丙苯	1.50	1.40

化合物名称	含量/(mg/L)	比例/%	化合物名称	含量/(mg/L)	比例/%
苯乙烯	2.61	2.30	苊烯	108.79	9.9
苯酚	1333.44	39.80	芴	243.86	22.2
邻甲酚	279.00	8.30	二氢苊	ND	—
间/对甲酚	855.72	25.50	菲	5.67	0.5
2,4,6-三氯酚	60.84	1.80	荧蒽	1.9	0.1
2,3,4,6-四氯酚	48.60	1.50	芘	ND	—
2-氯苯酚	19.80	0.60	苯并[a]蒽	ND	—
氯间甲酚	48.96	1.50	䓛	ND	—
2,4,5-三氯酚	316.44	9.40	苯并[b]荧蒽	ND	—
邻硝基酚	43.92	1.30	苯并[k]荧蒽	ND	—
对硝基酚	26.64	0.80	苯并[a]芘	ND	—
2,4-二甲基苯酚	281.52	8.40	二苯并(a,n)蒽	ND	—
五氯酚	16.00	0.50	苯并(g,h,i)菲	ND	—
2-甲基-4,6二硝基酚	20.00	0.60	茚苯(1,2,3-c,d)芘	ND	—
2,4-二硝基酚	ND	—	吲哚	3.95	18.2
地乐酚	ND	—	喹啉	1.82	8.3
2,6-二氯苯酚	ND	—	吡啶	15.9	73.5
萘	738.15	67.2	邻苯二甲酸二丁酯	2.01	—

注：ND 表示未检测到。

16 种多环芳烃（PAHs）检测到 5 种 PAHs，5 种 PAHs 总含量为 1098.37mg/L，其中萘含量达到 738.15mg/L；4 种杂环物质总浓度 23.68mg/L；选定的 8 种重金属，铁、汞、锌、锰、铜、铅、砷、镉含量在 0.016～8.645mg/L 之间（见表3-8），总浓度为 14.55mg/L。其中铁含量最高，浓度为 8.645mg/L；其次为汞，其浓度为 4.015mg/L；镉的含量最低，浓度为 0.016mg/L。由于该厂的兰炭废水各污染物含量浓度高，所以对 NH_4^+-N、酚类回收处理后，需要对各类毒害物质进行生物强化处理，进一步进行深度无害化处理。

表 3-8　废水中重金属污染物检测结果

重金属元素	Cu	Zn	As	Cd	Fe	Mn	Pb	Hg
含量/(mg/L)	0.407	1.019	0.108	0.016	8.645	0.4901	0.255	4.015

该中型试验项目在陕北神木县持续运行一年，工艺日处理水量为 3～5t。处理后出水水质稳定。具体工艺如图 3-12 所示，介绍如下。

(1) 萃取

现场工艺以 30%的磷酸三丁酯和煤油混合物为萃取剂对兰炭废水进行了萃取，具体方法如下：常温条件下，调节兰炭废水至设定的 pH 值，萃取剂磷酸三丁酯-煤油与兰炭废水分别以 1∶7 的体积比混合进入萃取柱内，在机械搅拌器搅拌作用下进行萃取，

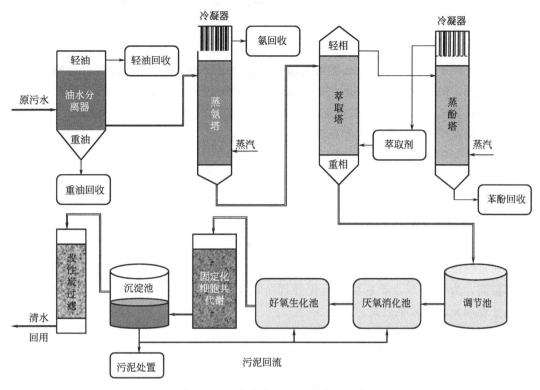

图 3-12 兰炭废水处理工艺流程示意

萃取时间为 20min，一段时间后停止搅拌，混合液在萃取柱静止分层，进行分离。

氢氧化钠溶液和萃取过的磷酸三丁酯-煤油混合物分别以一定的体积比进行混合进入反萃取柱，在机械搅拌器搅拌作用下进行反萃取反应，反萃取达到一定的时间后停止搅拌。混合液静止分层，回收上层萃取剂便于循环利用。

（2）空气吹氨

NH_4^+-N 在废水中主要是以游离氨（NH_3）和铵离子（NH_4^+）的形式存在，两者存在平衡关系：$NH_3+H_2O \rightleftharpoons NH_4^+ + OH^-$，当 pH 值升高时，反应向左进行，游离氨（$NH_3$）含量增大。空气吹脱法根据此原理，在碱性条件下，通过风机吹入大量的空气，游离氨随着空气从废水中逸出，以达到去除废水中 NH_4^+-N 的目的。通过控制不同的气液比，调节吹氨前的 pH 值至 11，进行吹脱。

（3）生化处理

经过萃取-吹脱后的兰炭废水进入生化处理阶段，采用 A/O 法处理，进水 pH 值为 7～8，生物处理总停留时间为 20h，利用驯化过的活性污泥对有机物进行降解，厌氧池中保持厌氧状态，好氧池中不断曝气，经过驯化的活性污泥降解一段时间后进入固定化细胞代谢工艺阶段，投加大量筛选的土著高效降解菌株（*Staphylococcus sciuri* strain ZL-1、*Achromobacter xylosoxidans* strain LH-X 降解苯酚；*Bacillus cereus* strain H1、*Bacillus gottheilii* strain LH-B、*Sphingobacterium thalpophilum* strain LH-X、*Ochrobactrum pseudintermedium* strain LJ-C 降解喹啉；*Rhodococcus ruber* strain L9

降解 PAHs；*Acinetobacter pittii* strain YL5 降解烃类），进行生物强化处理，生化出水进入混凝沉淀工艺。

（4）混凝沉淀

现场条件下生化出水进入混凝沉淀池，沉淀池中投加的混凝剂选用聚合硫酸铁，兰炭为助凝剂，pH 值保持在 7~8 之间，聚合硫酸铁的投加量为 1.0~1.5g/L，助凝剂兰炭的投加量为 1g/L。经过机械搅拌后，混凝剂和废水充分接触，经过絮凝后沉淀，进一步降低废水中的污染物浓度和色度。

（5）兰炭吸附

现场条件下混凝沉淀出水，废水浊度还比较高，需要活性炭对其进行深度处理才能达到废水回用标准，吸附物质采用改性后的兰炭，在进水 pH 值为 7 的条件下吸附时间为 15min。

3.2.2.2　兰炭废水工艺污染物去除效果

苯系物经过整个工艺处理后，外排水已检测不到其存在。苯系物在萃取处理单元去除率较高，为 73.6%。苯系物在生化处理阶段主要通过好氧生物降解途径进行去除，好氧处理单元的去除率最高，达到 95.8%。

酚类物质在萃取、沉淀、吸附物化处理单元去除率较高，去除率分别为 91.4%、90.4%、99.5%。其中，厌氧处理单元对苯酚、硝基酚去除起主导作用，好氧处理单元对甲基酚类去除起主导作用。

多环芳烃的去除主要通过物理途径得以实现。萃取处理单元的去除率为 72%；沉淀处理单元的去除率达到 94.7%；吸附处理单元的去除率达到 97%。在生化处理阶段，邻苯二甲酸二丁酯、吲哚、喹啉在厌氧处理阶段去除率较高，去除率分别为 57.4%、81%、89.5%。吡啶在生化处理阶段去除效率较差。

萃取对于有机污染物的去除贡献度最大，经过萃取处理后，检测到的有机物总浓度由 4584.02mg/L 降到 626.68mg/L。其中苯系物浓度从 111.09mg/L 降到 27.05mg/L；酚类物质从 3350.88mg/L 降到 279.59mg/L；多环芳烃从 1098.37mg/L 降到 307.02mg/L；杂环物质由 23.68mg/L 降到 11.67mg/L。

重金属去除主要通过物理途径进行，萃取、吹氨、沉淀、吸附处理单元对于重金属的去除具有一定贡献度。在生化处理阶段，厌氧处理单元对于重金属的去除基本没有作用。好氧处理单元对重金属的去除贡献度最大，其总浓度由 10.01mg/L 降至 4.71mg/L，去除率达到 52.9%。

经过物化-生化组合工艺处理后兰炭废水外排水满足炼焦化学工业污染物排放标准，且外排水无遗传毒性作用（蚕豆根尖细胞微核试验分析结果）。

3.2.3　煤气化废水无害化处理技术

3.2.3.1　煤气化废水的特点

在煤气化过程中，大量含有高浓度酚和氨的废水排放可能会对环境造成严重污染。高浓度煤气化废水主要来自煤气洗涤、冷凝和分馏工段，其水质特点受煤种和气化工艺影响，存在差异。一般来说，其主要有以下特点。

① 色度大，污染程度高：废水一般呈深褐色，有一定黏度，多泡沫，pH 值在 6.5～8.5 范围内波动，呈中性偏碱性，具有浓烈的酚、氨气味。COD 浓度可达 6000mg/L 以上，NH_4^+-N 浓度为 300～10000mg/L。

② 废水中物质成分复杂。

③ 毒性高：废水中不仅氰化物和酚类具有毒性，且焦油中含有致癌物质，在干馏制气废水中可以检测出较高的 3，4-苯并芘。

④ 水量大：每气化 1t 煤产生 0.5～1.1m³ 废水。

3.2.3.2 煤气化废水无害化处理工艺流程分析

中煤图克项目利用内蒙古丰富的煤炭资源实现资源的就地转化，采用先进、可靠、合理的技术，建设大型煤化工厂，项目一期工程规模为年产 100 万吨合成氨、175 万吨尿素。该项目采用 BGL 气化工艺，目前已安装 7 台气化炉，5 用 2 备。全厂综合废水排水量通常为 169m³/h，最大为 214m³/h，进水水质见表 3-9。

表 3-9　污水系统进水水质指标　　　　　　单位：mg/L

项目	COD$_{Cr}$	总酚	挥发酚	NH_4^+-N	油	BOD$_5$
进水水质	4000	700	300	350	100	1120

中煤图克是煤化工废水"零排放"示范项目，其废水处理工艺流程如图 3-13 所示。

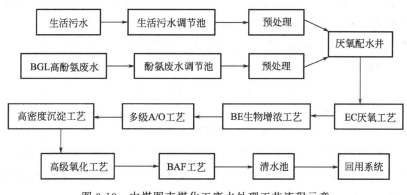

图 3-13　中煤图克煤化工废水处理工艺流程示意

（1）氮气气浮工艺除油

中煤图克废水预处理采用氮气气浮工艺，氮气由现场的空分装置供应。氮气为惰性气体，可以有效减小曝气过程中废水中溶解氧的浓度，从而防止因空气预氧化导致的废水色度加深、泡沫增加的问题，并避免酚类、烷烃、烯烃类物质转化为发泡剂和被氧气氧化为苯醌类难生化降解物质。经氮气气浮后，减少了脂肪烃类物质，从而降低了水中 COD 浓度，并且显著改善了废水可生化性，降低后续生化处理的负荷。

（2）EC 厌氧工艺优化去除难降解有机物

煤化工废水 COD 浓度较高，其中酚类物质浓度可占 COD 当量 50%，而酚类物质中的多元酚更难被微生物代谢降解。在好氧条件下，多元酚反应生成的部分中间产物为可生化较差的苯醌类化合物，此时废水的颜色将经历浅色、黄色、深褐色、黑色的变色过程。若是厌氧条件，则会经历羧化阶段、苯甲酰化阶段、开环阶段、断链阶段和产甲烷阶段。

煤化工废水应重视厌氧工艺在 COD 和 NH_4^+-N 的降解过程中的应用，优化对酚类等难降解有机物的去除效果。中煤图克废水处理工艺中，废水在进入好氧生物处理之前，采用 EC 厌氧工艺优化其对难降解有机物的可生化性或去除效率，EC 厌氧工艺采用出水回流设计，使废水和污泥充分混合，通过稀释作用减少废水中毒性物质对微生物代谢的抑制。此外，通过投加甲醇基质，作为初级代谢底物，微生物通过对简单有机物的快速代谢获得能量，减少毒性物质的抑制作用进而恢复对毒性物质的降解能力，使难降解物质在该条件下被降解。

（3）生物增浓工艺对酚类物质去除

酚类物质对微生物有毒害作用，废水进入缺氧-好氧生物处理单元之前，应要求总酚浓度不超出 400mg/L，否则会影响后续处理单元中微生物的正常代谢。

在中煤图克项目废水处理中，采用了生物增浓池工艺。通过投加大量高效环保菌剂，废水中污泥浓度保持在 5000～6000mg/L，并且控制废水中微生物较大污泥龄。调控水中溶解氧浓度处于 0.3～0.5mg/L 的状态，此时 NH_4^+-N 的去除方式为短程硝化反硝化。由于参与反应的微生物属于自养型微生物，因此 BE 生物缺氧工艺段不需要投加外来碳源。同时，由于硝化过程中仅参与亚硝化反应，H^+ 生成量较少，因此可以减少中和反应中碱类的投加量。由上述可知，采用短程硝化反硝化，不仅高效脱碳脱氮，同时可以减少碳源、碱性物质的投加以及减少曝气量。

在生物增浓工艺中，采用了生物强化技术，筛选出 3 种特效细菌 *Stenotrophomonas maltophilia* strain K279a、*Klebsiella pneumoniae* strain AU45、*Enterobacter* sp. j11。废水中高浓度酚会影响细胞中的酶活性，导致细胞蛋白质失活，同时废水中菌群多样性和结构稳定性降低，从而降低对酚的处理效率。通过 3 种细菌的最优复配，降酚过程中产生大量的酚氧化酶，使废水中酚类化合物发生邻位和间位裂解，转化为易降解的小分子有机物——乙醛、乙酸，同时优势菌群形成，有利于系统的稳定性。由于 3 种细菌对煤气化废水中的毒性物质具有较好的耐受性，对酚类化合物具有的高效降解性，使生物增浓工艺在 COD 和酚类等难降解有机物的处理中更有效。

3.2.3.3 煤气化废水工艺污染物去除效果

（1）COD 的去除效果

为降低 COD 浓度和降低毒性物质对 EC 厌氧中微生物的抑制，采用回水稀释进水处理方式，回水进入配水池，可将 COD 浓度降低 1/2。在 EC 厌氧单元中，微生物改善有机物可生化性，同时去除部分 COD。之后废水进入生物增浓池，在高浓度污泥和高效的微生物作用下，COD 在此单元得到有效去除，去除率达 90.23%。随后废水进入 A/O 生化反应池，在厌氧条件下反硝化菌以碳源为电子供体进行反硝化，同时去除部分 COD。在高密度沉淀池和高级氧化池中，由于活性硅藻土和·OH 的作用，废水中的难降解有机物被有效去除。最后进入曝气生物滤池，废水中剩余 COD 被进一步去除，出水时 COD 浓度为 58.25mg/L，可以满足《循环冷却水用再生水水质标准》（HG/T 3923—2007）中的 COD＜60mg/L 标准。

（2）酚类的去除效果

整个工艺对酚类物质有很好的去除效果，在废水进入 A/O 生化反应池前，出水已经检测不到挥发酚类。配水井中的废水被回水稀释，其挥发酚浓度降低至 228.16mg/L。随后进入 EC 厌氧单元，在厌氧作用下部分挥发酚转化为易降解有机物。在生物增浓池单元，挥发酚在厌氧条件，高浓度污泥作用下被完全降解，出水挥发酚浓度低于检测限，很大程度降低了对后续单元的负荷。

（3）NH_4^+-N 的去除效果

NH_4^+-N 的去除主要通过硝化反硝化作用，在生物增浓池中，通过控制低溶解氧，高污泥龄，利用高效微生物菌群，发生短程硝化反硝化作用，NH_4^+-N 在生物增浓池被有效去除，浓度由 189.3mg/L 降至 6.78mg/L。随后在 A/O 生化反应池中，根据碳源需求调整回流比，提高此单元废水中 C/N 值，NH_4^+-N 降解率达 53.83%。在最后的曝气生物滤池中，通过亲水性滤料，去除了剩余的 NH_4^+-N，最后出水 NH_4^+-N 浓度为 0.3mg/L，满足《循环冷却水用再生水水质标准》（HG/T 3923—2007）中 NH_4^+-N＜0.5mg/L 的标准。

3.2.4　煤液化废水无害化处理技术

3.2.4.1　煤液化废水的特点

神华煤直接液化项目示范工程是世界上第一套采用煤直接液化工业化装置，以神华集团所属的神东公司上湾煤为原料，每年可将 3.5Mt 煤加工成满足国家质量标准的车用柴油及液化石油气、石脑油等产品 1.08Mt。实际总投资 127 亿元，环保总投资 8.91亿元，占总投资额的 7.02%。一期工程于 2004 年 8 月开始建设，包括 15 套工艺装置以及配套的储运和公用工程系统，项目于 2008 年 12 月 30 日完成了全部生产流程，生产出合格的石脑油和柴油等产品。

煤液化项目产生废水单元较多，根据来源，废水分为低浓度废水、高浓度废水、含盐废水和催化剂制备废水四类。按照"清污分流，污污分治，一水多用"的原则，将不同废水进行分质分流处理。

3.2.4.2　煤液化废水无害化处理工艺流程分析

（1）低浓度废水处理系统

1）废水来源

低浓度废水主要包括各装置排出的低浓度含油废水及生活污水。含油废水主要包括来自装置内塔、容器等放空和冲洗排水，机泵填料函排水，围堰内收集的雨水、滤罐反洗水、煤制氢装置变换洗涤塔废水和低温甲醇洗废水等，自流进入废水处理场；生活污水主要来自厂区生活设施排出的污水经化粪池后的排水，自流进入废水处理场。

2）废水处理流程

低浓度废水处理采用油水分离→加压溶气气浮→A/O 生化池→二级曝气生物流化床（3T-BAF 生化池）→混凝过滤工艺，具体处理流程如图 3-14 所示。

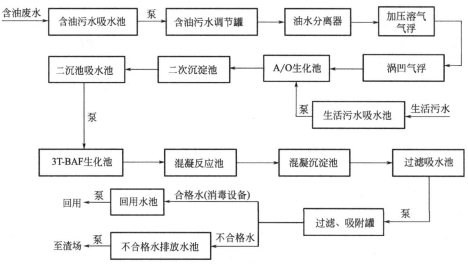

图 3-14　神华煤制油项目低浓度含油废水处理工艺流程

废水处理工艺设有 2 个 5000m³ 调节罐，用来调节水量、水质和水温等的变化，降低来水不均匀性对后续处理工艺的冲击；强化油的去除效果，确保生化进水油含量不超标。在含油废水调节罐中安装浮动收油设备，可以有效回收大量浮油从而降低气浮处理设备的负荷。采用两级气浮工艺：一级气浮选用部分回流加压溶气气浮（DAF），依靠大量细微气泡的浮力，分离废水中乳化油及溶解油；二级气浮选用涡凹气浮技术（CAF），具有充气量大、自动控制内回流、占地小、能耗低的特点，气浮加药充分考虑水质特点，设计了全自动化的絮凝剂、助凝剂投加设施，可根据废水进水量自动调整给药剂量，保证除油效果的同时还降低生化池负荷。

处理出水采用 ClO_2 消毒，具有高效、快速的杀菌效果，安全可靠。

（2）高浓度废水处理系统

1）废水来源

高浓度废水指经汽提、脱酚装置处理后的出水，主要包括煤液化、加氢稳定、加氢改质和硫黄回收等装置排出的含硫、含酚污水。

2）废水处理流程

高浓度废水处理系统采用两级气浮→调节罐→厌氧生物流化床（3T-AF）→曝气生物流化床（3T-BAF）→混凝过滤处理工艺。具体处理流程如下：高浓度废水首先进入一级气浮（DAF 工艺），之后自流进入二级气浮（CAF 工艺），实现油水分离。高浓度废水经过两级气浮后去除大部分分散油、乳化油，含油量小于 20mg/L，COD 浓度降低 30% 左右。二级气浮出水自流进入高浓度废水生化吸水池，用泵提升进入 5000m³ 匀质罐，停留约 20h；之后自流进入 3T-AF 生化池，进行厌氧处理，将废水中的难降解有机物分解为可生化的小分子有机物，3T-AF 生化池出水自流进入 3T-BAF 生化池，进行好氧处理，有效降低 COD、NH_4^+-N 浓度。经厌氧、好氧生化处理后的出水，进入混凝反应池，投加聚丙烯酰胺（PAM）混凝剂充分混合、反应，之后进入混凝沉淀池，进行泥水分离，去除大部分悬浮物及少量可生化性差的有机物，以提高出水水质。混凝沉淀池出水自流进入高浓度废水过滤吸水池，由泵提升进入高浓度废水改性纤维球过滤＋活性炭吸附设备。经过滤器处理后的出水投加 ClO_2，消毒灭菌后作为循环水场的补充水，而处理不达标水转入不达标水排放水池，用泵提升送至渣场蒸发处理。

3）流程特点

3T-BAF 工艺称为曝气生物流化床，是在流化床技术广泛应用于化工领域之后开发的。与固定床相比，流化床具有比表面积大、传质均匀速率快、压损小等诸多优点。自 20 世纪 70 年代初美国首次将该技术应用于废水生物处理以来，其在污水处理行业得到了广泛的关注，并出现了多种床型和操作运行方式。在 3T-BAF 工艺中，流化介质使用了专用载体。这种载体空隙率为 96%，具有较大的保水能力，开孔采用大孔与微孔相交错的方式，大孔保持良好的气、液、固的接触条件，三相传质推驱动力大大增加，微孔作为固定化微生物载体，微孔中带有很多极性强的基团，可与微生物形成牢固的化学键，还可对微生物起保护作用，优于传统意义上的生物膜技术。固定化微生物后的载体平均密度非常接近水的密度，载体可悬浮在水中，不需要反冲洗。载体的比表面积为 $35 \times 10^5 \, m^2/m^3$，较大的比表面积使更多的生物质可以附着在载体上，3T-BAF 池中的生物量为 8～40g/L，维持了生物的多样性，高于一般生化处理量 5 倍以上，因此废水基质的降解速率快，水力停留时间短。工艺运行表明，在 COD 较高时，仍能保持一定 NH_4^+-N 去除率，硝化和反硝化同时进行，NH_4^+-N 和 TN 同步下降。3T-BAF 工艺在运行过程中没有不良气味，不产生任何形式的二次污染，药剂使用量少，运行费用低。

（3）含盐废水、催化剂制备废水处理系统

1）废水来源

含盐污水主要包括循环水场排污水、煤制氢装置气化废水及水处理站排水，其中循环水场排污水达总废水量的 1/2。其污水特点为废水中有机物含量低，但盐含量达到新鲜水的 5 倍以上。催化剂制备废水来自催化剂制备装置。

2）废水处理流程

含盐废水（或催化剂废水）首先经反渗透系统（主要包括气浮装置、软化澄清装置、超滤装置、活性炭过滤器和反渗透装置）处理，处理后的净化水回用循环水场作补水，浓盐水则继续处理，被送至废水处理场内的调节罐，维持水量稳定，调节罐出水自流进入 pH 值调节罐，采用硫酸调整水的 pH 值至 5.5～6.0；之后由泵提升进入热交换器被加热至沸点，沸腾的水进入脱气塔，除去水中的不溶性气体。随后其进入蒸发器的底槽并与正在循环的盐卤接触。混合盐卤经循环泵送到蒸发器热交换管束的顶部罐中，通过顶部的分布器时会均匀散布在管子内壁，呈薄膜状，在重力作用下落到底槽；在此过程中，部分盐卤被蒸发，蒸汽和盐卤滴到底槽中。蒸汽通过除雾器进入蒸汽压缩机被压缩以进入蒸发器热交换管的外壁。压缩蒸汽的潜热被交换至管内温度较低且正在下落的盐卤薄膜上，将部分盐卤蒸发。压缩蒸汽放热后会在管外壁冷凝成蒸馏水。通过泵将蒸馏水送到热交换器，把进水加热后，靠余压进入缓冲罐，加压后回用于循环水场和水处理站。部分底槽内的盐卤被送至渣场二蒸发塘。

3.2.4.3 煤液化废水工艺污染物去除效果

低浓度废水处理装置出水、低浓度废水处理装置出水、含盐废水处理装置出水和催化剂制备废水处理出水均满足《污水综合排放标准》（GB 8978—1996）一级标准中pH6～9、COD 60mg/L、硫化物 1.0mg/L、NH_4^+-N 15mg/L、氰化物 0.5mg/L、石油类 5mg/L、挥发酚 0.5mg/L、氟化物 10mg/L、磷酸盐（以 P 计）0.5mg/L、苯 0.1mg/L、甲苯 0.1mg/L、二甲苯 0.4mg/L、悬浮物 70mg/L 的限值要求，见表 3-10。

表 3-10　废水处理出口检测数据

指标 ＼ 出水	低浓度废水处理出水	高浓度废水处理出水	含盐废水处理出水	催化剂制备废水处理出水
pH 值	8.0～8.2	8.0～8.4	8.0～8.3	7.6～7.9
COD	60	41	8	7
硫化物	ND	0.048	ND	0.131
NH_4^+-N	0.431	1.102	6.355	0.361
氰化物	ND	ND	—	—
石油类	0.15	0.61	—	0.25
挥发酚	0.048	0.029	—	—
氟化物	0.644	0.543	—	—
磷酸盐(以 P 计)	0.572	0.360	—	—
苯	ND	ND	—	—
甲苯	ND	ND	—	—
二甲苯	ND	ND	—	—
悬浮物	—	—	9	—

注：1. ND 表示未检出。

2. 表中除 pH 值外，其余单位均为 mg/L。

参考文献

[1] 毕可军，张庆，王瑞，等.兰炭生产废水资源化利用技术探析 [J].中氮肥，2016 (5)：72-74.

[2] 毕可军，曾高.A/A/O法在焦化废水处理上的应用 [J].金属材料与冶金工程，2003，31 (3)：39-43.

[3] 陈凌跃.煤化工废水处理技术瓶颈分析及优化与调试 [D].哈尔滨：哈尔滨工业大学，2015.

[4] 邓秀琼.焦化废水氮杂环化合物降解功能菌的分离、降解特性与代谢途径研究 [D].广州：华南理工大学，2011.

[5] 丁士兵.煤气化污水回用工艺技术 [J].石油化工安全环保技术，2009，25 (6)：1-4.

[6] 段婧琦，刘永军，周璐，等.一种污泥活性炭的制备及其在兰炭废水处理中的应用 [J].环境工程学报，2016，10 (11)：6337-6342.

[7] 方芳，吴刚，韩洪军，等.我国煤化工废水处理关键工艺解析 [J].水处理技术，2017 (06)：43-46，58.

[8] 高剑，刘永军，童三明，等.兰炭废水中有机污染物组成及其去除特性分析 [J].安全与环境学报，2014，14 (6)：196-201.

[9] 郭森，童莉，周学双，等.煤化工行业高含盐废水处理探讨 [J].煤化工，2011 (1).

[10] 何玉玲，褚春凤，张振家.高浓度煤气化废水处理技术研究进展 [J].工业水处理，2016，36 (9).

[11] 黄晓东，黄斌.萃取法处理油田含油污水 [J].石油与天然气化工，1995 (4).

[12] 姜忠义，李玉平，陈志强，等.煤化工废水近零排放与资源化关键技术研究与应用示范 [J].化工进展，2016，35 (12)：4099-4100.

[13] 金鹏.O/A/O 工艺对焦化废水中有机污染物的去除效果 [J].中国给水排水，2014 (7)：72-73.

[14] 黎兵，刘永军，刘姗姗.活细胞固定化技术在焦化废水处理中的应用研究 [J].水处理技术，2012，38 (5)：109-111.

[15] 李波，周世俊.含油污水处理技术 [J].辽宁化工，2007，36 (1)：56-59.

[16] 李国忠.焦化废水蒸氨技术的研究与应用 [D].北京：北京化工大学，2012.

[17] 李琦.含酚废水酚分离回收用 PP 膜基支撑液膜表面改性研究 [D].哈尔滨：哈尔滨工业大学，2016.

[18] 李思.煤化工废水物理法除油工艺及设备清洗剂的开发 [D].青岛：青岛科技大学，2015.

[19] 李咏梅，顾国雄，赵建夫.焦化废水中几种含氮杂环有机物在 A1-A2-O 系统中的降解特性研究 [J].环境科学学报，2002，22 (1)：34-39.

[20] 刘姗姗，刘永军，黎兵.固定化活细胞苯酚生物降解特性研究 [J].水处理技术，2012，38 (9)：30-33.

[21] 刘潇.某煤化工废水生物增浓与改良 A/O 工艺脱氮效能研究 [D].哈尔滨：哈尔滨工业大学，2015.

[22] 刘羽，刘永军，段婧琦，等.物化—生化组合工艺处理兰炭废水中挥发酚的去除特性分析 [J].环境污染与防治，2016，38 (3)：34-38.

[23] 雒建中.神华煤直接液化示范工程废水处理工艺分析 [J].洁净煤技术，2012，18 (1)：82-85.

[24] 蒙小俊，李海波，曹宏斌，等.焦化废水活性污泥细菌菌群结构分析 [J].环境科学，2016，37 (10)：3923-3930.

[25] 桑义敏，李发生，何绪文，等.含油废水性质及其处理技术 [J].化工环保，2004，24 (s1)：94-97.

[26] 童三明，刘永军，杨义普，等.兰炭废水中氨氮去除效果现场试验研究 [J].工业水处理，2014，34 (11)：48-50.

[27] 涂文锋.含油废水处理的电凝聚气浮技术研究 [D].南昌：南昌大学，2005.

[28] 王璐.煤制天然气固定床气化废水零排放技术进展 [J].煤炭加工与综合利用，2017 (2)：34-38.

[29] 未碧贵.滤料表面润湿性的研究及其对除油性能的影响 [D].兰州：兰州交通大学，2009.

[30] 吴盛文.稀土掺杂 Ti/TiO₂-SnO₂ 复合电极制备及油田废水处理研究 [D].大庆：大庆石油学院，2010.

[31] 吴限.煤化工废水处理技术面临的问题与技术优化研究 [D].哈尔滨：哈尔滨工业大学，2016.

[32] 吴秀章.煤炭直接液化含酚酸性水处理方案探讨 [J].工业水处理，2009，29 (2)：80-82.

[33] 吴烨，倪晋仁.焦化废水的生物滤池 A/O 厌氧生物强化处理研究 [J].北京大学学报（自然科学版），2015，51 (5)：905.

[34] 向亚芳.电凝聚气浮技术处理含油废水的研究 [D].重庆：重庆大学，2010.

[35] 许佩瑶，侯素霞，王淑娜.煤加压气化废水处理方法的现状及展望 [J].燃料与化工，2006，37 (2)：31-34.

[36] 杨景玲，王绍文，寇彦德.实现焦化废水处理无害化、资源化的技术条件与控制要求 [C].2005 中国钢铁年会论文集（第 2 卷）.2005.

[37] 杨婧晖.曝气生物流化床处理高负荷含酚废水的研究 [D].西安：长安大学，2009.

[38] 杨水莲.焦化废水的 Fenton 氧化-反渗透膜深度处理与回用 [D].湘潭：湘潭大学，2014.

[39] 杨义普，刘永军，童三明，等.兰炭废水中酚类物质萃取及回收效果 [J].环境工程学报，2014，8 (12)：5339-5344.

[40] 余振江.煤气化过程高浓度酚氨污水化工处理流程开发、模拟与工业实施 [D].广州：华南理工大学，2011.

[41] 张红涛.焦化废水中酚类有机物的去除特性研究 [D].西安：西安建筑科技大学，2013.

[42] 张红涛，刘永军，张云鹏.PVA 固定高效苯酚降解菌的性能 [J].化工进展，2013，32 (07).

[43] 张小艳.粗粒化技术处理含油废水试验研究 [D].武汉：武汉理工大学，2007.

[44] 张云鹏.焦化废水中氨氮的去除效果及影响因素研究 [D].西安：西安建筑科技大学，2013.

[45] 周璐.苯酚的生物降解特性及兰炭废水中酚类有机物的现场处理效果研究 [D].西安：西安建筑科技大学，2016.

[46] Hou B，Han H，Jia S，et al. Effect of alkalinity on nitrite accumulation in treatment of coal chemical industry wastewater using moving bed biofilm reactor [J]. Journal of Environmental Sciences，2014，26（5）：1014-1022.

[47] FangFang，HongJunHan，ChunYanXu，et al. Degradation of Phenolic Compounds in Coal Gasification Wastewater by Biofilm Reactor with Isolated Klebsiellasp [J]. 哈尔滨工业大学学报（英文版），2014（3）.

[48] Gai H，Song H，Xiao M，et al. Conceptual Design of a Modified Phenol and Ammonia Recovery Process for the Treatment of Coal Gasification Wastewater [J]. The Chemical Engineering Journal，2016，304：621-628.

[49] Gai H，Feng Y，Lin K，et al. Heat integration of phenols and ammonia recovery process for the treatment of coal gasification wastewater [J]. Chemical Engineering Journal，2017，327：1093-1101.

[50] Gai H，Guo K，Xiao M，et al. Ordered Mesoporous Carbons as Highly Efficient Absorbent for Coal Gasification Wastewater-A real case study based on the Inner Mongolia Autonomous coal gasification wastewater [J]. Chemical Engineering Journal，2018，341：471-482.

[51] Li S，Gao L，Hong W，et al. Modification and application of coking coal by alkali pretreatment in wastewater adsorption [J]. Separation Science & Technology，2017.

[52] Gu Q Y，Sun T C，Wu G，et al. Influence of carrier filling ratio on the performance of moving bed biofilm reactor in treating coking wastewater [J]. Bioresource Technology，2014，166：72-78.

[53] Guo C，Tan Y T，Yang S Y，et al. Development of phenols recovery process with novel solvent methyl propyl ketone for extracting dihydric phenols from coal gasification wastewater [J]. Journal of Cleaner Production，2018，198：1632-1640.

[54] Ji Q，Tabassum S，Hena S，et al. A review on the coal gasification wastewater treatment technologies：past，present and future outlook [J]. Journal of Cleaner Production，2016，126：38-55.

[55] Jia S，Han H，Hou B，et al. Advanced treatment of biologically pretreated coal gasification wastewater by a novel integration of three-dimensional catalytic electro-Fenton and membrane bioreactor [J]. Bioresour Technol，2015，189（4-5）：426-429.

[56] Jia S，Han H，Hou B，et al. Treatment of coal gasification wastewater by membrane bioreactor hybrid powdered activated carbon (MBR-PAC) system [J]. Chemosphere，2014，117：753-759.

[57] Jiang J，Liu Y，Liu Y，et al. A Novel ZnONPs/PVA-Functionalized Biomaterials for Bacterial Cells Immobilization and its Strengthening Effects on Quinoline Biodegradation [J]. Current Microbiology，2017，75（5）：1-7.

[58] Liu C，Chen X X，Zhang J，et al. Advanced treatment of bio-treated coal chemical wastewater by a novel combination of microbubble catalytic ozonation and biological process [J]. Separation and Purification Technology，2018，197：295-301.

[59] Liu Y J，Liu J，Zhang A N，et al. Treatment effects and genotoxicity relevance of the toxic organic pollutants in semi-coking wastewater by combined treatment process [J]. Environmental Pollution，2016，220：13-19.

第4章 煤化工废水无害化处理新技术

4.1 难降解有机物去除及活细胞固定化技术

4.1.1 煤化工废水中典型难降解有机物的去除

4.1.1.1 预处理方法对焦化废水生物降解性能的影响

煤化工废水中所含有机物质种类繁多，其生物降解性能差别很大。大部分酚类物质如苯酚、甲酚及各种脂链一元酚等生物降解性能较好，传统活性污泥法曝气12～24h，酚类物质去除率可达99％以上。多环化合物及杂环化合物的降解性能则相对较差。废水中的有机碱类如吡啶、甲基吡啶、喹啉、异喹啉与邻、间、对甲苯胺等很难生物降解。我国鞍钢公司化工总厂的废水经两级48h曝气处理后，吡啶、喹啉类物质的去除率仅为30％～40％。完全混合式活性污泥法处理煤化工废水的相关研究表明：带烯烃基的烷基化羟基吲哚、某些烷基吡啶较难去除，多环芳香族化合物也只能部分去除，绝大多数多环芳香族化合物（PAHs）对生物降解的阻抗作用大。去除煤化工废水中有机物的常用方法有溶剂萃取和生物处理等。溶剂萃取主要用于去除并回收废水中高浓度的酚类物质，并作为生物处理的预处理。生物法具有污染物去除范围广、运行费用低等特点，是焦化废水处理的主要手段。但是传统的活性污泥法对难降解有机物质去除效果较差，处理厂出水 COD 和 PAHs 超标严重，而且废水中 NH_4^+-N 也得不到处理。探索经济可行的预处理方法，并寻求一条处理煤化工废水的合理工艺路线，能为生产设计和应用提供基础。

（1）紫外线照射预处理

试验进行了不同紫外线照射时间下焦化废水中 COD 和 TOC 的变化情况及累积耗氧量，结果如表 4-1 所列。从结果可以看出，虽然焦化废水经紫外线照射后，废水中有机物含量（以 COD 或 TOC 表示）基本上没有变化，但其生物降解性能（以 COD/TOC 值表示）有了明显提高，且随着照射时间的增长，废水的生物降解能力呈升高趋势。

表 4-1 UV 照射对焦化废水 COD、TOC 的影响

时间/min	0	10	20	30	40	50	60
COD/(mg/L)	1850	1870	1850	1850	1860	1820	1820
TOC/(mg/L)	590	590	580	590	590	570	580

用活性污泥法处理经 UV 照射后的废水，经 20min 紫外线照射和 12h 活性污泥处理，COD 去除率达到 91%，进水 COD 为 1780mg/L 时，出水 COD 可降到约 160mg/L。表 4-2 为 UV 照射 20min 后焦化废水中有机组分的变化情况。显然紫外线照射改变了一些难降解有机物的结构，生成了易于生物降解的新物质，如萘酚、苯甲酸、8-羟基喹啉。

表 4-2 UV 照射 20min 焦化废水有机组分的变化

名称	所占有机碳量/(mg/L)	
	照射前	照射后
萘	30	34.2
萘酚	0	13.9
甲萘	5	2.9
萘甲酸	0	1.7
喹啉、异喹啉	25	19.1
8-羟基喹啉	0	4.6
吡啶	11	11
甲基吡啶	1	0.6
3,5-二甲基己内酰脲	2	1.7
芴	2	1.7

改进的紫外线照射预处理，以空气为氧化剂，以紫外线为能源，通过羟基化和羧基化反应，在多环和杂环化合物中引入羟基和羧基，从而提高了有机物生物降解速率，改善了废水的可生化性。

（2）臭氧氧化预处理

O_3 预处理使废水的 COD 及 TOC 略有下降，二级进水的可生化性随着 O_3 接触时间的延长而逐渐增加，而一级进水经 O_3 预处理后其可生化性能反而降低。这是由于一级进水中含有较高浓度的易降解物质（如酚类等），这些物质首先与 O_3 反应，剩下的难生物降解物质组分相对增加，使废水可生化性下降。二级进水中所含的易降解物质较少，O_3 对难生物降解物质的作用才得以发挥。由于 O_3 改变了它们的分子结构，使环状物部分开环，长链分子部分断裂，大分子降解为小分子，从而提高了废水的可生化性。可见，臭氧是一种很强的氧化剂，它对焦化废水的作用机理与紫外线照射作用类似，但其反应选择性较差，不宜作为原废水预处理，适合作为第二级生物处理的前处理。

（3）厌氧酸化预处理

表 4-3 为 6h 厌氧酸化处理后焦化废水中有机成分的变化情况。

表 4-3　6h 厌氧酸化进出水水质

名称	相当的有机碳量/(mg/L)	
	进水	出水
低分子有机酸	0	0
环己酮	0	5.7
正十二烷基二酸	0	1.7
苯	11	6.8
苯甲酸	0	10.8
邻苯二甲酸酐	0	3.4
萘	50	38.8
喹啉、异喹啉	25	17.7
吡啶	11	4.6
二联苯	3	1.1

由表 4-3 看出，一些难降解有机物如喹啉、异喹啉、萘、二联苯等经厌氧酸化处理后减少较多，同时产生了一些如低分子有机酸、苯甲酸等易生物降解物质。

厌氧酸化预处理是一个复杂的生物化学反应过程，其作用机理主要是通过厌氧微生物水解和酸化作用使废水中多环和杂环化合物部分开环和降解，从而使废水可生化性提高。与 UV 照射和 O_3 氧化相比，厌氧预处理方法更为经济。

4.1.1.2　焦化废水中几种难降解有机物的厌氧生物降解特性

焦化废水中的难降解有机物在好氧条件下降解性能较差是好氧工艺处理焦化废水出水 COD 浓度较高的主要原因。

经过厌氧处理可以改变难降解有机物的化学结构和生物降解性能，使其可生化性提高。以下介绍的是焦化废水中 4 种有代表性的难降解有机物（喹啉、吲哚、吡啶、联苯）的厌氧生物降解特性。表 4-4 所列为有机物初始浓度。表 4-5 所列为有机物紫外测定波长。在反应体系中只加入一种难降解有机物，并添加葡萄糖作为共基质，不同难降解有机物的其他反应条件一致，难降解有机物的浓度测定采用紫外分光光度法。

表 4-4　厌氧试验中难降解有机物初始浓度　　　　　单位：mg/L

喹啉	吲哚	吡啶	联苯
134	62	86	38
53	47	59	32
36	29	41	20
18	13	21	12

表 4-5　有机物紫外测定波长　　　　　单位：nm

喹啉	吲哚	吡啶	联苯
277	270	256	249

（1）4种有机物在好氧、厌氧条件下的降解特性

表4-6所示为4种有机物在厌氧、好氧条件下的降解速率常数 $[10^{-3}\text{L}/(\text{g MLSS} \cdot \text{h})]$。厌氧条件下，这4种有机物降解速度的快慢顺序为联苯、喹啉、吡啶、吲哚。与好氧条件相比，吡啶在厌氧条件下降解特性得到很大改善，降解速率是好氧条件下的7倍，联苯和喹啉是好氧条件下的2倍多，吲哚降解特性改善不如喹啉、吡啶、联苯3种有机物显著，降解常数只是略有提高。

表 4-6　4种有机物在厌氧、好氧条件下的降解速率常数

单位：$10^{-3}\text{L}/(\text{g MLSS} \cdot \text{h})$

有机物	喹啉	吲哚	吡啶	联苯
好氧条件	3.15	4.2	1.27	4.89
厌氧条件	8.86	6.12	8.59	11.62

（2）单基质、共基质条件下难降解有机物厌氧降解特性

表4-7所列为在没有葡萄糖营养成分（单基质）和有葡萄糖（共基质）、其他运行条件均相同时，这4种难降解有机物28h的去除效果的比较结果。可以看出，单基质条件下，难降解有机物的厌氧降解速度低于共基质条件下的降解速度，单基质条件下厌氧污泥性状较差。

表 4-7　共基质与单基质去除效果及污泥性状比较

有机物名称	喹啉		吲哚		吡啶		联苯	
基质条件	共基质	单基质	共基质	单基质	共基质	单基质	共基质	单基质
28h 去除率/%	87.8	76.6	73.9	62.0	86.9	73.6	92.4	59.6
污泥性状	良	差	良	差	良	差	良	差

研究结果表明：焦化废水中，喹啉、吲哚、吡啶、联苯这4种典型难降解有机物在厌氧条件下可降解，其降解过程符合一级反应规律；与好氧条件相比，厌氧条件下这4种有机物的降解性较好；共基质条件下这4种有机物的厌氧降解性能优于单基质条件，厌氧微生物需要多种碳源营养，对难降解有机物的厌氧处理宜作为焦化废水的预处理工艺；采用厌氧进行焦化废水预处理，可明显改善其中难降解有机物的生物降解性能。

4.1.1.3　焦化废水中难降解有机物处理试验

在实验室条件下，运用水解（酸化）、好氧两段SBR工艺，研究了焦化废水中比较典型的3种难降解有机物——喹啉、吲哚、吡啶，以及含量最高的苯酚的去除规律。经此工艺处理后，喹啉、吲哚、吡啶和苯酚的去除率分别达到92.8%、92.3%、89.6%、100%。

（1）工艺流程与试验装置

经分析与筛选，工艺流程选择中温水解（酸化）和好氧两段SBR工艺。试验采用的两个反应器均为圆柱形。其中水解（酸化）段的反应器有效容积为5L，好氧段反应器的有效容积为3L。工艺流程见图4-1。其中，水解（酸化）段用温控仪控制水温在35℃左右，好氧段用可自动控温的加热棒控制水温在20℃左右。

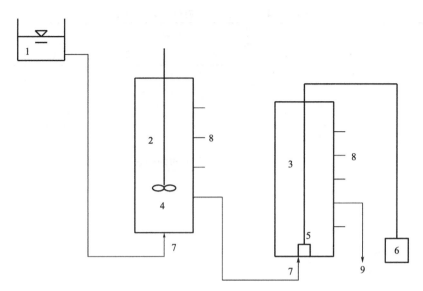

图 4-1　两段 SBR 工艺流程

1—高位水箱；2—水解（酸化）SBR 反应器；3—好氧 SBR 反应器；4—搅拌器；

5—曝气头；6—曝气器；7—进水口；8—取样口；9—排水口

（2）试验用水水质

试验采用模拟废水，其中 4 种污染物的大致浓度为苯酚 500mg/L、喹啉 100mg/L、吲哚 40mg/L、吡啶 40mg/L。并配以 NaH_2PO_4 和 NH_4Cl 作为磷源和氮源，碳、氮、磷的比例为 $m(C):m(N):m(P)=500:5:1$。

（3）好氧段不同入流时间对处理效果的影响

在 SBR 工艺系统中入流时间是一个很重要的参数，对于有毒性的污水，如果入流期过短，则会因为入流期的基质积累形成抑制，此时所积累的浓度越大，反应速度反而减小，从而延长了反应周期；如果入流期过长，则反应速度较低，也会延长反应周期。因此，有必要在 SBR 工艺中控制入流时间，使反应不受抑制的影响，同时又获得较高的反应速度。

为了确定好氧段的最佳入流时间，采用 2h、4h、6h 3 种入流时段进行实验研究［其中好氧段的进水均经过 8h 的中温水解（酸化）］，相应的反应时间分别为 6h、4h 和 2h，实验处理效果见表 4-8～表 4-10。

表 4-8　2h 入流、6h 反应时的处理效果

水样	污染物浓度/(mg/L)					pH 值
	苯酚	喹啉	吲哚	吡啶	COD_{Cr}	
好氧进水	306	17.1	12.4	25.8	1256	7.37
好氧出水	0	10.6	8.09	12.8	72.4	7.92
去除率/%	100	38.0	34.8	50.4	94.2	

注：1. 表中 MLSS=5.2g/L，SVI=68.1。

2. 好氧进水为经 8h 水解（酸化）后的出水，数值为多次测定结果的平均值。

表 4-9　4h 入流、4h 反应时的处理效果

| 水样 | 污染物浓度/(mg/L) | | | | | pH 值 |
	苯酚	喹啉	吲哚	吡啶	COD_Cr	
好氧进水	306	17.1	12.4	25.8	1295	7.40
好氧出水	0	5.87	3.75	5.99	42.5	7.87
去除率/%	100	65.7	69.8	76.8	96.7	

注：表中 MLSS=5.0g/L，SVI=70.3。

表 4-10　6h 入流、2h 反应时的处理效果

| 水样 | 污染物浓度/(mg/L) | | | | | pH 值 |
	苯酚	喹啉	吲哚	吡啶	COD_Cr	
好氧进水	306	17.1	12.4	25.8	1324	7.42
好氧出水	0	13.7	9.23	15.2	103	7.88
去除率/%	100	19.9	25.0	41.1	92.2	

注：表中 MLSS=5.3g/L，SVI=75.4。

可以看到：在 3 种入流条件下，当反应结束时苯酚的去除率达到 100%，喹啉、吲哚以及吡啶都有不同程度的降解，但以 4h 入流条件下，反应结束时降解程度最大。4h 入流、4h 反应时的处理效果均优于其他状态的处理效果。苯酚、喹啉和吲哚的去除率分别达到 100%、65.7% 和 69.8%。

（4）不同水解（酸化）时间对处理效果的影响

确定了最佳入流时间后，在此入流条件下分别对不同水解（酸化）时间对好氧段处理效果的影响做了实验研究，水解时间分别取 6h、4h、2h；然后进行 8h（入流 4h，反应 4h）的好氧处理，对其处理效果进行对比，拟确定一个对模拟废水比较适合的水解（酸化）时间。水解（酸化）6h、4h、2h 后，经 8h 好氧处理后的结果见表 4-11、表 4-12 及表 4-13。

表 4-11　水解 6h 后的处理效果

| 水样 | 污染物浓度/(mg/L) | | | | | pH 值 |
	苯酚	喹啉	吲哚	吡啶	COD_Cr	
好氧进水	323.6	19.65	13.1	26.5	1137	7.43
好氧出水	0	7.2	3.08	4.16	50.7	7.93
去除率/%	100	63.3	76.5	84.3	95.5	

注：1. 表中 MLSS=5.2g/L，SVI=68.1。
2. 好氧进水为经 6h 水解（酸化）后的出水，数值为多次测定结果的平均值。

表 4-12　水解 4h 后的处理效果

| 水样 | 污染物浓度/(mg/L) | | | | | pH 值 |
	苯酚	喹啉	吲哚	吡啶	COD_Cr	
好氧进水	345.7	24.6	14.9	30.2	1226	7.42
好氧出水	0	8.56	3.28	8.65	52.8	8.01
去除率/%	100	65.2	78.0	74.7	95.7	

注：表中 MLSS=5.0g/L，SVI=70.3。

表 4-13　水解 2h 后的处理效果

水样	污染物浓度/(mg/L)					pH 值
	苯酚	喹啉	吲哚	吡啶	COD_{Cr}	
好氧进水	365.5	33.3	17.6	35.6	1378	7.38
好氧出水	0	9.33	5.4	7.94	83.5	7.99
去除率/%	100	72.0	69.3	77.7	93.8	

注：表中 MLSS=5.3g/L，SVI=75.4。

可以看出：对于喹啉，水解（酸化）时间越长，去除效果越好，但是经好氧段后去除效果提高不大；对于吲哚，除了水解（酸化）时间为 2h 时去除效果较差以外，其他 3 种水解时间下，处理效果接近；而对于吡啶，水解（酸化）时间为 2h 和 4h 时去除效果稍差，水解（酸化）时间为 6h 和 8h 时的去除效果几乎相同。综上所述，6h 的水解（酸化）时间比较适宜。

采用水解（酸化）、好氧两段 SBR 工艺能有效去除焦化废水中典型的 3 种难降解物，其中喹啉、吲哚的去除率在 90%以上，吡啶的去除率接近 90%，苯酚的去除率为 100%。水解（酸化）段的时间长短对后续的好氧处理也有一定的影响，水解 2h、4h 时的处理效果明显低于水解 8h 的处理效果，而水解 6h 的处理效果与水解 8h 的处理效果相差不大，因此水解时间为 6h 比较适宜。由于焦化废水是一种有毒抑制性废水，因此，入流时间的长短对其处理效果影响比较大，水解（酸化）6h，好氧段入流期为 4h 时处理效果最佳。

4.1.2　活细胞固定化技术处理煤化工废水试验研究

4.1.2.1　活细胞固定化技术

活细胞固定化技术是用化学或物理的手段将游离细胞定位于限定的空间区域，并使其保持活性、反复利用的方法，是 20 世纪 60 年代发展起来的新技术。该技术最初主要用于工业微生物的发酵生产。固定化细胞有细胞密度高、反应速度快、微生物流失少、产物分离容易、反应过程控制较容易等优点，与游离细胞相比，明显地显示出优越性，在实际应用中成果显著。

20 世纪 70 年代后期，由于水污染问题日趋严重，迫切要求开发高效废水处理新技术。利用固定化细胞技术，可将选择性筛选出的优势菌种加以固定，构成一种高效的废水处理系统。近年，固定化细胞废水处理新技术成为各国学者研究的热点，其中日本学者尤其活跃。1985 年由日本政府组织各研究机构、民间企业联合进行了一项引起世界关注的称为"Biolocus WT"的大型研究计划，其中有关固定化细胞的研究是其主要内容。我国研究者在固定化细胞处理废水，特别是难降解有机物废水方面做了许多工作，并有进一步扩大研究的趋势。

固定化细胞新技术应用于废水生物处理，具有以下优点：

① 能在生物处理装置内维持高浓度的生物量，提高处理负荷，减少处理装置的容积；

② 污泥产量低，固定化活性污泥的剩余污泥产量仅为普通活性污泥法的 $1/5\sim1/4$；

③ 有利于优势菌种的固定，提高难降解有机物的降解效率；

④ 抵抗有毒物毒性能力强。

但对于含有大量难以扩散进入固定化细胞载体内的悬浮物质或高分子物质的废水，处理效果欠佳，需对废水进行适当的预处理，或与其他工艺组合使用。此外，由于固定化载体的使用，使得废水处理成本较高，将固定化细胞技术大量用于量大面广的城市污水的处理，目前还不太经济实用。相比之下，笔者认为，固定化细胞技术对于量小、含大量难降解有机物、一般方法难以有效处理的工业废水，具有更高的应用价值和更广阔的应用前景。

固定化细胞废水处理新技术目前主要还处在实验室研究阶段，在实用化或工业化应用上还有许多问题有待研究，如：

① 廉价固定化细胞载体的开发以及载体的寿命问题；

② 固定化细胞批量生产装置的开发，这是固定化细胞技术从实验室研究走向实际应用研究的重要一步；

③ 固定化微生物体系的选择，在纯培养体系中，往往只能使难降解有机物分解，但不能使之彻底矿化，具有联合协同代谢有机物的微生物体系的选择和研究对于提高废水处理工艺的处理效果具有重要意义；

④ 高效固定化细胞反应器的开发等。

相信通过不断的研究和改进，固定化细胞技术将成为一项高效而实用的废水生物处理技术，在废水处理实际应用中发挥出其具有的巨大潜力。

4.1.2.2 固定化细胞的制备方法及载体种类

（1）制备方法

固定化细胞的制备方法多种多样，大致可分成载体结合法、交联法和包埋法三大类。

① 载体结合法是通过物理吸附、化学或离子结合的办法，将细胞固定在载体上。该方法操作简单，对细胞活性影响小，但所能固定的细胞量有限。废水处理中的生物膜法是其代表性例子。

② 交联法是利用含两个功能团以上的试剂，直接与细胞表面的反应基团如氨基、烃基等进行交联，形成共价键来固定细胞。此法化学反应激烈，对细胞活性影响大。此外，交联剂大多价格昂贵，限制了此法的广泛应用。

③ 包埋法是使细胞扩散进入多孔性载体内部，或利用高聚物在形成凝胶时将细胞包埋于其内部。该法操作简单，对细胞活性影响较小，制作的固定化细胞球的强度较高，是目前研究最广泛的固定化方法。

（2）载体种类

理想的固定化细胞载体应该是：

① 对微生物无毒性；

② 传质性能良好；

③ 性质稳定，不易被生物分解；

④ 强度高，寿命长；

⑤ 价格低廉等。

开发具有这些特性的载体是固定化细胞研究中最为重要的课题之一。

有关固定化细胞载体的研究报道很多。归纳起来，主要可分为两大类：一类是天然高分子凝胶载体，如琼脂、角叉莱胶、海藻酸钙等；另一类是有机合成高分子凝胶载体，如聚丙烯酰胺（PAM）凝胶、聚乙烯醇（PVA）凝胶、光硬化树脂、聚丙烯酸凝胶等。

天然高分子凝胶一般对生物无毒，传质性能较好，但强度较低，在厌氧条件下易被生物分解。其中琼脂强度最差。天然的角叉莱胶在分离出影响其强度的 λ-角叉莱胶成分后，强度和稳定性提高，相比之下应用较多，但价格较高。海藻酸钙凝胶价格较低廉，是其中应用较为广泛的固定化细胞载体。但在高浓度的磷酸盐溶液，或含有 Mg^{2+}、K^+ 等微生物生长所必需的阳离子溶液中，海藻酸钙凝胶不稳定、易破碎和溶解。有人报道将固定成形后的海藻酸钙凝胶再置换成海藻酸铝，可提高其强度。用聚乙烯亚胺溶液处理海藻酸钙凝胶，可防止磷酸盐的破坏作用，又能提高其强度。

有机合成高分子凝胶一般强度较好，但传质性能稍差，在进行细胞包埋时有时对细胞活性有影响。PAM 凝胶在包埋细胞时，由于凝胶交联过程中的放热以及交联试剂本身的毒性，细胞在固定化过程中常常失活。对此，可采用先用琼脂包埋细胞后再用 PAM 凝胶进行包埋的二次包埋固定化方法，使细胞失活大大得到改善。PVA 凝胶的制备方法有两种：一种是 PVA-冷冻法；另一种是 PVA-硼酸法。PVA 凝胶一般强度较高，价格低廉，相对于 PAM 凝胶，对生物的毒性很小，被认为是目前最有效的固定化载体之一。据桥本报道，PVA-硼酸法中，PVA 的最适浓度为 7.5%～10%。但 PVA 凝胶有时由于交联不彻底少量 TOC 成分溶出，在高温时强度变低。若在 PVA-硼酸法固定化细胞制备过程中，用 Na_2CO_3 事先将硼酸的 pH 值调整到 6.7 左右，或将制成的凝胶放入水中浸泡几天，可提高其在高温时强度的稳定性；中野报道，在 PVA 凝胶制备过程中加入少量粉末活性炭，可提高凝胶强度，同时，这种复合凝胶制成的固定化细胞在进水不稳定，难降解组分突然进入处理系统的情况下与单一 PVA 凝胶相比显示出优势。

4.1.2.3 活细胞固定化技术在焦化废水处理中的应用

（1）菌种驯化方法

取处理焦化废水厌氧酸化-缺氧-好氧工艺好氧段污泥，将焦化废水稀释 4 倍，调节 pH 值至 7～8，按照体积比 1∶1 的比例加入活性污泥后，放入 37℃恒温振荡器中培养。其他条件保持不变，每周更换一次焦化废水，每次更换的废水稀释倍数降低 1 倍，直至原废水不稀释，驯化时间 1 个月。

（2）菌种自固定方法

1）细胞悬浊液

称取 0.5g 苯酚、6.5g Na_2HPO_4、0.4g $(NH_4)_2SO_4$、0.9g KH_2PO_4、0.2g $MgSO_4$ 和

1.2g 牛肉膏溶解于 1000mL 水中，调节 pH 值至 7.5，分装于三角瓶中 121℃、30min 高压灭菌。待灭菌结束后冷却至室温，在无菌条件下，将筛选出的优势菌株接种至三角瓶中，于 37℃、150r/min 的恒温水浴振荡器里培养 24h。将细菌悬浊液于 4000r/min 的离心机中离心 10min，弃去上清液后将离心后的沉淀物配置成 0.1g/50mL 的细菌悬浊液即可。

2）细胞固定化

取 0.1g/50mL 的细菌悬浊液 20mL，并将其与 20mL 体积分数为 4%的海藻酸钠均匀混合，用微量注射器将混合溶液一滴一滴地加入 4%的 $CaCl_2$ 溶液中，并同时不断搅拌；然后将盛有该溶液的烧杯用保鲜膜密封保存于 4℃冰箱中，固定 30min 后备用。

3）工艺流程及原水水质

焦化废水处理工艺流程如图 4-2 所示：焦化废水经调节池加药后进入物化反应器进行废水化学沉淀处理，化学沉淀处理结束后，废水静置 15min 泥水分离，污泥可以作为缓释肥直接排放，上清液流入厌氧池进行厌氧发酵，厌氧池出水进入固定化活细胞反应器进行好氧处理，出水收集到清水箱后排放。

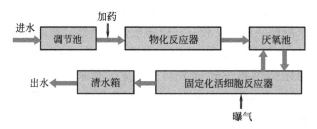

图 4-2　焦化废水处理工艺流程

焦化废水水质指标如表 4-14 所列。

表 4-14　焦化废水水质指标

水质指标	pH 值	NH_4^+-N/(mg/L)	COD_{Cr}/(mg/L)	苯酚/(mg/L)
数值	7.2～7.8	136.7～153.5	2562.5～2927.8	431.7～512.6

（3）实验结果

1）焦化废水预处理

在生物处理前适当降低 NH_4^+-N 浓度，可为后续生物处理创造良好条件。化学沉淀法所需时间短，操作简单，且几乎不产生任何有毒有害气体。往废水中加入镁盐和磷酸盐，使水中的 NH_4^+-N 与其发生反应，然后以磷酸铵镁沉淀形式被去除。本试验应用磷酸氨镁沉淀法去除其中所含高浓度的 NH_4^+-N，得到了十分满意的结果。

实验按照 $n(Mg^{2+}):n(NH_4^+):n(PO_4^{3-})=1.2:1:1$ 的投加量向废水中投加 $MgCl_2$ 和 Na_2HPO_4，同时调节 pH 值为 8.5，充分搅拌后静置 15min，待废水分层后取上清液进行分析。

结果显示，废水起始苯酚和 COD 浓度分别为 487.25mg/L 和 2751.31mg/L，经化学沉淀分层后，上清液苯酚和 COD 浓度分别为 357.59mg/L 和 2403.31mg/L，去除率分别为 26.61％和 12.65％；而 NH_4^+-N 浓度能由原水的 148.51mg/L 降低到 29.97mg/L，去除率可达 79.82％。由此表明：化学沉淀法主要去除 NH_4^+-N，对苯酚和 COD 的去除效果不明显。这是由于 NH_4^+ 一般不会与阴离子发生反应，而它的某些复盐能生成沉淀不溶于水，故可向废水中投加 Mg^{2+} 和 PO_4^{3-}，形成 $MgNH_4PO_4 \cdot 6H_2O$ 以达到去除 NH_4^+ 的目的，反应式如下：

$$Mg^{2+} + PO_4^{3-} + NH_4^+ + 6H_2O \Longleftrightarrow MgNH_4PO_4 \cdot 6H_2O$$

2）厌氧处理

厌氧生物发酵池的主要目的是去除 COD 和改善废水的可生化性，可以将废水中的芳烃类有机质所带的苯、萘、蒽醌等环打开，提高难降解有机物的好氧生物降解性能，为后续的好氧生物处理创造良好的条件。

厌氧时间太短，不利于芳烃类有机质环结构的打开；时间太长，生产实践中可利用性不高。经研究发现，废水经厌氧 72h 后，对于促进后续好氧微生物能更好地降解苯酚作用显著。COD 去除率达到 58.71％，苯酚去除率达到 78.32％，这是因为厌氧菌在厌氧过程中可以将废水中的有机物分解为 CH_4、CO_2 和甲基等，以气体的形式排出，可降低一部分 COD。

3）固定化活细胞与游离微生物降解比较

厌氧处理后的废水，经游离细胞和固定化细胞在同样条件下处理，出水中 NH_4^+-N 和苯酚比较结果显示：无论是 NH_4^+-N 还是苯酚，对于其降解率来说，固定化细菌都优于游离细菌。这是由于固定化细胞相比于传统的悬浮生物处理，具有稳定性强、技术适应性强、污泥量少等优点，不仅能对可生化性较好的污水进行高效处理，对一般认为可生化性较差的工业污水同样具有强大的处理能力。但是，由实验可知，当废水中起始苯酚含量过高时对细菌可能造成毒性，使得细菌在这样的环境中很难生长繁殖，故在进行好氧生物处理前需对废水进行预处理，降低其毒害作用。

4）焦化废水化学沉淀-固定化微生物组合处理效果

由上述实验可知基于经细胞固定化的 A/O 处理工艺的抗冲击负荷能力强，工艺简单，而且废水处理效果好。采用化学沉淀-固定化微生物组合的方式处理的废水最终出水各水质指标显示，NH_4^+-N 的降解效率为 96.6％，苯酚和 COD 降解效率则分别高达 99.8％和 98.1％，各监测指标均能得到很好的降解效果，出水已经达到工业废水排放标准。

4.1.2.4 固定化微生物增强 A/O 工艺处理煤化工高 NH_4^+-N 废水的中试

（1）试验用水与接种污泥

试验在济宁某煤化工污水厂进行，试验用水取自企业生产后排入调节池的废水，原水水质见表 4-15。可以看出，该废水可生化性较差，其 BOD/COD 值为 0.22～0.3；进水 COD 水质波动较大，NH_4^+-N 含量高。

表 4-15 原水水质

水质指标	BOD	COD_{Cr}	SS	NH_4^+-N
含量/(mg/L)	80～150	200～1000	150～300	200～350

接种污泥取自该化工企业污水处理厂 SBR 池内的活性污泥，经 1 周接种驯化挂膜，系统基本稳定后开始试验。

（2）工艺流程及操作条件

试验工艺流程如图 4-3 所示。试验用水取自企业污水厂调节池。通过计量泵控制反应器进水量。固定化微生物增强 A 池的有效体积为 1.25m³（长×宽×高＝1.0m×1.0m×1.5m），池内设内循环泵和多向喷射管进行搅拌，O 池的有效体积为 2.4m³（长×宽×高＝1.4m×1.4m×1.5m），反应器内设有曝气头，均布于生化池底部，空气来自小型罗茨鼓风机，反应器内以改性聚氨酯填料作为生物载体，载体比例为 30％，气水体积比控制在（6～15）：1 范围内，沉淀池表面负荷 0.8m³/（m²·h）。控制试验过程中进水流量为 0.7～4.8m³/d，SRT 为 12～75h，混合污泥体积回流比为 100％～300％，固定化 O 池的 DO 浓度为 1.5～2.5mg/L。

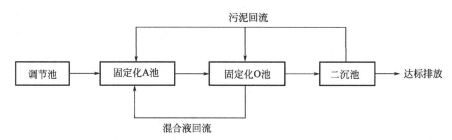

图 4-3　固定化微生物增强 A/O 工艺流程

（3）改性聚氨酯填料生物膜的形成与分析

改性聚氨酯填料生物反应器中生物膜的培养和形成是该工艺能否运行的关键。选择水力停留时间 48h、气水体积比（6～15）：1 条件下连续进水进行培养，由于利用现场生化池内的活性污泥，所以大大缩短了驯化周期，经过 10d 连续培养后显微镜观察出现大量菌胶团、漫游虫、变形虫等，生物膜普遍形成，15d 时观察有轮虫和钟虫等后生动物产生，标志着生物膜已逐渐成熟，生物膜呈黄褐色，膜厚在 1～2mm 之间，同时也获得了较稳定的出水。该试验从 2010 年 10 月运行，效果稳定。

（4）不同影响因素对 NH_4^+-N 去除效果的影响

1）HRT 对废水 NH_4^+-N 处理效果的影响

考察了改性改性聚氨酯填料生物反应器在不同水力停留时间条件下对 NH_4^+-N 的去除效果，试验结果看出，在停留时间为 40h 时，NH_4^+-N 浓度从 375mg/L 降到 5mg/L 以下；随着曝气时间的加长，NH_4^+-N 出水浓度维持在 3mg/L 左右。从经济性分析，该系统在好氧停留时间为 40h 时，NH_4^+-N 去除效果最佳，所以后续的试验基本在 40h 左右进行。

2）pH 值变化对废水 NH_4^+-N 处理效果的影响

从 pH 值变化对废水 NH_4^+-N 处理效果的影响结果可以看出，出水 pH 值变化趋势与进水 pH 值基本是同步的，说明硝化作用消耗碱度明显，出水效果较好。因此 pH 值在 NH_4^+-N 降解过程中是一个很重要的影响因素，要使 NH_4^+-N 能够达到高去除率，必须为生化池提供足够的碱度，在进水 pH 值维持在 7.5～8.5 之间时 NH_4^+-N 去除率较高，进水 NH_4^+-N 浓度为 270mg/L，出水 NH_4^+-N 浓度能达到 5.0mg/L。

3）ORP 变化对废水 NH_4^+-N 处理效果的影响

ORP 对 NH_4^+-N 去除效果的影响结果显示，在稳定运行情况下，固定化 O 池的 ORP 一直保持在 300～400mV 之间，固定化 A 池由于外回流不是很稳定的原因，ORP 出现了一定幅度的波动。

4）温度变化对废水 NH_4^+-N 处理效果的影响

由于调节池的进水温度较高，因此厌氧池的温度一直保持在 25℃左右，而好氧池在开始阶段温度保持在 24℃左右，这段时间内，微生物在适宜的温度下活性较高，硝化作用较强，出水 NH_4^+-N 浓度稳定在 5mg/L；后一段时间由于环境气温越来越低，导致池体内水温也降到了 15℃以下，好氧池的最低温度只有 11℃，此时硝化作用开始减弱，导致好氧池出水 NH_4^+-N 降解效果越来越差。但是在 15℃以下，硝化细菌还是有一定的硝化作用，在温度降到 15℃以下一段时间中，进水 NH_4^+-N 浓度仍然在 200mg/L 左右，出水 NH_4^+-N 质量浓度可以达到 50mg/L。从整个系统的运行情况来看，温度对 NH_4^+-N 降解的影响很大，温度在 20℃左右时生物活性大，NH_4^+-N 降解速度快，出水效果好；当温度低于 15℃，生物活性较差，出水 NH_4^+-N 虽然有一定的去除，但是远远达不到预期目标。

（5）正常运行过程中 COD 去除效果

在其他条件不变的情况下，进水 COD 浓度在 200～1000mg/L 范围内，出水 COD 虽然有小幅度的波动，但 COD 去除率维持在 85％以上，出水浓度基本维持在 50mg/L 以下。由此可以说明改性聚氨酯填料增强固定化 A/O 工艺处理煤化工废水是可行的，系统具有较强的抗冲击能力。固定化微生物增强 A/O 工艺在 A/O 工艺中引入改性聚氨酯填料，将微生物附着生长和悬浮生长相结合，减少了悬浮生长微生物食料并抑制其生长，强化了有机物及 NH_4^+-N 的去除效果，增强了系统耐冲击负荷和耐有毒有害物质的能力。中试试验证明，改性聚氨酯作为微生物固定化载体，在投加率为 30％、水力停留时间为 40h、温度达到 20℃以上、NH_4^+-N 进水浓度在 250mg/L 左右时，出水 NH_4^+-N 质量浓度能达到 5mg/L 以下，NH_4^+-N 的去除负荷可达 0.67kg/(m·d)，去除效果明显。

4.2 煤化工废水中生物脱氮技术

目前大规模处理焦化废水的主要技术是利用生化方法去除大部分有机污染物和 NH_4^+-N。传统生物脱氮法是以硝化反硝化为基础的污水脱氮方法。其基本原理是废水中的氨通过硝化作用首先转化为亚硝态氮和硝态氮，再通过反硝化作用将其转化为 N_2 而从水中逸出。参与上述脱氮过程的微生物可以分为：氨氧化细菌（Ammonium oxidizing bacteria，AOB）、亚硝酸盐氧化细菌（Nitrite oxidizing bacteria，NOB）和反硝化细菌三大类群。其中，AOB 能将氨氧化成亚硝酸，NOB 能将亚硝酸盐继续氧化成硝酸，二者统称为硝化细菌，均为化能自养型微生物，其以 CO_2、CO_3^{2-}、HCO_3^- 作为碳源，通过氧化 NH_3、NH_4^+ 或 NO_2^- 获取能源。反硝化细菌是一群异养型微生物，通过氧化有机物将硝酸还原为 N_2，该类细菌在自然界中广泛存在。基于硝化反硝化原理开发的生物脱氮工艺除了传统的三级脱碳-硝化反硝化工艺外，还有多种改进型硝化反硝化脱氮工艺，包括缺氧/好氧（A/O）工艺、厌氧-缺氧-好氧（A^2/O）工艺、Bardenpho 工艺（多级 A/O 工艺）、UCT（University of Cape Town）工艺和 VIP（Virginia Initiative Plant）工艺等。这些工艺现已被广泛应用于废水处理，并取得了较好的废水脱氮效果。然而随着废水排放标准的提高，这些工艺也暴露了自身的不足。例如，单级系统处理效能较低；多级系统基建运行费用较高；在处理低碳氮比废水时则需要外加碳源，增加了水厂的运行费用。

4.2.1 焦化废水厌氧氨氧化生物脱氮

长期以来，人们认为 NH_4^+-N 只有在有氧的条件下才能发生氧化反应，然而从 1940 年到 1970 年许多研究均发现自然界中存在一种隐藏的微生物，其可在厌氧条件下将氨和亚硝酸同时转化为 N_2。1977 年，根据缺氧水体中的 NH_4^+-N 累积量远远小于依据化学计量学和热力学计算所得的理论值这一现象，推断自然界中可能存在某种化能自养细菌，能以 NO_3^--N、CO_2 和 NO_2^--N 为氧化剂把 NH_4^+-N 氧化为 N_2，并进一步预言了 Anammox 菌的存在。1990 年早期，在荷兰的吉斯特-布罗卡斯特酵母工厂的厌氧流化床生物反应器内发现在消耗硝酸盐的情况下 NH_4^+-N 被转化为 N_2，这是第一次发现关于该反应的实验迹象。1995 年，在荷兰 Delft 大学 Lluyver 生物技术实验室首先发现该反应过程，从而证实 Anammox 菌的存在并被富集鉴定为一种新的浮霉状菌。Anammox 菌是氮循环中隐藏的关键环节，但其自身却并不符合细菌的典型特征，而是兼具了常见的三类微生物（细菌、古菌及真核生物）的特点，由此使其表现出极其有趣的生物进化关系。此外，鉴于 Anammox 菌独特的代谢及其在废水处理和微生物生态领域的重要性，目前已被公认为是一种高回报的菌。Anammox 作为微生物领域和环境领域的一个重大发现，不仅有利于丰富微生物学理论和开发新型生物脱氮工艺，而且对于人们深刻理解氮素循环、控制氮素污染都有巨大的推动作用。由于焦化废水中的有毒有机物和无机物可能会对厌氧氨氧化菌产生抑制作用。此项技术用于有毒的焦化废水生物脱氮领域鲜有报道。有研究表明，Anammox 菌对高浓度酚有耐受能力并且有潜力对实际焦化废水有处理能力。针对焦化废水 Anammox 反应器启动进行一些初步探索，探讨 Anammox 技术用于实际焦化废水生物脱氮的可能性，考察 Anammox 生物膜反应器启动的影响因素，为 Anammox 工艺在实际焦化废水生化处理领域的应用提供理论参考。

4.2.1.1 厌氧氨氧化反应机理

厌氧氨氧化是指在厌氧条件下，厌氧氨氧化混合菌直接以 NH_4^+ 为电子供体，以 NO_3^- 为电子受体，将 NH_4^+、NO_3^- 或 NO_2^- 转变成 N_2 的过程。该过程利用独特的生物机体、以硝酸盐作为电子供体把 NH_4^+-N 氧化成 N_2，最大限度地实现了 N 循环的厌氧硝化，这种耦合的过程对于从厌氧硝化的废水中脱氮具有很好的前景，对于高 NH_4^+-N、低 COD 的污水出于硝酸盐的部分氧化，该工艺还可以大大节约能量。发生的反应可假定为：

$$5NH_4^+ + 3NO_3^- \longrightarrow 4N_2 + 9H_2O + 2H^+$$

$$NH_4^+ + NO_2^- \longrightarrow N_2 + 2H_2O$$

厌氧氨氧化总反应是个产生能量的反应，因此从理论上讲可以提供微生物生长。与传统的硝化反硝化工艺相比，厌氧氨氧化具有突出的优点：

① 无需外加有机物作电子供体，既节省费用又可防止二次污染；

② 硝化反应每氧化 1mol NH_4^+ 耗氧 2mol，而在厌氧氨氧化反应中，每氧化 1mol NH_4^+ 只需要 0.75mol 氧，耗氧下降 62.5％（不考虑细胞合成时），使能耗大大降低；

③ 传统的硝化反应氧化 1molNH_4^+ 可产生 2mol H^+，反硝化还原 1mol NO_3^- 或 NO_2^- 将产生 1mol OH^-，而厌氧氨氧化的生物产酸量大为下降，产碱量降为零，可节省大量中和剂。

4.2.1.2 试验用水水质

研究用水直接取自某化工总厂焦炭及化产回收排放并经蒸氨处理后的生产废水，具体水质指标见表 4-16。

表 4-16 试验用水水质

NH_4^+-N /(mg/L)	TN /(mg/L)	COD_{Cr} /(mg/L)	酚 /(mg/L)	氰 /(mg/L)	SS /(mg/L)	pH 值	碱度 /(mg/L)	色度 /倍	油 /(mg/L)
230~490	350~800	1600~3500	50~130	5~15	70~240	7.8~9.1	700~1200	1000~2000	50~70

4.2.1.3 厌氧氨氧化污泥的培养与驯化

将取自某化工总厂二沉池回流污泥按厌氧细菌所需营养元素的定量比 BOD_5：NH_4^+-N：PO_4^{3-}-P＝200：5：1，投加适量的营养素和微量元素后置于密封的容器内进行厌氧污泥的培养。数日后，转入厌氧生物反应器内，同时加入少量取自化工总厂的焦化污水。在培养过程中，间歇地将好氧反应器经亚硝酸型硝化反应的出水少量地加入厌氧反应器内，刺激厌氧氨氧化细菌的生长，促进厌氧氨氧化反应的发生。经过 8d 的厌氧污泥培养与驯化后，反应器内污泥颜色由黑色变为褐色，再由褐色逐渐变为红色。根据出水各含氮指标的检测和厌氧氨氧化菌的特性，推断厌氧氨氧化菌的培养与驯化状况。

4.2.1.4 厌氧氨氧化反应的运行结果

在厌氧反应器内主要发生微生物的厌氧氨氧化反应，NH_4^+-N 和亚硝酸盐氮的反应式为：$NH_4^+ + NO_2^- \longrightarrow N_2 + 2H_2O$；同时，存在着一小部分的硝酸盐氮反硝化反应。焦化污水中芳香族类和长链有机物在厌氧菌的酸化水解作用下可开环断链，转化成易生化降解的简单有机物，在提供反硝化反应的碳源时也可被厌氧菌分解利用得以去除。采用部分亚硝化厌氧氨氧化新工艺处理焦化污水时，厌氧氨氧化是脱氮的主要环节。

实验中，进出水水质情况见表 4-17。

表 4-17 厌氧生物反应器进出水水质情况表　　　单位：mg/L

时间 /d	NH_4^+-N		NO_2^--N		NO_3^--N		COD_{Cr}	
	进水	出水	进水	出水	进水	出水	进水	出水
100	148.04	53.06	87.15	4.32	24.11	17.35	330	235
110	153.11	71.42	77.56	1.29	15.37	10.61	337	261
120	147.62	62.11	82.01	1.03	18.19	15.22	455	318
130	150.37	70.93	78.19	0.31	12.32	11.14	283	214
140	177.39	73.50	98.55	0.32	11.34	9.25	339	258
150	169.44	68.66	98.67	2.76	22.10	18.32	311	228
160	170.57	79.45	90.77	1.86	29.07	27.69	366	281

4.2.1.5　厌氧氨氧化处理焦化废水的影响因素

（1）温度对厌氧氨氧化的影响

从表 4-17 可以看出，焦化污水经厌氧生物反应器，大部分 NH_4^+-N 和 NO_2^--N 被去除，而且参加反应的 NH_4^+-N 和 NO_2^--N 的比例大致为 1:1，即验证了在厌氧生物反应器内发生的生物反应主要为厌氧氨氧化反应。通过厌氧氨氧化反应，出水中仍然存在一定量的 NH_4^+-N 及少量的 NO_2^--N，如果直接排入水体会对水体造成很大污染，因此经厌氧处理的焦化污水还需进一步处理去除水中的 NH_4^+-N 及 NO_2^--N。另外，COD 在厌氧反应中去除的比例并不大，也需进一步处理使 COD 达标。在厌氧生物反应器中，脱氮率一直保持在 70% 以上，最高达到 80%。COD 的去除率不高，仅能达到 20%～30%，但是经厌氧酸化水解后难降解的有机物可实现开环、断链，可提高焦化污水的可生化性，有利于 COD 的后续生物降解处理。

温度对生物反应有很大的影响，当温度升高时酶促反应加快，同时酶活性丧失的速度也加快。试验研究的目的就是在于找到适合厌氧氨氧化菌的最适宜温度，使其在反应中活性最大，使系统达到较高的脱氮率。温度影响实验是在曝气时间为 13h 的基础上进行的，具体试验结果如表 4-18 所列。

表 4-18　不同温度时厌氧氨氧化反应的脱氮率　　　单位：%

25℃	30℃	35℃	40℃	45℃
34.26	56.80	69.85	58.76	41.25

数据表明，适合焦化污水厌氧氨氧化反应的最佳温度是 35℃ 左右。在 NH_4^+-N 浓度不同的条件下，温度对厌氧氨氧化速率的影响很大，当温度从 25℃ 升到 35℃ 时，厌氧氨氧化速率随着温度的升高而升高，在 35℃ 时达到最大值，当温度继续升高时厌氧氨氧化速率开始降低。因此，厌氧氨氧化的最佳温度在 35℃，这与该工艺在亚硝酸型硝化反应器的控制温度一致，该温度条件对于连续运行系统具有非常重要的意义。

（2）pH 值和碱度对厌氧氨氧化的影响

实验将 pH 值控制为 7.0、7.5、8.0、8.5、9.0。结果表明，pH 值为 8.0 左右时系统的脱氮率最高，达到 74%。表明厌氧氨氧化反应在碱性条件下反应速度较快。因此，在实际操作过程中使厌氧氨氧化过程的 pH 值保持在 8.0 左右。

（3）污泥龄

由于厌氧氨氧化菌生长速度较为缓慢，世代周期长，因此厌氧氨氧化过程需要较长时间的污泥龄，其污泥龄一般控制在 150～200d。

（4）NH_4^+-N/NO_2^--N 值对脱氮率的影响

NH_4^+-N/NO_2^--N 值是影响厌氧氨氧化反应脱氮率的重要因素。实验研究了 NH_4^+-N/NO_2^--N 对厌氧氨氧化反应的影响，通过对一段好氧生物反应器的调节来控制厌氧反应器中进水两种基质浓度的比值。结果表明，当 NH_4^+-N/NO_2^--N 值为 1.7～2.2 时，厌氧氨氧化工艺的脱氮率达到较高且稳定的水平，一直在 70％左右；NH_4^+-N/NO_2^--N 值过低，脱氮率下降明显，表明 NH_4^+-N 为厌氧氨氧化反应的控制基质。因此，在脱氮运行中，将 NH_4^+-N/NO_2^--N 值控制在最佳范围内达到较高的污水脱氮率。

4.2.1.6　厌氧反应器目标细菌的变化规律

分别在第 30 天、55 天、70 天、100 天、130 天、160 天、190 天、220 天、240 天时对厌氧氨氧化反应器污泥进行取样，采用血球计数法计污泥样品中的细菌总数，反硝化菌采用格里斯试剂检测，厌氧氨氧化菌可通过杜氏小管产气现象检测。目标细菌的百分比可通过计算来确定，即目标细菌百分比（目标细菌数/细菌总数）×100％，结果见表 4-19。

表 4-19　厌氧段目标细菌的计数结果

运行时间 /d	细菌总数 /(个/mL)	反硝化菌含量 /(个/mL)	厌氧氨氧化菌 含量/(个/mL)	反硝化菌 百分比/％	厌氧氨氧化菌 百分比/％
30	$7.6×10^6$	$1.6×10^6$	未检出	21.1	—
55	$8.0×10^6$	$2.0×10^6$	$6.2×10^5$	25	7.75
70	$7.5×10^6$	$1.7×10^6$	$7.0×10^5$	22.7	9.3
100	$8.2×10^6$	$2.0×10^6$	$9.5×10^5$	24.4	11.6
130	$8.1×10^6$	$2.0×10^6$	$1.0×10^6$	24.7	12.3
160	$6.9×10^6$	$1.5×10^6$	$1.0×10^6$	21.7	14.5
190	$5.6×10^6$	$1.3×10^6$	$9.5×10^5$	23.2	12.5
220	$4.8×10^6$	$1.1×10^6$	$9.5×10^5$	22.9	17
240	$4.5×10^6$	$7.0×10^6$	$1.0×10^6$	22.2	22.2

由表 4-19 可知，连续实验的前 55d，厌氧氨氧化菌的百分比很低，反硝化菌的百分比却很高；55d 以后，厌氧氨氧化菌的百分比稳步上升，并达到 22.2％左右，反硝化菌的百分比逐渐下降。由此可见，厌氧氨氧化菌逐渐成为反应器中的优势菌，有利于厌氧氨氧化反应。

通过试验研究发现，在前 20d 左右的时间里，厌氧反应器出水 NH_4^+-N 浓度很高，NO_2^--N 浓度较低，NH_4^+-N 的去除率很低，NO_2^--N 的去除率维持在 50％左右，去除 NH_4^+-N 和 NO_2^--N 的比例也有很大起伏。

NH_4^+-N 几乎没有去除、去除 NH_4^+-N 和 NO_2^--N 的比例没达到 1∶1.5 左右、未检出厌氧氨氧化菌，这三点同时说明反应器内基本没有氨氧化作用，得到去除的少部分 NH_4^+-N 有可能是生物膜的吸附作用。但 NO_2^--N 却有 50％的去除率，说明去除的 NO_2^--N 为反硝化菌的作用结果，即反应器内发生的是传统的反硝化反应。

第 20~100 天，出水 NH_4^+-N 和 NO_2^--N 逐渐减少，NH_4^+-N 的去除率逐渐上升，NO_2^--N 的去除率上升到 70％左右。此时的反硝化菌量从 21.1％上升到 24.4％，氨化菌量从未检出增加至 11.6％。由于厌氧氨氧化菌的作用，NH_4^+-N 和 NO_2^--N 同时被去除，同时，由于反硝化菌的脱氮作用，NH_4^+-N 和 NO_2^--N 都有一定的去除率，NH_4^+-N 去除率从 20％上升到 70％，NO_2^--N 去除率上升到 60％左右。但去除 NH_4^+-N 和 NO_2^--N 的比例起伏较大，不够稳定，表明反应器内虽然有厌氧氨氧化菌，但厌氧氨氧化作用对脱氮来说不是起主要作用，即反应器内以传统的反硝化反应为主，厌氧氨氧化反应为辅。

第 100~150 天，出水 NH_4^+-N 和 NO_2^--N 继续减少，NH_4^+-N 和 NO_2^--N 的去除率基本稳定。第 240 天，去除 NH_4^+-N 和 NO_2^--N 的比例逐渐稳定在 1∶1.5 左右，此时的反硝化菌下降到 22.2％，厌氧氨氧化菌增加到 22.2％。在对 100d 以后的微生物多样性分析发现，在厌氧反应器内，取样前期存在大量的反硝化菌，但后期反硝化菌的数量有所下降，这种减少也和 COD 的减少密切相关，表明 150d 后反应器内厌氧氨氧化反应逐渐转化为脱氮的主要反应，但反硝化菌在厌氧反应器中也有一定的脱氮作用。

随着厌氧氨氧化反应器的启动，反应器的脱氮反应逐渐由反硝化脱氮转变成厌氧氨氧化脱氮，反应器内的脱氮反应途径如下：

$$HNO + NH_3 \longrightarrow N_2H_2 + H_2O（氨的单氧化酶 AMO）$$

$$N_2H_2 \longrightarrow N_2 + 2H^+ + 2e^-（羟胺氧化还原酶 HAO）$$

$$NO_2^- + 2H^+ + 2e^- \longrightarrow HNO + OH^-（NO_2^- 还原酶）$$

$$NH_3 + NO_2^- \longrightarrow N_2 + H_2O + OH^-$$

4.2.2　短程硝化反硝化工艺处理焦化高氨废水

4.2.2.1　短程硝化反硝化原理

短程硝化反硝化是利用硝酸菌和亚硝酸菌在动力学特性上存在的固有差异，控制硝化反应只进行到 NO_2^--N 阶段，造成大量的 NO_2^--N 累积，然后就进行反硝化反应。

正常硝化是 NH_3 生成亚硝酸根（NO_2^-），进而生成硝酸根（NO_3^-）。NO_3^- 在缺氧条件下生成 NO_2^-，再进一步生成 N_2，称为反硝化。短程硝化是指 NH_3 生成 NO_2^-，不再生成 NO_3^-；而由 NO_2^- 直接生成 N_2，称为短程反硝化。短程硝化反硝化是指：

$$NH_3 \rightarrow NO_2^- \rightarrow N_2，即可以将水中 NH_4^+-N 去除的一种工艺。$$

SHARON 工艺（Single reactor for High activity Ammonia Removal Over Nitrite）是由荷兰 Delft 技术大学开发的脱氮新工艺。其基本原理为简捷硝化反硝化，即将 NH_4^+-N 氧化控制在亚硝化阶段，然后进行反硝化。硝化过程可分为两个阶段：第一阶段是由亚硝化菌（Nitrosomonas）将 NH_4^+-N 转化为亚硝酸盐（NO_2^-），亚硝化菌包括亚硝酸盐单胞菌属和亚硝酸盐球菌属；第二阶段是由硝化菌（*Nitrobacter*）将亚硝酸盐转化为硝酸盐（NO_3^-），硝化菌包括硝酸盐杆菌属、螺旋菌属和球菌属。这类菌利用无机碳化物如 CO_3^{2-}、HCO_3^- 和 CO_2 作为碳源，从 NH_3、NH_4^+ 或 NO_2^- 的氧化反应中获得能量，两步反应均需在有氧条件下进行。生成的 NO_3^- 由反硝化菌在缺氧条件下还原成 N_2 或氮氧化物。

短程硝化反硝化具有以下特点：

① 节省 25％氧供应量，降低能耗；

② 减少 40％的碳源，在 C/N 值较低的情况下实现反硝化脱氮；

③ 缩短反应历程，节省 50％的反硝化池容积；

④ 降低污泥产量，硝化过程可少产污泥 33％～35％，反硝化阶段少产污泥 55％左右。

4.2.2.2　短程硝化反硝化技术的研究进展

亚硝酸盐很不稳定，硝化菌的作用下很快氧化成硝酸盐，一般条件下实现短程硝化反硝化是比较困难的。短程硝化反硝化技术的关键是将硝化控制在亚硝化阶段，也即对亚硝化菌和硝化菌的控制。因此，如何实现短程硝化成为国内外学者对短程硝化反硝化技术的研究重点，研究方向可概括为两方面：一方面，从微生物学角度，筛选培养出高效亚硝化菌和硝化菌，研究其生化特征；另一方面，从脱氮工艺的运行效果角度，研究运行参数对短程硝化的影响。

（1）微生物种类及特性

参与短程硝化反硝化的微生物主要有亚硝化菌、硝化菌及反硝化菌，明确亚硝化菌、硝化菌和反硝化的生理特性，筛选培养高效的亚硝化菌和以亚硝酸盐为电子受体的反硝化菌对有效控制短程硝化反硝化的脱氮效果有重要作用。

目前的研究发现，亚硝化菌为硝化杆菌科的亚硝化单胞菌属（*Nitrosomonas* sp.）、亚硝化螺菌属（*Nitrosospira* sp.）、亚硝化球菌属（*Nitrosococcus*）、亚硝化弧菌属（*Nitrosovibrio* sp.）、亚硝化叶状菌属（*Nitrosolobus* sp.）5 个属，总共有 15 种亚硝化细菌。有研究者从土壤中分离到一株亚硝化速率较高的菌株，鉴定为亚硝化单胞菌属（*Nitrosomonas* sp.），发现该菌株能同时进行硝化和反硝化作用。硝化菌主要由硝化杆菌属（*Nitrobacter* sp.）、硝化球菌属（*Nitrococcus* sp.）、硝化螺菌属（*Nitrospira* sp.）和硝化刺菌属（*Nitrospina* sp.）4 个属组成。近年来，通过对硝化菌 16S rRNA 的核酸探针测试表明：完成亚硝态氮氧化的优势菌种为硝化螺菌属而非硝化杆菌属。

反硝化菌大多数为兼性异养菌，最适 pH 值范围为 6.5～7.5，适宜温度为 20～40℃。到目前为止，已分离出 60 多种反硝化菌，主要分布于假单胞菌属（*Pseudomonas* sp.）、产碱菌属（*Alcaligenes* sp.）和芽孢杆菌属（*Bacillus* sp.）3 个属。有研究发现部分异养反硝化菌由于酶系统的缺乏，只能将 NO_3^--N 还原成 NO_2^--N；也有人通过定向筛选法驯化得到了以亚硝酸盐为电子受体的反硝化菌。

亚硝化菌和硝化菌主要生化特性比较见表 4-20。

表 4-20　亚硝化菌和硝化菌主要生化特性比较

生化特性	亚硝化菌	硝化菌
自养性	专性	兼性
需氧性	严格好氧	在低氧下能生长,严格好氧
世代时间/h	8～12($Nitrosococcus$) 8～24($Nitrosospira$)	8h～几天
产率系数 Y/(mg 细胞/mg 基质)	0.04～0.13	0.02～0.07
最适温度/℃	25～30	25～30
最适 pH 值	7.5～8.0	7.5～8.0
有毒物质	敏感	较为敏感
氧饱和常数 K/(mg/L)	0.2～0.4	1.2～1.5

（2）短程硝化运行参数

在短程硝化过程中，亚硝化菌和硝化菌的生长速率均受基质、温度、pH 值、氧浓度以及游离氨 FA 等的影响，基于此，许多学者对短程硝化反应器的运行参数进行了大量研究。

1）温度

亚硝酸菌和硝酸菌对温度变化的敏感性不同，由不同温度下两种菌群的增长速率可知，高温条件下，硝化菌的生长速度明显低于亚硝化菌，利用该动力学特征可实现短程硝化。但目前，对于影响短程硝化的具体温度说法不一致：郑平等认为，温度高于20℃，亚硝化菌的最大比生长速率就会超过硝化菌，而且温度越高相差越大。因此。将温度控制在 20℃以上，就会出现亚硝酸盐的积累。袁林江等认为：12～14℃下活性污泥中的亚硝酸盐氧化菌活性受到严重抑制，出现 HNO_2 的积累；15～30℃内，亚硝酸盐可完全被氧化为硝酸盐；温度超过 30℃时又出现 HNO_2 的积累。高大文等认为：28℃是控制温度实现短程硝化反硝化生物脱氮工艺的临界温度，即如果反应器温度低于此临界温度，则短程硝化会逐渐转变为全程硝化。

2）pH 值

pH 值对短程硝化的影响主要表现在两方面：一方面亚硝化菌对于 pH 值有一个最佳生长环境；另一方面 pH 值对游离氨浓度有很大影响。高 pH 值下，废水中游离氨所占比例增加，分子态游离 NH_4^+-N 对硝化菌的抑制要强于亚硝化菌。于德爽等在中温（20～30℃）条件下，通过控制进水的 pH 值为 7.5～8.8 来实现亚硝态氮的积累，且平均亚硝化率达到 95% 以上。

很多研究者发现虽然调节 pH 值能够在一定程度上抑制硝化菌以实现短程硝化，但对于长期运行的短程硝化反应器，把 pH 值作为关键参数可能无法达到稳定的亚硝酸盐积累。

3）溶解氧 DO

研究者认为亚硝化菌和硝化菌对氧的亲和力不同，在低 DO（<1.0mg/L）时，亚硝化菌和硝化菌的增长速率都会由于溶解氧的下降而下降，但是硝化菌的下降要比亚硝

化菌快（当 DO＝0.5mg/L 时，亚硝化菌增殖速率为正常值的 60％，而硝化菌不超过正常值的 30％），使亚硝化菌成为主体，实现亚硝态氮的累积。为了证明 DO 作为短程硝化控制因素的可行性，有研究者利用生物膜反应器进行试验，结果表明，在 DO＜0.5mg/L 的条件下可以实现短程硝化，出水 $NO_2^- $-N 累积率达 90％以上。低溶解氧的情况有利于亚硝化反应的进行，也有利于反硝化的进行。张朝升等采用 SBR 处理模拟城市污水，在常温（20～25℃）、DO 为 0.5～1mg/L 条件下，实现了短程同步硝化反硝化，NH_4^+-N 的去除率达到 95％～97％，TN 的去除率达到 82％～85％。OLAND 工艺就是先在限氧条件下（0.1～0.3mg/L），实现 NH_4^+-N 的部分亚硝化并实现 NO_2^--N 的浓度积累，接着进行厌氧氨氧化反应，从而达到去除含氮污染物的目的。该工艺的关键是控制溶解氧浓度。低溶解氧虽能实现亚硝酸盐的积累，但易引起活性污泥易发生解体和丝状菌膨胀，其对氨氧化细菌和亚硝化细菌活性降低的影响还需进一步研究。

4) 泥龄

控制泥龄实现短程硝化的前提是亚硝化菌的生长速率明显高于硝化菌的生长速率，亚硝化菌的最小停留时间小于硝化菌的最小停留时间。通过控制系统的泥龄处于亚硝化菌和硝化菌最小停留时间之间，使亚硝化菌具有较高的浓度而硝化菌被自然淘汰。维持稳定的 NO_2^--N 的积累。荷兰 Delft 技术大学开发的 SHARON 工艺就是利用高温（30～35℃）、高 pH 值下，亚硝化菌的增长速率高于硝化菌，控制短泥龄（1～1.5d）使硝化菌逐渐被"淘洗"掉，实现亚硝酸积累。

5) 有机物浓度

有机物对短程硝化的影响主要表现在异养菌与硝化菌对 DO 的争夺。当温度和 pH 值适合，DO 和 NH_3 供给充足，有机物浓度对硝化作用不造成影响；但当 DO 不足、有机物浓度高时，由于异养菌对水中 DO 的争夺强于硝化菌，硝化菌的生长繁殖会受到抑制，硝化作用受到影响。傅金祥等研究发现 C/N 值＝6.1 时，可实现较高的亚硝酸盐积累。

6) 投加抑制剂

抑制剂是一种对敏感的细菌产生选择性抑制的化学物质，在短程硝化影响因素中研究较多是游离氨（FA）、高浓度盐、氧化剂。Anthonisen 等研究认为游离氨浓度在 0.1～1.0mg/L 时就会抑制硝化菌活性，而当浓度达到 10～150mg/L 时才会抑制亚硝化菌活性。于德爽等在采用 SBR 工艺处理城市污水时发现，增加水中盐度对硝化菌的增殖有明显的抑制而对亚硝化菌没有影响。Hynens 等发现，在废水中加入 5mmol/L 的氯酸钠可抑制硝化菌的活性，而对亚硝化菌无影响。但也有学者认为，硝化菌对抑制剂有一定的适应能力，仅依靠投加抑制剂不能实现短程硝化的持久稳定运行。

4.2.2.3 短程硝化反硝化工艺处理焦化高氨废水

(1) 试验装置及条件

1) 装置

试验在某钢铁公司焦化厂废水处理站进行。试验装置用铁板焊接而成，设计处理水量为 200L/h，缺氧池、好氧池和沉淀池的有效容积分别为 2.4m³、3.6m³、2m³。设置了高位碱槽（加工业纯碱）及温控设施，分别用来调节硝化反应适宜的 pH 值和温度条件。

2）试验条件

原水来自废水站调节池出水，其 NH_4^+-N 浓度为 750~1000mg/L，COD 浓度为 1800~2900mg/L，由于 NH_4^+-N 浓度过高，试验过程中进行了不同程度的稀释。试验系统运行条件如表 4-21 所列，系统进水流量为 4.8m³/d，混合液回流比控制为 5。

表 4-21 试验系统运行条件

反应器	pH 值	温度/℃	气量/(m³/h)	HRT/h
缺氧池	7.5~8.0	25~30	0	12
好氧池	7.0~7.5	25~30	15~25	18

（2）系统的启动

因硝化菌的增殖速度要小于反硝化菌，故首先启动好氧反应器，接种污泥来自废水站一段脱酚池（保证了脱酚菌群的存在）和二段曝气池，按 1∶2 的比例引适量污泥进入好氧池。接着加入高浓度的 NH_4^+-N 废水，并控制良好的条件，优先培养硝化菌，特别是亚硝化菌。

待好氧段发生明显的硝化过程后启动缺氧反应器，并连接好氧段使之成为一整体，开始连续进、出水。为了保持亚硝化菌和亚硝酸还原菌的优势，加强了好氧反应器和缺氧反应器之间的混合液回流，使好氧反应器中形成的亚硝酸快速进入缺氧反应器进行反硝化。

（3）对 COD 的去除效果

系统运行稳定后，随着进水 COD 的增加（540~1420mg/L），出水 COD 在 80~230mg/L 之间波动。各反应器出水 COD 虽有增加，但总的去除率并没有下降。

系统对 COD 的去除率为 75%~88%，其中缺氧池去除的 COD 占去除总量的 55%~70%，好氧池去除的 COD 占 30%~40%，表明前置反硝化中厌氧段的反硝化菌优先利用了废水中易降解的有机碳源，并且减轻了好氧段有机物降解对硝化的影响。好氧段仍起着部分去除 COD 的作用。

（4）对 NH_4^+-N 的去除效果

NH_4^+-N 浓度大于 10mg/L 时硝化反应处于零级反应区，硝化速率最大。根据速率曲线，可计算出好氧池中的最大硝化速率为 1.60kg/(m³·d)，而工艺所维持的最大 NH_4^+-N 负荷（好氧池）为 0.71kg/(m³·d)，可见活性污泥中硝化菌的硝化能力还约有 56%没有被发挥出来，这也很好地说明了系统为什么能在进水 NH_4^+-N 浓度如此高的条件下稳定运行。

（5）对 TN 的去除效果

由于采用的是前置反硝化（A/O），系统的脱氮率会受混合液回流比的影响，且回流比越大则系统脱氮效率越高，但过高的回流比会同时提高工艺的动力费用。中试系统所控制的回流比为 5，其理论脱氮率应为 83%，但实际运行过程中系统对 TN 的去除效率（不同阶段）为 66%~75%。理论上还原 1g NO_3^--N 需要 2.86g BOD，一般认为当反硝化反应器废水的 C/N 值＞6 时可以认为碳源充足，如果污水中含有难降解有机物，则对 C/N 值需求更高。试验装置进水的 C/N 值介于 2～3.5，可见在废水 C/N 值较低的情况下系统仍能达到较好的脱氮效果。这说明短程硝化反硝化工艺可节省反硝化碳源，恰好克服了焦化废水反硝化碳源不足的缺点。

(6) NO_2^--N 的形成

系统运行初期，Δ（NO_2^--N）（表示系统进水和出水 NO_2^--N 之差）比例较大（＞90％），但随着运行时间的增长，Δ（NO_2^--N）所占比例逐渐减小到 62％，并逐步趋于平稳，这说明在运行初期亚硝酸菌首先得到优势增长，而硝酸菌生长滞后，因此该阶段硝化反应产物主要为 NO_2^--N。系统运行一段时间后，NO_3^--N 开始增加，表明硝酸菌也得到了一定程度的增长，但由于系统的控制条件以及在高浓度氨的条件下运行，故 Δ（NO_2^--N）/Δ（NO_x^--N）的比例虽然有所下降但最终趋于稳定。有研究者曾在试验中观察到高浓度游离氨对硝化过程有抑制作用，并且影响到硝化产物。此后的一些研究结果表明，游离氨对硝酸菌的抑制浓度为 0.1～1.0mg/L，对亚硝酸菌的抑制浓度为 10～150mg/L。可见硝酸菌对游离氨的敏感程度要远远高于亚硝酸菌，硝酸菌更易受到游离氨的抑制，从而控制一定的游离氨浓度就会形成 NO_2^--N 的积累。

(7) 对焦化废水的处理效果

在高负荷运行期，中试系统对焦化废水的平均处理效果见表 4-22。

表 4-22　中试系统对焦化废水的平均处理效果

项目	COD	NH_4^+-N	TN	酚
进水/(mg/L)	1201.6	510.4	540.1	110.4
出水/(mg/L)	197.1	14.2	181.5	0.4
去除率/%	83.6	97.2	66.4	99.6

可以看出，系统对各污染物均有较好的去除效果，其中以 NH_4^+-N 和酚的去除效果最好（去除率＞95％），出水水质良好，能够达到国家《污水综合排放标准》的二级标准。因此，采用短程硝化反硝化工艺处理焦化高氨废水是可行的，且该工艺流程有利于对一些焦化厂的原有生化处理设施进行改造。

4.2.3　异养硝化-好氧反硝化生物脱氮技术

对可生化性较低的有毒有机化合物的处理是当前国内外水处理技术的难点。苯是石油化工、焦化等制造业排放废水中常见的有机污染物，是许多国家和组织的优先控制污染物之一，即使在低浓度条件下也会对生物体也有较大的毒害作用。由于工业污染的复杂性，很多含苯废水中氮元素含量也经常超标，近年来，不断被报道的利用异养硝化-好氧反硝化技术，应用于污水处理能够实现对污水中 COD 和 N 元素同时去除，这一新型脱氮技术为菌株同时脱苯除氮提供了理论依据。

4.2.3.1　好氧反硝化机理

到目前为止，好氧反硝化的过程和机理还处于探索阶段。针对好氧反硝化现象，对其作用机理目前主要有以下 3 种解释。

（1）微生物理论

1）协同呼吸理论

关于好氧反硝化菌的作用机理主要通过经典好氧反硝化菌株 *Thiosphaera panto-tropha* 的研究得到，大多数学者认同的好氧反硝化机理是协同呼吸理论。协同呼吸理论认为反硝化过程中分子氧和硝酸盐同时作为最终电子受体，即反硝化菌可以将电子从被还原的物质传递给氧气，同时也可以传递给硝酸盐。在细胞色素 c 和细胞色素 aa3 之间的电子传递链中的"瓶颈现象"就可以克服。因此也就允许电子流同时传输到反硝化酶以及分子氧中，反硝化反应就可能在好氧环境中发生。

2）好氧反硝化酶作用

从反硝化酶系的角度阐释好氧反硝化现象。在 *T. pantotropha* 里存在着两种不同的硝酸盐还原酶（NAR），即膜内硝酸盐还原酶和周质硝酸盐还原酶：膜内硝酸盐还原酶在缺氧环境中具有活性；周质硝酸盐还原酶在好氧环境中具有活性，它能利用氯酸盐作为电子受体，也不受叠氮化合物的影响。仅仅只有膜内硝酸盐还原酶能够同 NADH 脱氢酶相结合。*T. pantotropha* 的周质硝酸盐还原酶的好氧表达不依赖于是否存在硝酸盐，但是会极大地被所使用的碳源影响。还原性的碳源越多，周质硝酸盐还原酶的活性越强。这证实了它在好氧生长的过程中可能起着氧化还原阈值的作用。周质硝酸盐还原酶很有可能参与了好氧反硝化，因为在周质中硝酸盐的还原反应对于透过细胞质膜进行硝酸盐运转时的氧气的抑制不是很敏感，而细胞质膜可以通过膜内硝酸盐还原酶来阻止这种还原反应。

（2）生物化学机理

生物化学机理认为在反硝化作用过程中，产生的中间产物（NO、N_2O 等）可以逸出，导致 TN 损失，其反应途径为：NH_3（氨）→H_2N-NH_2（联胺）→NH_2-OH（羟胺）→N_2（氮气）→N_2O（氧化亚氮）、HNO（硝酰基）→NO（氧化氮）→NO_2^-（亚硝酸）→NO_3^-（硝酸）。

在这个过程中，至少有 3 个中间产物 N_2、N_2O 和 NO 能以气体产生，其中硝化、反硝化过程均可产生中间产物 NO、N_2O。Hanake 等发现，NO 和 N_2O 比例最高可达 TN 去除率的 10％以上，反硝化中 N_2O 的最大积累量可达到 TN 去除率的 50％～80％。

较多的研究报道表明，在好氧硝化过程中，如果 C/N 值较低，DO 较低，或 SRT 较小都能导致 N_2O 释放量增大，构成了好氧条件下 TN 损失的一部分，这部分不是反硝化脱氮，但人们往往将其归功于反硝化作用。

（3）微环境理论

该理论是从宏观环境影响微观环境来解释的，宏观环境的变化往往导致微环境的变化或不均匀分布，从而影响微生物群体或类型的活动状态的现象。认为当 DO 浓度低、搅拌强度小、曝气不均匀时，污泥絮体内部微环境往往呈缺氧或厌氧状态，导致曝气阶段也可形成同时硝化反硝化。这种现象可用传统的反硝化理论来解释，不属于真正的好氧反硝化。

微环境理论侧重于从物理学角度加以解释。它认为，在活性污泥、氧化沟、生物膜中，由于氧扩散作用的限制，使得环境中的物理、化学和生物条件或状态产生差异和改变。在微生物絮体内产生 DO 梯度，从而导致大环境为好氧，絮体内部微环境为厌氧反硝化。微生物絮体外表面 DO 较高，以好氧异养菌、好氧硝化菌为主；深入絮体内部，氧传递受阻，且有机物氧化、硝化作用消耗大量氧，絮体内部产生缺氧区，反硝化菌占优势。正是由于微生物絮体内缺氧环境存在，从而导致好氧反硝化的发生。将曝气池内溶解氧控制在较低水平，可能会提高缺氧或厌氧微环境所占比例，从而促进反硝化作用。实际上，由于微生物种群结构、基质分布代谢活动和生物化学反应的不均匀性，以及物质传递的变化等因素的相互作用，在微生物絮体和生物膜内部会存在多种多样的微环境。

4.2.3.2 好氧反硝化菌筛选

好氧反硝化菌是好氧或兼性好氧菌，在自然中存在的量比较少，通过传统微生物的筛选方法很难从自然界中将其筛选出来。因此，对好氧反硝化菌的筛选分离具有一定的难度。在实际筛选分离过程中比较常用的方法有如下几种。

（1）间歇曝气法

好氧反硝化菌可同时利用 O_2 和 NO_3^-，好氧、缺氧的频繁转换有利于其在竞争中取得优势地位，成为优势菌种。根据脱氮副球菌既能自养又能异养，既可以在缺氧条件下，又可以在好氧条件下生长，通过间歇曝气分离筛选出好氧反硝化细菌脱氮副球菌 LMD82.5。

（2）培养基选择法

利用呼吸制剂 KCN 来筛选好氧反硝化细菌，即在反硝化培养基中加入 KCN，同时对培养基曝气。KCN 可终止呼吸链中电子向氧分子的传递，从而抑制能利用氧作为电子受体的呼吸反应。

（3）异养硝化菌法

诸多学者研究发现好氧反硝化菌同时又是异养硝化菌，因此可以应用乙酰胺作为碳源和氮源培养异养硝化菌，再验证其好氧反硝化效果。

（4）酸碱指示剂法

用该指示剂对好氧反硝化菌进行初步筛选。在硝酸盐或亚硝酸盐培养基中加入溴百里酚蓝（BTB），酸性条件下 BTB 指示剂显黄绿色，当好氧反硝化菌的反硝化作用消耗了硝酸盐或压硝酸盐后，pH 值上升，指示剂显蓝色，在筛选平板上会出现蓝色克隆或晕环。

除此之外，呼吸抑制剂法、添加试剂法、极限稀释法、综合筛选法等在好氧反硝化菌的筛选过程中起到了重大的作用。根据不同的需求，不同的方法为好氧反硝化菌的分离提供了巨大的便利。

4.2.3.3 好氧反硝化菌脱氮效率影响因素

（1）碳源影响

异养硝化菌在生长过程中需要有机物作为碳源，提供其生长和反硝化反应的能源。有研究者分别用乙酸钠、葡萄糖、甲醇、蔗糖、草酸钠等不同的碳源作为唯一碳源培养微生物，并且测定在不同的碳源条件下好氧反硝化菌对硝酸盐的去除情况并做一定的比较。结果表明好氧反硝化菌在乙酸钠培养基条件下对 NH_4^+-N 的去除率最高而其他碳源培养基对 NH_4^+-N 的降解率不高，说明不同碳源对好氧反硝化菌降解 NH_4^+-N 的能力有很大的影响，在微生物的培养中应当选择有利于微生物生长的有机物作为碳源。

（2）氮源影响

氮源的存在形式有很多，如 NH_4^+-N、NO_3^--N、NO_2^--N 等。好氧反硝化菌对不同存在形式的氮源的利用情况也不同，因此，通过实验研究寻找出最适合好氧反硝化菌利用的氮源形式是非常有必要的。大量的文献表明好氧反硝化菌对 NH_4^+-N 的利用较容易。对菌株 ADB4A 和 ADB7 分别用蛋白胨、NH_4^+-N、NO_3^--N、NO_2^--N 进行试验比较，结果表明两菌株对蛋白胨的利用最好，其次是 NH_4^+-N、NO_3^--N、NO_2^--N。除了有机氮外，NH_4^+-N 是理想的氮源。陈茂霞等也对其分离出来的菌株 HN-02 进行了最适氮源的实验，实验结果表明 HN-02 对不同氮源的利用情况为：对 NH_4^+-N 的利用最好；其次是混合氮、NO_3^--N、NO_2^--N。

（3）溶解氧（DO）影响

DO 浓度对反硝化菌的影响主要有两方面。一方面，在一定范围内反硝化速率不受 DO 浓度的影响。但是当 DO 浓度降低到某个值时，反硝化酶系的活性开始急剧上升，反硝化率随着 DO 浓度的降低而较大幅度升高，这就是所谓的阈值。但是，这个阈值根据微生物种类、底物及环境条件的变化而不同。在研究一个好氧反硝化菌群时发现，DO 浓度为 $0.35\sim6.30mg/L$ 时，该菌群的反硝化率始终在 $34.10\sim42.30\mu mol/(L \cdot h)$ 之间，但当 DO 值小于 $0.35mg/L$ 时，反硝化率急剧上升。另一方面，Huang 等在研究好氧反硝化菌 *Citrobacter diversus* 时发现，该菌株在 DO 浓度为 $5mg/L$ 时反硝化速率最高，溶解氧的降低和升高都会导致反硝化速率和细胞生长速率的下降。在阈值以上，反硝化速率保持在一个较低的水平，原因可能是在此 DO 浓度以上，氧气对于反硝化酶有抑制作用，因此反硝化酶的合成与活性被控制在一个较低的水平。但是也有学者研究表明在一定的 DO 浓度内，反硝化作用不受溶解氧的影响，但是当 DO 浓度超过一定值时，反硝化作用就会受到溶解氧的影响，这个浓度的界限就是所谓的阈值。研究表明，微生物的阈值一般是在 $0.08\sim7.70mg/L$，但是由于阈值的理论还未完全成熟，所以还有待考究。

（4）pH 值和温度影响

pH 值和温度是微生物生长的必要的条件。pH 值主要引起细胞膜的电荷的变化，温度通过影响蛋白质、核酸等生物大分子的结构域功能和细胞结构影响微生物的生长。适宜的 pH 值和温度对微生物的生长和一系列的反应有重要的作用。葛辉通过实验研究温度对细菌 H8 的影响，结果表明 H8 在温度为 30℃时的脱氮效率最强。而最适宜的 pH 值为 9.5。马放等对好氧反硝化菌 X31 的研究得出其最适的温度为 30～35℃。

（5）C/N 值影响

好氧反硝化菌是异养菌，因此外界的碳源对好氧反硝化菌的脱氮的影响巨大。如果碳源不足，好氧反硝化菌的脱氮效率就会降低，需要额外添加碳源。Huang 等的研究发现，以醋酸盐为碳源、C/N 值为 5 时，*C. diversus* 反硝化速率最大，并随着 C/N 值的增大反硝化速率下降。因为反硝化本身是个氧化还原反应，碳源氧化还原电位的不同会对反硝化作用产生不同影响。另外，碳源不足会导致菌体的生长受限，反硝化过程酶系合成不完全，造成中间产物的积累使反硝化不彻底。

作为一种新型的生物脱氮技术，好氧反硝化由于其技术简便、占地小、能同时实现硝化反硝化等优点，受到越来越多的学者的关注。但是，好氧反硝化菌的筛选、菌株的反硝化效率等因素制约着好氧反硝化技术的进一步发展与应用。伴随环保法规中对氮素污染物控制的日益严格，分离周期更短、菌株反硝化效率更高的综合筛选方法是研究的难点及热点。控制好好氧反硝化过程中各项影响因素是提高好氧反硝化脱氮效率的关键。同时，目前国内外学者对好氧反硝化菌的研究仅处于实验室阶段，因此，如何增加好氧反硝化菌在工程中的应用，解决在推广的过程中遇到的问题是好氧反硝化技术发展的另一个重点。

4.2.3.4　异养硝化-好氧反硝化生物脱氮同时降解苯酚特性

苯酚是焦化、石油化工等工业排放废水中主要污染物之一。酚类废水往往同时含有 NH_4^+-N，是水体中的主要耗氧污染物，因此同时去除苯酚和 NH_4^+-N 对于含 NH_4^+-N 酚类废水的高效处理十分必要。考察菌种的 NH_4^+-N 去除和苯酚降解特征，对脱氮产物及脱氮途径进行分析，可为异养硝化-好氧反硝化苯酚降解菌的实际应用提供理论依据。

（1）菌株及供试水质

供试菌株为异养硝化-好氧反硝化苯酚降解菌 *Diaphorobacter* sp. PDB3。培养基中 NH_4^+-N 浓度为 150mg/L，苯酚浓度为 100mg/L。

（2）C/N 值对苯酚降解和 NH_4^+-N 去除的影响

随着 C/N 值升高，*Diaphorobacter* sp. PDB3 对 NH_4^+-N 的去除率升高，苯酚降解率降低，当 C/N 值升高至 13 时苯酚降解率下降至 61.2%。苯酚为菌体生长代谢提供能源和碳源，低 C/N 值时碳源不足，细胞代谢能力不足，导致 NH_4^+-N 去除率较低；高 C/N 值时，碳源的供给高于菌体所需，碳源浓度不再是限制性因素，NH_4^+-N 去除率不再增加。当 C/N 值为 7 时，苯酚降解率和 NH_4^+-N 去除率都处于较高的水平，因此最佳 C/N 值为 7。

（3）溶解氧（DO）对苯酚降解和 NH_4^+-N 去除的影响

苯酚好氧降解的第一步是苯酚被苯酚羟化酶催化为邻苯二酚，异养硝化的第一步是氨被氨单加氧酶催化为羟胺，这两个反应都需要氧分子的参与，因此溶氧可影响 *Diaphorobacter* sp. PDB3 的苯酚降解和 NH_4^+-N 去除能力。溶解氧浓度分别为 5.43mg/L、6.11mg/L、6.62mg/L、6.80mg/L 时，随着溶解氧浓度提高，苯酚降解率和 NH_4^+-N 去除率均提高；溶解氧浓度达到 6.62mg/L 时，苯酚降解率渐趋稳定，NH_4^+-N 去除率达到最大；当溶解氧浓度为 6.80mg/L 时，苯酚降解率没有明显变化，表明溶解氧不再是苯酚降解的限制因素，而 NH_4^+-N 去除率降低，说明溶解氧过低或过高均不利于 NH_4^+-N 去除，与异养硝化-好氧反硝化菌株 *Acinetobacter* sp. Y16 和 *Bacillus methylotrophicus* strain L7 的特性一致。

（4）菌体生长及异养硝化-好氧反硝化特性

苯酚在细胞对数生长期被大量降解，于 21h 降解率达到 94.9%。细胞生长与苯酚降解是同步的，证明了菌株的异养代谢能力。总有机碳与苯酚的降解趋势相似，21h去除率为90.8%，表明培养液中剩余有机物含量较低，苯酚主要转化为无机碳和胞内碳。

NH_4^+-N浓度在细胞对数生长期内显著降低，最终于21h被完全去除，最大去除速率为3.2mg/(L·h)。另有研究报道，*Alcaligenes faecalis* no.4 和 *Acinetobacter junii* YB的最大去除速率分别为24mg/(L·h)和10.09mg/(L·h)。这些报道中所用碳源为柠檬酸盐和琥珀酸盐，比苯酚更容易被细胞利用，且没有毒性，细胞生长速度快，因此有更高的NH_4^+-N去除速率。

（5）氮平衡分析

密封瓶实验结果显示，在实验末期，NH_4^+-N全部去除，只有少量的硝化产物积累，胞内氮由0.35mg增长到2.43mg，增长量占NH_4^+-N去除量的52.3%；N_2产量为1.48mg，占NH_4^+-N去除量的37.2%；没有检测到N_2O。N_2O是好氧反硝化过程的中间代谢物，具有温室效应。反硝化过程释放N_2O的主要原因是碳源不足，当碳源充足时电子供应充足，各还原酶之间没有竞争性抑制，一氧化二氮还原酶的活性可以正常发挥，使N_2O及时转化为N_2，避免N_2O逸出。本试验中苯酚在实验末期仍有剩余，碳源充足，是N_2O没有逸出的主要原因。胞内氮和N_2合计占NH_4^+-N去除量的89.5%，可见菌株PDB3主要通过细胞同化作用和异养硝化-好氧反硝化作用脱氮，与其他异养硝化-好氧反硝化菌的研究结果一致。在实验末期溶液中含有少量的有机氮，可能来自于细胞裂解物。

（6）脱氮途径分析

异养硝化菌有两种脱氮途径，常见的是异养硝化-好氧反硝化耦联途径：首先NH_3转化为NH_2OH，羟胺氧化酶催化NH_2OH生成NO_2^-，NO_2^-可转化为NO_3^-，NO_2^-和NO_3^-分别被亚硝酸还原酶和硝酸还原酶还原为NO和NO_2^--N，最终被还原为含氮气体N_2O/N_2。

通过测量脱氮途径中酶的活性，可以明确*Diaphorobacter* sp. PDB3 的脱氮途径。结果表明羟胺氧化酶、亚硝酸还原酶和硝酸还原酶活性分别为（0.016±0.003）U/mg蛋白质、（0.029±0.005）U/mg蛋白质、（0.012±0.002）U/mg蛋白质，表明菌株PDB3脱氮途径是异养硝化-好氧反硝化耦联途径，如图4-4所示。

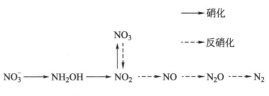

图4-4 *Diaphorobacter* sp. PDB3 的脱氮途径

（7）苯酚浓度对脱氮作用的影响

随着苯酚浓度升高，细胞延滞期增长，最终细胞浓度逐渐升高，同时NH_4^+-N去除耗时增长。初始苯酚浓度为522.679mg/L时，胞内氮增长量占NH_4^+-N去除量的比率分别为56.2%和61.1%，说明随着苯酚浓度的升高，更多的NH_4^+-N用于合成细胞而不是进入异养硝化途径。

异养硝化-好氧反硝化菌可以同时通过异养硝化-好氧反硝化途径和以氧为电子受体的呼吸链产能，然而前者低于后者的产能效率，在氮源相对较少和溶氧充足时，菌体优先利用产能效率高的途径即氧化呼吸链产能，而不是异养硝化-好氧反硝化途径；同时碳源充足时可以产生更多的碳骨架，有利于细胞生长。因此在更高的苯酚浓度下，更少的 NH_4^+-N 进入异养硝化途径。

苯酚不仅可以改变细胞膜通透性，而且能够使酶蛋白变性，其毒害作用随着浓度增高而加强，也是异养硝化作用减弱的原因之一。自养硝化作用通常对苯酚敏感，例如 Stafford 发现 5.6mg/L 苯酚对自养硝化作用产生了 75% 的抑制，另有研究者发现 20mg/L 苯酚存在时 NH_4^+-N 去除耗时约为没有苯酚时的 2 倍。菌株 PDB3 在较高的苯酚浓度下仍然发生异养硝化作用，说明其对苯酚的耐受度比自养硝化菌强。

4.3　新型物化技术处理煤化工废水

国内外主要采用生化法去除煤化工废水中的 NH_4^+-N 和 COD_{Cr}，其中以普通活性污泥法为主。普通活性污泥法虽然可有效去除焦化废水中的酚氰类物质，但对于其中难降解有机物和 NH_4^+-N 的去除效果差，出水中的 COD_{Cr} 和 NH_4^+-N 均难以达到排放标准。对煤化工废水中有毒难降解有机物的处理已经引起了国内外学者的重视，许多学者采用物化法对此进行了研究，取得了新的研究成果。

4.3.1　超声波技术降解焦化废水中的有机物

利用超声波处理水中的难降解有机污染物是近年发展起来的一项新型水处理技术。20 世纪 90 年代以来，国内外学者开始将超声波应用于治理水污染方面的研究，尤其是在治理废水中的有毒难降解有机污染物的研究方面已经取得了一些进展。超声波技术具有简便、高效、无污染或少污染的特点，已受到国内外学者的关注，现在我国在这方面也开始了研究。

超声处理通过其空化效应、机械剪切及微絮凝作用，既可达到传统工艺的处理效果，又能很大程度地克服其缺陷，展示出强大的生命力和广阔的应用前景。但是仅靠超声波彻底降解难降解物质，不仅耗时长还要消耗大量能量，因此可把超声波作为预处理手段对难降解的焦化废水进行处理，使难降解的大分子物质降解为小分子的易生化降解的物质，提高污水的可生化性，为后续生化处理创造条件。

4.3.1.1　试验装置

试验采用沧州全一电子设备有限公司生产的 QUS2-6520 型探头式超声波发生器，频率为 20kHz，功率 0～600W 可调。试验装置见图 4-5。试验时超声探头浸入液面下 10cm 左右，由于超声的功率较大，在启动超声发生器时，反应液不需要搅拌即可混合均匀。

4.3.1.2　试验方法

取某焦化厂的焦化废水作为储备液，其

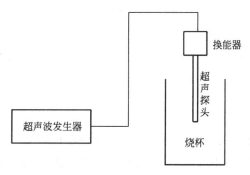

图 4-5　超声空化降解试验装置

COD、挥发酚质量浓度分别为 3465.1mg/L、488.6mg/L，BOD/COD 值＝0.15、pH＝8.89。取一定体积的焦化废水配制成所需浓度的反应液 500mL，置于 500mL 玻璃烧杯中用于超声空化研究。仅在试验前对反应液的初始 pH 值、初始浓度进行控制，反应液的初始 pH 值用硫酸或氢氧化钠加以调节，通过蒸馏水稀释储备液来控制反应液的初始浓度。试验过程中不调节反应液的 pH 值，不控制离子强度。每 60min 取样 1 次，装入 100mL 的棕色玻璃瓶中，供分析测定。

4.3.1.3 单独使用超声波的降解效果及影响因素

（1）超声功率对处理效果的影响

取原水样 500mL 置于 500mL 的烧杯中，将超声探头浸入液面下 10cm 左右，选取超声功率 180W，启动超声波发生器，试验过程中每隔 60min 取样 1 次，用于分析，共反应 4h。然后再取 4 份 500mL 原水样，分别置于 500mL 烧杯中，分别选取超声功率 240W、300W、360W、420W 进行试验。

试验结果表明：

① 超声功率对焦化废水中 COD 和挥发酚的去除率影响显著。废水经过超声处理 240min 后，在超声功率分别为 180W、240W、300W、360W、420W 时，对 COD 的去除率分别为 18.3%、20.6%、28.3%、29.0%、31.0%；对挥发酚的去除率分别为 22.4%、24.4%、33.3%、35.8%、37.4%。

② 废水的 BOD/COD 值随着超声功率的增大不断增加，但增加效果不明显。废水经超声预处理 240min 后，在超声功率为 180W、240W、300W、360W、420W 时，废水的 BOD/COD 值分别提高了 0.15、0.17、0.20、0.23、0.24。由此可以看出，超声功率在 240～300W 时，超声降解焦化废水的速率最快。超声功率分别在 0～240W 和 300～420W 时，降解速率缓慢，这同张子间的研究结果一致。因此，在单因素实验中选择最佳超声功率为 300W。

（2）溶液初始浓度对处理效果的影响

将原焦化废水、稀释大约 1 倍的焦化废水和稀释大约 3 倍的焦化废水分别置于 3 个 500mL 的烧杯中。调节超声功率为 300W，启动超声波发生器，试验过程中，每隔 60min 取样 1 次，试验时间为 4h。结果表明，初始 COD 对焦化废水中 COD 降解效率影响显著。COD 去除率随初始 COD 的增大不断减小。废水经超声处理 240min 后，在初始 COD 浓度分别为 3465.1mg/L、1715.4mg/L、928.2mg/L 时，COD 的去除率分别为 28.3%、40.7%、53.8%。初始浓度对超声波预处理焦化废水中挥发酚的去除率的影响与 COD 相似，焦化废水经超声预处理 240min 后，在挥发酚初始质量浓度为 488.6mg/L、245.5mg/L、130.0mg/L 时，去除率分别为 33.3%、43.9%、50.9%。

此外，初始浓度对焦化废水的 BOD/COD 值影响显著。废水经 240min 超声后，初始浓度越低，BOD/COD 值提高得越多。当废水中初始 COD 浓度分别为 3465.1mg/L、1715.4mg/L、928.2mg/L 时，超声处理后，废水的 BOD/COD 值分别为 0.32、0.35、0.36。由上述试验可知，采用超声波预处理时，废水中 COD 浓度和挥发酚的去除率随着溶液初始浓度的增人呈递减趋势，这与徐金球等得出的结论一致。当初始 COD 浓度在 928.2～1715.4mg/L 时，其 COD 去除效果明显；初始 COD 浓度在 1715.4～3465.1mg/L 时，COD 去除率变化趋于平缓，且去除率较低。初始挥发酚的质量浓度在 130.0～245.5mg/L 时，其挥发酚去除效果明显；当初始挥发酚浓度在 245.5～488.6mg/L 时，挥发酚去除率较低，变化趋于平缓。试验条件下，以稀释约 3 倍的废水处理后的 BOD/COD 值最高，为 0.36。

（3）废水 pH 值对处理效果的影响

取原水样 1500mL 置于 3 个 500mL 的烧杯中，用 H₂SO₄、2％的 NaOH 溶液按要求调节 pH 值，超声功率为 300W，启动超声波发生器，试验过程中，每隔 60min 取样 1 次，试验时间 4h。

废水 pH 值对 COD 降解效率的影响显著。酸性条件不利于废水中 COD 的降解，偏碱性的条件有利于 COD 的降解。废水经超声预处理 240min，在废水 pH 值分别为 3.34、8.91、11.30 时，COD 的去除率分别为 20.8％、28.3％、25.9％。

废水 pH 值对挥发酚降解效率的影响同 COD，废水经超声预处理 240min，在溶液 pH 值分别为 3.34、8.91、11.30 时，相应的挥发酚去除率分别为 22.3％、33.3％、26.9％。偏碱性的条件有利于挥发酚的降解。pH 值对超声降解焦化废水 BOD/COD 值的影响不明显。废水经超声降解 240min 后，BOD/COD 值有所提高，偏碱性的条件有利于 BOD/COD 值的提高。在溶液的 pH 值分别为 3.34、8.91、11.30 时，废水的 BOD/COD 值分别提高了 0.15、0.17、0.16。由上述试验可知，废水的 pH 值对超声降解焦化废水的效果影响明显，当废水偏碱性时（pH＝8.91），超声波降解焦化废水效果较好，废水中 COD 和挥发酚的去除率分别为 28.3％和 33.3％，废水的 BOD/COD 值由原来的 0.15 提高到 0.32。

（4）反应时间对处理效果的影响

由前面的试验可知，焦化废水中 COD、挥发酚的去除率以及废水的可生化性随着超声时间的延长而不断增大，但是当超声时间超过 120min 后增加的趋势渐缓。

4.3.1.4　正交试验

综合上述试验，设计正交试验因素水平见表 4-23，正交试验方案及结果见表 4-24。

表 4-23　正交试验因素水平表

因素	A：超声功率/W	B：初始浓度			C：pH 值	D：反应时间/min
		COD/(mg/L)	挥发酚/(mg/L)	BOD/COD 值		
1	240	3465.1	488.6	0.15	3.34	90
2	300	1715.4	245.5	0.15	8.91	120
3	360	928.2	130.0	0.16	11.30	150

表 4-24　正交试验方案及结果

序号	A	B	C	D	COD 去除率/％	酚去除率/％
1	1	1	1	1	20.1	36.5
2	1	2	2	2	35.2	44.8

序号	A	B	C	D	COD 去除率/%	酚去除率/%
3	1	3	3	3	47.8	45.2
4	2	1	2	3	28.3	33.3
5	2	2	3	1	28.0	38.6
6	2	3	1	2	47.2	48.5
7	3	1	3	2	25.9	28.5
8	3	2	1	3	37.2	42.5
9	3	3	2	1	46.5	49.5
K_1	34.4	24.8	34.8	31.5		
K_2	34.5	33.5	36.7	36.1		
K_3	36.5	47.2	33.9	37.8		
k_1	39.8	32.4	42.2	40.5		
k_2	40.5	42.6	42.9	40.9		
k_3	42.2	47.4	37.4	41.0		
R	2.1	22.4	2.8	6.3		
r	2.4	15.0	5.5	0.5		

由表 4-24 可知:

① 各因素对超声处理废水中 COD 去除率影响大小依次为初始浓度、反应时间、pH 值、超声功率;

② 各因素对超声处理废水中挥发酚去除率影响大小依次为初始浓度、pH 值、超声功率、反应时间。从各因素各水平的综合平均值,可以找出各因素的最优水平,初步确定最优组合为 A3B3C2D3,即超声功率为 360W、初始 COD 浓度为 928.2mg/L(初始挥发酚浓度为 130.0mg/L)、废水初始 pH 值为 8.91、反应时间为 150min。此时,废水中 COD 和酚的去除率分别为 51.6%、53.0%,废水的 BOD/COD 值=0.33。

4.3.1.5 焦化废水中 PAHs 降解效果的分析

焦化废水含有大量的 PAHs,由于其毒性、生物蓄积性和半挥发性并能在环境中持久存在而被列入典型持久性危险有机污染物(POPs),受到国际科学界的广泛关注。但是目前对用超声波预处理焦化废水降解 PAHs 效果的研究较少。笔者在最佳工艺条件下,用超声波预处理焦化废水,对其中 PAHs 的降解效果进行了分析。

实验表明,在最佳工艺条件下,废水中 PAHs 的质量浓度从处理前的 108.7μg/L 降到 47.2μg/L,降解效率能达到 56.7%,说明超声波预处理有利于焦化废水后续的生化处理,对 PAHs 的降解效果明显。

4.3.2 超重力法吹脱氨氮 (NH₄⁺-N) 废水技术的应用

4.3.2.1 超重力法吹脱氨氮 (NH₄⁺-N) 废水技术原理

废水中的铵离子 (NH_4^+) 和游离氨 (NH_3) 保持如下平衡关系:

$$NH_3 + H_2O \Longleftrightarrow NH_4^+ + OH^-$$

这一平衡与 pH 值和温度有关，pH 值为 7 时，溶液中只存在 NH_4^+；pH 值为 12 时，溶液中全为溶解性液态 NH_3。NH_4^+-N 吹脱法，就是在碱性条件下，使用大量的空气与废水接触，使废水中 NH_4^+-N 转换成游离氨被吹出，以达到去除 NH_4^+-N 的目的。吹脱效率与温度、气液比、pH 值及所选择吹脱设备等因素有关。

超重力法吹脱 NH_4^+-N 废水技术是采用超重机作为吹脱设备，以空气为气提剂，将水中的游离氨分子解吸到气相中的 NH_4^+-N 废水治理方法。利用超重机优良的水力学特性与传递特性，获得良好的吹脱效果并减少设备投资与运行费用。

4.3.2.2 超重力法吹脱氨氮废水工艺流程

NH_4^+-N 废水在调节池内调节水质，均衡水量，并加碱调节 pH 值为 10～11 后，进入超重机处理。废水经超重机分布器均匀喷洒在填料内缘，在超重力作用下，液体被填料粉碎成液滴、液丝，沿填料径向甩出，经筒壁汇集后从超重机底部流出。同时，空气经超重机进气口进入超重机壳体，在一定风压下由超重机转子外腔沿径向进入内腔。在填料层内，气液两相在高湍动、大的气液接触面积的情况下完成气液接触，将水中的游离氨吹出。气体送至除雾器，将夹带的少量液体分离后至吸收装置，脱氨后排空（也可不经过吸收直接排放）。

通常，吹脱法与生化法联合使用治理 NH_4^+-N 废水，经超重力法吹脱后，废水中 NH_4^+-N 质量浓度降至 300mg/L 以下，符合生化法处理 NH_4^+-N 废水的进水标准后（必要时可进行多级吹脱），接入生化处理系统，其工艺流程示意如图 4-6 所示。

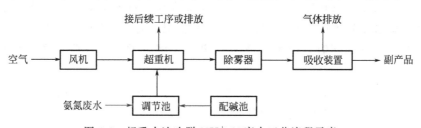

图 4-6 超重力法吹脱 NH_4^+-N 废水工艺流程示意

4.3.2.3 重力法吹脱 NH_4^+-N 废水技术特点

通过试验研究，确定超重力法吹脱 NH_4^+-N 废水的适宜操作条件为：pH 值为 10.5～11.0、气液比（G/L）=1200、超重力因子（平均离心加速度与重力加速度之比）为 100、温度为 35～40℃。

超重力法与传统吹脱法处理 NH_4^+-N 废水的各项指标比较见表 4-25。

表 4-25　超重力法与传统吹脱法比较

方法	气液比 /(m³/m³)	吹脱率 /%	床层压降 /Pa	设备体积 /mm	风机功率 /kW
超重力法	600～1200	75～85	850～1500	1400～3500	15
传统吹脱法	2400～4800	20～55	3000～4600	3500～28000	45

注：以 NH_4^+-N 废水处理量 15m³/h 为例，运行费用因碱源、废水浓度而异。

从试验研究及连续运行结果分析，超重力法吹脱 NH_4^+-N 废水技术具有如下特点：

① 气相动力消耗小。传统的塔式设备内，气相阻力大，气液比高，所需风机功率大，能耗高。超重机内，由于传质系数的大幅度提高，在气液比为传统方法 1/4 左右时即可达到同样的吹脱效果。减少了完成吹脱所需风量；超重机的压降很小，通常在 1200Pa 以下，从而对风机全压的要求比较低。超重力法吹脱 NH_4^+-N 废水技术极大地减小了风机能耗，从而减少了设备投资及运行费用。

② 在传统的塔式设备中，塔壁易结垢、填料易堵塞，影响到 NH_4^+-N 吹脱效率与设备的正常运行。而在超重机内，气液在床层中的流动为在超重力场中的强制流动，流速极快，湍动程度高。污垢及好氧生物和藻类不易沉积在填料层中，且具有自清洗作用，能够保证设备长期稳定运行。

③ 超重力法吹脱 NH_4^+-N 的去除效率高。在最适宜的工艺条件下，单程吹脱率可以大于 85%。对于质量浓度低于 2000mg/L 的氨氮废水，经一级处理后可达到生化处理进水标准 300mg/L。同时在吹脱过程中，对废水中的易挥发油类组分、COD 等都有较好的去除作用。

④ 超重机体积小，质量轻，设备及基建费用少，过程放大容易，易于开车、停车，在数分钟内就能从静止状态达到稳定运行状态；作为低速转动设备（一般工业化装置转速为 100~350r/min），超重机的操作维修与普通工业泵和离心机相当。

⑤ 超重力法吹脱氨氮废水技术的气液比约为传统吹脱技术的 1/4，提高了吹脱后空气中 NH_3 的浓度，有利于气相中 NH_3 的回收利用。超重力法吹脱过程中可产生良好的资源，可用硫酸或磷酸吸收后制得硫铵或磷酸二氢铵等具有市场利用价值的肥料，也可以用水吸收生产氨水（根据工厂实际情况而定）。NH_3 的吸收，在消除 NH_3 对空气的二次污染的同时，也可以产生一定的经济效益，从而降低了废水处理的运行成本。

⑥ 设备操作弹性大，超重机对气液变化不敏感，在气液流量变化的情况下，仍可正常操作，这是塔类设备所无法比拟的。

⑦ 超重力法吹脱 NH_4^+-N 废水技术能够增加水中的溶解氧，为后续的生化处理提供充足的氧源。

4.3.2.4　重力法吹脱 NH_4^+-N 废水技术工业化应用的可行性

（1）工艺条件

在适宜的工艺条件下，超重力法吹脱氨氮废水技术对含油类杂质较少的稀土生产厂及其他化工厂，NH_4^+-N 的脱除率可达到 85% 以上，对较难处理的焦化氨氮废水也达到了 75% 左右的去除率。且对氨氮废水的温度（35~40℃）及 pH 值（10.5~11.0）的工艺要求与传统的填料塔吹脱工艺相同，产生氨氮废水的厂家易于实现。

（2）超重力法吹脱氨氮废水的设备

目前已成功地实现了超重力技术的工程化应用。现研发的超重机直径为 1.4m，高 3.5m，所配电机功率为 10.5kW，单台设备氨氮废水处理量可达 15m³/h，设备运行稳定、易于检修。工业化应用超重机的研发为超重力法吹脱氨氮废水技术的推广应用奠定

煤化工废水无害化处理技术研究与应用

了坚实的物质基础。

（3）经济分析

与传统的填料塔吹脱技术相比，超重力法吹脱氨氮废水技术在基建与设备投资方面都基本相当。超重力法吹脱氨氮废水技术的运行费用主要包括碱耗、电耗及人工费用。采用吹脱法处理氨氮废水，碱耗是必然的，碱耗与氨氮废水浓度密切相关。超重力法与传统的塔式吹脱法碱耗在人工费用上是一致的。虽然超重机是动力设备，本身需要耗电，但由于超重力法吹脱氨氮废水技术所需空气量及全压都较传统吹脱法有很大的降低，其配套风机的功率得到了大幅度的下降，因此从总体上节约了电耗。

4.3.3 零价铁在废水处理中的应用

零价铁（ZVI）具有活泼的化学性质，电极电位 E^0（Fe^{2+}/Fe）为 $-0.44V$，还原能力较强，可以将在金属活动顺序表中排在 Fe 后面的金属置换出来，还可以还原氧化性较强的离子或其他化合物。采用 ZVI 可以还原处理多种污染物，不仅可提高污水的可生化性，还可减小对微生物的毒性。ZVI 价格低廉且来源广泛，不会对环境产生二次污染，在水处理领域具有很好的应用前景。

4.3.3.1 ZVI 处理废水的机理

（1）还原作用

ZVI 化学性质活泼，还原性较强，在偏酸性环境中可将高价的金属离子还原成低价的金属离子或金属单质，并通过沉淀法去除。氧化性较强的离子或化合物可被 ZVI 还原成毒性较小的物质。

（2）微电解作用

ZVI 可与其他物质形成一个小的原电池，进而形成一个电磁场，废水中含有的微小污染物和胶体在电场作用下聚集在一起形成较大的颗粒，有助于被去除。

（3）混凝吸附作用

在偏酸性的条件下，ZVI 处理废水会产生 Fe^{2+} 和 Fe^{3+}；在有氧且碱性的条件下会形成絮凝性较强的胶体絮凝剂 Fe（OH）$_2$ 和 Fe（OH）$_3$，废水中的不溶物可被吸附絮凝，使废水得到有效处理。

4.3.3.2 ZVI 处理各种废水的研究进展

（1）焦化废水

焦化废水是一种典型的难降解有毒有机废水，主要来自于焦炉煤气初冷和焦化生产过程中的生产用水。ZVI 处理焦化废水是基于电荷吸附作用，ZVI 被腐蚀产生电子、Fe^{2+} 及 Fe^{3+}，异电荷之间可相互吸附，但溶液 pH 值不能太高，因为 pH 值过高会产生铁的沉淀及络合物。在厌氧滤池和曝气生物滤池中加入 ZVI，可明显改善出水水质。

（2）制药废水

制药废水一般是在生产抗生素、合成药物、各类制剂的过程中产生的。制药废水成分复杂，污染物含量高、难降解、色度深、生化性差，是一类非常难处理的废水。有研究者采用 ZVI-Fenton 氧化和 H_2O_2 对其进行处理，仅在 1h 内废水的 TOC 去除率就达到 80％，且过量的 ZVI 还可促进 H_2O_2 分解成无活性的氧。这是由于 ZVI 可通过活性分子氧产生 H_2O_2，而 H_2O_2 会被 Fe^{3+} 分解成·OH；·OH 具有较强的氧化性，可氧化废水中的有机物和无机物，且氧化效率高，可将废水中有机物氧化生成 CO_2，无二次污染。

（3）染料废水

ZVI 对染料废水的处理主要基于其自身的氧化还原性。在缺氧条件下，ZVI 对废水中 COD 的去除率较低；在好氧条件下，ZVI 可产生强氧化性来降解染料，而增加溶解氧的溶度和气体流速可提高 ZVI 对染料的脱色率及 COD 去除率。

ZVI 与超声波协同作用可对含氮染料废水进行脱色处理，这是由于气泡在 ZVI 表面形成点蚀和开裂作用。Rasheed 等将 ZVI 与超声波结合处理炼油厂废水，也取得了较好的脱色处理效果。ZVI 还能提供长期有效的有利于厌氧菌生长的环境，从而改善厌氧菌对染料脱色处理的效果。

将 ZVI 加在电极上安装在厌氧反应器内可处理含有含氮染料的纺织废水。在带电条件下反应器内细菌的种类更加丰富，有助于对氮的降解。ZVI 反应过程中会产生 Fe^{2+}，ZVI 反应越强，Fe^{2+} 产生的量越多，消耗的 H^+ 越多（$Fe^0 + 2H^+ \Longrightarrow Fe^{2+} + H_2$），所以反应器内 pH 可稳定在中性，这有利于甲烷的生成，同时也可提高 COD 去除率。

（4）含盐类废水

在酸性环境下，ZVI 对含硝酸盐和磷酸盐的废水有较好的处理效果。

原因在于酸性环境下 ZVI 被腐蚀产生电子（$Fe^0 \longrightarrow Fe^{2+} + 2e^-$，$Fe^{3+} + e^- \longrightarrow Fe^{2+}$），ZVI 与硝酸盐接触发生氧化还原反应生成氨或氮（$NO_3^- + 10H^+ + 8e^- \Longrightarrow NH_4^+ + 3H_2O$，$2NO_3^- + 12H^+ + 10e^- \longrightarrow N_2 + 6H_2O$）；其次 ZVI 被腐蚀产生的 Fe^{2+} 和 H_2O_2 反应产生·OH（$Fe^{2+} + H_2O_2 \longrightarrow Fe^{3+} + \cdot OH + OH^-$）；最后，$Fe^{3+}$ 和磷酸盐作用产生沉淀 [$Fe^{3+} + PO_4^{3-} \longrightarrow FePO_4$，$3Fe^{2+} + 2PO_4^{3-} \longrightarrow Fe_3(PO_4)_2$]。$H_2O_2$ 的存在大大提高了 ZVI 去除磷酸盐的效率。

ZVI 对高氯酸盐的去除与环境 pH 值有关。一般情况下，pH 为中性（pH＝7.0～8.0）最适合微生物的生存，过量的 H^+ 或 OH^- 会扰乱微生物的新陈代谢。pH 值过高，ZVI 被腐蚀产生 Fe^{2+} 和 Fe^{3+}（$Fe^0 + 2H_2O \longrightarrow Fe^{2+} + 2OH^- + H_2$），形成的铁的氢氧化物会覆盖微生物，抑制高氯酸盐还原细菌的生命活动，减少高氯酸盐的产生。

4.3.4　微波辐射对多环有机物大分子的降解作用及影响因素

微波技术在难降解有机废水处理方面有很大的优点。微波热效应是由于材料在电磁场中由介质损耗引起的"体加热"，当废水直接置于微波场时，会使废水有机物某些极性较强的局部产生许多高温"热点"。微波还具有非热效应的特点，即在微波场中极性分子的震荡能使废水有机物的化学键断裂，从而使分解过程快速进行，强化废水处理效果。而且微波直接辐射法不引入其他物质，没有二次污染，工艺过程简单。

4.3.4.1 废水样品及试验方法

试验所用水样为某焦化厂焦化废水原水水样（COD 浓度为 6386mg/L），置于聚乙烯容器中待用。

取 25mL 的焦化废水放入恒压消解罐中，然后放进微波炉内，设置消解的条件（无特殊说明时微波功率为 800W，处理时间 4min）进行微波处理，待溶液冷却后用重铬酸钾法测定其 COD，分析 COD 去除率，得出微波处理焦化废水的最佳组合参数。在此组合条件下进行微波处理焦化废水，对微波处理前后水样采用 GC-MS 法检测有机组分。

4.3.4.2 试验操作参数的优化

为了考察微波辐射对焦化废水中大分子有机物的降解效果，首先对操作条件进行了优化，包括焦化废水的 pH 值、浓度和微波辐射的功率及时间，以 COD 去除率评价微波的降解效率。

（1）pH 值对微波处理焦化废水 COD 的影响

用 2mol/L 的 NaOH 溶液调节焦化废水 pH 值分别为 5、7、9、11，进行微波处理。结果表明：焦化废水中的有机物在碱性条件下比在酸性条件下更容易被微波辐射降解。在 pH=9 的条件下，COD 的去除率达到相对较高的水平，为 18.86%，随着 pH 值的升高去除率的变化趋势较为平缓，因此废水的 pH 值在 9~11 之间即可。废水原水的 pH 值范围为 9~10，综合简化工艺与降低成本的考虑，认为微波处理不需要调节焦化废水 pH 值。

（2）处理时间对微波处理焦化废水 COD 的影响

取焦化废水原水，分别调节微波处理时间为 2min、4min、6min、8min。对其进行处理，结果表明：处理时间为 2min，COD 的去除率较低；当处理时间设定为 4min 时，COD 的去除率有明显的升高，最高可达 21.29%。

分析认为：当微波处理时间短时，分子运动的时间不够充分，导致 COD 的去除率较低。但在 4min 后继续处理，受压力主控模块的制约，COD 去除率增幅相对较为平缓。综合考虑，选取 4min 为最佳微波处理时间。

（3）功率对微波处理焦化废水 COD 的影响

在 400W、600W、800W、1000W 的微波辐射功率下，对焦化废水原水进行处理。结果表明：微波辐射功率在 600W，处理效果达到最高，COD 的去除率为 29%；再升高微波辐射功率，COD 的去除率不升高反而降低。

分析认为：由于微波的加热方式与传统的方式不同，微波有很强的穿透力，具有很强的瞬时深层加热作用，其加热方式是从内到外进行的，并且这种内加热方式增加了分子之间的碰撞频率，因此当微波功率升高时有可能促进了某些有机物的合成，导致 COD 的去除率降低。

（4）初始 COD 质量浓度对微波处理焦化废水 COD 的影响

取一定量的废水按一定的比例稀释，调整进水 COD 浓度分别为 426mg/L、638mg/L、1277mg/L、2128mg/L，在辐射功率为 600W 的条件下进行微波处理，结果表明：初始 COD 质量浓度的大小对 COD 的去除率有较大的影响，初始 COD 质量浓度在 1277mg/L 时对 COD 有较大的去除率。

4.3.4.3　有机组分分析

根据以上试验结果，取原水稀释 COD 浓度为 1277mg/L，pH＝9，设微波功率为 600W，处理时间为 4min，微波法处理焦化废水，对原水和处理后的水样进行 GC-MS 分析。

苯酚、2-甲基苯酚、3-甲基苯酚在处理后的峰面积都有所升高，而其他类结构复杂有机物质的峰面积都有所下降。说明了微波辐射有将含氮杂环有机物降解生成单环易降解酚类物质的作用。

焦化废水微波处理前后 GC-MS 结果分析如表 4-26 所列。

表 4-26　焦化废水微波处理前后 GC-MS 结果分析对照

序号	有机物名称	保留时间/s	处理前峰面积	处理后峰面积	去除率/%
1	苯酚	6.672	3775677	8423611	－123
2	2-甲基苯酚	7.909	2784962	4455174	－59.9
3	3-甲基苯酚	8.250	11666341	15834557	－35.7
4	2,4-二甲基苯酚	9.416	4497476	1065373	76.3
5	3,5-二甲基苯酚	9.726	4536211	1129899	75.1
6	3,4-二甲基苯酚	10.117	1476383	313980	78.7
7	喹啉、异喹啉	10.869	5379089	1280844	76.2
8	喹啉	11.198	1420486	0	100
9	吲哚	11.640	3845713	1698510	55.8
10	4-羟基喹啉	15.918	3217018	0	100
11	9-氮杂芴	16.878	1138711	121823	89.3
12	邻苯二甲酸二异辛酯	22.409	2167308	0	100

4.3.4.4　含氮杂环化合物微波降解机理分析

微波对不同有机物质的降解性差异，是由微波的频率与分子键转动的频率相关性产生的。在自然界中，有些物质是由一端带正电一端带负电的分子组成的介质。自然状态下，介质中的偶极子做杂乱无章的运动，当其处于电场中时介质内的偶极子就变成了有规律排列运动的极化分子。当微波场高速不断变换正负极性时，分子发生剧烈的碰撞运动，使动能转化成热能；微波促进了分子的转动，使分子的能量提升到激发态，当分子恢复到基态时能量便以热的形态释放出来。在特定的频率下，有些分子对微波有吸收，有些则没有，使微波对于流体中的有机物质进行选择性的分子加热，极大地提高了化学反应的速度、缩短了反应达到平衡的时间。

含氮杂环化合物中的喹啉在催化剂作用下能够进行加氢脱氮，有学者研究了喹啉加氢脱氮的总历程，认为喹啉脱氮的总路线为：喹啉→1,2,3,4-四氢喹啉→2-丙基苯胺→丙基苯。

目前生产苯酚的主要路线为：异丙苯→过氧化氢异丙苯→苯酚。由于氮杂环的芳香性比芳环弱，一般含氮杂环物质的加氢脱氮必先使其完全加氢才能脱除 N 原子，并且在此过程中由于喹啉上的 N 原子紧靠苯环，导致苯环旁的 C—N 键受芳环共轭效应影响而加强，因而 C—N 断裂完成脱氮的过程。而吲哚的脱氮路线为：吲哚→2,3-二氢吲哚→邻乙基苯胺→乙基苯，乙基苯可以被氧化成苯甲酸，继续氧化脱羧成苯酚。

微波诱导含氮杂环化合物加氢脱氮反应的发生，解释了微波处理后焦化废水中的难降解多苯环酚、含氮杂环等复杂有机物质的峰面积都有所下降，单苯环酚类的峰面积都有所上升的现象，难降解含氮杂环化合物在微波的作用下降解为易生化处理的单环甲基苯酚类物质。

4.3.5 高压脉冲放电处理含氰废水及其影响因素

氰化物尤其简单氰化物属于剧毒类物质，含氰废水若直接排放会对人类的健康和牲畜、鱼类的生命造成严重的威胁。目前，虽有多种方法用于含氰废水的治理，但有些企业排放的含氰废水仍超过排放标准；有的虽然达到排放标准，但处理费用太高。为此，人们一直在寻找操作简单、成本低、效果好的含氰废水处理方法。

非平衡等离子体由于其高效、低能耗和能够同时处理多种污染物，在环境治理方面的应用越来越广泛，尤其是处理气态污染物，被认为是一种最恰当的处理方法。目前，脉冲放电等离子体技术用于水处理的研究受到许多研究者的关注，并在某些领域取得可喜进展和成果。例如：脉冲放电等离子体处理硝基苯废水、高压脉冲放电等离子体处理印染废水、放电等离子体与饲养酵母联合处理味精废水、脉冲电晕放电处理焦化废水等。

4.3.5.1 试验装置

试验装置主要包括高压脉冲发生装置、空气压缩机及流量计、砂芯漏斗、等离子体反应器四个部分：高压脉冲发生装置产生高压脉冲；空气压缩机及流量计用来提供空气并控制空气的流量；空气流经流量计后，通过砂芯漏斗微小的孔不断穿过电极之间；等离子体反应器是一内部装有电极的装置，反应器壁采用有机玻璃材料，电极材料采用不锈钢，两电极形状都为菱形线。

等离子体反应器装置见图 4-7。

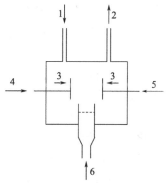

图 4-7 等离子体反应器装置
1—进水口；2—出气口；3—线电极；
4—接地；5—接高压；6—进气口

4.3.5.2 放电试验

本试验采用的是水中气泡放电方式，两平行线电极都淹没在溶液中，电极间距为 6mm。首先将配制好的 KCN 水溶液用盐酸溶液和氢氧化钠溶液调节至预定的 pH 值并加入反应器中，打开空气压缩机，空气流量由流量计控制，气泡的大小由砂芯漏斗的孔径决定（本试验采用的砂芯漏斗为 G3 型，孔径为 4.5～9μm），然后开始放电，分别取不同时间的放电水样和未放电水样进行分析。

4.3.5.3 试验结果

（1）pH 值和放电时间对氰化物去除率的影响

KCN 属于简单氰化物，在水溶液中仅以 HCN 和 CN^- 两种形式存在。当水溶液的 pH 值大于 12 时，基本上以 CN^- 形式存在；当水溶液 pH 值小于 8 时，基本上以 HCN 形式存在；当水溶液 pH 值在 8～12 之间时，HCN 与 CN^- 按一定比例存在，其比值由 pH 值决定，可通过 HCN 的电离平衡常数计算出来。25℃时，HCN 的电离平衡常数 $K_a = 6.2 \times 10^{-10}$，电离式为 $HCN \rightleftharpoons CN^- + H^+$。当溶液 pH 值较小时，氰化物转化为 HCN 而从液相中挥发出来，故本试验取 pH 值在 8～13 之间进行。

在放电电压为 46kV、通入的空气流量为 1.0L/min 时，随着 KCN 溶液初始 pH 值的增加，氰化物的去除率逐渐降低，且氰化物的去除率随着放电时间的延长而升高。本试验分别取放电 30min、60min、90min、120min 的水样进行分析，结果表明，pH 值在 9.09 时氰化物的去除率最高；在此 pH 值条件下，放电 2h 去除率可达到 93.2%，氰化物的质量浓度可降至 0.26mg/L。另外，在放电电压为 34kV，通入的空气流量为 0.5L/min、1.0L/min、1.5L/min 时，氰化物的去除率与 pH 值的变化关系与此相同。

（2）空气流量对氰化物去除率的影响

在所加放电电压相同情况下，通入的空气流量不同，去除率也会随之变化。即在 $V = 34kV$ 条件下，$Q = 0.5L/min$、1.0L/min、1.5L/min 时，对不同 pH 值情况下去除率进行比较，可得出结论：空气流量越大，氰化物的去除率越高。

（3）放电电压对氰化物去除率的影响

在通入的空气流量为 1.0L/min 时，比较放电电压 34kV 和 46kV 的氰化物去除率。在放电 0～60min 时，两种条件下氰化物的去除率相差不大；而随着放电时间的延长，放电电压 46kV 时氰化物的去除率开始高于放电电压 34kV 时氰化物的去除率，反应 2h，氰化物的去除率相差 10% 左右。

（4）放电与未放电对比试验

在其他条件（即废水 CN^- 的质量浓度、pH 值、通入的空气流量）均相同的情况下，试验对比了放电与不放电时氰化物的去除率变化。结果表明，经过放电试验的水样中，氰化物的质量浓度均低于未放电的水样，且在 pH=12.09、水样不放电时，其氰化物质量浓度随反应时间的延长几乎没有发生变化。当溶液初始 pH=9.09，反应时间 2h 时，经过放电处理的水样氰化物的去除率高于未放电 35.9%；当溶液初始 pH=10.04、反应时间为 2h 时，放电处理后的水样氰化物的去除率高于未放电 40.2%。随着反应时间的增加，两种条件处理的水样氰化物去除率的差距也在加大，例如：pH=9.09、反应 30min 时，两者相差 12.8%，到 60min 时差距增加到 19.5%，而到 90min 时相差 33.3%。试验结果说明，放电过程中产生的一些基团促进了氰化物的氧化，导致氰化物的去除率提高。

4.3.5.4 反应机理探讨

化学方法处理含氰废水一般都是将 CN^- 氧化为 CNO^-，然后再水解为 NH_3 和 HCO_3^-，或者直接将 CN^- 氧化为 N_2 和 CO_2。例如，臭氧氧化氰化物的机理如下。

① 直接反应：

$$CN^- + O_3(g) \longrightarrow CNO^- + O_2(g)$$

若臭氧过量，则发生反应：

$$CNO^- + O_3(g) + 2H_2O \longrightarrow NH_3 + HCO_3^- + 1.5O_2$$

② 间接反应：

$$O_3(aq) + OH \longrightarrow HO_2^- + O_2 \cdot$$

$$O_3 + HO_2^- \longrightarrow \cdot OH + 2O_2$$

$$\cdot OH + CN^- \longrightarrow HO \cdot CN$$

③ 水中气泡的放电易于产生与水充分接触的高能电子、臭氧、紫外线和自由基，可能发生的反应如下：

$$O_2 \longrightarrow O + O$$

$$H_2O + e^- \longrightarrow \cdot H + \cdot OH$$

$$O_2 + O \longrightarrow O_3$$

$$O_3 \longrightarrow O_2 + O$$

$$O + H^+ \longrightarrow \cdot OH \text{（酸性介质）}$$

$$O_3 + OH^- \longrightarrow HO_2^- + O_2^- \text{（碱性介质）}$$

$$O_3 + HO_2^- \longrightarrow \cdot OH + 2O_2$$

高压脉冲放电对氰化物的处理效果较好，其原因主要是由于氰化物的化学性质较活泼，容易与脉冲放电产生的 $\cdot OH$、$\cdot O_2^-$、O_3、HO_2^- 等活性物质发生反应，最终被氧化为毒性较低的 CNO^- 和 NH_3。

由此反应原理可以解释为什么放电电压越高、空气流量越大，氰化物的去除效果越好。因为在电极间距一定的条件下，提高脉冲电压幅值可以增强电极间的电场强度和提高自由电子的能量和速度，导致电子轰击产生的各种自由基和臭氧等氧化性粒子的增加以及紫外光强度的增强，从而强化了处理效果；空气流量的增加可能也导致了活性基团量的增加，最终导致氰化物的去除率提高。

虽然未放电时氰化物的去除率远低于经过放电处理的水样，但在仅通气的条件下氰化物还是被去除了一部分；pH=9.09，通气 2h，氰化物的去除率可达 57.3%。这是由于一部分氰化物是在自然条件下被氧化而去除，另一部分由氰化物的挥发所致。

脉冲放电等离子体所产生的高能电子、紫外线及臭氧效应能够去除废水中氰化物。pH 值在 8~13 之间时，氰化物的去除率随着 pH 值的增加而减少，pH 值在 9~10 之间时去除效果最佳。氰化物的去除率随着通入空气流量的增加和放电电压的提高而增加。溶液初始 pH 值为 9.09、空气流量为 1.0L/min、脉冲电压为 46kV、处理 120min 时，氰化物的去除率达到最高，为 93.2%。

4.3.6 以废治废技术

4.3.6.1 活性粉煤灰吸附焦化废水中 BaP 的研究

粉煤灰是热电厂燃煤锅炉排放的废弃物，活性粉煤灰的主要成分为铁、铝、钙、镁和硅，处理焦化废水的原理主要是由于活性粉煤灰中含有大量的 Fe^{3+} 和 Al^{3+}，水解还可形成许多复杂的多核络合物，随着缩聚反应的不断进行，聚合物的电荷不断升高，更有利于捕获废水中悬浮的胶体杂质，显示出较好的絮凝作用。另外，酸活化粉煤灰表面或微孔内变得更加粗糙，比表面积显著增加，使表面活化，活化后的粉煤灰对有机物吸附能力更强。因此，采用活性粉煤灰处理焦化厂废水。活性粉煤灰具有化学絮凝和物理吸附的双重作用。

(1) 粉煤灰的主要成分及活性粉煤灰的制备

粉煤灰本身是一种复杂的混合体系，各地的粉煤灰成分相差比较大，对本实验所用粉煤灰的主要成分采用 EDTA 滴定法和重量法进行分析，SiO_2 质量分数为 51.45%、Fe_2O_3 质量分数为 12.01%、Al_2O_3 质量分数为 20.72%。

通过正交试验，采用多种酸性复合剂与粉煤灰（≥140 目）作用，以铁、铝、硅含量为指标对正交试验进行极差分析，判断酸性复合剂的种类、反应时间、温度及浓度对产品性能的影响，确定最佳的工艺条件。试验表明，酸性复合剂 LXS 的效果最好，酸的浓度对产品性能的影响最大，酸的浓度越高，铁、铝、硅含量越高；其次是反应温度和时间对铁、铝、硅含量的影响。最佳的反应条件是酸性复合剂 LXS 与粉煤灰质量比为 5：1，反应温度为 350℃，反应时间 4h。

(2) 活性粉煤灰处理焦化废水的影响因素

1) 活性粉煤灰用量的影响

在 300mL 焦化废水水样中分别加入 1.0g、3.0g、5.0g、7.0g 和 9.0g 活性粉煤灰，在室温条件下搅拌 5min，静止 30min，取静止后水样，按实验方法中色谱条件进行分析。实验结果显示，焦化废水中 BaP 的去除率随着活性粉煤灰用量的增加而增加，当活性粉煤灰用量达到 3.0g 时 BaP 的去除率达到 91%；再增加粉煤灰用量，BaP 的去除率提高不明显。因此，处理本浓度范围 300mL 焦化废水的粉煤灰最佳用量为 3.0g。

2) 吸附时间的影响

在 300mL 焦化废水水样中加入 3.0g 活性粉煤灰搅拌，每隔 10min 取样分析。随着吸附时间的增加，BaP 的去除不断提高并逐渐达到平衡，为了兼顾效率和时间，最佳吸附时间确定为 30min。

3) 溶液 pH 值的影响

在 300mL 焦化废水中，加入 3.0g 活性粉煤灰搅拌，并调节溶液的 pH 值，取样按实验方法中色谱条件进行分析。实验结果显示，pH 为中性或弱碱性时，BaP 去除效果较好。

4) 吸附温度的影响

在 300mL 的焦化废水中，加入 3.0g 活性粉煤灰，搅拌并控制在不同温度。试验结果表明，温度对 BaP 的去除率有较大的影响。随着温度的升高，BaP 的去除率升高，为了兼顾吸附效率和实际操作的方便，温度控制在室温条件为好。

活性粉煤灰具有物理吸附和化学混凝的双重作用，有利于吸附焦化废水中的 BaP。对于处理 300mL 浓度范围的焦化废水，活性粉煤灰的最佳用量为 3.0g，经过 30min 的振荡吸附达到平衡，体系的 pH 宜控制在中性、弱碱性，升高温度有利于提高吸附能力。活性粉煤灰的原料来源丰富，制备工艺简单，生产成本低。水处理费用少，达到了"以废治废"的目的，具有较好的经济效益、社会效益和环境效益。

4.3.6.2 烟道气处理焦化剩余氨水或全部焦化废水的方法

（1）原理与工艺流程

除尘后的烟道气从塔顶鼓入喷雾干燥塔内，焦化废水用泵压入设置在塔内上部的雾化器，废水通过雾化器被雾化成雾状，雾状废水同烟道气同流接触在塔内下行的同时发生化学反应和物理反应，化学反应的主要产物是硫酸盐，即废水中的 NH_4^+-N 与烟道气中的 SO_2 反应的最终产物，其反应式为：

$$2NH_3 + H_2O + SO_2 \longrightarrow (NH_4)_2SO_3$$

$$(NH_4)_2SO_3 + O_2 \longrightarrow 2(NH_4)_2SO_4$$

硫酸盐和富集少量废水中的有机物，可在塔底将其收集后焚烧、分解。

雾状废水与烟道气的物理反应是烟道气的热量将雾状废水汽化，脱水后随烟道气从塔底导入烟囱排空。入塔废水量即喷雾量视烟气温度而定，应控制在塔的出口基本无水，也就是 95% 以上的废水被汽化，烟气出口温度控制在露点以上，一般以 90～100℃ 为宜。为使废水形成理想的雾状，水压应控制在 $(2.9～3.9) \times 10^5$ Pa。

图 4-8 所示为烟道气处理焦化剩余氨水工艺流程。

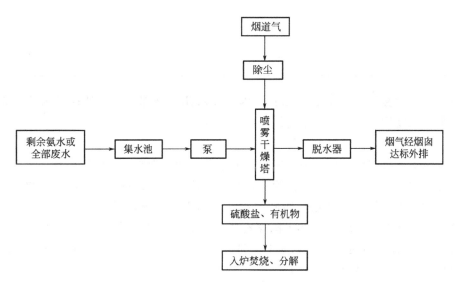

图 4-8 烟道气处理焦化剩余氨水工艺流程

（2）试验水质及条件

首钢焦化厂的剩余氨水，其 NH_4^+-N 浓度约 0.3%，挥发酚浓度 250～1118mg/L，烟道气来自 20t/h 层链工业锅炉，烧煤量 2～3t/h，24h 连续运转，煤的含硫量 0.4%～1.2%，引风机风量 60000m³/h，烟囱高度 50m，出口内径 2m。

将上述剩余氨水经集水池打入喷雾干燥塔（塔高 15m，直径 1.2m），废水在雾化器的作用下被雾化后与烟道气在塔内同流反应，反应时间为 1.5s，检测排放气中主要污染物浓度。

（3）试验结果

试验结果如表 4-27 和表 4-28 所列。

表 4-27　汽化试验结果

喷雾量/(L/h)		0	600	800	1000	1200	1400	水压/10^4Pa
烟气出口温度/℃		139	116	113	105	103	99	39.2
汽化量/(L/h)	喷水		600	800	970	1110	1250	
	喷剩余氨水		600	800	970	1095		

表 4-28　排放烟气中主要污染物浓度

喷雾量/(L/h)		主要污染物浓度/(mg/m³)								
		酚类	氰化氢	苯系物						SO_2
				苯	甲苯	二甲苯	异丙苯	乙苯	苯乙烯	
800～1400		0.30～2.31	0.005～0.020	未检出～0.04	未检出～0.01	未检出～0.08	未检出	未检出	未检出	喷剩余氨水前 480～623
										喷剩余氨水后 263～294
大气污染物综合排放标准	现有污染源	115	2.3	17	60	90				700
	新污染源	100	1.9	12	40	70				500

试验中，喷雾量控制在 1400L/h 以内，废水几乎全部汽化。处理后的外排烟气中主要污染物浓度均低于大气污染物综合排放标准。

（4）烟道气处理焦化废水的特点

将废水雾化后汽化排空，即将废水中的水分去除，而废水中的有害物质富集于少量被浓缩的废水中，焚烧分解。工艺简单、操作简便，主要设备为一台喷雾干燥塔，占地面积小，效果也很显著。首先是环境效益好，无废水排出，对环境无污染，排气中的酚、氰化物、苯系物、SO_2 等低于国家有关排放标准，对大气无污染。以废水处理量 $4m^3/h$，其中 NH_4^+-N 量为 3000mg/L，利用该试验方法则每年可减少排入水环境的焦化废水量 35000t，其中 NH_4^+-N 量 105t，同时还减少排入大气的 SO_2 约 190t；其次，经济效益好，若按处理量 $4m^3/h$ 估算，用 A/O 法将 NH_4^+-N 等处理达标，处理费以 7 元/m^3 计，每年需耗资 123 万元，而本方法每年仅耗电费用约 5 万元，不考虑排污费用等，仅废水处理费每年即可节约 100 余万元。

4.3.7　催化氧化法在煤化工废水处理中的应用

4.3.7.1　MnO_x/TiO_2-Al_2O_3 催化剂在超临界水氧化中的应用

超临界水氧化技术最早是由美国学者于 20 世纪 80 年代中期提出的一种能完全破坏有机物结构的深度氧化技术。其主要原理是利用超临界水作为介质来氧化分解有机物。超临界水对有机物和氧而言都是极好的溶剂，有机物的氧化是在超临界水富氧均一相中进行的。在高的反应温度下（400~600℃），氧化反应速率很高，很短时间内能够相当有效地破坏有机物的结构，反应完全、彻底，有机碳、氢转化为二氧化碳和水。

MnO_x 是超临界水氧化反应中常用的催化剂之一，它在超临界水中的溶解度低、稳定性好且具有较高的催化活性，但 MnO_x 催化剂比表面积较小。为增大 MnO_x 催化剂的比表面积，使其具有更高的活性，常采用浸渍法将 MnO_x 以盐溶液的形式负载于多孔载体上，然后经干燥焙烧制得 MnO_x 负载型催化剂。TiO_2 作为催化剂在超临界水氧化过程中的活性较 MnO_x 催化剂差，但实验发现 TiO_2 催化剂的稳定性很好，因此以 TiO_2 为载体更具研究意义。TiO_2-Al_2O_3 复合载体作为 TiO_2 载体的改进，在比表面积及机械强度上均有较大幅度的提高。

（1）催化剂的制备

1）MnO_x/TiO_2-Al_2O_3 催化剂的制备

在 TiO_2-Al_2O_3 复合载体上，采用等体积浸渍法浸渍硝酸锰溶液，其负载量（以硝酸锰分解完全后 MnO_2 的质量计）通过浸渍液的浓度控制，然后在一定温度下干燥、焙烧即得到 MnO_x/TiO_2-Al_2O_3 催化剂。

2）MnO_x 催化剂的制备

以 MnO_2 为原料，经模压成型、干燥、焙烧制得 MnO_x 催化剂，其中干燥、焙烧条件与 MnO_x/TiO_2-Al_2O_3 催化剂相同。

（2）试验方法

以含苯酚、喹啉、NH_4^+-N 的模拟焦化废水为对象，以空气为氧化剂，研究 MnO_x/TiO_2-Al_2O_3 催化剂的活性和稳定性。实验过程中，空气经压缩机压缩至气体预热器，同时模拟废水经高压液体柱塞泵注入液体预热器，经预热后的气、液原料在混合器中经充分混合后送入反应器进行反应；反应后的混合物经冷却进入气液分离器，分离后气体通过背压阀进入空气缓冲罐，由背压阀控制系统压力，分离后的液体连续排出。

（3）MnO_x/TiO_2-Al_2O_3 催化剂制备条件的确定

1）干燥、焙烧条件的选择

对 MnO_x/TiO_2-Al_2O_3 催化剂前体进行差热-质谱（DTG-MS）表征。催化剂前体分解失重主要有两个阶段：第一个阶段是物理结合水及结晶水的脱除过程；第二阶段为硝酸锰分解过程，失重过程在 350℃ 之后基本结束。焙烧温度过高会降低 MnO_x/TiO_2-Al_2O_3 催化剂的比表面积及孔体积，所以在保证硝酸盐分解完全的前提下，兼顾该催化剂的使用温度（400~480℃），选择催化剂前体的干燥温度为 120℃、干燥时间为 4h、焙烧温度为 500℃、焙烧时间为 2h。

2）MnO_2 负载量的选择

制备了 MnO_2 负载量分别为 5%、10%、15%、20% 的 MnO_x/TiO_2-Al_2O_3 催化剂，考察 MnO_2 负载量对各污染物降解率的影响。苯酚和喹啉的转化率较高，接近 100%。因此，MnO_x/TiO_2-Al_2O_3 催化剂的活性主要由 NH_4^+-N 的降解效果来评价。NH_4^+-N 转化率随 MnO_2 负载量的增加先增加后降低，在 MnO_2 负载量为 10% 时 NH_4^+-N

转化率达到最大值。这可能是因为 MnO_2 负载量过高，催化剂的比表面积和孔体积都有所下降，而 MnO_2 负载量过低则催化剂上活性中心数减少，影响催化剂的活性。因此，选择 MnO_2 负载量为 10% 较适宜。

由以上实验可确定 $MnO_x/TiO_2\text{-}Al_2O_3$ 催化剂的制备条件为：以 $TiO_2\text{-}Al_2O_3$ 为载体，120℃下干燥 4h，500℃下焙烧 2h，MnO_2 负载量 10%。

（4）催化剂的活性评价

焦化废水中最难降解的为 $NH_4^+\text{-}N$，因此 $NH_4^+\text{-}N$ 的降解效率可作为催化剂活性评价指标。采用 $MnO_x/TiO_2\text{-}Al_2O_3$ 催化剂在不同温度下对模拟焦化废水中 $NH_4^+\text{-}N$ 的降解率进行了考察，并与 MnO_x 催化剂及非催化体系下超临界水氧化的效果进行了对比，结果发现采用 $MnO_x/TiO_2\text{-}Al_2O_3$ 催化剂可明显提高焦化废水中 $NH_4^+\text{-}N$ 的降解率，且明显优于 MnO_x 催化剂及非催化体系，$MnO_x/TiO_2\text{-}Al_2O_3$ 催化剂的比表面积较大是其活性明显高于 MnO_x 催化剂的主要原因。

（5）催化剂的稳定性考察

催化剂的活性是催化超临界水氧化工业应用必须考虑的重要因素之一。为此，在保证废水达标排放的工艺条件下，考察了 $MnO_x/TiO_2\text{-}Al_2O_3$ 催化剂使用时间对模拟焦化废水中污染物降解率的影响，结果发现，$MnO_x/TiO_2\text{-}Al_2O_3$ 催化剂在使用过程中未发现活性下降的趋势，在 100h 后仍保持很高的活性，焦化废水中各种污染物均保持了稳定的降解率，达到了预期目标。测定液相产物的总有机碳（TOC）值表明，在 100h 内，TOC 值均在 5~6mg/L 之间，表明 $MnO_x/TiO_2\text{-}Al_2O_3$ 催化剂的选择性没有发生变化，表明该催化剂的稳定性较好。

4.3.7.2　阴阳极协同作用电催化深度处理焦化废水

电化学技术是利用外加电场作用，在特定的电化学反应器内，通过一系列设计的化学反应、电化学过程或物理过程，从而氧化降解有机物的一种高级氧化技术。电化学氧化技术通常通过阳极直接氧化有机物或者通过生成氧化剂（如在含氯离子的废水中可以产生氯气或其他氯氧化物）间接降解有机物，目前常用的电极有石墨电极、DSA 阳极、碳纤维电极等，由于在较高电压下容易产生析氧等副反应而导致电流效率较低，从而增大了处理成本，使电化学技术难以应用到大规模的废水处理。最近有人研究一种新型的电芬顿技术，即通过阴极还原溶解氧产生过氧化氢与外加或阳极生成亚铁离子发生芬顿反应产生羟基自由基来降解有机物。不过芬顿反应一般 pH 值在 2~4 范围内时对有机物去除效果较好，对于中性或偏碱性的焦化废水还需要加酸调节，处理后还要加碱中和才能排放，无疑增大了处理成本。采用阴、阳极隔开的方式，由于在隔膜体系中阳极 pH 值降低，阴极 pH 值升高，利用阳极反应产生的酸度可以满足阴极电芬顿反应的要求，从而开发一种新型的电化学反应装置以提高焦化废水处理效率并降低处理成本，有着广泛的应用前景。

（1）焦化废水水质

焦化废水来自北京某焦化厂，原水和经过实验室生物厌氧-缺氧-好氧（A^2/O）工艺处理后的主要水质参数如表 4-29 所列。

表 4-29 焦化废水水质参数

参数	COD /(mg/L)	pH 值	BOD /(mg/L)	色度 /倍	NH_4^+-N /(mg/L)	电导率 /(mS/cm)	Cl^- /(mg/L)
原水	1800～2000	8～9	300～400	50～100	280～320	7～9	1500～2000
A^2/O	300～400	7～8	<10	150～200	<10	7～9	1500～2000

（2）试验装置

图 4-9 为序批式反应装置，主要用于阴极、阳极分别条件优化研究。

图 4-10 连续式反应装置，是在图 4-9 实验的基础上进行连续运行的优化实验，其中阴极、阳极区容积均为 50mL，填充电极为石墨毡颗粒电极，阴阳极区被质子交换膜隔开。

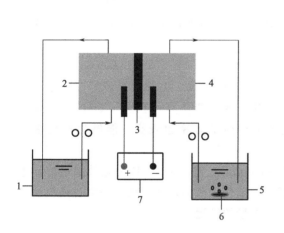

图 4-9 序批式电化学反应装置

1—阳极液储槽；2—阳极区；3—质子交换膜；

4—阴极区；5—阴极液储槽；

6—曝气头；7—直流电源

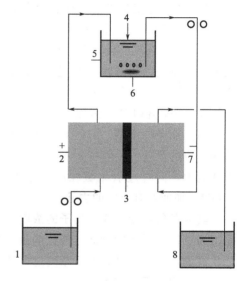

图 4-10 连续式电化学反应装置

1—阳极液储槽；2—阳极区；3—质子交换膜；

4—亚铁离子；5—调节槽；6—曝气头；

7—阴极区；8—阴极储液槽

（3）电流密度

在电化学反应体系中，电流密度是一个很关键的参数，不仅决定反应装置的处理能力，它还影响槽电压和阴阳极的电位，从而决定阴阳极的化学反应速率和电流效率。为了确定最佳电流密度，如图 4-9 装置采用恒电流模式进行电解，设定电流为 50mA、75mA、100mA、150mA、200mA，固定其他条件为：阴阳极分别为 200mL，生化出水 COD＝390mg/L，阳极进水 pH＝7.5，阴极进水 pH 值用硫酸调至 2.0，加入 1mmol/L Fe^{2+}，外循环泵流速均为 10mL/min，阴极空气流速为 1L/min，电解时间为 2h。随着电流的增大，阴极 COD 去除率（cat-COD）和阳极 COD 去除率（ano-COD）均呈现

第 4 章 煤化工废水无害化处理新技术

先增加后下降的趋势，在 100mA 时两极均达最大 COD 去除率，分别为 66.9% 和 71.2%，但在 200mA 时阳极去除效果明显好于阴极。这是因为阴极电位过负会产生析氢和氧气直接还原为水的反应，不能再生成电芬顿反应所需的过氧化氢，阻止了羟基自由基（·OH）的生成对有机物的降解；在电流 50～100mA 下，阴极和阳极电流效率均大于 90%，在 100mA 后开始明显降低，150mA 时两极的电流效率只有 50% 左右，所以确定最佳的操作电流为 100mA。

（4）电解时间

在 100mA 恒电流下，其他条件不变，分别考察了电解时间对阴极、阳极 COD 去除率和出水 pH 值的影响。在反应的初始阶段，阳极 COD 去除速度低于阴极，2h 后 COD 去除率均不再明显增大，但最终阳极的去除效果略优于阴极。阴极开始 pH 值较低，有足够多的质子参与反应，这时过氧化氢的生成速率较快，且过氧化氢在酸性条件下氧化还原电位明显高于中性，对有机物的氧化能力强。随着电解时间的延长，H^+ 被消耗使阴极 pH 值不断增加，2h 后废水接近中性。而阳极 pH 值则不断降低，这是因为在有机物降解的过程中，有小分子的有机酸生成，而且焦化废水中含有大量的氯离子也会被氧化生成氯气，进一步和水反应转化为次氯酸和盐酸，使溶液 pH 值降低；同时次氯酸也有较强的氧化和脱色能力，能够帮助降解水中的有机物。

（5）pH 值和 Fe^{2+} 浓度

当其他条件不变，pH 值在 2～10 范围内，pH 值越低，去除效果越好。这是因为芬顿反应的最佳 pH 值在 2～4 之间，pH 值大于 4 时，亚铁离子容易与 OH^- 结合失去催化能力，同时过氧化氢在酸性条件下电化学产生的效率也较高，能够生成更多的 ·OH，加速对有机物的去除。

其他条件不变，亚铁离子的浓度在 0.5～1mmol/L 范围内 COD 去除效果最好，这是因为亚铁离子浓度过低，催化剂量太少不足以催化生成的过氧化氢，浓度过高就会消耗生成的羟基自由基，而且浓度过高还会生成大量的铁泥。

（6）连续反应装置

结合以上的实验结果，采用连续反应装置（见图 4-10）对焦化废水生化出水进行处理，储液槽中废水通过蠕动泵打入阳极区氧化；之后进入充氧槽曝气充氧，同时添加适量的亚铁离子；再进入阴极区产生电芬顿反应之后流入出水槽。经不断优化，最佳实验条件：$I=100mA$，$COD=390mg/L$，停留时间 30min，pH=5.0；经阳极催化氧化处理后，$COD=180～200mg/L$，pH=2～3；再经阴极电芬顿后 $COD=80～90mg/L$，pH=6～9；阴阳极的电流效率之和在 150%～170% 之间，经过 12h 连续运行出水水质保持稳定。

（7）对生化进水有机物去除

为了考察反应体系对各种有机物去除作用，考察阳极氧化、阴极还原、阴极电芬顿 3 种情况下焦化废水原水中 COD 和有机物降解。

① 100mA 恒电流电解 6h，阴极电化学还原反应对焦化废水原水（$COD=1985mg/L$，pH=2.0）COD 去除率只有 14%，质谱分析结果（表 4-30）表明甲苯、萘、苯并呋喃、

苯并噻吩和喹啉去除率为100%，苯腈去除率为95%，吲哚去除率为80%，而对含量最多的酚类物质基本没有去除作用。

表 4-30 有机物成分的质谱分析结果

种类	组分	原水面积比/%	阳极氧化去除率/%	阴极还原去除率/%	电芬顿去除率/%
酚类	苯酚	28.4	99.95	0	100
	间甲基酚	26.9	99.85	0	100
	邻甲基酚	10.5	99.86	0	100
	二甲基酚类	9.2	100	0	100
	萘酚	0.30	100	0	100
	三甲基酚类	0.14	100	0	100
	2-甲基,4-乙基酚	0.12	100	0	100
	合计	75.56			
含氮类	吲哚类	8.75	100	80	100
	苯腈	5.27	98.2	95	99.98
	咔唑	1.05	100	68	100
	2-甲基苯腈	0.46	99.4	86	100
	2-氨基苯腈	0.342	100	75	100
	喹啉类	0.297	100	100	100
	合计	16.17			
其他	萘	1.9	100	100	100
	苯并呋喃类	1.27	98.5	100	99.0
	茚酚类	0.97	100	100	100
	苯类	0.71	100	100	100
	苯并噻吩类	0.35	100	100	100
	其他	2.7	100	100	100
新生成物质	氯代化合物	—	＋	—	—
	醌类	—	＋	—	—

注："＋"表示存在，"—"表示不存在。

② 在阴极通入空气后，同样的条件下，COD去除率为74%，酚类物质的去除率在95%以上，其中有部分对苯醌、甲基对苯醌生成。这是因为通入空气后，废水中的溶解氧会被还原为过氧化氢，生成的过氧化氢在酸性条件下有较强的氧化能力，能够去除废水中的有机物，同时部分过氧化氢还能转化成氧化能力更强的羟基自由基。

③ 在通入空气的条件下添加 1mmol/L Fe^{2+} 后组成电芬顿试剂，能够生成大量的羟基自由基，酚类和其他有机污染物去除率都接近100%，没有醌类物质残留，COD去除率为87%。

④ 阳极氧化 COD 去除率为 82%，酚类去除率均大于 99.5%，其他有机污染物基本完全去除，但仍有少量的苯醌类物质残留在废水中。

在隔膜电解槽中，实现了阳极氧化和阴极电芬顿反应对焦化废水 COD 和色度同步去除的作用，两极的电流效率之和大于 150%；阳极氧化反应后的废水能够为阴极电芬顿反应提供合适的酸度，经阴阳极共同作用后，焦化废水达到国家一级排放标准。阳极氧化和阴极电芬顿均能够有效去除酚类、苯类、含氮杂环、苯腈、苯并杂环类、多环芳烃等多种有机污染物。

4.3.7.3 纳米 TiO_2 光催化降解焦化废水的实验研究

(1) 掺氮纳米 TiO_2 的制备

在微波辅助的条件下通过水解法制备纳米 TiO_2。称取一定量的 $Ti(SO_4)_2$ 置于预先配制的 pH＝2 的 H_2SO_4 溶液，使 $Ti(SO_4)_2$ 酸溶液的浓度为 100g/L。在电力搅拌器不断搅拌的条件下，直至 $Ti(SO_4)_2$ 完全溶解，继续强力搅拌，同时向溶液中逐滴滴入浓氨水，调节 pH 值为 8。将所得溶液置于实验微波仪中，微波辐射一定时间，然后对样品液陈化、洗涤、干燥。

(2) 光催化降解焦化废水的方法

取 500mL 焦化废水放入自制光催化循环反应器中（见图 4-11），TiO_2 投加量 1g/L；30% H_2O_2 投加量 5mL/L。搅拌 0.5h 后，开启蠕动泵，待溶液充满反应器开始循环后，开启紫外灯，预热 5min，开始计时取样。将所取水样进行离心分离处理，然后取上清液测 COD。

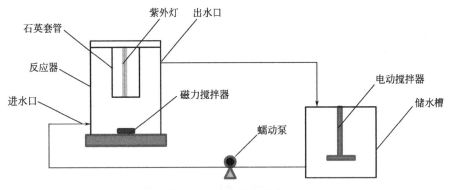

图 4-11　试验装置示意

(3) 不同浓度焦化废水的降解比较

对初始 COD 浓度高达 2514mg/L 的焦化废水稀释一定倍数。采用 MW/UV 自制 TiO_2/H_2O_2 法降解，反应时间为 1h，实验结果如表 4-31 所列。

表 4-31　UV/TiO_2 降解不同浓度的焦化废水实验结果

序号	样品	进水 COD/(mg/L)	出水 COD/(mg/L)	COD 去除率/%
1	原水	2514	1806	28.16
2	稀释 2 倍	1225	655	46.53

序号	样品	进水 COD/(mg/L)	出水 COD/(mg/L)	COD 去除率/%
3	稀释 5 倍	504	233	53.77
4	稀释 10 倍	250	65	74.00

随着进水 COD 浓度的增加，COD 去除率急剧下降，对 COD；浓度为 2514mg/L 废水的去除率仅为 28.16%。有研究认为，多相光催化氧化工艺并不适合处理高浓度废水。原因为：光催化氧化可能分为 2 步，第 1 步将大分子有机物氧化成小分子有机物，第 2 步再将小分子有机物完全矿化。焦化废水中含有的大分子物质如联苯、三联苯、吩噻嗪、咔唑、吲哚和喹啉等被强氧化性的 ·OH 氧化为多个小分子的中间产物会导致 COD 浓度上升。本试验结果也证实，UV/TiO$_2$ 法对高浓度的焦化废水虽然有一定的降解效果，但效果并不理想。

（4）TiO$_2$ 投加量的确定

30% H$_2$O$_2$ 投加量为 5mL/L，光照时间为 2h。TiO$_2$ 的投加量有一个最佳值，低于或高于这个最佳值 COD 的降解效率都会降低。TiO$_2$ 的投加量过少时，有效光子不能完全转化为化学能；投加量过多时，会使溶液浊度增大，阻挡紫外光，降低光反应效率，此外还会导致 TiO$_2$ 发生聚集，减少反应的活性位。在多相光催化反应中，一味增加固体催化剂的用量是不可取的，应通过实验摸索出固体催化剂的最佳用量，最佳 TiO$_2$ 投加量为 1g/L。

（5）30% H$_2$O$_2$ 投加量的影响

TiO$_2$ 投加量为 1g/L，光照时间为 2h，30% H$_2$O$_2$ 投加量的影响结果显示，加入适量 H$_2$O$_2$ 能显著提高 COD 降解效率，但过量的 H$_2$O$_2$ 却有消极影响。这是因为：H$_2$O$_2$ 在光照下能直接产生 ·OH，同时 H$_2$O$_2$ 又是很好的电子接受体，能有效降低 TiO$_2$ 表面电子-空穴对的简单复合，因而能促进光催化降解的进行；此外，H$_2$O$_2$ 也是一种有效的 ·OH 清除剂，在反应过程中生成的 HO$_2$ 的活性比 ·OH 低得多，没有机会与有机物反应的 ·OH 又可能通过相互碰撞而重新生成 H$_2$O$_2$，H$_2$O$_2$ 过量时会有部分 ·OH 与溶液中过多的 H$_2$O$_2$ 反应，从而消耗部分 ·OH 的利用率，使光催化反应受到抑制。选取 30% H$_2$O$_2$ 的最佳投加量为 5mL/L。

（6）pH 值的影响

TiO$_2$ 投加量为 1g/L，光照时间为 2h，30% H$_2$O$_2$ 投加量为 5mL/L，原水 pH 值为 8.6。

调节 pH 值并没有对 COD 的降解效率有明显的提高作用，这与一些相关文献的实验结果有所不同，一些文献提出焦化废水在酸性条件下的光催化效率较高。本试验结果中，在 pH=4.0 时，COD 浓度在反应初期稍有下降趋势，随时间的增加 COD 浓度又出现升高的趋势。在 pH=10.0 和 pH=6.0 的条件下，COD 的降解率同初始 pH 值比较并没有明显的相关性。由此可见，改变废水的 pH 值并不能提高其 COD 的降解率。

4.3.7.4　二氧化氯催化氧化-混凝-好氧曝气处理含酚焦化废水

二氧化氯催化氧化法对焦化废水的处理效果很好，而且成本低，低剂量的二氧化氯催化氧化反应能降低有机物的水溶性，有助于混凝并且降低了后续生化处理负荷、稳定后续生化处理效果。

（1）氧化剂的配制

研究中采用亚氯酸盐法制备氧化剂 ClO_2：

$$5NaClO_2 + 4HCl \longrightarrow 4ClO_2 + 5NaCl + 2H_2O$$

反应中所得氧化剂为 1.76% ClO_2 溶液。

（2）试验水样及流程

水样来源于石家庄焦化厂焦化废水，其水质成分见表 4-32。

表 4-32　焦化废水水质

项目	COD /(mg/L)	酚 /(mg/L)	CN^- /(mg/L)	硫化物 /(mg/L)	NH_4^+-N /(mg/L)	色度 /倍	油 /(mg/L)	pH 值
原水	4500~5000	700~800	18~20	50	250~300	320	200~300	8~9

二氧化氯催化氧化-混凝-好氧曝气组合法工艺原理示意如图 4-12 所示。计量泵把焦化废水和亚氯酸盐法制得的 1.76% 的二氧化氯溶液从二氧化氯催化氧化塔底部同时打入，在二氧化氯催化氧化塔停留一定时间后由塔顶部溢流管溢流出来，取样测定 COD 值；溢流进入混凝池，调节溶液 pH 值，并加入一定量的混凝剂和助絮凝剂聚丙烯酰胺（PAM），用电动搅拌器搅拌几分钟，然后静置取上层液体测 COD 值；用计量泵把上层液体打入好氧生化池，并配一定量的清水及生化反应的回流水，用自购小型气泵曝气，并定期补加一些好氧生物所需营养物质，定期取水样测 COD 值。

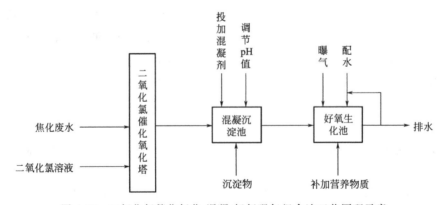

图 4-12　二氧化氯催化氧化-混凝-好氧曝气组合法工艺原理示意

（3）二氧化氯催化氧化段处理结果

在二氧化氯催化氧化阶段溶液 pH 值在 2~3 之间氧化效果好。根据二氧化氯催化氧化机理，pH 值过低，H^+ 浓度较高，试验自制催化剂不能被顺利活化，催化反应受阻；而 pH 值过高 ClO_2 无效分解，还会使催化剂中的金属离子沉淀，失去其催化作用，因此试验废水溶液调节 pH＝3。反应时间和温度根据焦化厂现场决定，投加一定量的自制催化剂，在废水一定量的情况下逐步增加 ClO_2 药剂量，确定 ClO_2 的最佳投加量。

ClO_2 的投加量对 COD 去除率有一定影响，COD 浓度随 ClO_2 投加量的增加呈下降的趋势，当 ClO_2 的投加量大于 176mg/L 时 COD 值变化趋缓，考虑到经济因素选定 ClO_2 投加量为 176mg/L，此时 COD 值为 3200mg/L。

（4）混凝段处理结果

在前工段出水的基础上加入定量混凝剂及适量助絮凝剂聚丙烯酰胺（PAM），并调节液体 pH＝5～6，静置一段时间后取上层液体测定 COD 值。PAM 加入量对 COD 去除率有一定影响，PAM 作为一种助絮凝剂对絮凝时间和絮凝效果都有很大的作用，PAM 投加量过少，混凝速度缓慢，混凝物不实；但是 PAM 投加量不能过多，过多会增加用碱量，使液体色度加深，经济上很不合算，而且投加过多的 PAM 并不会使 COD 浓度明显降低，所以 PAM 最佳投加量为 100mg/L，此时 COD 浓度为 1270mg/L。

（5）好氧曝气段处理结果

在有效容积为 6L 容器内模拟生化池，最佳水温 20～40℃，pH＝5～6。用自购小型气泵对模拟生化池进行连续曝气，运行一段时间后停止曝气，静置 10min，使悬浮的微生物沉降到生化池底部，取上层液体测定 COD 浓度。根据测定结果，如果 COD 浓度在 150mg/L 内，排出上层液体，并用计量泵补加前工段混凝池的焦化废水，以及加入一定量的清水和生化池的外排液的混合液，适量加入一些微生物所需的营养物质；如果 COD 浓度超过 150mg/L，打开气泵继续好氧曝气，由此考察生化反应时间对 COD 浓度的影响。

好氧曝气 48h 后 COD 浓度基本稳定在 120mg/L，达到了《钢铁工业水污染物排放标准》（GB 13456—2012）中规定 COD 浓度在 150mg/L 以下的二级排放要求。

4.4 低损高效酚萃取剂及油水分离剂

4.4.1 低损高效烷基酮类酚萃取剂

4.4.1.1 煤化工高浓含酚废水萃取脱酚实验研究

煤化工高浓含酚废水常见于煤制气、煤提质制兰炭、煤低温干馏提煤焦油、煤焦油加氢以及油页岩低温干馏等过程。这些废水成分复杂，含有焦油、二氧化碳、硫化氢、酚、氨、粉尘、脂肪酸等多种杂质，其中酚浓度往往高达几千到几万毫克每升，无法用生化法直接进行处理。常用的处理方法是在生化单元之前进行酚氨回收预处理，其中酚类物质常通过溶剂萃取法回收。

溶剂萃取法最关键的部分是萃取剂的选择，萃取剂性质的好坏直接影响到萃取过程的能耗和物耗的高低。国内外关于脱酚萃取剂的研究有很多，典型的萃取剂类型有烃类、醇类、醚类、酯类、酮类及络合类萃取剂。目前，工业上应用较多且比较成熟的脱酚萃取剂是甲基异丁基甲酮（MIBK）和二异丙醚。其中，二异丙醚沸点低，溶剂回收能耗低，对单元酚萃取效果较好（对苯酚分配系数为 36.5），但其对多元酚的萃取效果很差（对苯二酚分配系数为 1.03），并不适用于多元酚含量高的废水。MIBK 对单元酚和多元酚都有较高的分配系数（对苯酚分配系数为 100，对苯二酚分配系数为 9.9），广泛被工厂采纳，并且在工业应用上取得了较好的效果，但其能耗高的问题也备受关注，其中一个重要原因体现在溶剂汽提塔进行残留溶剂汽提回收时，溶剂蒸气以共沸物的形式从塔顶采出，而 MIBK 与水形成的共沸物含水质量分数达到 24.3%，汽化和冷凝过程会相应增加能耗。因此，研究新的脱酚萃取剂意义重大。

（1）萃取剂的选择及试验水质

选择甲基正丁基甲酮（MBK）作为一种新的脱酚萃取剂，MBK 与 MIBK 互为同分异构体，二者的物性数据见表 4-33。

表 4-33　MBK 与 MIBK 物性数据

萃取溶剂	MBK	MIBK
分子量	100.16	100.16
密度/(g/cm³)	0.8095	0.7960
沸点/℃	127.2	115.9
与水共沸点/℃	86.4	87.9
与水形成共沸物组成质量分数/%	84.3	75.7
20℃时水中溶解度/%	1.75	1.7
汽化热/(kJ/mol)	34.75	36.47
比热容/[kJ/(kg·℃)]	2.13	1.93

实验测得原废水中挥发酚和总酚质量浓度分别为 8450mg/L 和 12700mg/L，由于含有大量的氨，废水偏碱性，pH=8.6。

（2）废水萃取脱酚实验方法

废水萃取脱酚实验是在 100mL 自制的平衡釜中进行的。将萃取剂和废水按照一定的相比（体积比）加入平衡釜中，加入磁石，用磁力搅拌器激烈搅拌 1h，然后将平衡釜放于恒温水浴锅中静置 4h。待油相和水相分离达到平衡后，用注射器抽取底部水相（萃余相）测定挥发酚和总酚浓度。为方便分液操作，三级错流实验在分液漏斗中进行。

（3）甲基正丁基甲酮萃取脱酚性能

为了探究 MBK 对酚类物质的萃取性能，评估其萃取效果，萃取实验中与 MIBK 进行对照。实验中调节原始废水 pH=8.0，萃取级数 $n=1$，萃取温度控制在 40℃，测定了不同相比下萃取后萃余相（水相）中挥发酚和非挥发酚（总酚-挥发酚）的质量浓度。

在相比（体积比）$R=(1:1)\sim(1:3)$ 范围内，MBK 在萃取单元酚上与 MIBK 能力相当；当 R 超出 1:3，MBK 优势开始凸显出来。而在萃取非挥发酚能力上，MBK 萃取能力明显强于 MIBK。

（4）甲基正丁基甲酮萃取脱酚条件优化

1）温度

温度的变化会改变液液萃取平衡。MBK 是一种极性溶剂，MBK 萃取酚主要是利用其与酚类物质之间形成的氢键作用加强萃取效果，而温度的升高会削弱氢键作用力，使得萃取效果呈下降趋势。目前，工业上煤气化废水在经过脱酸脱氨塔后，温度通常高达 100℃，在进行萃取之前往往需要增加一台换热器，用冷却水将废水的温度降低到 40～60℃，以保证萃取剂的脱酚效率。为了探究温度对 MBK 萃取脱酚效果的影响程度，实验选取的温度范围为 30～70℃。萃取级数 $n=1$，相比（体积比）$R=1:4$，实验中调节原始废水 pH=8.0，测定了各温度下萃余相（水相）中挥发酚和总酚质量浓度。

在 30～70℃范围内，温度的升高对 MBK 萃取挥发酚影响不明显，即使温度达到 70℃时，萃余相挥发酚质量浓度也只有 539mg/L，一级萃取挥发酚脱除率高达 93.6%。萃余相总酚质量浓度随着温度的升高缓慢上升，说明温度对非挥发酚（多元酚）影响稍显著一些。可以看出，温度为 70℃时，一级萃取后废水总酚脱除率仍高达 83.2%。由此可见，MBK 在高温下仍具有优良的萃取效果。

2）pH 值

pH 值是影响 MBK 萃取脱酚效果的重要因素。由于酚类是弱酸性物质，在碱性条件下会发生电离，而 MBK 萃取酚类物质主要是以分子的形式进行萃取，对酚离子萃取能力很差，所以 pH 呈酸性对萃取有利。

pH=4.0～8.0 范围内，pH 值的升高对 MBK 萃取挥发酚和总酚的影响不明显，总酚脱除率保持在 86.7%以上，挥发酚脱除率保持在 95.6%以上；当 pH>8.0 后萃取效果开始下降；当 pH>9.0 后萃取效果急剧下降，且当 pH 值达到 12 时萃取效果变得很差，挥发酚脱除率只有 22.6%，总酚脱除率只有 23%。工业上煤气化废水因含有高浓度的氨使得废水 pH 偏碱性，部分废水 pH 值接近 10，如果不经过脱氨直接进行萃取，脱酚效果显然很不理想。目前煤气化废水在萃取之前通常是先经过脱酸脱氨精馏塔脱除氨和酸性气体（CO_2、H_2S）等，然后进入萃取工段。进萃取塔的废水 pH 值建议保持在 6.5～8.0 之间，以保证萃取效果。

3）相比与三级错流

相比是指萃取剂与废水用量的比例，本实验中相比 R 均指体积比。随着相比 R 从 1:1 到 1:5 逐渐减小，萃余相酚质量浓度逐渐增大。相比 $R=1:1$ 时，一级萃取萃余相挥发酚质量浓度可以降低到 87mg/L，总酚质量浓度为 390mg/L，总酚脱除率达 96.9%；当相比减小到 1:5 时，一级萃取萃余相挥发酚质量浓度为 485mg/L，总酚质量浓度为 1861mg/L，总酚脱除率降低为 85.3%。

三级错流是指含酚废水与新鲜萃取剂进行 3 次萃取（图 4-13）。通常要求废水经过三级错流萃取后总酚质量浓度降低到 300mg/L 以便进行生化相比的变化对溶剂汽提塔能耗基本没有影响，主要影响的是溶剂回收塔（酚塔）的能耗，假设含酚废水处理量 100t/h、MBK 的汽化潜热 34.75kJ/mol、比热容以 2.13kJ/（kg·℃）计、萃取相进酚塔温度以 40℃计、沸点 127.2℃，粗略计算溶剂回收塔能耗为：

$$Q = q_m(\text{MBK}) \times 2.13 \times (127.2 - 40) + q_m(\text{MBK}) \times 34.75 \times 1000/100.16$$

$$(4\text{-}1)$$

式中 $q_m(\text{MBK})$——萃取剂的质量流量，kg/h。

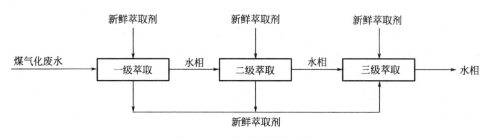

图 4-13　三级错流萃取示意

原始废水处理量 100t/h，调节 pH＝8.0，温度为 40℃。随着相比的增加，总酚质量浓度逐渐下降，相比 $R > 1:5$ 时，经三级错流萃取，总酚质量浓度能降低到 300mg/L 以下。但相比越大，萃取剂用量越多，溶剂回收塔处理量越大，能耗越高。当相比 $R > 1:4$ 后，溶剂回收能耗急剧增加。因此最佳的相比应该在满足一定的萃取目标前提下越小越好，以节省能耗和萃取剂用量。综合考虑，较适宜相比范围是 $R = (1:4) \sim (1:5)$。

4.4.1.2　煤气化废水萃取脱酚工艺研究

（1）废水基本水质

总酚含量 5410mg/L，其中挥发酚 2750mg/L，COD_{Cr} 20000mg/L，pH 值为 9～10，脂肪酸约 3120mg/L，总氨 6000～9000mg/L。废水酚含量高，酚种类繁多，还含有烷烃、酮类、胺类化合物和油分物质。

（2）萃取剂的选择

选择 M105、30%磷酸三丁酯（TBP）-煤油、乙酸丁酯和二异丙醚作为萃取剂。在恒温振荡器中，采用错流萃取，将溶剂和废水混合并振荡 15min，静置 2h 后，取样分析。

在 25℃，相比 $R = 1:6$ 的条件下对脱酚效果进行实验比较。结果发现，二异丙醚的萃取脱酚效果较差，三级错流萃取后废水中的总酚浓度为 850mg/L，其中挥发酚为 180mg/L，二异丙醚对苯酚的分配系数较低，而且多元酚的极性增强，与二异丙醚的相溶性减弱，造成萃取效果不理想。其他三种萃取剂对废水的萃取脱酚效果相当，三级错流萃取后废水的总酚浓度为 350mg/L 左右，其中挥发酚浓度降至 50mg/L 以下，COD_{Cr} 降至 3000mg/L 左右。从萃取剂的再生方式考虑，TBP 和煤油的沸点较高（分别为 289℃和 150～250℃），且煤油的沸点与苯酚的沸点（182℃）接近，要用碱洗法回收萃取剂，而回收的粗酚以酚钠形式存在，需再加酸使其转化成酚。而乙酸丁酯在偏中碱性的煤气化废水中会发生皂化反应，促进其水解。M105 的再生可采用精馏法，因此，选择烷基酮类物质 M105 作为煤气化废水的酚萃取剂。结果还显示，废水经 M105 一级萃取后，总酚浓度可降至 630mg/L，大部分的酚已被萃取。因此，工艺流程设计时可考虑在萃取塔之前串联静态混合器和油水分离器，以除去废水中的大部分酚以及焦油和固体悬浮物等，从而减轻萃取塔的负荷。

（3）萃取工艺参数的确定

1）pH值

煤气化废水中含有大量的游离氨，pH值在9.0～10之间，pH值在7.0～10之间萃取效果较好；当pH>10时，随着pH值的增大，萃取效果急剧降低。这主要是酚类物质在偏碱性情况下发生离解，离子态酚在水中溶解度增大所致。因此，含酚废水的萃取通常在酸性或中性水质情况下进行。然而，实验废水中含有大量的氨，加酸后会形成缓冲体系，且工厂废水量很大（100t/h），若加酸调节废水pH值则需要大量的酸。此外，萃取脱酚后还需加碱回收废水中的氨。因此，采用加酸降低pH值是不可行的。尽管低pH值对M105萃取脱酚有利，但处理该煤气化废水时仍然选择在pH=9～10的条件下进行萃取。

2）温度

温度对M105萃取煤气化废水中酚有影响。在28～70℃之间，温度对M105萃取脱酚的影响不明显，酚脱除率都能达到92%左右。这可能是因为该煤气化废水成分太复杂，导致了萃取过程中放热和吸热的相互抵消。由于工厂废水进入萃取塔的温度在50℃左右，因此可以把M105萃取的工艺温度确定在40～60℃之间。

3）相比

相比（R）是溶剂相与废水相的体积比。在萃取过程中，R的选择影响萃取塔级数和萃余相的酚浓度，一般来说，R越大，萃取塔的级数越低，萃余相的酚浓度也越低，但溶剂再生费用也随着增加。因此，R一般在满足工艺指标（酚浓度）和设备指标（萃取级数）的情况下越小越好。$R>1:6$时，三级错流萃取后废水中酚浓度均在400mg/L以下。然而，由相比与溶剂再生能耗关系线可知，能耗随着相比的增大而增大；当$R>1:4$时，溶剂再生的能耗将迅速增加。因此，确定萃取$R=(1:6)\sim(1:4)$。

4）萃取级数

工厂实际操作为逆流萃取，但在实验室难以进行逆流萃取实验。实验室的三级错流萃取实验数据和互不相溶体系的多级逆流萃取有如下拟合萃取平衡关系式和物料平衡关系式：

$$y_n = 0.949\exp(0.0166x_{n+1}) \tag{4-2}$$

$$y_{n+1} = x_n/R + (y_n - x_F/R) \tag{4-3}$$

式中　x——萃余相中酚浓度；

　　　y——溶剂相中酚浓度；

　　　R——相比；

　　　x_F——煤气化废水的初始酚浓度；

　　　n——级数。

根据式(4-2)和式(4-3)，当相比$R=1:6$，计算四级逆流萃取结果见表4-34（萃取溶剂初始酚含量小于50mg/L）。实验结果表明，M105是合适的煤气化废水脱酚萃取剂，萃取工艺参数为：萃取温度40～60℃，pH=9～10，$R=(1:6)\sim(1:4)$。在萃取溶剂初始酚浓度<50mg/L的条件下，经四级逆流萃取，总酚浓度由5410mg/L降至350mg/L，其中挥发酚<50mg/L，COD_{Cr}降至3000mg/L，处理后能满足后续生化处

理的要求。

表 4-34　逆流萃取计算结果

萃取级数 n	0	1	2	3	4
萃余相酚浓度/(mg/L)	5410	628	452	394	350
溶剂相酚浓度/(mg/L)	30410	1718	662	314	50

4.4.1.3　甲基异丙基甲酮-苯酚-对苯二酚-水的液液相平衡数据测定及萃取过程模拟

萃取脱酚是酚氨回收工段的关键步骤，其中多元酚在后续生化难以消解处理，因而寻找对多元酚萃取效率高的萃取剂是高浓煤化工含酚废水处理的研究热点。

溶剂萃取是工业中常用的将高浓污染物浓度降低并回收有价值副产品的重要方法，而液相平衡测定及过程模拟是进行溶剂萃取工业化的重要基础研究。选取工业化已成功运行的萃取剂甲基异丁基甲酮（Methyl isobutyl ketone，MIBK）较为接近的有机溶剂甲基异丙基甲酮（Methyl isopropyl ketone，MIPK）为研究对象开展 MIPK-苯酚-对苯二酚-水的液液相平衡测定及萃取模拟研究。MIPK 在水中溶解度大于 MIBK 在水中的溶解度，但从溶剂的沸点和共沸情况角度略有优势。MIPK 沸点 94.3℃，比 MIBK 低 20℃；MIPK 与水共沸点 79℃，低于 MIBK 与水共沸点 87.9℃；MIPK 与水共沸组成含水 13%，低于 MIBK 的 24.3%。MIPK 的这些物化性质显示其有比 MIBK 更适合萃取脱酚的潜能。通过三元体系的相平衡测定实验已发现 MIPK 萃取苯酚、甲酚、二元酚的性能均好于 MIBK。

（1）模型化合物的选择

分配系数 D 和选择性 S 是评价溶剂萃取性能的两个重要指标。当溶剂相同，萃取温度、原水浓度也相同时，分配系数 D 和选择性 S 越大，则被萃取物越容易被萃取分离。甲基异丙基甲酮萃取苯酚、邻甲酚、间甲酚、对甲酚、邻苯二酚、间苯二酚和对苯二酚的分配系数 D 以及选择性 S 情况实验结果可知，甲基异丙基甲酮萃取不同酚类物质时的分配系数或选择性顺序由小到大依次为：对苯二酚≈间苯二酚<邻苯二酚<苯酚<邻甲酚≈间甲酚≈对甲酚。

为了简化高浓煤化工含酚废水溶剂萃取过程，通常将废水中含有的酚类物质分为单元酚（苯酚、邻甲酚、间甲酚、对甲酚等）和多元酚（邻苯二酚、间苯二酚、对苯二酚等），分别从单元酚和多元酚选出一模型化合物作为代表物进行相平衡测定和过程模拟。根据三元液液相平衡研究结果，苯酚常作为单元酚的代表物，它在单元酚中相对难以被萃取；而二元酚含量一般比其他多元酚含量高，对苯二酚是二元酚最难被萃取的物质，因此被选定作为多元酚的代表物。

（2）MIPK-苯酚-对苯二酚-水四元体系的液液相平衡数据测定

根据甲基异丙基甲酮（$w1$）-苯酚（$w2$）-对苯二酚（$w3$）-水（$w4$）四元体系的液液相平衡数据，分析苯酚和对苯二酚的分配系数 $D2$ 和 $D3$ 分别与相平衡体系中水相苯酚和对苯二酚浓度的相互关系。此外，分析甲基异丙基甲酮-苯酚-水、甲基异丙甲酮-对苯二酚-水两个三元体系在相同温度时苯酚和对苯二酚的分配系数与其在水相的浓度关系。结果可知，当在甲基异丙基甲酮-苯酚-水的三元体系中加入对苯二酚成为四元体系之后，苯酚的分配系数明显下降，且对苯二酚所占总酚比例越大，苯酚分配系数下降的越多。上述规律对对苯二酚来说亦是如此。

（3）萃取流程模拟

在测定甲基异丙基甲酮-苯酚-对苯二酚-水的四元液液相平衡实验数据基础上获得 UNIQUAC 和 NRTL 模型对应的二元交互作用参数。选择 UNIQUAC 模型模拟萃取流程，将相应的模型参数代入流程模拟软件。参考工业实际水质条件设置萃取流程模拟条件为：含酚废水处理量 100t/h，其中苯酚、对苯二酚和水的质量分数分别为 0.00845、0.00425 和 0.9873；考虑到萃取剂在实际工业中主要来自溶剂回收过程，含有少量的酚和水，因此萃取剂中的甲基异丙基甲酮、苯酚、水的含量分别设置为 0.95995、0.00005 和 0.04；含酚废水和萃取剂物料、萃取塔萃取温度均为 40℃，压力为 101.3kPa。萃取优化限制条件为萃取后废水中总酚（苯酚＋对苯二酚）含量为 300mg/L 以下，这也介于高浓煤化工含酚废水常见的目标处理范围。

为了确定最优萃取条件，对不同相比 R（萃取剂用量：废水处理量）和不同萃取级数下总酚变化情况进行模拟。萃取剂与废水的相比 R 范围为（1∶1）～（1∶10），萃取级数 n 的范围为 2～10，模拟结果发现，在相同的萃取级数下，相比越小即萃取剂用量越少时，废水中的总酚含量越高，被萃取剂萃取的酚越少；随着萃取级数的增加，相同相比情况下废水总酚逐渐降低，萃取级数增加到一定程度，尤其是 R 比较大的时候，再增加萃取级数对萃取效率不会有明显的影响。萃取级数越多，则设备费用越高；R 越大，即萃取剂用量增大，则溶剂回收费用越高。因此，为了确定较优萃取流程，需要分别确定最优萃取理论级数和最优相比。

将设计规定设置为废水中总酚萃取后浓度低于 300mg/L 下，通过流程模拟得到萃取理论级数（$n＝2$～9）与相比[$R＝(1∶4)$～（1∶10）]之间的关系。结果发现，在满足设计规定的前提下，当萃取级数增加到 5 以上时所需萃取剂用量下降得很平缓，即增大萃取级数对萃取剂用量的影响较小。因此，确定萃取级数为 5 级，此时达到设计规定所需的萃取剂用量为 12.96t/h，对应相比 $R＝1∶7.72$。根据确定的萃取理论级数和萃取剂用量，得到萃取流程模拟结果：

在 40℃时，使用甲基异丙基甲酮萃取处理含有 8450mg/L 苯酚、4250mg/L 对苯二酚的废水，当萃取级数为 5 级、相比 $R＝1∶7.72$，可将总酚浓度降低至 300mg/L 以下。萃取过程模拟初步显示甲基异丙基甲酮是一种非常有前景的处理高浓度含酚煤化工废水的萃取剂。

4.4.2　新型可降解糖脂类油水分离剂

微生物在一定条件下培养时，在其代谢过程中分泌产生的一些具有一定表/界面活性、集亲水基和疏水基结构于一分子的两亲性化合物，称为生物表面活性剂。其主要是由微生物在碳源培养基中生长时产生的，碳源可以是碳水化合物、烃类、油、脂肪或者是它们的混合物。生物表面活性剂可分为非离子型和阴离子型，阳离子型较为少见。像其他表面活性物质一样，生物表面活性剂由一个或多个亲水性和憎水性基团组成，亲水基可以是酯、羟基、磷酸盐、羧酸盐基团、糖基，憎水基可以是蛋白质或者是含有憎水性支链的缩氨酸。生物表面活性剂主要可以分为糖脂、脂肽、磷脂、脂肪酸中性脂和结合多糖、蛋白质的高分子复合物等几类，其中，糖脂主要由细菌和酵母菌产生，而细菌多产糖脂和脂肽。

大多数已知的生物表面活性剂属于糖脂类。在糖脂中，最熟悉的是鼠李糖脂、海藻糖脂和槐糖脂。鼠李糖脂常由假单胞菌产生，Jarvis 和 Johnson 最早报道了用铜绿假单胞菌产生含鼠李糖的糖脂。

鼠李糖脂分子含有亲水的鼠李糖基和憎水的脂肪酸链，因此鼠李糖脂是具有两亲性的物质。由于鼠李糖脂表面活性剂具有良好的表/界面活性以及无毒、可生物降解、稳定乳化液等特点，使其在石油、煤化工和洗涤剂等工业领域中得到广泛的关注。

4.4.2.1 鼠李糖脂表面活性剂产生菌的筛选及制备

(1) 鼠李糖脂的结构

目前的研究显示有超过 60 个已知结构的同族糖脂都称作鼠李糖脂，其中应用最为广泛的两种结构分别是 Rha-C10-C10（单糖环）和 Rha-Rha-C10-C10（双糖环）。

较为常见的鼠李糖脂有两种，这两种结构的基本产品指标见表 4-35。

表 4-35　单糖环、双糖环基本指标

结构	分子式	分子量	密度/(g/cm^3)	沸点/℃	闪点/℃
Rha-C10-C10 （单糖环）	$C_{26}H_{48}O_9$	504.6539	1.14	659.7	209
Rha-Rha-C10-C10 （双糖环）	$C_{32}H_{58}O_{13}$	650.7951	1.23	798.8	243.4

(2) 菌株的分离与培养

1) 筛选用培养基

① 富集培养基：葡萄糖 2%，硫酸铵 0.1%，硝酸钠 0.2%，硫酸镁 0.03%，磷酸二氢钾 1%，磷酸氢二钠 0.4%，酵母粉 0.05%，pH 值为 7.0～7.2。

② 血平板培养基：牛肉膏 0.3%，蛋白胨 1%，酵母粉 0.01%，氯化钠 0.5%，琼脂粉 1.6%，羊血 8%。摇瓶培养基：植物油 10%，硫酸铵 0.2%，硝酸钠 0.4%，硫酸镁 0.06%，磷酸二氢钾 2%，磷酸氢二钠 0.8%，酵母粉 0.1%，pH 值为 7.0～7.2。

2) 菌株的分离与培养

样品来自油田地层水。含菌地层水在平板上划线分离，挑取生长旺盛的单菌落经过反复分离纯化，用血平板、油平板筛选具有表面活性剂生产能力的菌株。由于菌落周围产生的透明圈也可能是由溶血酶产生的，因此，单一的血平板方法无法准确筛选出产生物表面活性剂的菌种。使用油平板可以进一步确定其是否产生表面活性剂。油平板制作方法是利用去掉碳源后的固体富集培养基平板，在其上加上一张已灭菌的并均匀浸有原油的粗滤纸，把富集的培养液划线接种于以原油为唯一碳源的油平板上，37℃保温保湿培养 5～7d，只有产生表面活性剂能够乳化烃类化合物的菌株才能吸收利用原油形成噬油斑。挑选出有噬油斑的菌落接种于斜面上做进一步研究。

将初选的菌株接种于摇瓶培养基中，180r/min，37℃振荡培养3d，发酵液处理后进行表面活性剂测定。

3）表面活性剂性能测定

① 排油性测定：取一培养皿，加蒸馏水，水面上加 0.1mL 正十六烷烃形成油膜，在油膜中心加摇瓶发酵液，中心油膜被挤向四周形成圆圈，圆圈直径大于 9cm 的菌株保留做进一步的研究。

② 表面张力测定：表面张力采用环法测定，仪器为 JZhYl-180 型界面张力仪。

（3）鼠李糖脂制备方法

鼠李糖脂生产工艺流程示意如图 4-14 所示。

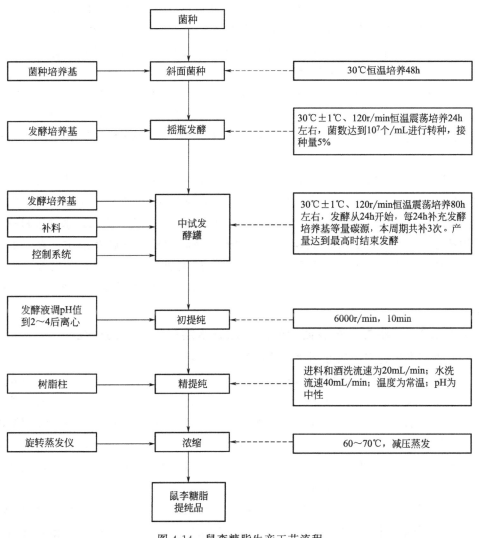

图 4-14　鼠李糖脂生产工艺流程

1）鼠李糖脂发酵液的制备

按鼠李糖脂上述工艺流程的制备方法，斜面菌种通过恒温振荡器，用摇瓶进行扩大培养，培养条件为30℃、120r/min，恒温震荡培养80h左右，转接条件是用血球计数法测定微生物数量达到1×10^8CFU/mL以上即可转接到中试发酵罐。100L中试发酵罐可以满足发酵过程中对温度、pH值、溶解氧、补料等的在线控制，鼠李糖脂生物表面活性剂好氧发酵的中试试验，发酵初期培养基灭菌条件为121℃，30min。发酵培养温度为30℃，pH值控制在6~8，控制发酵过程的最佳pH值通过稀释后的H_2SO_4和NaOH进行调控。发酵从24h开始，每24h补充发酵培养基等量碳源，本周期共补3次。发酵液中鼠李糖脂产量达到最高时结束发酵。

2）鼠李糖脂提取方法

鼠李糖脂发酵液经过离心处理，去除菌体蛋白及大分子代谢产物，离心条件为6000r/min、10min。离心后得到上清液，上清液再进行树脂提取，提取液再经过减压蒸发浓缩得到鼠李糖脂提纯品，蒸发温度为60~70℃，树脂提取方法如下。

① 提取条件：树脂柱60mm（内径）×80cm（长度）；进料和酒精流速1~2BV/h；水洗流速35mL/min；温度为常温；pH为中性。

② 树脂预处理：新树脂用2~4BV的95%以上的乙醇或甲醇以1~2BV/h的速度过柱（如有气泡产生，则必须赶出气泡），然后用蒸馏水以1~2BV/h的速度淋洗至流出液在试管中用水稀释不混浊或无明显乙醇气味时为止，树脂表面上保持2~5mm液体，以免干柱。

③ 过柱：装柱将要处理的原液以20mL/min的流速通过交换柱，树脂层中不能有气泡。检测流出液中目的产物的泄漏量，达到进口浓度的10%为吸附终点（本柱原液浓度为16g/L，进料体积为1.5L；浓度为30g/L，进料体积为0.75L。水洗进料一段时间后用蒸馏水以40mL/min的流速洗去柱中未被吸附的鼠李糖脂及杂质，直至出液口液体清澈透明。用75%以上的乙醇以20mL/min的流速通过交换柱，从出液口液体发黄时开始收集至出液口液体变透明时结束，目标物收集结束后用蒸馏水洗住直至无醇味结束。

4.4.2.2 糖脂类生物表面活性剂去除含水层中油污染的研究

（1）糖脂类生物表面活性剂对石油烃的增溶效果

分别配制不同质量浓度（400mg/L、600mg/L、800mg/L、1000mg/L、1200mg/L）的糖脂类生物表面活性剂溶液，分别移取20.0mL上述溶液置于30mL离心管，然后均加入500μL原油。密封，置于恒温振荡器中，于120r/min、10℃下振荡12h使溶液中石油烃的溶解达到平衡状态。然后取出离心管，室温下静置20.0min，用注射器从表层之下移取4mL溶液，加入2mL正己烷进行液液萃取，有机相经无水Na_2SO_4脱水后，用GC-2014气相色谱仪测定石油烃。

结果发现，石油烃溶解度和糖脂类生物表面活性剂浓度之间具有较好的线性关系，石油烃溶解度随着糖脂类生物表面活性剂浓度的增大而增大。加入400mg/L糖脂类生物表面活性剂时，石油烃溶解度最小，即1573.3mg；加入1200mg/L糖脂类生物表面活性剂时，石油烃溶解度最大，达到10077.7mg，增溶曲线呈增长趋势。

表面活性剂增溶的本质在于胶束。表面活性剂增溶作用的强弱与胶束的数量和大小有关。表面活性剂相同时，其临界胶束浓度（CMC）越低，则形成的胶束就越多，形成胶束的基团越大，形成的胶束体积也就越大，能用于增溶的空间就越多。

（2）界面张力试验

分别配制质量浓度为 1mg/L、5mg/L、10mg/L、20mg/L、40mg/L、100mg/L、400mg/L、800mg/L 的糖脂类生物表面活性剂溶液，在一系列烧杯中倒入约 7mm 深的不同浓度糖脂类生物表面活性剂和 15mm 的原油，按糖脂类生物表面活性剂浓度由低到高依次用界面张力仪测定糖脂。

随着糖脂类生物表面活性剂浓度的增大，石油烃和水溶液之间的界面张力有不同程度的降低。这是由于在 LNAPL-水界面处，表面活性剂呈有规律的排列，疏水基一端插入石油烃的内部，亲水基一端处于水中，在石油烃与水之间形成一个过渡区，从而降低了 LNAPL-水的界面张力。当糖脂类生物表面活性剂质量浓度为 1mg/L 时，界面张力为 34.3mN/m；糖脂类生物表面活性剂质量浓度为 800mg/L 时，界面张力为 5.2mN/m。该糖脂类生物表面活性剂的 CMC 约为 31mg/L（lgCMC=1.49）。当糖脂类生物表面活性剂浓度低于 CMC 时，随着其浓度的增加，界面张力降低较快；直到糖脂类生物表面活性剂浓度达到 CMC，开始形成胶束；当糖脂类生物表面活性剂浓度高于 CMC 时，界面张力基本趋于稳定。这是由于 LNAPL-水界面处吸附表面活性剂的浓度达到饱和，对界面张力的降低不再有显著影响。

（3）污染含水层清洗实验

石油烃污染含水层砂样的制备：取原油 960.0mg 溶于 300mL 丙酮，分散均匀后，边搅拌边添加到 400g 石英砂砂样中，避光条件下通风老化，每天各搅拌 1 次，待丙酮挥发完后继续通风 10d，密封避光冷冻保存。经测定，石油烃污染含水层砂样的孔隙度是 0.31。

污染含水层清洗实验采用平衡振荡法，分别配制质量浓度为 800mg/L、1000mg/L、1200mg/L、2000mg/L、3000mg/L 的糖脂类生物表面活性剂溶液，在一系列 20mL 离心管中加入 5g 石油烃污染含水层砂样和 10mL 上述浓度的糖脂类生物表面活性剂溶液，配出固液比（质量/体积）为 1g∶2mL 的体系。同时展开平行和空白样实验，于 120r/min、10℃下振荡 12h，取出后静置 20min，对离心管样品中自由态、溶解态和残留态的石油烃进行分析。

污染砂样中的丙酮完全挥发，对实验不产生影响。经测定，污染砂样中石油烃质量浓度为 2400mg/kg。

由于糖脂类生物表面活性剂溶液增溶和降低界面张力作用，导致污染含水层清洗实验中存在 3 种形态的石油烃，分别为自由态（降低界面张力形成）、溶解态（增溶形成）和残留态（仍吸附于颗粒表面），在固液比为 1g∶2mL 的清洗试验中，各石油烃所占比例随着糖脂类生物表面活性剂的变化而变化；残留态石油烃所占比例随着糖脂类生物表面活性剂浓度的增加而减小，其质量浓度为 3000mg/L（lgc=3.48）时，残留态石油烃所占比例最小（29.18%）；溶解态石油烃所占比例随着糖脂类生物表面活性剂浓度的增加而增加，其质量浓度为 3000mg/L 时，溶解态石油烃所占比例最大（59.83%）；自由态石油烃所占比例随着糖脂类生物表面活性剂浓度的增大，经历了增加、稳定和降低的阶段。总体上，石油烃去除率（包括溶解态和自由态）随着糖脂类生物表面活性剂浓度的增加而增加，糖脂类生物表面活性剂质量浓度为 3000mg/L，石油烃去除率达 70.82%。

（4）污染含水层柱冲洗试验

采用污染含水层柱冲洗实验模拟糖脂类生物表面活性剂冲洗去除污染含水层中石油烃的规律。实验采用长 10.6cm、内径 1.9cm 玻璃柱，下部设有淋滤液出口，用量筒收集淋滤液。砂柱中充填干燥的污染砂样，以 6mL/min（采用蠕动泵控制）的流量注入糖脂类生物表面活性剂溶液（质量浓度分别为 0mg/L、1200mg/L、3000mg/L），从柱下部有淋滤液淋出开始按孔隙体积倍数收集淋滤液；待淋滤实验结束后，用负压泵从淋滤柱的下部抽提，使砂孔隙中液体完全流出，将砂样取出后拌匀，取其中 2mL 放入离心管，对淋出液和砂样采用正己烷进行萃取，萃取液上层有机相用气相色谱仪测定石油烃。

污染含水层柱冲洗实验中，冲洗出的石油烃量随着糖脂类生物表面活性剂浓度、用量（以孔隙体积的倍数计）的增加而增加；糖脂类生物表面活性剂质量浓度为 1200mg/L 时，1 倍孔隙体积的糖脂类生物表面活性剂冲下 21.92%（质量分数，下同）的石油烃，随着孔隙体积的增加，冲下石油烃的量逐渐趋于稳定，10 倍孔隙体积的糖脂类生物表面活性剂冲洗后，石油烃去除率达 41.81%；糖脂类生物表面活性剂质量浓度为 3000mg/L 时，1 倍孔隙体积冲下 28.19% 的石油烃，经 10 倍孔隙体积冲洗后，石油烃去除率达 63.30%。

4.4.2.3　鼠李糖脂对化工污水生化处理效能的强化

（1）污水生化进水情况

污水厂生化进水主要污染物为废水中的各类有机物、无机物。

对污水厂生化进水的监测结果见表 4-36。

表 4-36　污水厂生化进水的监测统计数据

生化池进水水质	范围	均值
COD/(mg/L)	320～520	400
BOD/(mg/L)	100～250	170
NH_4^+-N/(mg/L)	10～30	20
悬浮物/(mg/L)	100～160	140

（2）鼠李糖脂对生化初期微生物系统建立的影响

污水中的有机物分亲水性和疏水性，污水中对污水起到净化作用的是生物降解菌，通过微生物的作用来对污水中的有机物进行降解。生物降解菌优先利用亲水性有机物，而疏水性的有机物的生物可利用性要低很多，鼠李糖脂作为一种生物表面活性剂，可以有效增加疏水性有机物在污水中的溶解性能，增加疏水性有机物被微生物利用的机会，从而加强污水中疏水性有机物的降解。污水中疏水性有机物质的降解提高，降解后的有机物作为微生物利用的成分，也增加了污水中微生物的营养成分含量，从而可以有效的促进微生物的生长繁殖，增强污水中微生物的生物活性。

通过生物镜检发现，添加鼠李糖脂生物表面活性剂后的生化池内水体生物比没有添加鼠李糖脂的对照组明显增多，最大增幅4倍以上。微生物在污水生化处理建立阶段，对污泥起到一定的指示作用，如钟虫、楯纤虫、等枝虫等，说明污泥在污水处理中具有较高的净化能力，鼠李糖脂的这一性能在实际应用过程中，也可以体现在当生化系统受到冲击时，对生化系统的恢复具有很好的应用效果。鼠李糖脂具有良好的亲水基团——羟基和羧酸基以及很好的疏水基团，与其他生物表面活性剂的结构相比，鼠李糖脂具有相当匹配的亲水亲油基，它的亲水端与污泥的孔际水结合，疏水端与污水中的有机分子结合，能够使水在颗粒状污泥周围形成稳定的液膜，为污水中的微生物提供良好的表面环境，有利于微生物对水体中的营养成分的利用和吸收，促进污水中微生物的生长繁殖。鼠李糖脂生物表面活性剂还能够改变污水中有机物在固相/液相中的分配，增大微生物与有机物的接触面积，进一步刺激了微生物的繁殖，尤其针对疏水性有机物，效果会更明显。

（3）鼠李糖脂对化工污水处理效果

1）鼠李糖脂应用运行条件

鼠李糖脂投加操作条件见表4-37。

表4-37 鼠李糖脂投加操作条件

实验浓度	鼠李糖脂投加周期	$10m^3$ A/O系统每次投加量	投加位置	投加方式
鼠李糖脂 15mg/L	3天1次	0.03L	1廊道	间断
鼠李糖脂 30mg/L	3天1次	0.06L	1廊道	间断

2）鼠李糖脂 30mg/L 运行结果

试验系统 COD 容积负荷为 $0.299kg/(m^3 \cdot d)$，COD 污泥负荷为 $0.066kg/(kgMLSS \cdot d)$。进水 COD 均值为 409mg/L，在试验启动期同等条件下，试验启动期出水效果略差于对照出水的效果；污泥系统经过一段时间的驯化调整后，试验系统进入稳定运行期，试验出水效果优于对照出水效果，该期间试验出水 COD 均值 60.4mg/L，COD 去除率 85.2%。同期对照系列出水 COD 值为 73.2mg/L，对照之下试验出水同比降低 12.8mg/L，说明鼠李糖脂生物表面活性剂的加入对污水处理生化阶段具有一定的强化作用，能够进一步降低污水中的 COD，对污水生化处理的出水水质的提高具有很好的效果。试验结果表明，试验进水 TN 均值为 30.5mg/L，出水 TN 均值为 10.4mg/L。试验进水 NH_4^+-N 均值为 17.0mg/L，中试试验系统在稳定期的出水 NH_4^+-N 值均低于 0.2mg/L，鼠李糖脂生物表面活性剂的加入对 TN 和 NH_4^+-N 的去除也具有很好的效果。

3）鼠李糖脂 15mg/L 运行结果

本阶段系统 COD 容积负荷为 $0.278kg/(m^3 \cdot d)$，COD 污泥负荷为 $0.053kg/(kgMLSS \cdot d)$。进水 COD 均值为 403mg/L。可以看出，本阶段试验出水效果高于同期对照出水，对照出水 COD 均值 79.1mg/L，COD 去除率 80.4%，同期试验系列出水

COD 均值 72mg/L，COD 去除率 82.13%，试验出水同比降低 7.1mg/L。此外，进水 NH_4^+-N 均值 15mg/L，出水 NH_4^+-N 值均低于 0.2mg/L；进水 TN 均值 30.2mg/L，出水 TN 均值 10.3mg/L。

参考文献

[1] 姚硕，刘杰，孔祥西，等.煤化工废水处理工艺技术的研究及应用进展 [J].工业水处理，2016，36 (3).

[2] 毛法林.煤化工废水处理技术研究 [J].绿色环保建材，2016 (1)：124-125.

[3] Xu W, Zhang Y, Cao H, et al. Metagenomic insights into the microbiota profiles and bioaugmentation mechanism of organics removal in coal gasification wastewater in an anaerobic/anoxic/oxic system by methanol [J]. Bioresource Technology, 2018, 264：106-115.

[4] 李扬，李荣峰，杜娟娟，等.煤化工废水处理技术研究进展 [J].山西水利科技，2015 (2)：55-58.

[5] 于海，孙继涛，唐峰.新型煤化工废水处理技术研究进展 [J].工业用水与废水，2014，202 (03)：1-5.

[6] Wang B, Chang X, Ma H. Electrochemical Oxidation of Refractory Organics in the Coking Wastewater and Chemical Oxygen Demand (COD) Removal under Extremely Mild Conditions [J]. Industrial & Engineering Chemistry Research，2008，47 (21)：8478-8483.

[7] Yuan X，Sun H，Guo D. The removal of COD from coking wastewater using extraction replacement-biodegradation coupling [J]. Desalination，2012，289：45-50.

[8] 孟得娟.煤化工废水处理的方法分析 [J].煤炭技术，2012，31 (4)：258-259.

[9] Lai P, Zhao H Z, Zeng M, et al. Study on treatment of coking wastewater by biofilm reactors combined with zero-valent iron process [J]. Journal of Hazardous Materials，2009，162 (2-3)：1423-1429.

[10] 张晓健，雷晓玲.好氧生物处理对焦化废水中有机物的去除 [J].环境保护，1994 (8)：7-10.

[11] 岳子明，牟伟腾，王宝强，等.褐煤半焦-生化工艺降解煤气化废水中难降解有机物实验研究 [J].应用化工，2017 (8).

[12] 张俊.焦化废水难降解有机污染物处理技术研究 [D].武汉：湖北大学，2014.

[13] 汤敏.焦化废水物化处理技术研究进展 [J].广东化工，2016，43 (6)：129-131.

[14] 冯晨.焦化废水中难降解有机物的物化处理技术进展 [J].科协论坛 (下半月)，2007 (3).

[15] Lu Y, Yan L, Wang Y, et al. Biodegradation of phenolic compounds from coking wastewater by immobilized white rot fungus Phanerochaete chrysosporium [J]. Journal of Hazardous Materials，2009，165 (1-3)：1091-1097.

[16] 庄会栋，刘勃，洪卫，等.固定化微生物增强 A/O 工艺处理煤化工高氨氮废水的中试研究 [J].水处理技术，2011，37 (12)：75-77.

[17] 黎兵，刘永军，刘姗姗，等.活细胞固定化技术在焦化废水处理中的应用研究 [J].水处理技术，2012，38 (5)：109-111.

[18] 王坤，刘永军.活细胞固定化技术在焦化废水生物处理中的应用试验 [J].环境科技，2009 (4)：25-27.

[19] Shi S, Qu Y, Ma F, Zhou J. Bioremediation of coking wastewater containing carbazole, dibenzofuran and dibenzothiphene by immobilized naphthalene-cultivated Arthrobacter sp. W1 in magnetic gellan gum [J]. Bioresource Technology，2014，166：79-86.

[20] 李鲜珠，沈玉冰，马溪平，等.苯酚降解菌筛选及降解特性研究 [J].水资源保护，2015，31 (3)：22-26.

[21] Li J, Li W Y. Screening of a Highly Efficient Quinoline-degrading Strain and Its Enhanced Biotreatment on Coking Waste Water [J]. Environmental Science，2015，36 (4)：1385-1391.

[22] Cai C, Sun F, Gao Q, et al. Screening of advantage nitrifying bacteria and their performance in the treatment of coking wastewater [C] International Conference on Environmental Technology & Knowledge Transfer，2010.

[23] 董晓璇，王国英，岳秀萍.吡啶缺氧生物降解特性及其降解产物 [J].环境工程学报，2016 (12)：

7355-7360.

[24] 宋秀兰, 田建民, 康静文. 固定化胶质红环菌在好氧条件下降解吲哚的研究 [J]. 环境科学学报, 2001, 21 (4)：510-512.

[25] 邓冬梅, 何勃, 孙宇飞, 等. 焦化废水中苯酚降解菌筛选及其降解特性 [J]. 广西科技大学学报, 2016, 27 (4)：93-98.

[26] 侯红娟, 周琪, 杨云龙. 焦化废水中难降解有机物处理试验研究 [J]. 工业用水与废水, 2002, (4).

[27] 孙先锋, 张志杰. 焦化废水中难降解有机物的共代谢降解特性 [J]. 重庆环境科学, 2001, (6)：28-30.

[28] 徐伟超, 吴翠平, 张玉秀, 等. 喹啉降解菌 *Ochrobactrum* sp. 的好氧降解特性及其在焦化废水中的生物强化作用 [J]. 环境科学, 2017 (5)：2030-2035.

[29] Sun X K, Ma X P, Xu C B, et al. Isolation, Screening and Identification of Phenol-Degrading Bacteria from Coking Wastewater [J]. Applied Mechanics and Materials, 2012, 209-211：2027-2031.

[30] 晋婷婷, 任嘉红, 张晖, 等. 一株吡啶高效降解菌的鉴定及其降解特性 [J]. 生态环境学报, 2016, 25 (7)：1217-1224.

[31] 杨云龙, 白晓平. 焦化废水中几种典型难降解有机物的特性研究及处理技术 [J]. 重庆环境科学, 2001 (4)：39-41.

[32] Enchao L, Zhili W, Xuewen J, et al. Biological denitrification for nanofiltration concentrate from coking wastewater by SBR process [J]. Chinese Journal of Environmental Engineering, 2015, 9 (8)：3854-3858.

[33] 唐丽贞. 缺氧-好氧生物脱氮技术在焦化废水处理中的应用 [J]. 化工环保, 1994 (4)：216-220.

[34] 韩洪军, 李慧强, 杜茂安, 等. 厌氧/好氧/生物脱氮工艺处理煤化工废水 [J]. 中国给水排水, 2010, 26 (6)：75-77.

[35] 金旭东, 王虹珏, 王旭, 等. 高效生物强化工艺处理焦化废水的试验研究 [J]. 环境工程, 2012, 30 (6)：19-21.

[36] 亓学山, 栾兆爱, 陈秀忠, 等. A-A-O法生物脱氮工艺在焦化废水处理中的应用 [J]. 山东化工, 2005, 34 (2)：34-35.

[37] 赵维电. A/O-生物膜工艺处理煤化工高氨氮废水的研究 [D]. 济南：山东大学, 2012.

[38] 袁泉, 郭满囤, 蒋洪静. 焦化废水生物脱氮工艺 [J]. 山西化工, 2005 (4)：62-66.

[39] 李长太, 张燕生. 焦化废水生物脱氮研究进展 [J]. 工业水处理, 2008 (2)：12-15.

[40] 闵启林. 焦化污水生物脱氮处理新技术的实施研究 [J]. 现代工业经济和信息化, 2017, (10)：37-38.

[41] 尚旭东. 煤化工废水脱氮技术研究 [J]. 工程技术, 2017, 01：119-120.

[42] 周长丽, 郭东平. 生物脱氮技术在我国焦化废水处理中的应用与研究 [J]. 煤炭与化工, 2007, 30 (7)：77-78.

[43] 李智行. 新型生物脱氮工艺启动及运行性能研究 [D]. 大连：大连海洋大学, 2016.

[44] Lang H, Guocheng W, Hong L, et al. Treatment of coking wastewater by O1-A-O2 technology [J]. Industrial Water Treatment, 2011, 31 (4)：72-75.

[45] 桂双林, 麦兆环, 付嘉琦, 等. 基于厌氧氨氧化技术的新型生物脱氮工艺研究进展 [J]. 能源研究与管理, 2017, (2)：29-33.

[46] 单明军. 焦化污水生物脱氮新技术的研究 [D]. 沈阳：东北大学, 2009.

[47] 李有根, 刘洪涛, 王景新, 等. 基于厌氧氨氧化的废水生物脱氮新技术 [J]. 辽宁化工, 2012, 41 (3)：72-74, 77.

[48] 孙姣. 基于厌氧氨氧化技术的生物脱氮新工艺的研究与应用进展 [J]. 辽宁化工, 2015, (10)：1265-1268, 1271.

[49] 林琳, 李玉平, 等. 焦化废水厌氧氨氧化生物脱氮的研究 [J]. 中国环境科学, 2010 (9)：1201-1206.

[50] 运长龙, 马晨曦, 张文静. 亚硝化-厌氧氨氧化组合工艺及其应用的研究进展 [J]. 辽宁化工, 2013, (6)：722-725.

[51] 王元月, 魏源送, 张树军. 厌氧氨氧化技术处理高浓度氨氮工业废水的可行性分析 [J]. 环境科学学报,

2013，33（9）：2359-2368.

[52] Song Y J，Li Y，Liu Y X，et al. Effect of carbon and nitrogen sources on nitrogen removal by a heterotrophic nitrification-aerobic denitrification strain Y1［J］. Acta Scientiae Circumstantiae，2013，33（9）：2491-2497.

[53] 刘莹.厌氧氨氧化技术处理高浓度氨氮工业废水的可行性分析［J］.中国化工贸易，2017（12）：2359-2368.

[54] 郝晓地，仇付国，Vanderstar WRL，等.厌氧氨氧化技术工程化的全球现状及展望［J］.中国给水排水，2007（18）：15-19.

[55] 林琳，堵国成，陈坚.厌氧氨氧化生物脱氮技术的研究进展［J］.工业微生物，2003，33（2）：51-55.

[56] 冯灵芝.短程硝化反硝化脱氮技术的研究进展［J］.河南科技，2010（1）：79-80.

[57] 王建龙.生物脱氮新工艺及其技术原理［J］.中国给水排水，2000，16（2）：25-28.

[58] 李美.好氧反硝化生物脱氮技术研究进展［J］.广东化工，2015，42（13）：119-120.

[59] 马放，王弘宇，周丹丹.好氧反硝化生物脱氮机理分析及研究进展［J］.工业用水与废水，2005（2）：11-14，59.

[60] 高秀花，刘宝林，李昌林，等.好氧反硝化生物脱氮研究进展［J］.给水排水，2009，35（S1）：58-62.

[61] Huang T L，Liu T T，Zhang H H，et al. Isolation of oligotrophic aerobic denitrifying bacteria and its effects on the water microbial communities［J］. Journal of Xian University of Architecture & Technology，2012，44（6）：876-882.

[62] 吴美仙，张萍华，李莉，等.好氧反硝化细菌的筛选及培养条件的初步研究［J］.浙江海洋学院学报（自然科学版），2008，27（4）：406-409.

[63] 张凤君，戴宁，李卿，等.活性污泥法驯化筛选好氧反硝化菌的试验研究［J］.环境科学学报，2006，26（11）：1804-1808.

[64] 刘春，年永嘉，张静，等.微气泡曝气生物膜反应器同步硝化反硝化研究［J］.环境科学，2014，35（6）：2230-2235.

[65] 张宗和，郑平，厉巍，等.一体化生物脱氮技术研究进展［J］.化工进展，2015，34（10）：3762-3768.

[66] 王国英，崔杰，岳秀萍，等.异养硝化-好氧反硝化菌脱氮同时降解苯酚特性［J］.中国环境科学，2015（9）：2644-2649.

[67] 杨新萍，钟磊，周立祥.有机碳源及DO对好氧反硝化细菌AD6脱氮性能的影响［J］.环境科学，2010，31（6）：1633-1639.

[68] 肖文胜.厌氧/缺氧/两级好氧生物滤池处理焦化废水研究［J］.中国给水排水，2006，22（11）：93-96.

[69] Ma D H，Liu C，Zhu X B，et al. Acute toxicity and chemical evaluation of coking wastewater under biological and advanced physicochemical treatment processes［J］. Environmental Science and Pollution Research，2016，23（18）：18343-18352.

[70] 吴高明.焦化废水（液）物化处理技术研究［D］.武汉：华中科技大学，2006.

[71] 罗志勇.焦化废水的物化处理技术研究进展［J］.工业水处理，2012，32（10）：4-9.

[72] 陈振飞，卢桂军，李茂静，等.超声波技术降解焦化废水中有机物的研究［J］.工业水处理，2011，31（4）：39-42.

[73] 廖晖，鄢恒珍，陈灿，等.超声空化技术对剩余污泥上清液性能指标的影响［J］.市政技术，2016，34（3）：135-137.

[74] 徐金球，贾金平，徐晓军，等.超声空化效应降解焦化废水中有机物的研究［J］.高校化学工程学报，2004，18（3）：344-350.

[75] 祁贵生，刘有智，王建伟，等.超重力法吹脱氨氮废水技术应用研究［J］.煤化工，2007（1）：61-63.

[76] 曾泽泉.超重力强化臭氧高级氧化技术处理模拟苯酚废水的研究［D］.北京：北京化工大学，2013.

[77] Li J，Yuan X，Zhao H，et al. Highly efficient one-step advanced treatment of biologically pretreated coking wastewater by an integration of coagulation and adsorption process［J］. Bioresource Technology，2018，247：1206-1209.

[78] 陈新宇，董秀芹，张敏华. $MnO_x/TiO_2-Al_2O_3$ 催化剂在超临界水氧化中的应用［J］.石油化工，2007，36

（7）：659-663.

[79] 朱立，赵玉明，陈飞.离子膜辅助电催化氧化法预处理焦化废水的研究 [J].环境科学与技术，2009，32（12）：9-12.

[80] 李海涛，李鑫钢，等.阴阳极协同作用电催化深度处理焦化废水 [J].化工进展，2009（S2）：98-102.

[81] 翟增秀，邹克华，冯炜.纳米 TiO_2 光催化降解焦化废水的实验研究 [J].环境卫生工程，2011（5）：12-14.

[82] 郑志军，王奎涛，张炳烛，等.二氧化氯催化氧化-混凝-好氧曝气处理含酚焦化废水 [J].化工技术与开发，2009，38（7）：48-50.

[83] 艾先立，赵彬侠，张小里，等.Fe/AC 催化湿式过氧化氢氧化处理焦化废水 [J].环境工程学报，2011，05（8）：1815-1819.

[84] 石雄伟.常温湿式氧化催化剂 Fe_2O_3-CeO_2-TiO_2/γ-Al_2O_3 的研制及其在延迟焦化废水处理中的应用 [D].桂林：广西师范大学，2012.

[85] 龙淼.高压脉冲放电处理焦化废水的研究 [D].武汉：华中科技大学，2006.

[86] 唐朝春，段先月，陈惠民，等.零价铁在废水处理中应用的研究进展 [J].化工环保，2017（1）：13-18.

[87] 张惠灵，张静，刘海波，等.微波诱导 Fe_2O_3/沸石负载型催化剂催化氧化焦化废水的研究 [J].环境污染与防治，2011，33（2）：69-73.

[88] 孙敬，蔡昌凤，罗飞翔，等.微波预处理焦化废水有机组分的 GC-MS 分析 [J].工业水处理，2015，35（9）：36-39.

[89] 程志久，殷广瑾，杨丽琴.烟道气处理焦化剩余氨水或全部焦化废水的方法 [P].1998.

[90] 张泽，孙宏，宋力敏，等.活性粉煤灰吸附焦化废水中 BaP 的研究 [J].工业安全与环保，2010（9）：19-20.

[91] 吴文颖.煤化工含酚废水萃取剂萃取性能的研究 [D].青岛：青岛科技大学，2012.

[92] 章莉娟，冯建中，杨楚芬，等.煤气化废水萃取脱酚工艺研究 [J].环境化学，2006，25（4）：488-490.

[93] 李玉友，中手一郎.废水处理方法 [P].CN104105671.

[94] 刘超翔，胡洪营，彭党聪，等.短程硝化反硝化工艺处理焦化高氨废水 [J].中国给水排水，2003（8）：11-14.

[95] 陈赟，吕冉，熊康宁，等.甲基异丙基甲酮-苯酚-对苯二酚-水的液液相平衡数据测定、模型关联及萃取过程模拟 [J].化工学报，2018（4）：1299-1306.

[96] 王卓，王慧敏，刘东，等.煤化工高浓含酚废水萃取脱酚实验研究 [J].化学工程，2016，44（2）：7-11.

[97] Nitschke M，Costa S G V A O，Contiero J. Structure and Applications of a Rhamnolipid Surfactant Produced in Soybean Oil Waste [J]. Applied Biochemistry & Biotechnology，2010，160（7）：2066-2074.

[98] 王琰.鼠李糖脂表面活性剂的制备及产生菌的筛选 [J].表面技术，2006（5）：69-70，78.

[99] 金艳方.鼠李糖脂的制备及其用于污水处理中试试验的研究 [D].哈尔滨：哈尔滨工业大学，2014.

[100] 杜瑾，郝建安，张晓青，等.微生物合成鼠李糖脂生物表面活性剂的研究进展 [J].化学与生物工程，2015（4）：5-11.

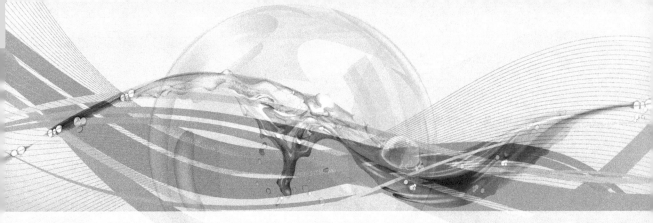

第5章 煤化工废水无害化处理技术原理与新工艺开发

5.1 煤化工废水无害化处理组合工艺开发

针对焦化废水的污染特性，目前经常采用的水处理工艺包括 A/O、A^2/O、A/O/AO、A/OO、SBR 及生物强化处理工艺等，实际废水处理过程中，即使通过稀释原水（2~4 倍）、提高总停留时间（超过 100h）及多种工艺相组合等方式优化，处理出水的达标率依然很低。其中一个很重要的原因在于目前缺乏对焦化废水水质成分及特性的准确而全面的分析，致使在进行工艺的筛选时缺乏基于水质特征的处理工艺理论方面的深入研究和探索，如预处理中的油水分离、脱酚除氨及降低废水生物毒性的组合方案的合理设置，生物处理过程中的耦合作用及各组分之间基于达标去除的协同与制约关系，深度净化处理中特殊污染物成分达标的保证措施等方面的综合考虑。

（1）A/O$_1$/O$_2$ 组合工艺

本案例工艺中原水经过除油、脱氨处理后进入厌氧流化床，再经过两级好氧流化床处理，进入过滤池，最终出水。组合工艺的总停留时间为 64h，其中，A、O$_1$、O$_2$ 的 HRT 值分别为 24h、9h 及 9h，污泥泥龄（SRT）分别为 180d、30d 及 45d，最终出水水质稳定，能够满足《钢铁工业水污染物排放标准》（GB 13456—1992）国家一级排放标准限值的要求。

（2）工艺沿程主要污染物的浓度变化

废水处理站进水的水质指标如表 5-1 所列，pH 值为 9~11，原水水质波动较大。

表 5-1 原水的水质指标

水质指标	COD	NH$_4^+$-N	SS	油分	硫化物	氰化物	挥发酚
浓度/(mg/L)	3500±600	281±100	65±40	270±100	47±25	26±10	805±140

A/O$_1$/O$_2$ 组合工艺各工艺段的 COD、挥发酚、NH$_4^+$-N 及氰化物检测值及平均去除率列于表 5-2。本工艺设计中有部分回流水，分别来自于污泥压滤出水、反冲洗水、消泡洒水及部分 O$_2$ 段出水，总量相当于进水的 40%~45%，回流至调节池对原水进行

稀释，同时保证了进入厌氧系统的废水水质水量稳定。原水浓度有较大变化时本系统的流化床反应器表现出很强的耐冲击负荷能力，生物系统运行稳定，滤池出水的 COD 值在 130mg/L 左右，再经少量投药处理，最终出水的 COD、挥发酚和氰化物分别稳定在（80±15）mg/L、（0.20±0.08）mg/L 和（0.10±0.05）mg/L 范围内。

表 5-2　各工艺段主要水质指标的检测值及平均去除率

工艺段	COD		挥发酚		NH_4^+-N		氰化物	
	平均值/(mg/L)	去除率/%	平均值/(mg/L)	去除率/%	平均值/(mg/L)	去除率/%	平均值/(mg/L)	去除率/%
进水	3557.40	—	805.27	—	—	—	—	—
A 进水	1968.34	—	423.43	—	—	—	—	—
A 出水	1732.93	12.0	368.68	12.9	138.75	—37.0	1.14	69.1
O_1 出水	519.87	70.0	3.05	99.2	55.76	59.8	0.36	68.4
O_2 出水	258.64	50.2	0.27	91.1	19.64	64.8	0.21	41.7
滤池出水	128.64	50.3	0.26	3.7	13.41	31.7	0.14	33.3
外排水	86.10	33.1	0.23	11.5	11.65	13.1	0.08	42.9

注：每个工艺段的出水都是下一工艺段的进水；

$$平均去除率 = \left(1 - \frac{工艺段测定值}{上一工艺段出水测定值}\right) \times 100\%。$$

在 $A/O_1/O_2$ 工艺中，A 段、O_1 段和 O_2 段的 COD 负荷分别为 2.08kg/（m^3·d）、4.72kg/（m^3·d）和 1.42kg/（m^3·d）。根据表 5-2，A 阶段的 COD 去除率和挥发酚去除率分别为 12% 和 12.9%，O_1 阶段的 COD 去除率和挥发酚去除率分别为 70% 和 99.2%，O_2 阶段的 COD 去除率和挥发酚去除率分别为 50.2% 和 91.1%。厌氧处理单元（A 阶段）虽然有机物去除率略低，但具有不可替代的重要作用，通过分析出水的 BOD 值，经过 A 阶段 24h 的厌氧处理，废水的 BOD/COD 值由 0.30±0.05 增加至 0.45±0.02，可生化性明显提高，为后续的好氧生物处理提供了有益的条件。另外，从 NH_4^+-N 浓度变化可以看出，厌氧过程使部分含氮的化合物脱除氨基，厌氧出水的 NH_4^+-N 浓度升高，但经过后续的两级好氧处理，可以将 NH_4^+-N 硝化，部分出水回流至厌氧流化床，再进行反硝化反应。

（3）工艺沿程水质的 GC/MS 分析

经过高效的 $A/O_1/O_2$ 生物流化床组合工艺处理，焦化废水的水质指标全面达到《钢铁工业水污染物排放标准》（GB 13456—1992）一级排放标准，显示了该组合工艺在处理高浓度有机工业废水中的潜力和优势。为进一步解析废水处理主要工艺段有机物组分的变化情况，分别从进水、A、O_1、O_2 及过滤池取水进行 GC/MS 分析，通过 MS 中 NIST 数据库分析焦化废水组分，将有机物峰面积进行归一化分析，大于最大组分面积 5% 的主要有机物组成如表 5-3 所列。

表 5-3 原水中的有机物组成及其在各主要处理阶段的存在状况

序号	有机物名称	工艺段名称					序号	有机物名称	工艺段名称				
		进水	A	O_1	O_2	滤池			进水	A	O_1	O_2	滤池
1	苯酚	+	+	+	−	−	32	3,3-二甲基哌啶	+	+	+	+	+
2	邻甲苯酚	+	+	+	−	−	33	9(10氢)吖啶酮	+	+	−	−	−
3	间甲苯酚	+	+	+	+	+	34	2,5-咪唑二酮	+	+	+	+	+
4	2,3-二甲酚	+	+	+	−	−	35	9-吖啶酮	+	+	+	+	+
5	3,5-二甲酚	+	+	+	−	−	36	1-甲基-2,5-二吡咯酮	+	+	+	+	−
6	2,5-二甲酚	+	+	+	−	−	37	3-羟基-环己酮	+	+	+	+	+
7	2,3-二异丙苯酚	+	+	+	−	+	38	2-甲基-十一醇	+	+	+	+	+
8	2,4-二异丁苯酚	+	+	+	−	−	39	1-甲基-戊醇	+	+	+	+	+
9	2,6-二异丙苯酚	+	+	−	+	−	40	12-羟基-十八烷酸	+	+	+	+	+
10	2,4-二(1-甲基-乙苯)-苯酚	+	+	+	+	+	41	壬酸	+	+	+	+	−
11	2-(1-甲基-苯乙基)苯酚	+	+	+	+	+	42	1,2-二(2-甲基丙基)苯二酸	+	+	+	+	+
12	3-甲基-5-乙-苯酚	+	−	−	−	−	43	1,2-苯二甲酸辛酯	+	+	+	+	+
13	萘酚	+	−	−	−	−	44	邻苯二-(2-乙基己基)酸酯	+	+	+	+	+
14	异喹啉	+	−	−	−	−	45	邻苯-(2-乙基己基)-丁酸酯	+	+	+	+	+
15	9-喹啉酚	+	+	+	−	−	46	苯甲基-十七酸酯	+	+	+	+	+
16	1-异喹啉酮	+	+	+	−	−	47	癸烷	+	+	+	+	+
17	2-苯基喹啉	+	+	+	+	+	48	十一烷	+	+	+	+	+
18	6-甲基-2-苯喹啉	+	+	+	+	+	49	十二烷	+	+	+	+	+
19	2-甲基喹啉	+	−	−	−	−	50	十八烷	+	+	+	+	+
20	吡啶	+	−	−	−	−	51	十九烷	+	+	+	+	+
21	3,4-二甲基吡啶	+	+	−	−	−	52	二十一烷	+	+	+	+	+
22	3,3-二甲基-1,4,6-三氢吡啶	+	−	−	+	+	53	二十四烷	+	+	+	+	+
23	吲哚	+	−	−	−	−	54	二十五烷	+	+	+	+	+
24	2-氢吲哚	+	+	+	−	−	55	二十六烷	+	+	+	+	+
25	3-氮吲哚	+	−	−	−	−	56	二十八烷	+	+	+	+	+
26	2-氢苯并呋喃	+	+	+	−	−	57	三十烷	+	+	+	+	+
27	2-甲苯并呋喃	+	+	+	−	−	58	2,6,10-三甲基-十四烷	+	+	+	+	+
28	2,5-二呋喃酮	+	+	+	+	+	59	11-异戊二十一烷	+	+	+	+	+
29	2-氮-3-羟基-5-乙酰呋喃	+	+	+	+	+	60	1,2-二甲基-3-异丙烯-1-羟环戊烷	+	+	+	+	+
30	2-异丙基哌嗪	+	+	+	+	+	61	1,1-二甲基-2-辛基-环丁烷	+	+	+	+	+
31	2-甲基哌嗪	+	+	+	+	+	62	环己烯	+	+	+	+	+

序号	有机物名称	工艺段名称					序号	有机物名称	工艺段名称				
		进水	A	O₁	O₂	滤池			进水	A	O₁	O₂	滤池
63	1,3-二羟基环己烷	+	+	+	+	+	76	1-甲胺基-4-甲基-萘	+	+	−	−	−
64	环庚胺	+	+	+	+	+	77	N-(1-甲基乙基)-N′-苯基-1,4-苯二胺	+	+	+	+	+
65	N-环庚烷	+	+	+	+	+	78	甲乙邻苯二胺	+	+	+	+	−
66	甲苯	+	+				79	二联苯乙胺	+	+	+	+	+
67	丁基苯	+	+	+	+	+	80	9-烯基-十八烷酰胺	+	+	+	+	+
68	二联异丙苯	+	+	+	+	+	81	2-甲基-十一胺	+	+	+	+	+
69	十四烷基苯	+	+	+	+	+	82	2,6-二甲基-庚胺	+	+	+	+	+
70	3,4,5-三甲基-1-丙烯苯	+	+	+	+	+	83	2-(N-苯基)萘胺	+	+	+	+	+
71	异己苯	+	+	+	+	+	84	氯代十六烷	+	+	+	+	+
72	十二烷基苯	+	+	+	+	+	85	氯代二十七烷	+	+	+	+	+
73	壬基苯	+	+	+	+	+	86	9,10-二溴二十五烷	+	+	+	+	+
74	3-甲基-1-丙烯基-1,3-二联苯	+	+	+	+	+	87	2,6-二甲基-1-氯苯	+	+	+	+	+
75	1,4-甲基-1-烯基-二联苯	+	+	+	+	+	88	(2,3-二联苯环丙基)-甲基-苯亚砜	+	+	+	+	+

注：表中"＋"表示检出；"－"表示未检出。

(4) 各工艺段出水有机物组成及典型有机物降解途径解析

分析有机化合物在 GC/MS 检测中获得的峰面积及离子流丰度，可以得出进水中含有酚类、长链烷烃、环烷烃、卤代烷烃、喹啉、吡啶、咪唑、哌嗪、吲哚、呋喃、吖啶、苯及少量的醇、酸、酯等有机物质，其中酚类物质为最主要的有机物成分，含量超过 90%。通过对比相同保留时间的有机物峰面积可以发现，在经过 A、O₁ 处理后苯酚、二甲酚、邻甲酚、萘酚、吡啶、吲哚、异喹啉、萘、甲乙二苯胺等开始降解，在 O₂ 段，绝大部分酚类被降解完全，开始降解烷酸等有机物，但部分烃类物质有所增加，这可能是由芳烃类物质的氧化开环所致。最终生化阶段出水中仍存留一部分长链烷烃、卤代烃、苯系物、酯类、醇类及胺类等物质，未能被微生物有效降解。过滤池出水经过粉末活性炭吸附深度处理后，GC/MS 分析结果表明有机物浓度可进一步降低。

相关研究表明，焦化废水中的典型有机物如挥发酚、喹啉、萘、吲哚、苯系物及长链烷烃等在经过厌氧或好氧过程后可发生不同程度的降解，其代谢途径随反应条件及菌种不同而不同。

酚类物质通常在好氧条件下被大量降解，苯酚可以被双加氧酶氧化为邻苯二酚，苯酚的羟基可活化苯环上的邻、对位基团，但间位基团难以被氧化开环，因此间甲酚经过两级好氧处理仍未完全消除，其他酚类同样遵循与苯酚类似的经双加氧再开环的途径降解。有研究表明葡萄糖可作为酚类的共代谢基质，同时诱导喹啉、吲哚、吡啶等物质的降解代谢酶系，使其得以同时去除。由于挥发酚是焦化废水的主要有机物组成，同时其浓度也是重要的监测指标，因此本案例在调试初期加入葡萄糖作为酚类物质的共代谢碳源，结果显示1周后好氧系统对酚类物质的降解率可提高到99%以上。

随着酚类物质的降解，一些杂环化合物也开始被降解。以含N杂环化合物为例，降解过程中，通常是邻近N原子的位置先发生羟基化反应，然后再双加氧裂解、开环矿化，最终N原子会以—NH_2的形式从有机物上脱除，与此同时造成废水的NH_4^+-N含量增高。

焦化废水中含有大量油类物质，油分主要由长链烷烃、环烷烃、苯系物构成，可经由厌氧或好氧途径降解，但降解周期较长，大多数有机物为生物难降解物质，进一步延长氧化时间也难以大幅降低COD值，在实际废水处理过程中难以实现有效去除。链烃在好氧条件下先被氧化为脂肪酸，然后进入β氧化代谢途径，逐步减少2个碳原子再进一步分解。苯系物在厌氧条件下易与富马酸结合生成羧基苯，然后苯环通过加氢、开环、矿化，逐渐完成降解过程。

（5）各工艺段水质对污泥脱氢酶活的影响

焦化废水的组成成分会对活性污泥的好氧降解性能产生重要影响，TTC脱氢酶活可表征相同条件下微生物对不同有机物组分的氧化降解能力，采用TOC表示废水中的有机物含量，在相近TOC浓度条件下测定脱氢酶活，同时该数据亦可与废水的BOD值进行相互印证。

表5-4为各工艺段出水的TOC及TTC脱氢酶活的检测数据，从表中可以看出，在相同的TOC强度下，厌氧出水的酶活最高，这意味着在相同反应时间里微生物酶能与更多的有机物发生氧化反应从而使之脱氢，厌氧出水的脱氢酶活为进水的1.73倍，此阶段BOD/COD值由0.30±0.05增至0.45±0.02，与酶活的提高倍数相近。一级好氧处理过程中微生物体系可将大部分芳烃开环裂解，酶活比A段稍低，同时也具有较高的可生化性；二级好氧处理相对降低，过滤池出水的酶活最低，主要是由于此时废水中所含的有机物浓度较低，导致难以供给微生物所需碳源。

表 5-4　不同工艺段焦化废水的 TOC 及其脱氢酶活

水质种类	TOC/(mg/L)	TTC 脱氢酶活 U/(μg/h)
进水	1449.53	16.34
A	619.76	28.23
O_1	578.44	26.66
O_2	116.70	11.93
过滤池	56.19	7.02

注：酶活测试前需用不同的稀释倍数调整 TOC 值为 56mg/L 左右。

5.2　煤化工废水支撑液膜萃取脱酚工艺

液膜技术是一种萃取剂用量小、效率高、选择性高的新型分离方法。液膜通常由疏水膜、待处理液（料液）与反萃取液三个部分组成。料液组分经疏水膜中的萃取剂萃取进入液膜萃取剂中，之后反萃取液中的反萃取剂将待萃取组分从液膜相中剥离出来，从而达到分离富集的作用。支撑液膜技术可以实现萃取工艺的连续运行，使萃取与反萃取同步进行，在废水处理以及痕量物质富集等领域有着广泛的应用前景。

支撑液膜主要有两种形式：一种为浸渍式支撑液膜；另一种为封闭式液膜。浸渍式液膜又包括平板型、卷包型及中空纤维膜型支撑液膜。支撑液膜示意如图 5-1 所示，主要由多孔的支撑膜材料、液膜相、料液相以及反萃取相组成，液膜相中的萃取剂能够不断再生循环使用。

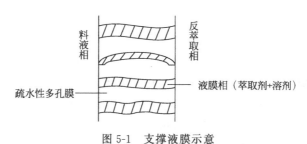

图 5-1　支撑液膜示意

液膜的支撑体多为具有一定机械强度的复合材质疏水多孔膜，可以减少传质阻力以及增强支撑液膜的稳定运行性，液膜相主要依靠表面张力以及毛细管作用吸附于疏水多孔膜。目前，常用的多孔膜材质包括聚偏氟乙烯（PVDF）、聚砜（PES）、聚丙烯（PP）等，相对于乳状液膜，支撑液膜操作更加简单，稳定性更强，具有很强的实际应用价值。

5.2.1　液膜萃取分离技术原理与特点

5.2.1.1　液膜萃取分离技术原理

新型液膜技术的分离原理是存在一层液膜相，由萃取剂与稀释剂混合而成，处于料液相和反萃相之间，但与这两相均互不相溶，隔离开料液相和反萃相，待分离溶质组分通过液膜相实现选择性传递达到反萃相中，从而实现萃取分离的目的。液膜的传质原理总体上分为单纯迁移和促进迁移两大类。

（1）单纯迁移

支撑液膜液膜相中无流动载体的情况下发生单纯迁移，因为原料液中的待分离溶质与溶剂在膜相中的扩散系数或溶解度不同，导致其在膜相中的传质速率不同，从而实现分离。对于传质机理是单纯迁移的支撑液膜，要求经过膜相的原料液中的待分离溶质与溶剂的分配系数具有较大差别，溶质在液膜相中的溶解度差异是支撑液膜是否具有选择性的关键因素。

（2）促进迁移

实际工业生产中对膜分离过程的高效率和高浓缩比有着强烈要求，但单纯迁移过程不能将原料相中的待分离溶质浓缩，因此通过伴有化学反应促进液膜分离过程实现浓缩目的的促进迁移机理逐渐进入人们的视野。相对于单纯迁移过程，高传质推动力与高传质效率是促进迁移过程的突出特点。按照其发生化学反应类别的不同，促进迁移可以分为Ⅰ型促进迁移和Ⅱ型促进迁移。

1）Ⅰ型促进迁移

通过在反萃相内发生化学反应，消除由传质引起的料液相与反萃相中待分离物质的浓度差变小、传质动力降低的问题。料液相中的待分离溶质经过液膜相，再传递至膜相与反萃相界面时，与反萃相内添加的化学物质发生不可逆反应，生成的新物质不能通过液膜相进行逆向扩散，从而保证在整个传质过程中，膜两侧一直具有最大的浓度差，因此实现促进迁移。

2）Ⅱ型促进迁移

通过添加流动载体来提高待分离物质的传质速率以及支撑液膜的分离选择性。在液膜相中有流动载体的情况下，料液相中的待分离物质在料液相与液膜相的相界面处与流动载体发生化学反应，生成的中间产物渗透扩散至液膜相与反萃相的界面处，再与反萃相中的反萃试剂发生化学反应，将待分离物质释放到反萃相，而流动载体又进入下一传递过程。适宜的流动载体能使支撑液膜对待分离物质具有选择性分离功能，在Ⅱ型促进迁移过程中，发生的化学反应为流动载体提供能量，使其能够持续促进将待分离物质萃取至反萃相。

选择适宜的流动载体是支撑液膜具有高选择性的关键。根据载体是离子型和非离子型，可将Ⅱ型促进迁移的传递机理分为反向迁移和同向迁移两种。反向迁移常用的载体包括酸性磷类萃取剂、季铵盐、羧酸类萃取剂等，同向迁移过程较常用的载体包括中性磷类萃取剂、碱性胺类萃取剂以及冠醚及其衍生物等大环化合物。

理想的支撑液膜液膜相需具有以下性质：能够与待分离溶质生成稳定性适中的络合物，且能在膜的另一侧解络；与待分离溶质生成的络合物仅溶于液膜相，且不产生沉淀；支撑液膜液膜相的表面活性作用不可太强，否则将会容易流失。

5.2.1.2　液膜萃取技术的特点

支撑液膜分离技术具有分离效率高、选择性高、富集物质能力强以及萃取剂用量少等特点。

与传统的溶剂萃取法相比，支撑液膜分离技术具有如下优点：

① 支撑液膜分离可以实现逆浓度梯度迁移。支撑液膜通过萃取和反萃取的内耦合过程来进行传质，分离溶质，该过程可以打破化学平衡对溶剂萃取过程的限制，使待分离溶质达到富集浓缩的目的。

② 传质推动力大，所需分离级数少。支撑液膜技术可以实现萃取和反萃取同时进行，一级的萃取反萃取过程就可以取得显著的萃取效果。

③ 萃取剂消耗少。支撑液膜液膜相中的萃取剂在料液相与膜相的相界面侧与待分

离溶质络合，在膜相与反萃取相的相界面侧将其释放，空闲的载体返回原来的相界面，液膜相在支撑膜内往返运动，在传质过程中不断再生。基于以上原因，支撑液膜的萃取剂的消耗量比溶剂萃取过程低一个数量级以上，即使膜载体浓度很低，溶质的膜渗透速率也会很高，膜液相载体浓度的改变对萃取率的影响很小，因此，支撑液膜对于所用萃取剂价格昂贵或者废水量很大的处理情况具有显著意义。

5.2.2 试验水质

本案例采用支撑液膜萃取回收高浓度煤气化含酚废水，试验中使用的废水水样来自某煤化工企业的实际废水，水样水质如表5-5所列。

表 5-5 煤制气废水水质指标

水质指标	COD/(mg/L)	总酚/(mg/L)	SS/(mg/L)	pH 值	出水水温/℃	颜色
数值	13000~15000	1600~1800	580~650	7.5~8.1	70~80	棕褐色

5.2.3 试验装置及流程

5.2.3.1 膜组件

试验中使用的中空纤维膜组件，总长为72cm，试验中中空纤维膜膜组件的具体参数见表5-6。其中1号膜组件的膜丝为平均孔径为 $0.16\mu m$ 的 PVDF 中空纤维膜，2号膜组件的膜丝为平均孔径为 $0.10\mu m$ 的 PP 中空纤维膜。

表 5-6 试验中中空纤维膜组件参数

膜组件	有效长度 L/cm	膜壳内径 d/cm	膜丝数/根	有效传质面积 A/m²
1 号	60	9	700	2
2 号	60	9	1600	2

5.2.3.2 试验流程

采用支撑液膜技术萃取回收高浓度煤气化含酚废水，具体的试验工艺流程如图5-2所示。

试验装置中的出水罐和废水罐的体积为360L，碱液罐和酚钠盐罐的体积为260L。试验前，利用泵的作用使流动载体与膜溶剂相混合，并在中空纤维膜组件的管程内进行循环流动，使有机混合物在中空纤维膜组件的膜丝孔隙中形成具有选择性萃取作用的液膜薄层，过程为12~15min。然后，使废水罐中的料液相在中空纤维膜组件的管程内以一定流速循环流动，与此同时，碱液罐中的反萃相（NaOH 溶液）以一定流速在中空纤维膜组件的壳程内循环流动，料液相与反萃相逆流接触。运行一段时间，支撑液膜体系达到萃取平衡后，通过调节阀门将处理后的料液相排入出水池，反萃相（NaOH 溶液）经过循环使用后，流进酚钠盐池，进行循环再生，分离提取粗酚。

5.2.3.3 试验结果

实验过程中控制不同的操作条件，考察废水罐中酚类物质浓度随时间的变化情况。

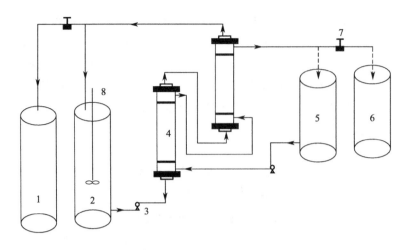

图 5-2　支撑液膜萃取煤气化废水的试验装置及流程

1—出水罐；2—废水罐；3—计量泵；4—膜组件；5—碱液罐；6—酚钠盐罐；7—阀门；8—搅拌器

（1）流速对试验效果的影响

影响支撑液膜运行体系的操作条件中，流速非常重要，直接决定了支撑液膜体系的处理能力，进而影响水力停留时间以及设备规模，最终对支撑液膜体系的建造费及运行管理费等产生重要影响。

1）料液相流速对试验效果的影响

操作条件：料液相酚类物质浓度 $c_{aq}=1600\sim1800\text{mg/L}$，料液相 pH 值为 $7.5\sim8.1$，温度 $T=20℃$，体积 $V_{aq}=150\text{L}$；反萃取相为 0.1mol/L 的 NaOH 溶液，体积 $V_R=50\text{L}$，流速 50L/h；液膜相成分为 20%TBP-煤油；3 个 2 号 PP 膜组件并联使用。考察料液相的流速对酚类物质萃取效果的影响。试验结果表明，支撑液膜体系的萃取效果随料液相流速的增大而变好。在运行过程的前 2h 内萃取效果变化明显，之后逐渐趋于平缓，分析原因可能是因为随着料液相中酚类物质浓度的降低，传质推动力有所减弱。当料液相流速为 100L/h 时，0.5h 和 5h 时的萃取效果分别为 28.31% 及 76.32%；而当流速为 50L/h 时，0.5h 和 5h 的萃取效果分别为 16.51% 和 67.36%。不同流速对比可以看出料液相流速的变化对萃取效果有明显影响，加大流速有助于提高支撑液膜体系的萃取效果，这与模型的传质动力分析结论相一致。料液相与液膜相之间的传质系数 k_w 可以用下式表示：

$$k_w=1.62D_w/d_{in}\cdot(d_{in}^2u_w/L\,D_w)^{\frac{1}{3}} \tag{5-1}$$

式中　D_w——酚类物质在料液相中的扩散系数；

　　　d_{in}——膜组件膜丝内径；

　　　u_w——料液相的流速；

　　　L——膜组件的有效长度。

式（5-1）中其他的参数均已确定，只有 u_w 是试验中的变量，增加料液相的流速可使料液相与液膜相之间的传质系数 k_w 增大，提高支撑液膜体系的传质效果。在相同的条件下，使用 PVDF 膜组件进行实验得到了相同的结论，相对于 PP 膜组件，PVDF 膜组件料液相流速为100L/h，运行5h，酚类物质萃取率为73.21%，弱于PP膜组件的萃取效果（76.32%）。

2）反萃取相流速对试验效果的影响

操作条件与上述相同，料液相流速50L/h，以反萃取相的流速为控制变量，测定料液罐中的酚类物质浓度随时间的变化情况。

液膜相与反萃取相之间的传质系数 k_s 可以用下式表示：

$$k_s = (8.58mD_o/d_m) \cdot (d_m^2 u_o/Lv_o) \cdot (v_o/D_o)^{\frac{1}{3}} \qquad (5-2)$$

式中 D_o——酚类物质在反萃取相中的扩散系数；

       v_o——反萃取相的运动黏度；

       u_o——反萃取相的流速；

       m——反萃取相平衡系数；

       d_m——膜组件膜丝的当量直径。

式（5-2）中除 u_o 以外其他参数均已确定。通过计算可知，反萃相的流速对支撑液膜体系的萃取效果影响较小。液膜相与反萃相之间的传质阻力相对于液膜相与料液相之间的传质阻力较小。由实验结果可知，反萃相的流速对支撑液膜体系的萃取效果影响较小，这与理论推导的结论相一致。在设备运行的前2h萃取相流速对支撑液膜体系的萃取效果几乎没有影响，2h后存在微弱的促进作用。其原因是酚类物质与流动载体的络合物在液膜相-反萃取相界面处发生的解络反应十分迅速，因此此处的传质速率相对较快。在相同的操作条件下采用PVDF膜组件考察反萃取相的流速对酚类取值萃取效果的影响，结果发现，反萃相的流速对支撑液膜体系的萃取效果影响较小这一结论同样适用。总之，支撑液膜萃取体系的传质过程中，液膜相-反萃取相界面处的传质阻力相对较小，在总的传质阻力中只占了较小的部分。

实验结果表明，料液相与液膜相的相界面传质阻力是PP疏水中空纤维膜与PVDF疏水中空纤维膜的传质阻力主要来源。因此，在实际的操作过程中，为了提高支撑液膜体系的萃取效果，可以通过适当增大料液相的流速来实现，而反萃相的流速因为对萃取效果影响不大，只需保持在一定范围即可，这样可以减少支撑液膜体系总的能耗。

（2）膜组件串联对试验效果的影响

支撑液膜体系中，单纯使用几支膜组件进行简单的并联运行，对高浓度煤气化含酚废水的萃取效果不理想，不能达到预期的效果。从料液相与液膜相之间的传质系数 k_w 值的计算公式可以看出，k_w 与膜组件有效长度的1/3次方成反比例关系，因此，膜组件有效长度增大，k_w 值减小，相同操作条件下支撑液膜体系的传质效率会下降。因此，在不增加单一膜组件有效长度的前提下，可以通过进行膜组件的串联操作来提高支撑液膜体系的处理效果。

本实验料液相流速100L/h；膜组件为3个2号PP膜组件并联后，再串联3支2号PP膜组件，其他实验条件同2.4.1.1，测定料液罐中的酚类物质浓度随时间的变化情况。试验结果表明，随着膜组件串联个数的增加，支撑液膜体系的萃取效果有明显提高。两支膜组件串联时，体系运行 5h 的萃取效果为 87.02%，出水中酚类物质的浓度为 218.14mg/L，效果较为理想，该水质满足进入生化处理阶段的水质要求。

（3）试验装置的稳定性检测

支撑液膜体系的稳定运行能力是决定其能否在工业生产中应用的关键因素，本实验考察该体系的稳定运行能力，评价其在工业生产中应用的可行性。其他操作条件不变，膜组件为 3 个 2 号 PP 膜组件并联后，再串联 3 支 2 号 PP 膜组件。每隔 6h 更换一次料液相与反萃取相，两相体积为 $V_{aq}=150L$ 及 $V_R=50L$，测定料液罐中的酚类物质被萃取去除的效果。

实验结果表明，20%TBP-PP 支撑液膜体系对前 3 次水样的处理效果几乎没有变化，对第 4 次水样的处理效果略有降低。初始水样的最终处理效果为 88.12%，第 4 次处理效果为 86.58%，下降趋势不明显。可见，20%TBP-PP 支撑液膜体系在试验中试可以稳定运行 24h 以上，对煤气化废水的处理效果令人满意。

（4）效益分析

1）经济效益

从投资费用及运行费用两个方面进行支撑液膜体系的经济效益分析。投资费用方面，由于支撑液膜萃取工艺将萃取过程与膜过程结合在一起，实现了萃取与反萃取过程的同步进行。同时，支撑液膜技术具有选择性萃取、萃取剂用量小的特点，反萃取相中的油类物质含量极低。因此，相对传统的酚类物质回收精制工艺，使用支撑液膜体系对煤气化废水进行回收处理，会减少脱酚制酚钠盐及酚钠盐精制两个流程，因此可以大大减少项目的建造投资费用。运行费用方面，在运行过程中，每处理 1t 的高浓度煤气化含酚废水的运行效益分析见表 5-7。运行费用中没有考虑人工费以及设备折旧费，由已知项可得利用支撑液膜技术处理每吨煤气化废水在运行费用方面的收益为 5.18 元。

表 5-7 支撑液膜运行效益分析表

项目	吨废水消耗量（产量）	单价	成本（收益）
磷酸三丁酯	0.096L/t	11.6 元/L	1.11 元/t
煤油	0.384L/t	2.94 元/L	1.13 元/t
NaOH	1.6kg/t	2100 元/t	3.36 元/t
电能	1.2(kW·h)/t	0.7 元/(kW·h)	0.84 元/t
粗酚	1.66kg/t	7000 元/t	11.62 元/t
总计			5.18 元/t

2）环境效益

煤气化废水酚类物质在经过支撑液膜萃取体系处理后浓度从 1600～1800mg/L 降低至 218.14mg/L，降低后的酚类物质浓度能够满足后续生化阶段的要求，同时 COD 浓度也大大减少，降低了生化处理单元的负荷，有助于提高煤气化废水的整体处理效果。

5.3 高浓度有机废水超临界水氧化工艺

超临界水氧化技术为一种新型的水氧化处理技术,超临界状态下的有机物可在极短的时间内被完全分解,尤其适用于农药、煤化工、造纸、印染废水等含有难降解物质的有毒有害高浓度有机废水,其最终产物为水、二氧化碳和氮气,是一种绿色的降解技术。

5.3.1 超临界技术原理

超临界水氧化技术(Supercritical Water Oxidation,SCWO)是在超临界的状态下发生的氧化反应,是一种可实现对多种有机废物进行深度氧化处理的技术。原理是以超临界水(水的温度和压力均达到临界,分别达到 374.3℃ 和 22.05MPa)为反应介质,经过均相的氧化反应,将有机物快速转化为 CO_2、H_2O、N_2 和其他无害小分子,S、P 等转化为最高价盐类稳定化。在超临界状态下的水同时具有气态水和液态水的双重性质,同时其密度连续可变,电解质常数及黏滞度降低,这些特性能够使超临界水转变为扩散能力强、溶解度高的理想反应介质,应用于操作环节,便于通过改变温度与压力调控反应环境与反应速率。

5.3.2 超临界水氧化技术特点

超临界水氧化技术便捷、稳定、节能、高效的特性,使其将会成为未来化工有机废水处理主流技术之一,其具有以下主要特点。

① 有机物在适当的操作温度、操作压力及适宜的保留时间下,能实现完全氧化和最终矿化,生成二氧化碳、水、氮气以及盐类等无毒的小分子化合物,有毒物质的分解率可达到 99.99% 以上,氧化效率高,处理彻底;

② 可以依靠有机物自身的氧化反应来维持反应所需的温度,不需要额外供给热量,放热较多时可回收部分热能;

③ 超临界氧化反应是在高温高压状态下发生的均相反应,该技术完全封闭,反应速率快,停留时间短(几秒至几分钟)。反应设备构造简洁、体积较小,高温高压的操作条件对设备材质具有较严格的要求;

④ 适用范围广,不形成二次污染,可处理含有机污染物的任何废液及废固。

5.3.3 超临界水氧化技术影响因素

5.3.3.1 反应温度

相关研究表明,当其他外界条件不变的情况下,氧化反应的速率常数会随温度增加而变大,进而使有机物分解得更加彻底。此外,水的黏度在超临界状态下会随温度的增加而降低,进而有效加快氧气在水中的传质速度,缩短反应周期。然而,在超临界状态下水的密度会随温度的增加而变小,使得水体中反应物的浓度降低,反应速率下降,因此应根据实际工况选择适宜的反应温度。

5.3.3.2　反应压力

研究表明，压力对超临界水氧化反应的影响效果主要受温度影响。反应器在低温状态下，外界压力变化对反应流体影响较显著。而增加压力对设备材料的抗压性要求较高，在本次试验中因材料耐受性能的限制，压力保持在 22MPa。

5.3.4　工艺及设备运行流程

5.3.4.1　工艺流程

本案例的试验反应设备为中试 SCWO 系统，可承载的最高温度为 873.2℃，最高耐压为 26MPa，最大处理量为 5t/d。SCWO 系统主要由进样系统、热交换系统和管式反应系统三部分组成（图 5-3），运行操作可实现自动化控制。

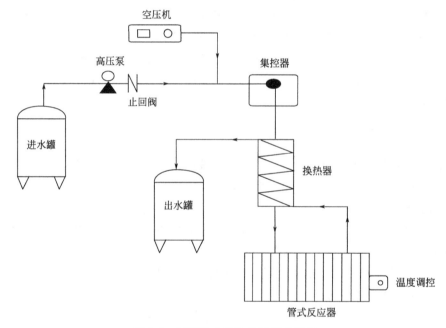

图 5-3　超临界水氧化处理工艺流程

SWCO 反应设备为节省药剂，更利于工业化应用，以空气代替双氧水作为氧化剂。压缩空气与高压水泵输送的废水在反应器内有效混合，使废水在超临界条件下得到充分混合反应；同时，热交换系统循环利用反应过程中产生的热能，有效降低能耗。

5.3.4.2　设备运行流程

① 启动阶段：打开进料泵的放气阀，开始进料。将进料口放入清水桶，打开进料泵，维持变频器 10～20Hz，循序升温，断续打开空压机，并控制系统压力不高于20MPa，时间约 2h。

② 升压阶段：压力升高到 20MPa，开始加热，循序升温，当至少一个反应釜测温点 500℃以上时打开进料泵放气阀，将进料管切换到污水桶中，持续开启空压机，并根

据污水浓度调节进料泵变频器流量，设定温控仪表温度，系统进入自动控制程序。

③ 反应阶段：系统处于超临界条件，压力、温度处于自动控制状态，只需要根据数值调节进料泵变频器流量，以保证系统正常运转。

④ 结束阶段：系统停止时，需要打开进料泵放气阀，进料管切换到清水罐，系统持续运行直至污水全部处理排出反应系统，一般持续1~2h。

5.3.5 试验污水水质

试验选取原水为某化学工业园的高浓度生产废水，相关理化指标见表5-8。为保证后续处理正常运行并避免设备腐蚀，反应前对原水进行预处理，用氢氧化钠将pH调至碱性并稀释，使COD浓度保持约30000mg/L。

表5-8 原始废水理化指标

颜色	pH值	COD/(mg/L)	TN/(mg/L)	NH_4^+-N/(mg/L)	电导率/(μS/cm)
深棕色	9.5~10.5	100000~300000	1500~2000	600~1000	8.0~15.0

5.3.6 运行结果

反应温度是超临界水氧化技术的关键影响因素之一，现场中试试验研究了超临界状态下不同反应温度下的COD去除率，试验结果如表5-9所列。

表5-9 不同反应温度下的COD去除率

温度/℃	COD/(mg/L)		COD去除率/%
	进水	出水	
545	18000	45.0	99.69
525	20000	28.0	99.85
525	18000	34.0	99.83
525	16000	25.0	99.91
505	18000	68.0	99.62
485	18000	552.0	96.93
465	10000	756.0	95.80

从表5-9中可以看出，废水的COD去除率随反应温度增加而逐步升高，当温度达到505℃时，COD的去除率达到99.62%，反应出水COD浓度为68.0mg/L，低于国家综合污水排放标准的100mg/L。温度进一步升高会得到更好的降解效果，但反应温度提高同时也会增加超临界设备的处理压力，加速材料的腐蚀。鉴于此，在实际应用中，先通过试验获取经验数据，在出水达标前提下合理选取反应温度，充分提高处理效率。

设备在稳定运行状态下，热交换器能够很好地循环利用反应过程中产生的热能，节约能源。然而在运行过程中也存在预处理过程增加了实际废水处理量，导致运行成本增加，高盐废水易腐蚀设备，管道堵塞等问题。针对上述问题，可利用工业园区不同原水混合降低 COD 负荷及盐含量，改进反应釜管道材料，完善接口焊接工艺，在进水添加硅酸化合物等措施加以控制和解决。

5.3.7 超临界技术实际应用存在的问题分析

因超临界设备长期处于高温、高压环境状态下，因此，超临界反应釜材料需具备较高的耐盐、抗腐蚀能力，在实际应用中主要存在如下问题。

5.3.7.1 管材易腐蚀问题

在高温高压并且具有较高含氧量的状态下，部分有机物分解可能产生磷酸、硝酸等具有腐蚀性的中间产物腐蚀设备，同时管材中的金属离子同中间产物发生反应，造成出水中金属离子含量超标；当腐蚀程度较严重时，易造成材料内壁受损，影响压力系统。目前研究表明，不锈钢在超临界状态下耐受能力较差，不宜用于核心反应釜制备，而金、铂和钛等金属材料性能稳定，耐受力强，但造价过高，因此，现有的反应釜或反应器材料普遍选用镍基高温合金，用钛作衬里，此种设备依然具有一定的成本。

5.3.7.2 盐堵塞问题

超临界状态下的水近似于非极性溶液，该状态下溶液中的无机盐会大量析出从而导致反应釜或管路的堵塞，降低热传导效率，严重时造成安全事故。为了避免盐堵塞问题，可设计采用特殊结构的反应釜，以降低器壁表面的盐沉积问题。如采用罐式反应器，通过加压反冲使析出的盐重新沉入亚临界区域溶解，同时借助蒸发壁泵入亚临界水的方式，使析出的无机盐溶于水中并排出釜外，降低盐的沉积与腐蚀。

超临界水氧化工艺在处理高浓度有机废水方面具有良好的效果，其出水可达到国家污水排放标准，反应过程中所产生的热能可以被循环利用，有效降低了运营能耗，具有显著的社会效益、经济效益及环境效益，具有广阔的发展前景。由于我国的超临界水处理技术尚处于起步阶段，在工业化进程中依旧存在着设备易腐蚀、反应条件不易控制、盐分不易分离等技术问题，仍需扩大和深入研究，解决超临界技术的技术难题，拓宽其应用领域。

5.4 煤制油含盐废水膜浓缩及分质结晶工艺

我国煤化工项目建设主要分布在内蒙古、陕西榆林、宁夏等地，这些地区普遍存在水资源匮乏、环境承载力弱、纳污水体少等实际问题。尽管目前混盐结晶方案在煤化工项目中已有采用，但整体运行效果不理想，存在难以实现结晶盐资源化、杂盐处置难度大、故障率较高、费用高等问题，因此亟需在技术源头寻求突破。本案例通过对现有运行煤化工项目废水进行广泛深入的研究，研发与探索煤化工含盐废水"分质结晶"技术，总结煤化工含盐废水分质结晶盐资源化利用的技术方案，为煤制油含盐废水"分质结晶技术"工程化应用进行设计基础准备。

5.4.1 中试规模及进水水质

试验装置共分 3 个单元，分别为膜浓缩单元、蒸发预处理单元和蒸发结晶单元，设

计规模分别为 $10m^3/h$、$1.4m^3/h$ 和 $3m^3/h$。进水为煤制油厂区来的浓盐水，在 72h 的周期内进行水样分析。

主要指标分析结果如表 5-10 所列。

表 5-10　厂区浓盐水水质分析

分析项目	数据	分析项目	数据
pH 值	7.02～7.34	NO_3^-/(mg/L)	43～760
电导率/(μS/cm)	9300～13000	镁硬度/(mg/L)	540～900
浊度/NTU	0.3～0.5	钙硬度/(mg/L)	610～1200
总固体/(mg/L)	7000～12000	COD/(mg/L)	64～156
TDS/(mg/L)	6400～10700	Na^+/(mg/L)	1007～2810
悬浮物/(mg/L)	283～294	NH_4^+/(mg/L)	0.2～8.24
总碱度/(mg/L)	50～240	HCO_3^-/(mg/L)	272～660
总硬度/(mg/L)	1200～3000	Cl^-/(mg/L)	1620～2349
SiO_2(全)/(mg/L)	40～150	SO_4^{2-}/(mg/L)	1530～3100

5.4.2　膜浓缩单元

5.4.2.1　工艺说明

膜浓缩单元的流程示意见图 5-4。

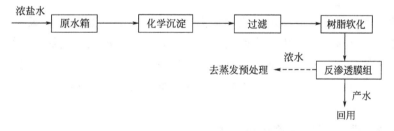

图 5-4　膜浓缩单元流程示意

该工艺中，原水进入化学沉淀反应池，利用化学软化法去除废水中的钙镁离子、碳酸氢根、总硅等，使其沉淀分离，经软化后的 Ca^{2+} 浓度＜30mg/L、Mg^{2+} 浓度＜5mg/L、总硅浓度＜10mg/L，再进入过滤单元。过滤环节先通过多介质过滤去除废水中的大部分固体悬浮物（SS），保证后续超滤系统长期稳定运行、延长反冲洗周期，再进行超滤，去除废水中剩余的 SS 及胶体，超滤系统出水泥密度指数（SDI）＜5；树脂软化工艺通过离子交换树脂的吸附作用，使 Ca^{2+} 浓度＜2mg/L、Mg^{2+} 浓度＜1mg/L，减缓膜组结垢速率；最终，树脂软化单元产水通过水泵提升进入反渗透膜组进行浓盐水减量。

5.4.2.2　膜浓缩单元试验结果

化学软化处理后，水的总硬度由进水的平均浓度为 2000mg/L 降至 30mg/L 以下，

SiO_2 平均含量由进水的 84.2mg/L 降至出水的 5.6mg/L，化学软化对硬度及硅的去除效果较好。反渗透膜浓缩过程，TDS 由进水的平均浓度 10300mg/L 浓缩至平均浓度为 63000mg/L，达到设计预期，反渗透产水水质分析结果如表 5-11 所列，可在煤制油项目污水回用装置中再利用。

表 5-11　膜浓缩单元反渗透产水水质指标（平均值）

项目	电导率 /(mS/cm)	溶解性固体 /(mg/L)	Cl^- /(mg/L)	COD(Mn 法) /(mg/L)	NH_4^+-N /(mg/L)	TN /(mg/L)
RO 产水	0.27	158	44	0.5	0.41	2.0

5.4.3　蒸发预处理单元

5.4.3.1　工艺说明

蒸发预处理单元的工艺流程如图 5-5 所示。

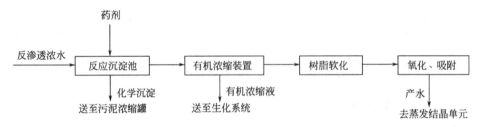

图 5-5　蒸发预处理单元流程

蒸发预处理单元可以进一步脱除钙镁离子产生的硬度、碳酸根、氟、硅、碱度等，同时将大部分难降解有机物浓缩分离或氧化去除，减少回流至前端处理系统的盐分，从而保障结晶盐的品质和资源化率。有机浓缩液通过氧化，使大分子有机物断链生成易生物降解的小分子有机物，提高可生化性，同时降解部分 COD 后，回流至生化系统循环处理。

5.4.3.2　蒸发预处理单元试验结果

蒸发预处理单元出水水质如表 5-12 所列，COD 测试结果见表 5-13。

表 5-12　蒸发预处理单元出水水质指标

分析项目	数据	分析项目	数据
pH 值	9.22	NO_3^- /(mg/L)	约 2000
电导率/(μS/cm)	＞62	Mg^{2+} /(mg/L)	0.041
氟化物/(mg/L)	＜15	Ca^{2+} /(mg/L)	1.6
溶解性固体/(mg/L)	＞55000	TOC/(mg/L)	＜30
铁/(mg/L)	＜0.02	Na^+ /(mg/L)	约 16400
CO_3^{2-} /(mg/L)	约 150	NH_4^+ /(mg/L)	约 0.5

分析项目	数据	分析项目	数据
挥发酚/(mg/L)	<0.03	HCO_3^-/(mg/L)	ND
氰化物/(mg/L)	ND	Cl^-/(mg/L)	约17000
硅/(mg/L)	<5	SO_4^{2-}/(mg/L)	约12000

注:ND 表示未检出。

表 5-13 COD 指标测试结果(Mn 法)

分析项目	1#水样	2#水样	3#水样
蒸发预处理进水/(mg/L)	85.4	72.31	67.6
蒸发预处理出水/(mg/L)	12.5	0.9	14.1
COD 去除率/%	85.4	98.8	79.1

由试验结果可知,蒸发预处理单元设置的混凝沉淀工序,可有效将水样中的硅含量从 70mg/L 降至 5mg/L 以内;经过软脱设备可将碱度从 2500mg/L 降至 30mg/L 以内;有机浓缩装置对 COD 的去除率达到 75% 以上,从而数据表明经过蒸发预处理单元可以确保后续结晶盐的品质,为结晶盐最大程度的资源化利用提供保障。

5.4.4 蒸发结晶单元

5.4.4.1 工艺说明

试验蒸发结晶单元采用单效蒸发浓缩、分质结晶工艺,以节约项目总体投资,其工艺流程如图 5-6 所示。

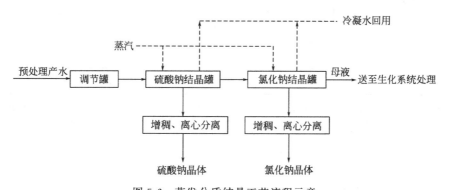

图 5-6 蒸发分质结晶工艺流程示意

浓盐水经预热器与蒸发冷凝水热交换后,进入蒸发分质结晶单元的 Na_2SO_4 结晶罐,料液在蒸发罐内浓缩至过饱和,析出无水 Na_2SO_4 晶体,并排至增稠器后进入离心机脱水,经固液分离后得到湿基无水 Na_2SO_4 固体(含水约 3%);Na_2SO_4 结晶罐的上清液进入 NaCl 结晶罐,通过闪发降温、浓缩,NaCl 达到过饱和析出,并排至增稠器增稠后进行离心机脱水,再经固液分离得到湿基 NaCl 固体(含水约 3%)。中试期间将少量母液送至污水回用车间的进水调节池,以实现系统的连续稳定运行。

5.4.4.2 蒸发结晶单元试验结果

(1) 凝结水水质

分别对蒸发结晶单元在不同负荷下产生的二次蒸气冷凝水进行取样和分析检测，结果见表5-14。

表5-14 蒸发结晶单元冷凝水水质指标

分析项目	数据	分析项目	数据
pH 值	约7.5	NO_3^-/(mg/L)	＜3
电导率/(μS/cm)	＜0.04	Cl^-/(mg/L)	＜4
TDS/(mg/L)	＜30	TOC/(mg/L)	＜2
SO_4^{2-}/(mg/L)	＜2	NH_4^+/(mg/L)	＜2

结果显示，蒸发结晶单元产生的二次蒸气冷凝水TDS浓度＜30mg/L，品质较好。

(2) 结晶盐品质

每12h取样1份，共取氯化钠结晶盐样品6份，无水硫酸钠样品6份，对产品质量进行分析检测。

两组无机盐的组分分析详见表5-15、表5-16。

表5-15 氯化钠结晶盐组分分析

分析项目	氯化钠结晶盐分析数据						《工业盐》(GB/T 5462—2015)精制盐优级品
	1#	2#	3#	4#	5#	6#	
pH值(10%水溶液)	7.3	6.1	6.1	—	—	—	—
氯化物/%	99.5	99.4	99.5	99.4	99.4	99.3	≥99.1g/100g
水分/%	0.03	0.07	0.04	＜0.01	0.03	0.08	≤0.3g/100g
水不溶物/%	＜0.01	＜0.01	＜0.01	＜0.01	＜0.01	＜0.01	≤0.05g/100g
Ca^{2+}、Mg^{2+}总量/%	0.0001	0.0001	0.0001	0.0001	0.0001	0.0001	≤0.25g/100g
SO_4^{2-}/%	0.11	0.13	0.15	＜0.1	＜0.1	＜0.1	≤0.3g/100g
硝酸盐/%	0.4	0.54	0.39	—	—	—	—
K^+/%	0.0075	0.007	0.0063	—	—	—	—
Fe^{3+}/%	0.0001	0.0001	0.0001	—	—	—	—
氟/%	0.0001	0.0001	0.0001	—	—	—	—
TOC/%	0.0012	0.001	0.0012	—	—	—	—
NH_4^+-N/%	＜0.0001	＜0.0001	＜0.0001	—	—	—	—
TN/%	0.11	0.14	0.11	—	—	—	—

表 5-16　无水硫酸钠结晶盐组分分析

分析项目	无水硫酸钠结晶盐分析数据						《工业无水硫酸钠》(GB/T 6009—2014)一等品
	$1^{\#}$	$2^{\#}$	$3^{\#}$	$4^{\#}$	$5^{\#}$	$6^{\#}$	
pH 值(10%水溶液)	7.3	7.91	7.9	6.5	7.5	8.4	—
硫酸钠/%	98.8	98.8	99.3	99.5	99.3	99.1	≥98(质量分数)
水分/%	<0.1	<0.1	<0.1	<0.1	<0.1	<0.1	≤0.5(质量分数)
水不溶物/%	<0.01	<0.01	<0.01	<0.01	<0.01	<0.01	≤0.1(质量分数)
Ca^{2+}、Mg^{2+}/%	0.0016	0.0005	0.0005	0.0009	0.0003	0.0003	≤0.3(质量分数)
钙/%	0.0015	0.0004	0.0004	0.0008	0.0002	0.0002	—
镁/%	0.0001	0.0001	0.0001	0.0001	0.0001	0.0001	—
氯化物/%	0.28	0.24	0.35	0.24	0.4	0.42	≤0.7g/100g
硝酸盐/%	0.09	0.13	0.15	—	—	—	—
K^{+}/%	0.0047	0.0068	0.0089	—	—	—	—
Fe^{3+}/%	0.0003	0.0001	0.0001	0.0003	0.0001	0.0002	≤0.01(质量分数)
氟/%	0.0005	0.0007	0.0009	—	—	—	—
TOC/%	0.0027	0.0016	0.003	—	—	—	—
NH_4^+-N/%	<0.0001	<0.0001	<0.0001	—	—	—	—
TN/%	0.019	0.029	0.034	—	—	—	—

结晶盐重金属检测结果如表 5-17 所列。

表 5-17　结晶盐重金属检测结果

分析项目	氯化钠结晶盐重金属			无水硫酸钠结晶盐重金属			备注
浸出毒性鉴别	样品一	样品二	样品三	样品一	样品二	样品三	
镉/%	<0.0001	<0.0001	<0.0001	<0.0001	<0.0001	<0.0001	低于 GB 5085.3—2007
铅/%	<0.0001	<0.0001	<0.0001	<0.0001	<0.0001	<0.0001	低于 GB 5085.3—2007
汞/%	<0.00001	<0.00001	<0.00001	<0.00001	<0.00001	<0.00001	低于 GB 5085.3—2007
镍/%	<0.0001	<0.0001	<0.0001	<0.0001	<0.0001	<0.0001	低于 GB 5085.3—2007
砷/%	<0.0001	<0.0001	<0.0001	<0.0001	<0.0001	<0.0001	低于 GB 5085.3—2007
铬/%	<0.0001	<0.0001	<0.0001	<0.0001	<0.0001	<0.0001	低于 GB 5085.3—2007
六价铬/%	<0.0001	<0.0001	<0.0001	<0.0001	<0.0001	<0.0001	低于 GB 5085.3—2007
铝/%	0.0001	<0.0001	0.0001	<0.0001	0.0001	0.0001	—
钡/%	<0.0001	<0.0001	<0.0001	<0.0001	<0.0001	<0.0001	—
锶/%	<0.0001	<0.0001	<0.0001	0.0001	0.0001	<0.0001	—
钴/%	<0.0001	<0.0001	<0.0001	0.0001	<0.0001	<0.0001	—
锰/%	<0.0001	<0.0001	<0.0001	<0.0001	<0.0001	<0.0001	—

根据检测数据，氯化钠结晶盐纯度满足《工业盐》（GB/T 5462—2015）中的精制工业盐优级品标准；无水硫酸钠纯度满足 GB/T 6009—2014 中的 II 类合格品标准；结晶盐中 TOC 浓度均＜30mg/kg，重金属含量均低于检测限值。

（3）"三废"产生量

由于前期蒸发预处理单元有机浓缩装置去除了浓盐水中的大量 COD，通过"零排放"系统的整体优化设计，最终结晶盐资源化率达到 90％以上，明显高于目前市场上的同类浓盐水处理工艺。从工程化角度考虑，本工艺可以有效减少杂盐产生量，进而降低因杂盐带来的危废处理成本。

5.4.5 运行成本分析

本案例试验运行近一年，处理工业废水总计近 150 万吨，回收优质再生水近 130 万吨，优质再生水替代生产水作为循环水系统的补水，与生产水的处理成本均为 5 元/吨左右，处理费用基本可以抵消，但水质明显优于生产水，补充到循环水系统后能增加循环水的浓缩倍数，减少排污，进一步节约了生产成本。

综上所述，高效反渗透技术具备完善的预处理措施，具有回收率高的特点，同时膜不易结垢污堵，出水水质稳定，且在投资、运行管理等方面也表现出明显的优势，是目前高含盐废水的有效处理方法之一，能够很好地解决浓盐水减量化的问题，具有可观的经济效益、社会效益。

5.5 煤化工废水微气泡臭氧催化氧化-生化耦合深度处理工艺

本案例针对煤化工废水，采用微气泡臭氧催化氧化-生化耦合工艺去除含氮杂环芳烃类污染物，分析处理过程中含氮杂环芳烃类污染物降解和可生化性变化，提高废水可生化性并去除部分 COD，再采用生化处理进一步去除 COD 和 NH_4^+-N，以期将该耦合工艺应用于含氮杂环芳烃类污染物去除及煤化工废水的深度处理。

5.5.1 试验装置及流程

试验流程如图 5-7 所示，系统主要包括微气泡臭氧催化氧化反应器（MOR）和生化反应器（BR）。MOR 为不锈钢密闭带压反应器，空床有效容积 25L，内部填充三层煤质柱状颗粒活性炭床层作为催化剂，填充率为 28.0％。BR 为有机玻璃材质，空床有效容积 42L，内部同样填充颗粒活性炭床层作为生物填料，填充率为 28.6％。试验气源为纯氧，通过臭氧发生器产生臭氧气体，与废水和 MOR 循环水混合后，进入微气泡发生器产生臭氧微气泡，从底部进入 MOR 进行催化氧化反应。反应后的气-水混合物在压力作用下从底部进入 BR，进行生化处理，BR 内的生化处理无需曝气，由臭氧产生及分解所剩余的氧气为微生物系统提供溶解氧。

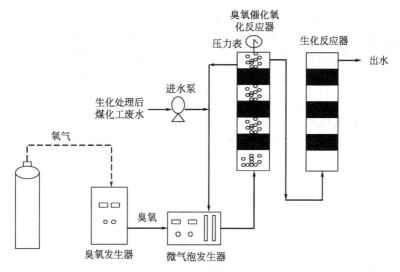

图 5-7　耦合工艺系统试验装置示意

5.5.2　废水水质

试验所处理废水为实际煤化工废水经"UASB+生物接触氧化"工艺处理后的出水,废水水质见表 5-18。

表 5-18　煤化工废水生化出水水质

水质指标	COD /(mg/L)	TOC /(mg/L)	BOD/COD	NH_4^+-N /(mg/L)	TN /(mg/L)	pH 值	UV_{254}
平均值	275.0	99.8	0.038	4.3	13.4	8.8	0.90

5.5.3　操作条件

微气泡臭氧催化氧化反应器的水力停留时间为 1h,臭氧进气流量为 120L/h,臭氧浓度为 30.3mg/L,平均进水 COD 负荷为 4.75kg/(m³·d),臭氧投加量和进水 COD 之比为 0.73mg/mg,平均运行温度 26.7℃。生化反应器的接种污泥来自该废水处理站的生物接触氧化池,污泥接种量(MLSS)约为 4g/L。采用排泥法挂膜,促进填料上生物膜的形成,挂膜成功后开始连续稳定运行。BR 水力停留时间为 6h,平均进水 COD 负荷为 0.58kg/(m³·d),平均运行温度 22.2℃,MOR 多余水量通过旁路排出。

运行过程中,对 MOR 和 BR 进出水 COD、BOD_5、NH_4^+-N、TN 以及 UV_{254} 进行检测,同时通过 GC-MS 和紫外-可见吸收光谱评价系统污染物处理性能和典型难降解污染物去除规律。

5.5.4　COD 去除效果

耦合处理过程中,MOR 平均 COD 浓度可由进水的 275.0mg/L 降至出水的

201.5mg/L，COD 平均去除率为 26.4%，去除负荷为 1.46kg/（m³·d）。MOR 处理可显著的提高废水可生化性，处理 60min 后废水的 BOD/COD 值可由 0.038 提高至 0.30。同时，在相同条件下比较 MOR 空床微气泡臭氧化处理、空气微气泡活性炭床层吸附处理和传统气泡催化臭氧化处理过程，结果表明，三种工艺中 COD 平均去除率分别为 12.3%、2.7% 及 9.6%，说明颗粒活性炭催化对提高微气泡臭氧化去除 COD 有显著作用，微气泡技术能显著提高催化臭氧化 COD 去除性能，活性炭床层对污染物的吸附去除效果极其有限。微气泡催化臭氧化可通过臭氧微气泡类催化效应和催化剂催化的协同作用强化·OH 氧化反应，可能是其有效去除 COD 并提高可生化性的原因。

BR 运行 20d 后，随着生物膜的生长成熟，COD 去除性能趋于稳定，出水平均 COD 浓度为 103.5mg/L，COD 平均去除率为 45.4%，平均去除负荷为 0.26kg/（m³·d）。由此可见，MOR 处理可以有效去除废水中难降解有机污染物，大大改善 BR 生化处理过程去除 COD 的性能。耦合处理 COD 总去除率为 62.4%，显著优于直接进行生化处理的效果（COD 去除率仅 6.4%）。

此外，MOR 出口气液混合物中存在臭氧残留，平均浓度为 2.3mg/L，溶解态的臭氧平均浓度为 2.5mg/L，而 BR 出口气体和出水中均未检测到残留臭氧。因此，MOR 出口混合物中残留的臭氧不会对 BR 中 COD 去除性能造成明显影响，MOR 体系中所投加的臭氧均消耗于处理系统中，无需进行臭氧尾气处理。

5.5.5 氨氮（NH_4^+-N）和总氮（TN）去除效果

MOR 中 NH_4^+-N 平均浓度由进水的 4.3mg/L 提高至出水的 8.9mg/L，可见，经过微气泡臭氧催化氧化处理后，NH_4^+-N 浓度有所提高，原因为废水中存在大分子含氮有机污染物，其被微气泡臭氧催化氧化降解后，释放出 NH_4^+-N。后续生化处理可实现对 NH_4^+-N 的有效去除，BR 运行稳定后，出水平均 NH_4^+-N 浓度为 3.6mg/L，平均去除率为 52.2%。

耦合处理过程中，MOR 和 BR 进出水 TN 浓度分析结果显示，MOR 进出水平均 TN 浓度约为 13.3mg/L，保持不变，说明微气泡臭氧催化氧化处理对 TN 没有去除作用。生化处理后出水 TN 浓度略有降低，浓度为 10.3mg/L。TN 的去除主要依靠硝化反硝化过程，BR 中高 DO 浓度不利于形成反硝化环境，因此 TN 去除有限，细胞同化作用可能是 TN 去除的主要原因。

5.5.6 UV_{254} 去除

UV_{254} 是指水中一些有机物在 254nm 波长紫外光下的吸光度，通常被认为与芳香族有分子中的不饱和 C＝C 键和芳香环有关，主要用来指示废水中难降解芳香族有机污染物的存在。耦合处理过程中，经过微气泡臭氧催化氧化处理后，MOR 出水的 UV_{254} 值明显降低，进、出水平均 UV_{254} 值分别为 0.90 和 0.41，平均去除率为 53.7%。表明微气泡臭氧催化氧化能够破坏废水中芳香族污染物的不饱和 C＝C 键和芳香环结构，并产生小分子有机物。

经过 BR 生化处理后，出水 UV_{254} 值进一步降低，出水平均 UV_{254} 值为 0.28，可见，生化处理能够进一步去除部分剩余芳香族污染物，但去除效率相对低于微气泡臭氧催化氧化处理，耦合处理对 UV_{254} 的总去除率可以达到 68.9%。

5.5.7 GC-MS 分析

对煤化工废水的前期生化出水（MOR 进水）进行 GC-MS 检测分析。试验结果如表 5-19 所列，保留时间为 17～24min 的物质峰面积最大，是废水中的主要有机污染物。经质谱分析，在此保留时间范围内的物质绝大多数为含氮杂环芳烃类有机物。此外，保留时间在 24min 以上的物质多为长链烷烃类物质。含氮杂环芳烃类有机物和长链烷烃类物质均为煤化工废水典型有机污染物，煤化工废水生化出水中残留大量难降解含氮杂环芳烃类污染物，是其可生化性极差的主要原因之一。

表 5-19　煤化工废水生化出水中含氮杂环芳烃类污染物

保留时间/min	17.56	17.99	18.94	20.49	20.66	22.66
物质名称	2 氢-苯并咪唑-2-酮	1-乙基-2-苯并咪唑啉酮	2 氢-苯并咪唑-2-酮	2-异丁氨基-苯并噁唑	8-乙基-2-甲基-4-羟基喹啉	苯基吖啶-9-羧酸

同时，对 MOR 出水和 BR 出水进行 GC-MS 检测分析。结果表明，MOR 出水中保留时间在 17～24min 之间的物质峰基本消失，表明微气泡臭氧催化氧化能够高效降解含氮杂环芳烃类有机物，提高废水的可生化性。同时，MOR 出水仍存在少量保留时间在 24min 以上的长链烷烃类物质。经过 BR 生化处理后，出水中长链烷烃类物质峰明显下降，表明其在生化处理中得到有效去除。

5.5.8 紫外-可见吸收光谱分析

利用紫外-可见吸收光谱检测分析 MOR 的进、出水和 BR 的出水，试验结果表明，MOR 进水在 200～370nm 波长范围内有较强的紫外吸收带，这与存在大分子含氮杂环芳烃类有机物有关。MOR 出水中此波长范围内的紫外吸收强度明显下降，说明 MOR 能够有效去除含氮杂环芳烃类有机物，这与 GC-MS 结论相似。BR 出水中 250～370nm 波长范围内的紫外吸收强度呈现小幅度下降趋势。此外，MOR 和 BR 出水中 200～250nm 波长范围内紫外吸收强度仍然较高，这可能与存在小分子单环芳香族化合物有关。

紫外-可见吸收光谱中，250nm 和 365nm 吸光度的比值与分子大小存在负相关关系，其比值越小，表明大分子有机物所占比例越高。MOR 进、出水和 BR 出水 250nm 和 365nm 吸光度的比值分别为 6.55、9.54 和 9.03。可见，微气泡臭氧催化氧化降解大分子有机物生成小分子有机物，使得大分子有机物所占比例明显下降；而生化处理更易去除小分子有机物，使得大分子有机物比例又有所升高。

5.6 煤化工废水资源回收及无害化处理设备开发

5.6.1 无终端双循环（NDC）脱氮反应器技术及应用

煤化工生产废水的污染物以高浓度 COD、NH_4^+-N 为主，成分复杂，含有多种难降解污染物，处理难度大，部分环境敏感地区要求煤化工企业实现废水的"零排放"，故妥善解决环保问题成为许多大的煤化工项目顺利实施的前提。NH_4^+-N 是煤化工废水中的典型污染物，其引起的水体污染已受到国内外社会各界的广泛关注。目前，针对水体中的高 NH_4^+-N 浓度实施的水处理技术主要包括吹脱（汽提）、化学沉淀、折点加氯、离子交换、湿式氧化等物理化学法，还包括很多生物脱氮技术。物理化学法存在运行成本高、对环境造成二次污染等问题，实际应用受到限制，而生物脱氮法能较为有效和彻底的除氮，具有处理量大、运行成本较低、设备简单等优点。但传统生物脱氮工艺处理高 NH_4^+-N 废水时也存在一些问题，如供养动力费用较高、需要维持反硝化所需的 pH 值并补充碳源，以及游离氨抑制微生物的活性等。在大量试验研究和工程实践的基础上，有学者研发出无终端双循环反应器（NO-Limited Double Cycle Reactor，NDC），该技术在我国煤化工废水处理中已得到应用，对 NH_4^+-N 具有良好的处理效果。

5.6.2 NDC 脱氮技术原理

5.6.2.1 NDC 脱氮技术简介

NDC 脱氮技术结合了生物脱氮原理、短程硝化反硝化原理、莫诺特（Monod）方程、Barnard 理论以及酶催化动力学方程相关原理，通过合理利用一系列工程技术方法为优势硝菌、反硝化菌群的培养创造条件，最终实现高效脱氮目的。

5.6.2.2 NDC 脱氮技术原理

NDC 反应器在结构上分为强化反硝化区和主反应区，结构如图 5-8 所示。

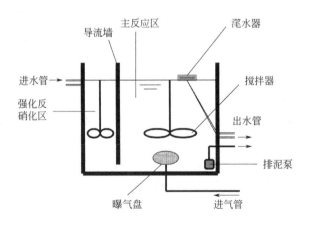

图 5-8　NDC 反应器结构示意

强化反硝化区设在进水端，大小占整个池体体积的 $1/10\sim1/8$，可对进水起到稀释缓冲作用，具有较高的耐冲击负荷能力。强化反硝化区设置了特殊水力循环搅拌系统，该系统在运行过程中通过控制循环水量及空气量，可分开控制充氧和搅拌过程。强化反硝化区在整个运行过程中始终处于缺氧状态，生物菌群中反硝化菌占优势。从主反应区回流的硝酸盐氮在强化反硝化区与进水有机物（可作为反硝化碳源）、反硝化微生物迅速混合、接触、反应，反硝化阶段产生的碱度可为主反应区好氧段硝化作用补充一定的碱度。强化反硝化区的独立性设置具有明显的优势，有利于投加高效反硝化菌种及对运行条件进行单独控制。底部设置的布水孔可以均匀配水至主反应区，明显改善了主反应区的水力条件，使其具有较好的传质效果，最终得以提高好氧段的硝化效率及总的污染物去除率。

Barnard 提出了反硝化速率与底物浓度之间的内在联系及降解速率的相关理论，NDC 反应器结合了莫诺特方程和 Barnard 理论，通过大量试验研究，建立了合理、高效的运行步序。

Monod 方程如下所示：

$$\mu_D = \frac{1}{X}\left(\frac{\mathrm{d}x}{\mathrm{d}t}\right)_T = \mu_{D,\ \max}\frac{D}{K_D + D} \tag{5-3}$$

式中　μ_D——反硝化菌比生长速率，d^{-1}；

　　　X——微生物质量浓度，mg/L；

　　$\mu_{D,\max}$——反硝化菌最大比增殖速率，d^{-1}；

　　　D——NO_x-N 质量浓度，mg/L；

　　　K_D——相对于 NO_x-N 的饱和速率常数，mg/L。

从 Monod 方程可以看出，在反硝化菌菌量一定的情况下，反应时间越长，反应池内剩余的 NO_x-N 越少，单位时间内被降解的 NO_x-N 量也随之逐步减少，因此，反硝化反应速率随着反应时间的延长而降低，且两者呈现反函数关系。Barnard 提出反硝化速率有 3 个不同速率阶段，3 个阶段的反硝化速率分别为 50mg/（L·h）、16mg/（L·h）和 5.4mg/（L·h）：第 1 阶段反硝化能利用快速生物降解的可溶性有机物作为碳源；第 2 阶段反硝化利用不溶或复杂的可溶性有机物作为碳源，并一直延续到外部碳源用尽为止；第 3 阶段利用微生物内源代谢产物作为碳源。上述理论表明，传统的反硝化反应随着反应时间的延长，碳源逐渐减少，底物浓度逐渐降低，降解速率迅速降低。

为了提高脱氮效果，NDC 反应器主反应区采用了多段不等时运行方式，通过合理分配曝气时间和搅拌时间，将主反应区的硝化、反硝化过程分割成 $4\sim8$ 段，每段设置不同的时间，并且时长递减，使反应控制在高效段，提高反应效率，缩短反应时间。试验结果表明，在同样的运行时间内，NDC 反应器比传统的脱氮工艺具有更优良的脱氮效果。实践表明，NDC 技术的结构设计更加巧妙、曝气搅拌系统布置更为合理，运行步序得到了优化控制，对 NH_4^+-N 浓度小于 500mg/L 的污水脱氮效率可以达到 95%～99%。

5.6.3　NDC 运行模式分析

NDC 反应器集反应、沉淀、排水为一体，以周期循环方式进行，运行模式与 SBR

相似，运行周期可根据需要进行调整，典型的 NDC 工艺以 4h、6h、8h 为一个循环周期。NDC 反应器的循环周期为 6h，其运行步序如图 5-9 所示。

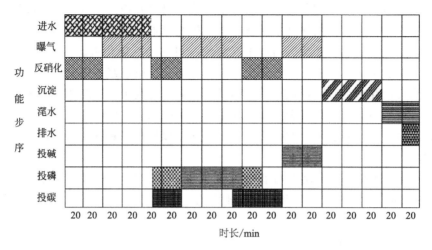

图 5-9 循环周期为 6h 时 NDC 反应器的运行步序

（1）进水阶段

废水由配水渠自动控制，间歇性、均匀地进入强化反硝化区，同时进行回流搅拌。在强烈搅拌下，配入的待处理废水快速与回流的硝化液混合，在体系的优势反硝化菌群作用下，实现快速稀释、反硝化的目的，并经由配水孔进入主反应区。

（2）反应阶段

进水水位达到设计液位后进入反应阶段。在反应阶段，强化反硝化区在整个运行过程中不进行曝气，只进行搅拌，使该区域始终处于缺氧状态，适合反硝化菌的大量繁殖；主反应区的反应分为曝气和搅拌两个阶段。在曝气阶段，由曝气系统向反应池供氧，有机污染物被微生物氧化分解，同时污水中的 NH_4^+-N 通过硝化作用转化为 NO_2^--N 和 NO_3^--N。在搅拌阶段，继续对硝化液进行水力循环搅拌，但停止曝气，使反应池由好氧状态转化为缺氧状态，在反硝化菌的作用下进行反硝化反应。两个阶段串联并交替循环进行，以达到高效脱氮的目的。

（3）沉淀阶段

反应结束后停止搅拌，混合液在静态条件下进行泥水分离，活性污泥逐渐沉到池底，上层水逐渐变清，完成沉淀过程。

（4）滗水阶段

沉淀结束后，置于反应池末端的滗水器开始工作，自上而下缓慢排出上清液。此时，反应池已完全过渡到缺氧状态，并完成剩余污泥排放，至此一个运行周期全部完成。

与传统的 SBR 工艺相比，NDC 反应器的突出特点是在池型设计上增加了一个强化反硝化区，具有缓冲、耐负荷冲击的作用；同时，运行过程中碳源投加量、液碱投加量少，运行成本低。NDC 反应器在反应阶段，充分利用了短程快速硝化、反硝化原理，使硝化与反硝化反应充分、彻底，氮去除率高。

（5）NDC 技术应用实例

NDC 技术已应用于某化工企业的煤制烯烃项目，取得了良好的运行效果。

以下进行简要介绍。

1）进水水量、水质参数

该煤制烯烃项目的污水处理站接纳的污水包括生活污水、冲洗水、生产废水和初期雨水。设计的进、出水水质如表 5-20 所列。

2）工艺路线

本案例进水的 COD_{Cr} 和 NH_4^+-N 浓度较高，出水对 COD_{Cr} 和 NH_4^+-N 的去除率要求均达到 95％以上，在多种方案比较后选择 NDC 反应器作为污水处理站的主要处理工艺，具体流程如图 5-10 所示。

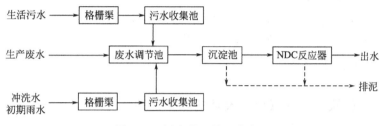

图 5-10　污水处理站工艺流程

厂内污、废水分别经过机械格栅截留较大粒径的悬浮物后流至废水收集池，经泵提升至调节池，在调节池内充分混合后提升至沉淀池进行混凝沉淀处理，去除以胶体及悬浮物形式存在的污染物。沉淀器出水自流至 NDC 反应器，经高效降解有机物、生物脱氮后排入出水监测池，进入后续回用水处理单元。

表 5-20　污水处理站设计进、出水水质

项目	COD_{Cr}/(mg/L)	BOD_5/(mg/L)	NH_4^+-N/(mg/L)	TN/(mg/L)
进水	1200	600	300	400
出水	50	20	12	20
去除率/％	95.8	96.7	96.0	95.0

3）运行分析

在本试验的运行周期为 6h，实际运行过程中，对进、出水 COD_{Cr}、NH_4^+-N 和 TN 的浓度进行连续 2 个月的跟踪监测，考察 NDC 反应器的运行效果。试验结果显示，当进水 NH_4^+-N 的质量浓度在 300～400mg/L 波动时，出水 NH_4^+-N 的质量浓度稳定在 9mg/L 左右，最低可达到 5mg/L 以下，平均去除率 98％左右。TN 可由进水的 300～400mg/L 下降至 20mg/L 以下，平均去除率达到 95.6％。以上研究结果说明 NDC 脱氮工艺对中高浓度的 NH_4^+-N 废水有着较高的去除效果，耐冲击负荷能力较强。处理后出水的 COD_{Cr} 稳定达标，即使在进水污染物浓度波动较大，进水实际水质浓度大于设计值的情况下，也能达到出水要求，NDC 是一种有效的处理废水中 COD_{Cr} 和 NH_4^+-N 的水处理工艺。

5.7 双循环 UASB 及其在煤化工废水处理中的应用

上流式厌氧污泥床反应器 UASB 是煤化工高浓度废水中的常用的生物方法预处理工艺。UASB 是荷兰教授 Lettinga 等于 1978 年开发研制的一项废水厌氧生物处理技术，作为第二代厌氧反应器的代表，UASB 是目前应用最广泛的厌氧反应器。UASB 存在很多优点，同时也存在在运行中易出现短流、死角和堵塞等问题，特别是在处理煤化工废水或类似的难降解高浓度有机废水时，普遍存在 COD_{Cr} 去除率不高、对水质和负荷变化敏感、耐冲击负荷能力较差、厌氧活性污泥易流失、运行不稳定等缺点。针对目前 UASB 在实际运行中所存在的问题，结合大量的工程实践，本案例在 UASB 理论基础上通过改进引入双循环模式，有效解决了传统 UASB 的弊端。该反应器应用在煤化工项目中，经过长期运行、实时监测实验数据，结果表明，UASB 双循环反应器具有 COD_{Cr} 去除率高、产气率高、布水均匀、运行安全稳定的特点。

5.7.1 理论依据及解决办法

5.7.1.1 厌氧反应器双循环设计的理论依据

（1）高速率厌氧处理系统遵循原则

高速率厌氧处理系统必须满足以下原则：

① 能够保持较高的厌氧活性污泥浓度和足够长的污泥龄；

② 保持废水和厌氧活性污泥间的充分接触。

UASB 为了满足上述条件，设计中考虑通过减少出水跑泥来保持反应器中的污泥浓度和污泥龄；同时，通过增加反应器内流体的上升流速来促进废水和污泥之间的充分接触与混合。

（2）影响 UASB 内颗粒污泥形成和降解能力的因素

UASB 内污泥粒子的水力和气力分级作用决定了 UASB 内颗粒污泥的形成及最终对 COD_{Cr} 的降解效果，控制水力和气力的分级作用处于合适的范围是保持反应器具有颗粒污泥和高处理效率的必要条件。分级作用很低时，反应器区内的细菌大量呈现分散状态，传质阻力小，能优先捕获营养物质而大量繁殖，进而抑制了具有较大传质阻力的颗粒污泥的形成，使反应器处于低负荷处理能力的状态；当分级作用很大时，不仅分散态的细菌随出水大量流失，一些能改善出水水质的较小颗粒污泥也随之流失，易造成反应器内有效污泥浓度的降低，导致最终反应器处理效率降低，因此，污泥粒子的水力和气力分级要控制在合理的范围内。反应器内的上升流速和由表面产气率促成的上窜气泡对反应区内污泥粒子产生的负载作用决定了水力和气力的分级作用，反应器内的上升流速可以通过人为增加循环的办法加以控制，上窜气泡对污泥粒子的负载作用较难控制，UASB 的水力循环设计的优越性已经在实验室规模得到了验证，需要进一步进行完善使 UASB 具有更高的降解有机物能力。

5.7.1.2 传统 UASB 在煤化工废水处理中存在的问题

煤化工高浓度废水中 COD_{Cr} 的浓度高达 12000～20000mg/L，同时水中存在大量有毒有害物质。传统的 UASB 的设计负荷一般比较低，且来水 COD_{Cr} 浓度波动较大，为了增加系统的抗冲击能力，同时满足对池深、上升流速的要求，通常会对传统的 UASB 进行改进。UASB 改进最常用的做法是增加水力循环，一方面通过循环水稀释进水浓度来减少来水的负荷冲击；另一方面提高反应器内上升流速。具体方法有以下两种：

① 将反应器出水回流至进水端；

② 将三相分离器下端的污水回流至进水端。

这两种方法也存在一定的弊端，第 1 种回流方式易导致沉淀区的负荷增加，沉淀效果降低，跑泥现象严重，反应器内的污泥浓度有所损失；第 2 种回流方式，由于回流水悬浮物浓度很高，容易堵塞布水器。

5.7.1.3　解决思路

结合理论及实际工程实践，为了解决沉淀区沉淀负荷和上升流速的矛盾，本设计采用双循环设计，将循环分为内、外循环，内循环主要将三相分离器下端的废水回流至进水端，外循环主要将出水回流至进水端。总的循环量按照反应器所需的上升流速确定，外循环的循环倍数根据沉淀区的沉淀负荷确定，内循环的循环量为总的循环量减去外循环量。

$$Q_{总} = Q_{内} + Q_{外} \tag{5-4}$$

$$Q_{总} = vA - Q_{进} \tag{5-5}$$

$$Q_{外} = qA - Q_{进} \tag{5-6}$$

式中　v——反应器上升流速，m/h；

$\quad A$——反应器的截面积，m^2；

$\quad q$——反应器沉淀区的沉淀负荷，$m^3/(m^2 \cdot h)$；

$\quad Q_{进}$——反应器的进水量，m^3/h；

$\quad Q_{内}$——反应器的内循环量，m^3/h；

$\quad Q_{外}$——反应器的外循环量，m^3/h；

$\quad Q_{总}$——反应器的总循环量，m^3/h。

UASB 双循环结构示意如图 5-11 所示。

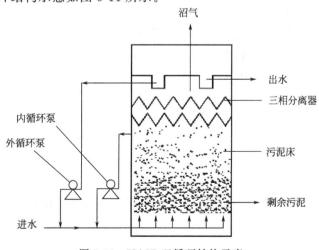

图 5-11　UASB 双循环结构示意

5.7.2 双循环 UASB 在废水处理中的应用

5.7.2.1 进水水质和水量

该 UASB 反应器主要用于煤化工废水的预处理，预处理后出水排至好氧段进一步处理。主要设计进、出水质及其去除率如表 5-21 所列。

表 5-21 UASB 双循环反应器的进、出水水质

项目	温度/℃	COD_{Cr}/(mg/L)	BOD_5/(mg/L)
进水	40	19000	12000
出水	30	3800	2400
去除率/%	—	80	80

5.7.2.2 工艺路线

设置溶气气浮装置，将石油类的质量浓度由进水中 100mg/L 左右降至 30mg/L，再进入 UASB 双循环反应器，具体流程如图 5-12 所示。

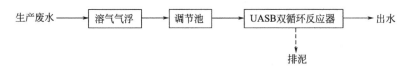

图 5-12 处理工艺流程

5.7.2.3 工程设计

该工程项目设计 4 组 UASB，每组 3 格，每组单独采用双循环设计，总循环倍数为 400%，内、外循环分别为 300% 和 100%，上升流速控制在 0.8m/s，沉淀区表面负荷为 0.37m³/（m²·h），设计 COD_{Cr} 负荷为 7.3kg/（m³·d）。

5.7.2.4 运行分析

装置运行期间连续监测，进水在调节池取样，出水在 UASB 双循环反应器出水总渠取样。根据监测结果可以看出，在前 26d 时间内，进水 COD_{Cr} 浓度稳定在 7500～8500mg/L，在第 26～42 天期间，进水水质波动变大，COD_{Cr} 浓度在 6400～9800mg/L 之间，但出水浓度一直维持在 1300mg/L 左右，COD_{Cr} 去除率维持在 83% 左右，说明该反应器不仅 COD_{Cr} 去除率高，同时具有较强的抗冲击负荷能力。

进水引起的冲击负荷使反应器内的 VFA 值有一定波动，但是 m_{VFA}/m_{ALK} 值一直小于 0.5，说明产甲烷菌活性较好，VFA 没有在反应器内累积。该项目中设 A、B、C、D 四组 UASB，每组反应器设上下 2 个取样口，上取样口设置在三相分离器下 0.5m 处，下取样口设置在距池底 1.0m 处。2 个取样口污泥质量浓度每 10d 监测 1 次，监测结果如表 5-22 所列。

表 5-22　各组 UASB 污泥浓度

MLSS/(g/L)		第 1 天	第 10 天	第 20 天	第 30 天	第 40 天
A 组	上取样口	10.992	11.906	11.808	10.987	11.008
	下取样口	20.025	20.821	19.029	21.028	19.982
B 组	上取样口	10.808	9.994	11.232	11.138	11.205
	下取样口	23.368	23.800	21.903	23.008	23.275
C 组	上取样口	11.100	10.245	10.859	11.009	10.859
	下取样口	19.964	20.963	21.874	19.964	21.056
D 组	上取样口	11.345	12.052	11.347	10.748	12.084
	下取样口	20.328	20.828	21.328	19.926	20.876

从表 5-22 可知，每组 UASB 反应器上取样口的污泥质量浓度维持在 11g/L 左右，下取样口的污泥质量浓度维持在 20g/L 左右，浓度成梯度分布，分级明显；同时污泥浓度比较稳定，没有出现减少的情况，而且通过现场实际运行情况来看，出水没有跑泥现象。

5.7.3　结论

新型 UASB 反应器将传统的单循环改为内外结合的双循环结构，解决了调节上升流速与沉淀区表面负荷高的矛盾问题，不仅增强了系统耐负荷冲击能力，还可以使沉淀区的表面负荷在可控范围内，维持了反应器内的污泥浓度。从 UASB 双循环设计在实际煤化工项目中的应用来看，系统 COD$_{Cr}$ 去除率＞80%，运行稳定，可为煤化工高浓度废水的厌氧处理工艺设计提供借鉴。

5.8　生物移动床及其在煤化工废水处理中的脱氮效能

生物移动床（Moving Bed Biofilm Reactor，MBBR）工艺由挪威 AnoxKaldes 公司发明，从 20 世纪 80 年代开始被逐渐应用于水处理领域，目前在欧洲已经得到广泛使用。MBBR 工艺可以被定义为在完全混合的反应器中，采用轻质细小的悬浮填料为微生物的生长提供载体，实现去除废水中的污染物的目的。MBBR 处理工艺是悬浮生长的活性污泥法与附着生长的生物膜法相结合的一种工艺，该工艺很好地解决了附着生长工艺易堵塞的缺点，具有很高的生物量，而且无需出水回流或是污泥回流。MBBR 工艺中的微生物几乎分布在反应器内部的各个部分，从而使得该工艺具有更高的处理效率。采用 MBBR 工艺去除废水中的含氮污染物时，一般首先经过前一反应器达到污染物去除和硝化的双重作用，之后再经过缺氧或厌氧反硝化过程来实现生物脱氮过程。

5.8.1　MBBR 工艺原理

MBBR 工艺充分借鉴了生物接触氧化工艺和生物流化床工艺的优点，同时克服了接触氧化法生物填料易堵塞、易发生短流等缺点，也解决了生物流化床工艺三相分离困难、动力消耗过高的问题，MBBR 工艺的工作原理与这两种工艺相比也有所不同。

图 5-13 为 MBBR 工艺工作原理示意。

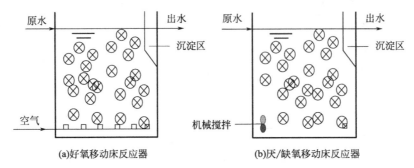

图 5-13　生物移动床工艺示意

生物移动床按照其运行环境不同可以分为好氧移动床和厌氧（缺氧）移动床两类。在好氧条件下，进行曝气操作后，生物填料随着水流依靠气泡的上升推动作用在反应器中流动，当气流通过填料间的空隙时大气泡被分割成小气泡，提高了生物膜与氧气的接触面积，进而提高了氧气的传递效率。在厌氧（缺氧）条件下，水中的生物填料在机械搅拌器的作用下可以在反应器内循环流动，使生物膜和被处理的污染物充分接触，最终提高反应器的降解效果。

5.8.2　MBBR 中的生物填料

生物填料是 MBBR 工艺的重要组成部分，是生物膜附着生长和微生物进行新陈代谢的重要场所，生物填料性能直接关系到 MBBR 系统的运行稳定性和处理效能，应用于 MBBR 工艺的生物填料通常应具备如下特点：

① 生物填料应具有较大的比表面积，能够存留更多的微生物，从而提高反应器的处理效能；

② 生物填料需要有较高的机械强度，避免水力剪切作用和相互碰撞作用而使得生物填料受到损伤，进而影响生物膜的活性；

③ 生物填料应该具有很强的耐腐蚀性和化学稳定性，可以避免废水中所含有的腐蚀性物质（如酸碱等）对生物填料的腐蚀，使得 MBBR 的运行效果受到影响；

④ 生物填料的密度应略小于水，使得填料流动时对水流阻力小，有利于生物填料在反应器中循环流动；

⑤ 对于微生物的生长和增殖没有抑制作用；

⑥ 价格低廉，容易制得。

目前，生物填料常用的材料是聚乙烯、聚丙烯塑料等，其密度通常在 $0.92\sim0.97g/cm^3$ 之间。

5.8.3　MBBR 系统

图 5-14 为连续试验试验装置的工艺流程图。

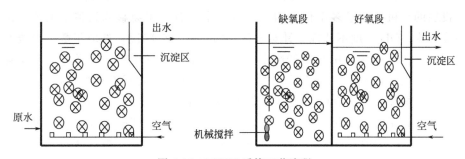

图 5-14　MBBR 系统工艺流程

MBBR 系统的进水采用蠕动泵打入前置 MBBR 的底部。前置 MBBR 的外形为圆柱形，底部曝气装置的进气口设置有气量调节阀门，可以通过控制进入反应器的气量来控制反应器内部的 DO 浓度。前置 MBBR 的出水依靠重力作用流入后置 MBBR 的缺氧段，水流由顶部在进水挡板的作用下流入缺氧反应器的底部，之后上清液依靠重力作用流入好氧段，底部设置曝气装置，废水经其上部的出水口流出。各反应器内部均安置可控温的加热棒。好氧 MBBR 依靠底部的曝气装置使填料在反应器内流动，而缺氧 MBBR 采用搅拌器使得填料在反应器内流动。MBBR 工艺的核心部分是生物填料，因此其填料填充比是 MBBR 工艺性能的重要影响因素。有人研究了不同的填充比（10%～75%）对于 MBBR 处理效能的影响，认为 50% 是比较合适的。本试验中综合考虑到反应器内的生物量以及生物填料在反应器内的流动性，选取好氧和缺氧 MBBR 工艺的填料填充率分别为 50% 和 40%。

5.8.4　试验用水

试验所采用的煤制气废水的主要水质指标如表 5-23 所列，试验采用的甲醇生产废水的主要水质指标如表 5-24 所列。

表 5-23　煤制气废水主要水质指标

COD/(mg/L)	总酚/(mg/L)	NH_4^+-N/(mg/L)	SCN^-/(mg/L)	TN/(mg/L)	pH 值
1712～2340	342～187	182～259	96～146	242～362	6.5～7.5

表 5-24　甲醇生产废水主要水质指标

COD/(mg/L)	SS/(mg/L)	TN/(mg/L)	pH 值	主要污染物质
4000～20000	250～350	35～55	5.6～8.5	甲醇、乙醇、正丙醇、异丙醇、2-丁醇、石蜡

5.8.5　MBBR 系统稳定运行全程硝化反硝化脱氮效能

考察 MBBR 系统在连续运行时全程硝化反硝化生物脱氮效能的稳定性具有很重要的实际意义。在稳定运行阶段系统的进水 COD 浓度维持在 1000mg/L 左右，并维持系统的进水水质相对稳定，废水在前置 MBBR 内的 HRT 稳定在 48h 左右。

另外，后置反硝化工艺中的缺氧段中有机碳源的投加量是影响该后置反硝化工艺运行效果的重要指标。投加的有机碳源过少会影响反硝化的效果,进而会影响总氮的去除效能;投加的有机碳源过多不仅会增加运行成本,而且还会影响到整个工艺的出水水质,造成出水 COD 浓度不达标。针对气化厂的实际生产状况,选取甲醇生产废水作为 MBBR 系统的外加碳源,甲醇生产废水中含有一定浓度的甲醇,甲醇作为反硝化碳源具有比较高的反硝化速率,而且废水中含有的其他污染物均具有很好的可生物降解性,与此同时,甲醇废水中含有的含氮类污染物浓度很低,因此不会对系统的脱氮效能产生影响。本试验在系统稳定运行的前提下,通过投加不同比例的甲醇废水(甲醇废水的 COD 浓度∶前置 MBBR 出水的 NO_3^--N 浓度)来研究适宜的甲醇废水投加量,为维持系统稳定高效的生物脱氮效能提供适宜的运行参数。

5.8.5.1　污染物的去除效能

从第 27 天到第 81 天,维持系统进水的水质相对稳定,MBBR 系统各部分进出水污染物浓度以及系统对于各污染物的平均去除率如表 5-25 所列。

表 5-25　稳定运行阶段污染物去除效能

水质指标	前置 MBBR 进水	前置 MBBR 出水	后置 MBBR 缺氧段出水	后置 MBBR 好氧段出水	平均去除率/%
COD/(mg/L)	1011.9	273.4	295.8	252.5	75.01
总酚/(mg/L)	213.7	31	28.9	16.1	92.38
NH_4^+-N/(mg/L)	105	17.4	16.9	5.8	94.39
SCN^-/(mg/L)	61.3	8.6	8.5	1.8	97.01

在一定程度上,系统对于废水中有机污染物的去除状况可以用 COD 的去除情况来衡量。在平稳运行阶段,前置 MBBR 出水的 COD 浓度在 257.9～288.4mg/L 之间波动,其出水的平均 COD 浓度为 273.4mg/L。后置 MBBR 缺氧段出水的 COD 浓度由 250.1mg/L 逐步上升到 391.3mg/L,而且其出水 COD 标准偏差也比较大(50.4mg/L),由此可以看出后置 MBBR 缺氧段出水的 COD 浓度波动较大,这主要是由于所投加的甲醇废水过量而引起的。后置 MBBR 好氧段出水 COD 的平均值为 252.5mg/L,同时标准偏差比较小(6.6mg/L),所以尽管其缺氧段出水 COD 逐渐增加,但好氧段出水的 COD 浓度相对平稳。因此,在缺氧反应器的后段增设好氧段可以有效避免过量的外加碳源对于出水 COD 浓度的影响。另外,系统对于 COD 的平均去除率可以维持在 75% 左右。

MBBR 系统的全程硝化反硝化脱氮过程对于总酚具有比较好的去除效果,当总酚的平均进水浓度为 214mg/L 时,系统对总酚的去除率可以维持在 93% 左右。前置 MBBR 出水中总酚的浓度在 31mg/L 左右,并且波动比较小。后置 MBBR 缺氧段出水的总酚浓度与前置 MBBR 出水的总酚浓度相比略微下降（平均出水总酚浓度为 28.9mg/L），这说明在后置 MBBR 缺氧段中可以转化一部分的酚类污染物。但是，其对于酚类污染物的去除维持在较低的水平，这主要是由于外加的甲醇废水更容易被反硝化菌所利用，从而降低了结构更加复杂的酚类物质用作有机碳源的可能性。后置 MBBR 好氧段对于前置 MBBR 出水所残存的酚类物质具有比较明显的去除效能，其平均出水的总酚浓度可以降低到 16.1mg/L。

平稳运行过程中系统的进水 NH_4^+-N 和 SCN^- 的平均浓度分别为 105mg/L 和 61.3mg/L，系统对于 NH_4^+-N 和 SCN^- 的去除率分别可以达到 94.4％ 和 97％ 左右。由表 5-25 可以看出，废水中的大部分 NH_4^+-N 和 SCN^- 主要在前置 MBBR 中被去除，其出水平均浓度分别为 17.4mg/L 和 8.6mg/L，而且前置 MBBR 出水的 NH_4^+-N 和 SCN^- 的浓度波动比较小，这说明前置 MBBR 对于废水中的含氮污染物具有相对稳定的去除效能。后置 MBBR 缺氧段对于 NH_4^+-N 和 SCN^- 没有明显的去除效果，其出水的平均浓度分别为 16.9mg/L 和 8.5mg/L。后置 MBBR 好氧段对于 NH_4^+-N 和 SCN^- 具有一定的去除效果，其出水平均浓度分别下降到 5.8mg/L 和 1.8mg/L。

5.8.5.2 全程硝化效能及外加碳源适宜比例研究

对于后置反硝化工艺来说，其前段硝化反应器能否达到稳定高效的硝化效能是 TN 去除效能的关键影响因素。煤制气废水中含有多种对于硝化过程有抑制作用的有毒有害物质，硝化工艺的硝化性能通常受到废水中有毒物质的抑制而影响到 TN 的去除效能。因此，研究前置 MBBR 工艺在去除废水中污染物的同时，能否实现稳定的硝化效能是至关重要的。

结果发现，可以看出前置 MBBR 出水的 NO_3^--N 浓度相对平稳，其数值在 91.4～110.8mg/L 之间波动，而且其出水中所含的 NO_2^--N 浓度均低于 2mg/L。因此，前置 MBBR 可以比较稳定地实现全程硝化作用，为后段缺氧段提供较平稳的进水水质，也为有机碳源投加比例的研究提供了合适的条件。

通过控制甲醇废水投加泵的流量来使得进入后置 MBBR 缺氧段甲醇废水 COD：NO_3^--N 比值分别在 2∶1、4∶1 和 6∶1 左右。当甲醇废水 COD：NO_3^--N 的比值为 2∶1 时，后置 MBBR 缺氧段出水的 NO_3^--N 浓度逐渐下降到 60mg/L 左右；当甲醇废水 COD：NO_3^--N 的比值提高到 4∶1 时，后置 MBBR 缺氧段出水的 NO_3^--N 浓度逐渐下降到 20mg/L 左右；甲醇废水 COD：NO_3^--N 的比值提高到 6∶1 后，其出水的 NO_3^--N 逐渐下降到 1mg/L 以下。由上述试验过程可以得出，投加甲醇废水的 COD：NO_3^--N 比值在 6∶1 时可以满足后置 MBBR 缺氧段完全反硝化的要求。另外，当甲醇废水 COD：NO_3^--N 比值在 6∶1 时，缺氧段出水的 COD 浓度有明显的提高，这说明此时投加的甲醇废水已经过量。因此，综合考虑上述的试验结果，确定甲醇废水适宜的投加比例为甲醇废水 COD：NO_3^--N＝5∶1。

另外，在甲醇废水投加量比较小时（甲醇废水 COD：NO_3^--N＝2∶1），后置 MBBR 缺氧段出水产生了比较明显的 NO_2^--N 积累现象，这主要是由有机碳源缺乏而引起的。随着甲醇废水投加比例的增加，后置 MBBR 缺氧段出水的 NO_2^--N 浓度逐渐下降，

最后其出水的 NO_2^--N 浓度低于 1mg/L。后置 MBBR 好氧段出水的 NO_2^--N 浓度始终在 1mg/L 以下，由此可见，缺氧段后段增设好氧段可有效去除由于反硝化过程有机碳源不足而导致的 NO_2^--N 积累，避免较高浓度的 NO_2^--N 排入水体，对水体产生一定程度的负面影响。

5.8.5.3 TN 的去除效能

在平稳运行过程中，系统进水的 TN 浓度在 129.8～156.7mg/L 的范围内波动，前置 MBBR 出水的 TN 浓度与进水相比有小幅下降。煤制气废水中含有多种含氮类有机和无机污染物，在曝气条件下一部分的含氮污染物可以通过吹脱作用而被去除，进而会使得前置 MBBR 对于废水中的 TN 有一定的去除效能。另外，在好氧生物膜反应器中通常会由于存在氧气传质阻力而使得生物膜内部呈现缺氧状态，从而使得反硝化菌有了适宜的生存环境，导致反应器内 TN 的损失。在本试验过程中，前置 MBBR 处于充分曝气条件下，其内的 DO 浓度始终控制在 4mg/L 以上，从而强化了氧气向生物膜内部的传质作用，使得生物膜内部的反硝化作用受到比较强的抑制。因此可以推测 R1 内 TN 的损失主要是由曝气吹脱作用引起的。

随着后置 MBBR 缺氧段投加的甲醇废水的比例的增加，其出水的 TN 浓度呈阶梯状下降，当甲醇废水 $COD：NO_3^--N=6：1$ 时，缺氧段出水的 TN 浓度可以下降到 23mg/L 左右。后置 MBBR 好氧段对于 TN 只有很微弱的去除效果，这主要是由于废水中大部分可被曝气吹脱的物质均在前置 MBBR 中通过吹脱和生物降解作用被去除，而且后置 MBBR 好氧段处于充分曝气状态，其生物膜内部的反硝化作用同样受到很强烈的抑制。在平稳运行后期，后置 MBBR 出水的 TN 浓度在 19mg/L 左右，系统对于 TN 的去除率可以达到 85%。

在进水水质比较稳定的情况下，MBBR 系统可以在去除煤制气废水中大部分污染物的同时，维持稳定的硝化率和 TN 去除率，因此系统可以实现稳定的全程硝化反硝化生物脱氮过程。甲醇废水适合充当反硝化过程所需要的有机碳源，后置 MBBR 好氧段的设置可以起到稳定出水水质的目的，而且还可以进一步降低废水中残存的污染物。

5.9 耐污膜生物反应器的开发与应用

膜生物反应器（MBR）是一种将膜分离单元与生物处理单元相结合的新型水处理设备，用高效膜分离代替传统生物处理中的二沉池，具有污染物去除效率高、出水水质好、生物反应器内的微生物浓度高等优点。MBR 反应器的一种结构组成是生物反应器外加膜过滤组件，通过系统循环活性污泥，渗透液可通过膜被抽出。除此之外，膜也可以放在生物反应器内，反应器内进行的曝气可以减少膜污染。膜生物反应器作为一种新型的高效污水处理技术，日益受到各国水处理技术研究者的关注。

5.9.1 MBR 的原理

MBR 是集生物反应器的生物降解和膜的高效分离于一体的新型高效污水生物处理

工艺。其工作原理是污水中的有机污染物由存在于反应器里的好氧微生物进行降解，与此同时硝化细菌转化污水中的 NH_4^+-N。

以膜组件取代传统生物处理技术末端的二沉池进行固液分离，使生物反应器内保持较高的活性污泥浓度，提高生物处理有机负荷，从而减少污水处理设施占地面积，并通过保持低污泥负荷减少剩余污泥量。

膜生物反应器具有高效的截留作用，可保留世代周期较长的微生物，同时硝化菌在系统内能充分繁殖，硝化作用明显，最终实现对污水的深度净化。MBR 工艺中的膜分离技术极大地强化了生物反应器的功能，比传统的生物反应器效率更高，同时具有耐冲击负荷、出水水质好、占地面积小、排泥周期长、易实现自动控制、运行管理简单等优点，是目前最有前途的污水回用处理技术之一。

图 5-15 所示为膜生物反应器工作原理示意。

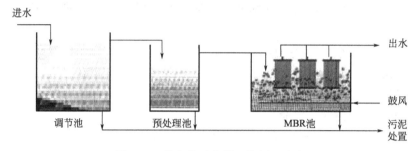

图 5-15 膜生物反应器工作原理示意

5.9.2 MBR 的特点

（1）出水水质良好稳定，可直接回用

膜分离技术可实现高效的固液分离，同时截留废水中的悬浮物质和胶体物质，系统硝化效率高，膜组件可以拦截去除大部分致病菌，减少药剂用量，具有较高的水质安全性。

（2）占地面积小，容积负荷高，水力停留时间短

MBR 由于采用了膜组件，不需要沉淀池和专门的过滤单元，因而占地面积较小，并且无污泥上浮或污泥膨胀等沉降性问题。系统中可维持 MLSS 较高浓度，并具有较强的抗冲击负荷能力，处理高浓度有机废水效果显著。同时，污泥龄提高，相对 HRT 可大为减少，处理池中难降解的大颗粒物质可以充分反应而降解。因此，膜生物反应器通过膜分离技术可最大限度地强化生物反应的功能。

（3）排泥周期长

在生物内源代谢作用下污泥剩余量少，能耗和操作运行费用低，易于自动化控制。膜生物反应器能将污泥完全截留在生物反应器内，理论上可实现污泥"零排放"；MBR 中经膜的过滤作用可去除细菌、病毒等有害物质，显著节省加药消毒所带来的长期运行费用，且不需加入絮凝剂，运行成本明显降低。MBR 的间歇性运行方式及对氧的高利用效率，使其大大减少了曝气设备的运行时间和用电量。

（4）MBR 膜设备结构简单

可以一体化组装，实现了集约化、小型化、自动化，并可就地处理、回用中水。

（5）MBR 存在的主要问题

膜污染和堵塞问题，给操作管理带来不便，尚需要研发高效的膜清洗技术。此外，膜制造成本偏高，膜生物反应器的基建投资相对较高。

5.9.3 PTFE-MBR 工艺特点

MBR 通过膜分离作用达到泥水分离效果，是生化处理工艺得以稳定运行的关键保障。但长久以来，众多膜材质制备的膜组件易断丝、寿命短、不耐油，这些因素阻碍了 MBR 在煤化工废水中的应用与发展。

因此，在膜组件选择上，必须具有较高的强度，不断丝，保证出水水质稳定；膜的抗污染性好，污泥浓度高，清洗频率低；耐油、耐有机溶剂、强酸、强碱，膜通量易恢复。

PTFE 为聚四氟乙烯，即特氟龙，俗称"塑料王"，将其应用于膜组件上，PTFE-MBR 材质相比传统的聚偏二氟乙烯（PVDF）材质的 MBR 膜有着质的飞越，PTFE-MBR 拥有以下几个显著特点。

（1）不断丝、不跑泥、寿命长

PTFE-MBR 膜丝抗拉强度可达 160MPa，由于超强抗拉伸能力，PTFE-MBR 解决了在煤化工废水中断丝跑泥的问题，出水水质稳定，PTFE 膜质量保证 5 年，寿命较长。

（2）永久亲水性、抗污染能力强

MBR 具有永久的亲水性，其亲水基亲水角接近 0°。膜组件独有的 U 形设计，具有"有效曝气"的功能，大大加强了膜组件的抗污染能力，如山西某煤化工废水处理项目，膜组件清洗周期约为 40 天。

（3）耐强酸强碱、耐油

PTFE 具有极稳定的化学特征，可以在 30% 的酸或者碱性条件下正常运行。当 MBR 膜被污染或被煤化工废水中油性物质污堵时，可用强酸、强碱对膜进行清洗，清洗后膜组件通量恢复率可达 100%。

PTFE-MBR 膜与 PVDF-MBR 膜组件性能对比见表 5-26。

表 5-26 PTFE-MBR 膜与 PVDF-MBR 膜组件性能对比

名称	PTFE-MBR 膜	PVDF-MBR 膜
使用寿命	质保 5 年,寿命 10 年以上	质保 1 年,寿命 2～3 年
污泥质量浓度/(g/L)	20～30	2～8
抗拉强度/MPa	160	50
化学耐药性	可用强酸、强碱清洗,通量恢复彻底	pH＝2～12,通量有衰减
清洗通量恢复/%	＞98	80
产水水质	不断丝,水质更有保障	断丝、影响产水水质
保存方法	可干式保存、便于停机储存	必须湿法保存

名称	PTFE-MBR 膜	PVDF-MBR 膜
抗污染性能	很好	一般
亲水性	永久亲水	亲水基容易流失
生化系统负荷	污泥浓度高,生化系统负荷提高1倍,整体投资减少	污泥浓度低,负荷提升空间不大
抗风险性	耐油、耐有机溶剂、避免风险	油、有机溶剂会对膜造成致命伤害,而且通量无法恢复

由表 5-26 可知,从投资成本角度考虑,PTFE 膜通量是 PVDF 的 2 倍,寿命是 PVDF 的 3 倍以上,同时考虑到生化池容积可以做小,整体投资是 PVDF 膜的 70%;从运行维护角度考虑,PTFE 膜运营维护简单,膜的抗拉强度大,耐药性好,寿命长,更换次数少,同时也可以减少人工更换维护等需要的劳动力;从对后续深度处理影响角度考虑,PTFE 产水水质较好,对后续 RO 等深度处理影响小,能够减少深度处理成本,延长深度处理设备成本。

5.9.4 PTFE-MBR 膜系统

鉴于 PTFE 材质优良的特性,将 PTFE 引入膜生物反应器系统中,开发出独有的 PTFE-MBR 系统,该系统具有"一个简便""两个 2 倍""三个百分百""四个百分比优势"的系统优势。

(1) 一个简便

清洗维护简便,无需浸泡,简单地将膜丝暴露在空气中,通过在线维护方式,单人操作,3h 即可完成清洗过程。

(2) 两个 2 倍

① 优越的亲水性和抗污染性,底部 U 形设计,使得污泥浓度可达到 PVDF 膜的 2 倍以上,系统负荷能力明显提高;

② 近 10 倍的抗拉强度,寿命是 PVDF 膜的 2 倍以上。

(3) 三个百分百

① 特有的三维立体网状结构和质保 5 年无断丝,保证产水水质 100%稳定;

② 亲水基团与膜材质以化学键的形式有机结合,正常清洗不会流失,可干式保存,100%永久亲水性;

③ 超强的化学耐受性,能抗强酸、强碱,对膜通量几乎 100%的恢复率。

(4) 四个百分比优势

① 85%以上的开孔率以及超强亲水性,膜通量比 PVDF 膜高 30%以上,底部 U 形结构,高效曝气,运行能耗相比 PVDF 膜节省 30%以上;

② 膜通量大,选用膜组件少,高密度填充,系统占地相比 PVDF 膜可节省 40%以上;

③ 生化系统污泥浓度高,活性污泥在生化系统曝气过程中大量消解,生化系统污

泥产生量较低，相对 PVDF 膜污泥减少近 50%；

④ 生化系统高污泥浓度，从而使系统负荷高，运行稳定，抗污水冲击性强，同样容积的生化系统可处理更多的污水，生化负荷相比 PVDF 膜提升近 60%。

5.9.5 PTFE-MBR 系统在煤化工废水处理中的应用

山西某无烟煤矿业集团公司污水主要以煤制油废水为主，污水站每天处理煤化工废水量为 1200t。

其工艺流程见图 5-16。

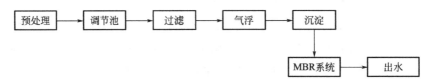

图 5-16 煤制油废水处理工艺流程示意

该污水处理厂原有 MBR 膜系统，采用 PVDF 材质的膜组件，因受 PVDF 膜自身材质限制，废水排放不达标，现更换为 PTFE-MBR 膜系统，清洗周期约为 40 天，系统正常运行产水，产水水质正常。

废水处理效果见表 5-27。

表 5-27 某无烟煤矿业集团煤制油废水进出水水质

水样	原水	MBR 进水	MBR 出水
COD_{Cr}/(mg/L)	≤2000	500～1000	100～200

该 PTFE-MBR 系统运行 1 年，各出水指标平稳，COD、NH_4^+-N 均满足排放要求。该系统清洗周期约为 40 天，清洗之后通量恢复 100%，并未出现断丝与通量衰减等现象。

MBR 将膜技术与传统废水生物处理技术有机结合，大大提高了固/液分离效率；此外，由于曝气池中活性污泥浓度的增大和污泥中特效菌（特别是优势菌群）的出现，提高了生化反应速率。FTFE-MBR 膜的出现解决了传统 PVDF-MBR 寿命短、运行条件苛刻、通量衰减快等缺点，充分克服了 MBR 膜在煤化工废水和高难度废水中使用造价高、维护难等问题，其应用将成为煤化工行业废水处理过程的主要发展趋势。

5.10 气态膜法废水脱氨工艺

膜吸收技术是利用疏水微孔膜将气、液两相分隔开来，膜孔具有较大的接触面积，提供气、液两相传质的界面，是一种全新且有效的接触传质方法。

与传统吸收过程比，膜吸收技术具有以下优点：

① 中空纤维膜或毛细管膜具有较高的填充密度，膜面积大，即可以提供较大的气液传质界面（相同体积的膜组件能提供比传统的吸收塔大 30 倍的接触面积）。

② 气液两相相互独立，气、液两相的界面是固定的，分别存在于膜孔的两侧表面处，不需混合分散。流体流速对接触面积没有影响。

③ 气、液两相流动互不干扰，可以适应较为宽泛的流量范围，不会造成吸收液的液泛、沟流及雾沫夹带等现象发生。

④ 膜组件易于实现缩放，增加膜面积就能实现气液传质面积的线性放大。

⑤ 气相和液相流体的接触面积可知且固定不变，设计时比传统接触设备更易预测传质分离效果。

⑥ 传质效率大大高于传统吸收塔。

气态膜吸收技术也存在一些缺点需要进行深入研究与改进，包括膜的传质阻力较大，不稳定；膜吸收过程中亲水化易导致膜孔堵塞，通量降低；膜的使用寿命有限等。但综合对比，膜吸收的整体性能明显优于传统吸收塔，如若能够采取措施使膜吸收装置的阻力最小化，选择化学稳定性较好的膜材料减少膜的污染，延长其使用寿命，其性能更会进一步提高。因此膜吸收装置吸引了国内外许多学者进行理论和实践应用方面的研究。

5.10.1 膜吸收技术处理含氨废水的原理

膜吸收技术处理含氨废水的原理如图 5-17 所示，疏水性微孔膜把含氨废水和 H_2SO_4 吸收液分隔于膜的两侧，通过调节废水的 pH 值，使废水中离子态的 NH_4^+ 转变为分子态的挥发性 NH_3。

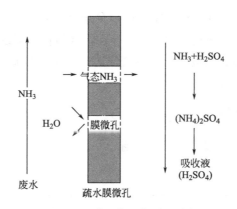

图 5-17　膜吸收工作原理示意

膜吸收法除去 NH_3 的过程可分为 3 个阶段：

① 在膜两侧 NH_3 浓度差的推动下，废水中的 NH_3 在废水-微孔膜界面汽化挥发；

② 气态的 NH_3 沿膜的微孔迁移扩散到膜的另一侧；

③ 气态 NH_3 在吸收液-微孔膜界面上被 H_2SO_4 吸收，并反应生成不挥发的硫酸铵而被回收。

废水中挥发性物质在膜吸收过程中传递的总传质阻力包括三个部分，即废水侧边界层阻力 $1/K_f$、膜阻力 $1/HK_m$ 和吸收液边界层阻力 $1/K_a$，其数学表达式为：

$$1/K = (1/K_f + 1/HK_m + 1/K_a) \tag{5-7}$$

式中　K——总传质系数，cm/s；

K_f——溶质通过废水的传质系数，cm/s；

K_a——溶质通过吸收液的传质系数，cm/s；

K_m——溶质通过膜的传质系数，cm/s；

H——挥发性物质在进水和膜微孔中的气相间的分配系数。

由于氨与硫酸发生化学反应生成稳定化合物硫酸铵，液相传质边界层的传质阻力 $1/K_a$ 可以忽略，当膜材料确定后，挥发性物质在膜吸收过程中的传质速率主要受废水侧边界层阻力 $1/K_f$ 控制。上式可简化为：

$$1/K = 1/K_f \qquad (5-8)$$

膜吸收的传质方程为：

$$\ln(C_0/C_t) = KAt/V \qquad (5-9)$$

式中　C_0——废水中挥发性物质的起始浓度，mg/L；

C_t——废水中挥发性物质的 t 时刻的瞬间浓度，mg/L；

K——挥发性物质的传质系数，cm/s；

A——膜面积，cm^2；

V——含氨废水的体积，mL。

通过测定不同时刻废水中挥发性物质的浓度，用 $\ln(C_0/C_t)$-t 作图，可得到一条直线，由直线的斜率 B 即可求得挥发性物质的传质系数：

$$K = BV/A \qquad (5-10)$$

如上所述，通过调节 pH，氨在废水中以分子态 NH_3 形式存在，具有挥发性，而在吸收液中的氨则是以离子态的 NH_4^+ 形式存在，这种特征可以使废水中的氨能够通过存在形态的改变和转换不断由废水向吸收液传递，直到全部被硫酸中和为止，最终在吸收液中获得高度浓缩的 $(NH_4)_2SO_4$。

5.10.2　试验装置与流程

本案例的试验装置及流程如图 5-18 所示。

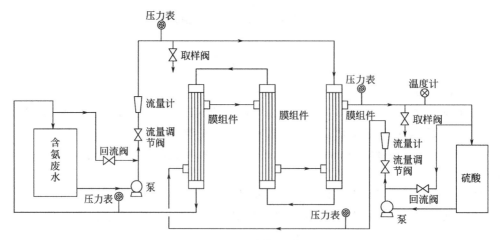

图 5-18　试验装置流程

实验采用双循环流程，即含氨废水在膜内侧循环（称为管程），吸收液（H_2SO_4 溶液）在膜外侧循环（称为壳程）。废水储槽中的含氨废水通过泵的作用进入中空纤维膜组件内侧，废水中的氨经膜孔扩散到膜的外侧，废水仍流回储槽。吸收液从吸收液储槽通过泵的作用进入膜组件外侧的管壳内，在管壳内沿着膜纤维外壁与原液逆向流动，吸收了从膜另一侧扩散过来的氨后回流至储槽。

5.10.3 膜吸收脱氨过程传质影响因素分析

聚偏氟乙烯材质的中空纤维膜被应用于膜吸收法废水脱氨。聚偏氟乙烯是一种新型高分子功能材料，耐高温、化学稳定性好、室温条件下不易受酸、碱和氧化剂腐蚀，应用于膜吸收工艺具有很好的工业应用前景。

5.10.3.1 操作参数对脱氨过程中传质的影响

（1）膜两侧液体流速对传质的影响

1）含氨原料液流速对传质的影响

试验研究表明，原料液流速增大，传质系数明显增加，提高了 30%。这主要是由于原料液流速升高可使原料液侧边界层的厚度减小，浓差极化减弱，增加了原料液-微孔膜界面上氨的浓度。而膜两侧的浓度差正是主要的传质推动力。在适宜的操作范围内，在较高流速下（0.25m/s），氨的去除率高达 98%。

2）硫酸吸收液流速对传质的影响

试验结果表明，随着硫酸吸收液流速的增加，传质系数略有下降，降低了 9.2%，而跨膜压差降幅很大，说明流速的变化明显影响膜两侧的压差，但对传质系数影响较小。这是因为硫酸与氨快速反应生成稳定的化合物，吸收液侧阻力相对于膜和原料液侧阻力可以忽略；跨膜压差虽然变化很大，但它并不是传质的主要推动力，所以硫酸吸收液对传质系数影响很小。

（2）膜两侧液体温度对传质的影响

1）含氨原料液温度对传质的影响

膜吸收法处理氨时温度对传质速度的影响显著，当原料液温度由 18.7℃ 增加至 30℃ 时，氨的传质系数 K 提高了 48%。这是由于温度升高，氨的蒸气分压明显增加，提高了传质推动力，氨去除率则从 92% 提高到 98%。

2）硫酸吸收液温度对传质的影响

硫酸吸收液温度由 18.5℃ 升高至 30℃，传质系数提高了 10%，相对于原料液温度的影响，吸收液的温度对传质的影响不大。此外，试验发现原料液侧进出口温差随硫酸温度的升高而升高，硫酸温度提高 11℃，原料液侧进出口温差提高 2℃。这是由于在传质的过程中热量可以通过膜发生传递引起。正是由于膜两侧在传质过程中发生热交换，硫酸吸收液温度变化间接影响原料液温度，从而导致传质系数的变化。

（3）膜两侧液体 pH 值对传质的影响

1）含氨原料液 pH 值对传质的影响

随着 pH 值的上升，传质系数 K 值先快速升高，当 pH 值增大到一定程度时 K 值上升变缓。原料液 pH 值由 8.5 升高到 12.4，传质系数提高了近 4 倍，NH_3 的去除率提高近 35%，NH_3 在水溶液中的电离平衡导致了此结果，由以下反应式可知，提高 pH 值，OH^- 浓度增大，平衡方程向生成氨分子的方向偏移，有利于生成氨气，从而提高膜两侧氨气的蒸汽压差，提高传质推动力：

$$NH_4^+ + OH^- \rightleftharpoons NH_3 + H_2O$$

表 5-28 是用电离平衡计算得到的不同 pH 值条件下 0.265mol/L NH_3 和 0.265mol/L NH_4^+ 浓度比，由试验数据可知随着 pH 值的升高，NH_3 在溶液中所占的比例越来越大，当 pH 值为 10.5 左右时，分析浓度和实际浓度比较接近，当 pH 值大于 11 时基本一致，因此操作过程调节 pH 值高于 10.5。

表 5-28　不同 pH 值下 NH_3 和 NH_4^+ 浓度比

pH 值	NH_3/(mol/L)	NH_4^+/(mol/L)	NH_3/NH_4^+
8.00	0.01400	0.25100	0.06
9.00	0.09500	0.1700	0.60
9.25	0.13250	0.13250	1.00
10.20	0.23850	0.02650	9.00
10.50	0.25070	0.01430	17.50
11.00	0.26030	0.00470	55.60
11.50	0.26350	0.00150	175.40
12.00	0.26450	0.00050	555.60
13.00	0.26495	0.00005	5623.00

2）硫酸吸收液 pH 对传质的影响

硫酸吸收液的 pH 值由 0.5 升高到 3，氨的传质系数稳定在 1.6×10^{-5} cm/s，pH 值大于 3 时传质系数下降最后稳定在 0.7×10^{-5} cm/s，氨的去除率也有类似变化，从 99% 下降到 85%。试验结果显示，在运行初期，硫酸吸收液一侧进料口的 pH 值大于 3 时出料口的 pH 值大于 8。这说明，pH 值过高时，从膜内侧扩散过来的氨不能完全被硫酸吸收，有一部分氨会溶解在吸收液里，这样在吸收液侧也存在氨的电离平衡，气态氨分子的存在减小了膜两侧的浓度差，即减小了传质推动力，导致传质系数降低。

（4）原料液含氨浓度对传质的影响

氨水初始浓度由 400mg/L 升高到 14000mg/L 时，传质系数下降了 50%，去除率下降了 30%。这可能是由氨在水中的缔合作用导致的，浓度越高，缔合作用越强，表现出的传质系数和去除率都减小。

5.10.3.2　膜及膜组件参数对传质的影响

（1）膜组件的装填密度对传质的影响

在其他条件不变的情况下，膜组件的装填密度由 2.7% 增至 43% 的过程中，传质系数和氨的去除率随着装填密度的增大而增加；此后，随装填密度增至 55%，去除率继续缓慢增加，而传质系数减小。

当装填密度由 2.7% 增加至 21% 的过程中，传质系数增加较快，这是因为装填密度较小时，膜丝之间间距较大，相互影响较小，壳程流体流态主要是轴向层流。随着装填密度的增大，膜丝间距变小，相互干扰加剧，局部会出现紊流，随着装填密度增大紊流不断加强，这种情况下避免了原有的由膜丝在组件内分布不均而出现的流体死角区，提高了传质效率。

当装填密度由 21% 增加到 43% 时，传质系数增加变缓。这是由于装填密度增大导致了流体流动过程中出现的死角区变大，有效传质面积越小。此阶段影响传质系数的主导因素仍然是流体的紊动状态对流体死角区的抑制，死角区的不断扩大不利于传质过程，因此传质系数增加变缓。

当装填密度继续增加至 55%，流体死角区不断增加，成为影响传质系数的主导因素，传质系数减小。同时，氨去除率随着装填密度的增大而增加，达到 99.9%。这是因为随着装填密度的增大，虽然有效传质面积占总传质面积的比例下降，但有效传质面积仍然比原来大，因而去除率不断提高。

（2）膜组件的长度对传质的影响

在其他条件不变的情况下，膜组件长度增加了 5 倍，传质系数减小了 32%，且趋势减缓，而氨的去除率则提高到 99.9%。不改变初始氨水浓度和 pH 值，进行深入研究，测定膜组件出口处的氨水浓度和 pH 值，结果显示，对于不同长度的膜组件，出口 pH 值相差小于 1%，而氨水浓度降低了 20%。

氨水流入膜组件以后，不断有氨分子透过膜扩散到吸收液侧被迅速吸收去除，因此氨水流动过程中氨的浓度会不断降低。因为膜吸收脱氨的传质推动力是膜两侧氨的浓度差，料液侧氨浓度减小导致传质推动力减小，因此单位膜面积上的传质推动力长组件比短组件要小，最终导致传质系数减小。虽然传质效率有所降低，但长组件具有更大的膜表面积，因而提供了更充分的传质界面，所以氨的去除率可以高达 99.9%。

（3）膜丝内径对传质的影响

在其他条件不变的情况下，传质系数随膜丝内径的增大而增加，当膜丝内径增大 1 倍（0.6～1.2mm），传质系数提高了 62.5%。这是因为在不同膜丝内径条件下，原料液流动的雷诺数发生了变化。雷诺数的计算由下式表示：

$$Re = du\rho/\mu \tag{5-11}$$

式中　Re——雷诺数；

　　　d——膜丝内径，m；

　　　u——膜内侧流速，m/s；

　　　ρ——流体密度，kg/m^3；

　　　μ——环动力黏度，kg·m/s。

流体流速不变的情况下，膜丝内径增大，雷诺数也随之增大，流体的湍流状态更为明显，从而使含氨原料液-膜边界层厚度减小，传质阻力降低，提高了传质系数，传质系数的增速有加快的趋势。因此，在一定膜丝内径范围内（0.6～1.2mm），增大膜丝内径有利于提高膜吸收过程的传质系数。由实验结果可知氨的去除率也随着膜丝内径增加而提高，内径提高 1 倍，去除率提高 40%，达到 91.2%。

（4）膜丝壁厚对传质的影响

在其他不变的条件下，随着膜丝壁厚由 0.12mm 增大到 0.4mm，传质系数减小了 69％。经拟合可知，在此范围内传质系数与膜丝壁厚成线性递减关系。这是由于氨分子由膜的一侧扩散到另一侧时，膜的孔隙分布复杂，氨分子的微观运动方向可能会受到影响并发生改变，导致膜丝壁厚越大，传质阻力越大，进而导致传质系数减小。由实验结果可知氨的去除率随着膜丝壁厚增加而降低，壁厚从 0.12mm 增大到 0.4mm，氨的去除率降低了近 50％。

综上所述，含氨原料液侧的操作参数对传质的影响远大于硫酸吸收液侧对传质的影响。料液温度、流速和 pH 值的提高均可以促进传质系数的提高，氨的去除率最高达到 99％，而硫酸的温度、流速对传质影响相对较小。膜两侧液体的 pH 值对传质系数的影响都不容忽略，要得到较高的传质系数，原料液的 pH 值应大于 11，而吸收液的 pH 值应小于 4。

原料液浓度上升会引起氨的传质效率下降，原料液走壳程要优于走管程，可以获得更大的传质面积，有利于提高氨的去除率，增加膜的寿命，扩大膜的应用范围。就膜组件参数而言，存在一个最优的装填密度使传质系数最大，因此实际应用中应选择传质系数最大时的装填密度；膜组件长度的增加可以提高氨的去除率，但会导致传质系数的减小。就中空纤维膜结构参数而言，膜丝内径和壁厚对传质都有一定影响，在确保膜丝可纺性和不影响膜整体性能的前提下，减小壁厚、增大内径有利于提高传质效率。

5.11 煤化工废水萃取脱酚工艺与应用

煤化工行业中，煤制气、煤制兰炭、煤低温干馏提煤焦油、煤焦油加氢以及油页岩低温干馏等过程都产生高浓含酚废水。这些废水成分复杂，含有大量焦油、氰化物、酚类物质、NH_4^+-N、硫化物、多环芳烃、含氮杂环及粉尘类悬浮物等多种杂质，尤其酚类物质，每升含量可高达几千到几万毫克，对微生物毒性显著，不能直接用生化法进行处理。因此，需要采用适当的处理方法进行回收和预处理，减轻后续生物处理单元的负荷，其中溶剂萃取法是最常见的酚类回收方法。

萃取剂的选择是溶剂萃取法实际应用环节最重要的决定因素，萃取剂性质直接影响到萃取过程的能耗和物耗。筛选适当的脱酚萃取剂，优化萃取工艺参数，从而有效地回收废水中的酚类物质，具有重要的实际意义。

5.11.1 萃取剂的选择

本案例废水的基本水质指标如下：总酚含量 5410mg/L，其中挥发酚含量为 2750mg/L，COD 浓度为 20000mg/L，pH 值为 9~10，脂肪酸浓度约为 3120mg/L，总氨浓度为 6000~9000mg/L。废水酚含量高，种类繁多，还含有烷烃、酮类、胺类化合物和石油烃类有毒有害污染物质。

试验方法采用错流萃取工艺，首先将溶剂和废水混合并振荡 15min，静置 2h 后取样分析。分别选择烷基酮类物质 M105、30％磷酸三丁酯（TBP）-煤油、乙酸丁酯和二异丙醚作为萃取剂，考察不同萃取剂对脱酚效果的影响。试验结果表明，在 25℃，相比（R）＝1∶6 的条件下，M105、30％磷酸三丁酯（TBP）-煤油和乙酸丁酯三种萃取剂对废水中酚类物质的萃取效果相当，三级错流萃取后总酚浓度为 350mg/L 左右，其中挥发酚浓度降至 50mg/L 以下，COD 浓度降至 3000mg/L 左右。二异丙醚的萃取脱酚效果较差，三级错流萃取后，废水中的总酚浓度为 850mg/L，其中挥发酚为 180mg/L。

从萃取剂的再生方式考虑，TBP 和煤油的沸点较高（分别为 289℃和 150～250℃），且煤油的沸点与苯酚的沸点（182℃）接近，要用碱洗法回收萃取剂，回收的粗酚以酚钠形式存在，需再加酸使其转化成酚；乙酸丁酯在中性偏碱的煤气化废水中会发生皂化反应，促进其水解；而 M105 可采用精馏法进行再生，相对简单易行，可操作性强，因此，选择 M105 作为煤气化废水的酚萃取剂。试验结果表明，废水经 M105 一级萃取后酚被大量萃取，总酚浓度可降至 630mg/L。实际应用进行工艺流程设计时，为减轻萃取塔的负荷，可考虑在萃取塔之前串联静态混合器和油水分离器，以除去废水中的一部分酚类物质及焦油和固体悬浮物等。

5.11.2 萃取工艺参数的确定

5.11.2.1 pH 值

煤气化废水的 pH 值在 9～10 之间，本实验考察废水不同 pH 值对溶剂萃取脱酚效果的影响。试验结果表明，当 pH＞10 时，萃取效果随 pH 值的增大显著降低。这主要是因为酚类物质在偏碱性情况下发生离解，离子态酚在水中溶解度增大，因此，酸性或中性条件下更有利于含酚废水的萃取。然而，废水中含有大量的游离氨，加酸调节废水 pH 值，会与氨形成缓冲体系，影响调节效果。此外，实际废水水量很大（100t/h），加酸调节 pH 值，成本较高；萃取脱酚后还需加碱回收废水中的氨，因此采用加酸降低 pH 值是不可行的。尽管低 pH 值对 M105 萃取脱酚有利，但处理实际的煤气化废水时，不额外加酸调节 pH 值，仍然选择在 pH＝9～10 的条件下进行萃取。

5.11.2.2 温度

M105 萃取煤气化废水中酚类，考察温度对萃取效果的影响，试验结果显示，在 28～70℃之间，温度对 M105 萃取脱酚的影响不明显，酚萃取率都能达到 92％左右，这可能是因为该煤气化废水成分复杂，萃取过程中放热和吸热的相互抵消。实际废水进入萃取塔的温度在 50℃左右，因此 M105 萃取的工艺温度确定在 40～60℃之间。

5.11.2.3 相比

相比（R）是溶剂相与废水相的体积比。在萃取过程中，R 的选择影响萃取塔级数和萃余相的酚浓度，一般来说，R 越大，萃取塔的级数越低，萃余相的酚浓度也越低，但溶剂再生费用会随之增加。因此，R 值一般在满足工艺指标（酚浓度）和设备指标（萃取级数）的情况下越小越好。

试验考察不同相比对酚萃取效果的影响，结果显示，R＞1∶6 时，三级错流萃取后废水中的酚浓度在 400mg/L 以下。通常能耗随着相比的增大而增大，当 R＞1∶4

时，溶剂再生的能耗迅速增加。因此，综合考虑最终确定萃取 $R=(1:6)\sim(1:4)$。

5.11.2.4 萃取级数

三级错流萃取实验和互不相溶体系的多级逆流萃取有如下拟合萃取平衡关系式和物料平衡关系式：

$$y_n=0.949\exp(0.0166x_{n+1}) \tag{5-12}$$

$$y_{n+1}=x_n/R+(y_n-x_F/R) \tag{5-13}$$

式中　x——萃余相中酚浓度；

　　　y——溶剂相中酚浓度；

　　　R——相比；

　　　x_F——煤气化废水的初始酚浓度；

　　　n——级数。

根据式（5-12）、式（5-13），当相比 $R=1:6$ 时，计算四级逆流萃取结果，由表5-29 的计算结果可知，萃取溶剂初始酚含量小于 50mg/L 时，经过 M105 的四级逆流萃取，可以将煤气化废水的酚浓度降低至 350mg/L。此外，随着萃取级数的增加，酚浓度的降低过程趋于平缓，因此再增加萃取级数，已不能有效降低酚的浓度，反而会提高操作成本。因此，初步确定实际生产中逆流萃取级数为四级。

表 5-29　逆流萃取计算结果

萃取级数 n	0	1	2	3	4
萃余相酚浓度/(mg/L)	5410	628	452	394	350
溶剂相酚浓度/(mg/L)	30410	1718	662	314	50

综上所述，烷基酮类物质 M105 是适宜的煤气化废水脱酚萃取剂，经过试验获得的最佳萃取工艺参数为：萃取温度 40～60℃，pH=9～10，$R=(1:6)\sim(1:4)$。在萃取溶剂初始酚浓度小于 50mg/L 的条件下，经四级逆流萃取，总酚浓度可由 5410mg/L 降低至 350mg/L，其中挥发酚浓度<50mg/L，COD 浓度降至 3000mg/L，出水能满足后续生化处理的要求。

5.11.3　实际应用

5.11.3.1　工艺流程

图 5-19 所示为酚萃取及萃取剂再生装置与工艺流程。

5.11.3.2　工艺参数

以 M105 为萃取剂，高浓度含酚煤化工废水与 M105 在萃取塔中逆流接触，获得萃取相与萃余相，萃取温度为 25～75℃，萃取 pH=3.0～8.0，M105 与高浓度含酚煤化工废水进料体积比为 1:6，萃取的级数为 1～10 级。

将萃取相进行蒸馏，回收 M105 和产品粗酚。蒸馏工艺条件为：蒸馏塔级数为 5～12，回流比为 0.3～0.5，操作压力 0.01～0.09MPa，塔顶操作温度为 35～100℃，塔底操作温度为 90～120℃。

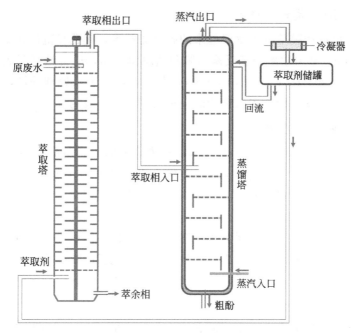

图 5-19 酚萃取及萃取剂再生装置与工艺流程

5.11.3.3 处理效果

一套处理能力为 80t/h 高浓度含酚煤化工废水的萃取脱酚装置，总酚含量为 5000mg/L，COD 浓度为 40000mg/L，处理后废水中总酚含量少于 400mg/L，COD 浓度少于 1300mg/L。回收萃取剂 M105 和产品粗酚，回收的 M105 进入下一循环的萃取脱酚中使用。

5.12 膜集成技术在煤化工高盐废水资源化中的应用

煤化工产业具有高污染、高耗水的特点，伴随着水资源严重匮乏的现状，废水的深度回用技术及"零排放"技术对促进煤化工可持续发展具有重要意义。含盐废水的有效处理是实现煤化工废水资源化利用的关键，膜技术是一种高效、低耗、易操作的液体分离技术，同传统的水处理方法相比，其具有处理效果好、可实现废水的循环利用、回收有用物质等优点，可有效实现废水的资源化。本案例开发了适用于煤化工高盐废水资源化处理的高效膜组合工艺，并应用于实际工程项目中。

5.12.1 膜浓缩分离技术

膜分离技术是利用薄膜来分离液体中某些物质，通常以外界能量或者化学位差作为推动力。根据推动力的不同，种类包括扩散渗析膜、压力驱动膜、电位差驱动膜等。目前主要用于浓缩分离的膜技术有超滤膜技术、纳滤膜技术、反渗透（RO）技术、正渗透技术、电驱动膜技术、膜蒸馏技术等，以下简要介绍几种常用的膜分离技术。

5.12.1.1 纳滤膜分离技术

纳滤膜是在反渗透膜基础上发展起来的膜过滤技术,其孔径范围在纳米级,截留分子量为200~1000,截留效率介于反渗透膜和超滤膜之间,通常纳滤膜表面荷负电,对不同电荷和不同价离子具有不同的Donnan电位。在高盐废水处理领域,可以利用纳滤膜的选择透过性,实现一价盐和二价盐的分离及高价盐溶液的浓缩。

5.12.1.2 膜蒸馏技术

膜蒸馏是一种非等温的物理分离技术,是传统蒸馏工艺与膜分离技术相结合的产物。采用疏水微孔膜,以膜两侧的蒸汽压差作为传质驱动力实现膜分离过程,高温一侧的蒸汽分子穿过膜孔后,在低温一侧冷凝富集,传质过程存在相变,同时发生质量和热量的传递。相对于其他分离过程,膜蒸馏具有对液体中的非挥发性溶质能达到100%的截留、操作温度和操作压力低,无蒸发器腐蚀问题,设备体积小等优点,可以处理极高浓度的水溶液,在浓缩方面极具潜力。此外,膜蒸馏是目前唯一能从溶液中直接分离出结晶产品的膜过程,但膜蒸馏技术目前还处于研发阶段,工程应用案例很少。

5.12.1.3 正渗透技术

正渗透是以两种溶液的化学位差或者渗透压差为驱动力,实现水样由化学位高的区域(低渗透压侧)自发地传递到化学位低的区域(高渗透压侧)。正渗透技术的突出特点是水的自发传递,同时,驱动溶液便于循环利用,该技术主要应用于海水淡化和浓盐水的再浓缩。正渗透膜通常选用亲水性材料,运行过程不需要高压驱动,因此可有效预防膜污染,节省膜清洗的费用,避免清洗剂对环境的二次污染,适用于反渗透技术难以实现的废水处理中。目前正渗透技术主要处于研究和优化过程中,在实际废水资源化中的应用案例较少。

5.12.1.4 碟管式反渗透技术

碟管式反渗透是一种特种分离膜,其反渗透膜片和水力导流盘叠放在一起,操作压力较高,与传统的反渗透相比,其具有通道宽、流程短、能实现湍流、抗污染能力较强等特点。碟管式反渗透适用于高含盐量、高有机物的废水处理,目前广泛应用于垃圾渗滤液处理,得到的浓缩液质量分数一般为5%~8%。

5.12.1.5 电驱动膜技术

电驱动膜技术是指通过电流作用迁移离子,将盐分离子从溶液中分离浓缩的膜技术。电驱动膜装置的核心部分是对溶液中离子具有选择透过性的阴阳离子交换膜,离子交换膜按其结构不同可分为异相膜和均相膜两种。除上述普通电驱动膜技术外,还有选择性电驱动膜装置和双极膜装置,选择性电驱动膜装置可以实现一价离子和二价离子的分离和浓缩,双极膜装置可以将液体盐转化为酸碱,直接回收利用。

5.12.2 纳滤预分盐＋膜浓缩＋结晶分盐工艺

纳滤预分盐＋膜浓缩＋结晶分盐技术的工艺流程如图5-20所示。

煤化工行业废水成分复杂,含有大量的硫酸盐和氯盐,同时废水中还含有一定量的

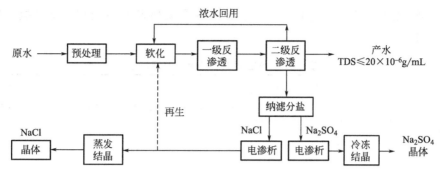

图 5-20 纳滤预分盐＋膜浓缩＋结晶分盐技术工艺流程示意

有机污染物、Ca^{2+}、Mg^{2+} 等，为了保证后续膜处理工艺的正常运行，需要进行前期的预处理，以去除悬浮物、降解部分 COD 及脱色。预处理常用的方法有生化处理法、高级氧化处理技术以及混凝沉淀处理法等，具体工艺的选取需要根据实际废水水质合理设置。

煤化工行业高盐废水的总硬度指标通常达到每升废水中 Ca^{2+}、Mg^{2+} 含量几百甚至上千毫克，浓缩后 Ca^{2+}、Mg^{2+} 浓度进一步升高，易造成膜处理系统和蒸发结晶系统结垢。因此，需要在膜处理工艺前设置软化工艺，使废水中的 Ca^{2+}、Mg^{2+} 和 HCO_3^- 得以有效去除，降低设备及管道结垢风险，保证系统安全稳定运行。

软化后的废水进入一级反渗透（RO）系统进行预浓缩，然后通过二级反渗透系统，进一步处理后的产水在满足相关标准后可回用于工艺生产，二级反渗透的浓水回流至一级反渗透前端，与软化出水混合，作为一级反渗透的进水循环处理。一级反渗透的浓水进入纳滤（NF）系统进行分盐处理，纳滤系统产水中盐分以氯化钠为主，通过均相电驱动膜系统进行浓缩，浓缩液可用于软化系统树脂的再生，也可以通过蒸发结晶系统制盐，得到氯化钠晶体盐。纳滤系统浓水中的盐分以硫酸钠为主，通过均相电驱动膜进行浓缩后，进入冷冻结晶系统结晶制备硫酸钠晶体。

对于回用产水指标要求较低的企业，可以不设二级反渗透单元；对于 Ca^{2+}、Mg^{2+} 含量较少的高盐废水，预处理后可直接进行纳滤系统分盐处理；采用冷冻结晶技术，可使原水中杂质大部分留在冷冻结晶母液中，提高硫酸钠晶体的纯度，母液可循环利用，累积到较高浓度后，通过电驱动膜与 NF 膜组合技术，进一步回收残留的氯盐和硫酸盐，剩余母液定期外排，进行锅炉焚烧处理或直接固化处置。

5.12.3 高盐废水资源化技术的工程应用

某煤化工企业高盐废水，其来源为循环水系统的排污水及相对较小比例的中水回收系统排放的 RO 浓水。针对废水特点，具体设计的工艺过程如下：预处理系统选用物化和生物组合的臭氧氧化＋活性炭生物滤池＋超滤工艺，去除废水中的 COD、色度、悬浮物等污染物；软化系统选用药剂投加和树脂交换相结合的工艺，去除 Ca^{2+}、Mg^{2+}，防治结垢，确保后续膜处理及蒸发结晶工艺段的稳定运行；本系统含盐量不算高，经过预处理及软化后，采用一级的 RO 浓缩系统处理，再进行纳滤系统分盐。

废水资源化处理各个工艺段水质指标的实测数据如表 5-30 所列，结晶盐的检测数据如表 5-31 所列。

表 5-30　各主要工艺段废水数据汇总

名称	电导率/(mS/cm)	Ca^{2+}/(mg/L)	Mg^{2+}/(mg/L)	SO_4^{2-}/(mg/L)	Cl^-/(mg/L)	TDS/(mg/L)
原水	5.28	615.0	201.0	1215.0	706.0	
软化出水		<5	<5			
NF 产水	8.50	<5	<5	5.1	2671.0	
NF 浓水	33.20	<5	<5	17014.9	2255.0	
电驱动膜浓水（以氯化钠为主）	181.20	<50	<50	1661.2	79593.4	151100
电驱动膜浓水（以硫酸钠为主）	80.10	<50	<50	77869.1	11939.5	150100

注：NF 产水为纳滤膜处理工艺出水。

表 5-31　结晶盐检测数据

名称	氯化钠盐/%						硫酸钠盐	
	氯化钠	水分	水不溶物	Ca^{2+}	Mg^{2+}	SO_4^{2-}	外观	硫酸钠/%
实测数据	96.8	0.93	<0.1	0.19	<0.04	0.89	白色结晶颗粒	97.5
工业盐要求	≥92.00	≤6.00	≤0.40	Ca^{2+}、Mg^{2+}≤0.60		≤1.00	白色结晶颗粒	≥92.0
	参考标准《工业盐》(GB/T 5462—2003)中日晒工业盐二级标准						《工业水硫酸钠》(GB/T 6009—2014)中Ⅲ类合格品标准	

由表 5-30 和表 5-31 可知，废水经过 RO 系统的初步浓缩后，原水中 SO_4^{2-} 浓度为 1215mg/L，经过纳滤分盐后，SO_4^{2-} 浓度仅为 5.1mg/L，NF 系统对 SO_4^{2-} 的截留率大于 99.5%，能够较好地将 SO_4^{2-} 和 Cl^- 进行有效分离，经过后续蒸发结晶及分质结晶工艺，NaCl 的纯度为 96.8%，Na_2SO_4 的纯度为 97.5%，完全满足 92% 以上的工业盐纯度要求，且其他指标也显著优于工业盐要求的标准限值。

煤化工高盐废水经过膜分离和膜浓缩的组合集成工艺进行处理，大幅降低了结晶分盐的难度，浓缩高效，实现了 NaCl 和 Na_2SO_4 等盐分的回收利用，且结晶盐品质较好；同时，大幅减少了液体的蒸发量，降低了蒸发器的投资费用。此外，双极膜技术可以作为蒸发结晶技术的替代，将液体盐转化为酸碱，回收利用。

煤化工高盐废水的零排放和资源化处理工艺的选择，必须从废水的水质特性入手，并结合企业自身的需求和实际情况，选取不同的膜处理技术，并与其他处理技术相组合，优化工艺过程，以期最终获得经济、高效、运行可靠的废水资源化处理工艺技术。

5.13　煤化工废水除油技术与应用

5.13.1　煤化工废水中油的存在状态

煤化工废水主要来自于煤炭热加工、煤气净化过程及煤化工产品的精制过程。煤化工废水中含有的油类物质主要是焦油，焦油在水中的存在形式与乳化剂、水和其自身的性质有关，主要以可浮油、分散油、乳化油、溶解油、油-固体物5种物理状态存在。

（1）可浮油

煤化工废水的油通常大部分以可浮油形式存在，其粒径较大，一般>100μm，占含油总量的70%～95%，可浮油通过静置沉降后能有效地与水分离。

（2）分散油

分散油以小油滴形式悬浮分散在污水中，油滴粒径通常在25～100μm之间。正常情况下，分散相的油滴不稳定，静置一段时间后会聚集并形成较大的油珠上浮到水面，这一状态的油也较易除去。一些特殊条件下，如油滴表面存在电荷或受到机械外力时，油滴较为稳定，难以从水中去除。

（3）乳化油

由于污水中存在表面活性剂，能与油滴相互作用使原本为非极性憎水型的油滴变成带负电荷的胶核。由于极性和表面能的影响，油滴胶核能够吸附水中带正电荷的离子或极性水分子形成胶体双电层结构。油珠外面包裹有弹性的、有一定厚度的双电层，与彼此所带的同性电荷相互排斥，阻止了油滴间相互碰撞，使油滴能长期稳定地存在于水中，在水中呈乳浊状或乳化状，这种状态的油滴粒径为0.1～25μm。

（4）溶解油

溶解油是粒径在几个纳米以下的超细油滴，以分子态或化学态分散于水相中，油和水形成均相体系，非常稳定，用一般的物理方法无法去除。油在水中的溶解度很小（5～15mg/L），所以溶解油在水中的比例仅仅约为0.5%。

（5）油-固体物

煤化工废水中含有能使油滴形成油包水（W/O）型乳状液的天然乳化剂，主要是分散在废水中的固体物，如煤粉和焦粉等，最终形成焦油-固体乳状液。该焦油-固体乳状液的稳定性与煤粉、焦粉的粒度有较强的相关性，粒度越小，所形成的界面膜越牢固，乳状液越稳定，油水分离越困难。

5.13.2　含油废水处理技术

（1）静置沉降法

静置沉降法是运用斯托克斯原理，利用油和水的不相容性及密度差，在静止状态下实现油珠、水及悬浮物的分离。煤化工水中分散有轻油珠和重油珠等，不同质量和密度的油珠在浮力和重力作用下缓慢上浮及下沉，上浮或下沉速度取决于油珠颗粒的大小、油与水的密度差及流体的黏度。温度对油珠上浮及沉降有显著影响，如温度 30～40℃时，焦油和水的相对密度差别较大，但黏度也大，故不宜选此温度，高温下重焦油难以和水分离，因此一般温度选择 70～80℃为宜。

静置沉降法对煤化工含油废水的浓度没有限制，可同时去除大量的焦油（主要是浮油、粗分散油）和悬浮固体等杂质。该方法的缺点主要是依靠重力作用需要静置较长时间，储存污水的反应池或反应罐需要较大容积；优点是方法简单，操作方便，是目前普遍被采用的一种基础除油方法。如某化工厂处理煤气化洗涤水，采用静置沉降罐处理，静止时间约为 100h，处理后的焦油含量约为 100mg/L。

（2）气浮法

气浮法是一种有效的固-液和液-液分离方法，常用于颗粒密度接近或小于水的细小颗粒的分离。气浮法除油是利用在油水悬浮液中释放出的大量微气泡（10～120μm），依靠其表面张力作用，与分散在水中的微小油滴黏附，形成水-液-气三相体系，整个体系的体积和浮力不断增大，最终带动油滴整体上浮，达到分离的目的。气浮法的特点是处理量大，可以脱除直径比 50μm 小得多的油滴，将直径＞25μm 的油粒（主要是浮油、分散油）基本去除，工艺较为成熟，已被广泛应用于油田废水、石化废水处理工艺中。

气浮法应用于煤化工含油废水处理，需要经详细的论证后加以选择，主要原因是煤化工废水中含有大量相对密度大于 1 的重质焦油，当利用气浮工艺鼓入大量微气泡时，废水中的粉尘、重质焦油和轻质焦油都会与气泡混合交联在一起，无法实现三相有效分离。此外，煤化工废水含有大量挥发酚、NH_4^+-N 及其他小分子挥发性及半挥发性有机物等，经气浮处理易夹带逸出，对现场操作环境造成恶劣影响。

（3）过滤法

过滤法是使利用设有孔眼的装置或由某种颗粒介质组成的滤层，废水因具有截留、筛分、惯性碰撞等作用，实现水中的可浮油、分散油及部分乳化油的去除。煤化工废水通常成分复杂，并且具有一定的粉尘量和较高黏度。因此，针对这种废水过滤法除油技术的关键是选择合适的过滤介质及反冲洗方式。有研究表明，双介质过滤器具有较好的除油效率。这种过滤器分上下两层，上层装填焦炭（相对密度为 0.7），高度为 1.6～2.5m，下层装填细砂（相对密度为 1），高度为 0.8～1.2m。含油废水由过滤器上部进入，经过焦炭、细砂过滤，通过过滤器切面积的速率＜15m³/（m²·h）。过滤器一般设有 2 台，交替进行过滤和反洗，反洗周期主要由床层阻力来决定，一般 15h 左右清洗1 次，清洗过程首先通入空气使床层松散，然后通入约为过滤速度 5 倍的清水进行反冲洗，整个清洗再生过程约需 30min。

（4）粗粒化法

油、水两相对聚结材料亲和力相差悬殊，粗粒化法就是利用这种特性使油粒被选择的聚结材料捕获，从而滞留于材料表面和空隙内形成油膜，当油膜增大到一定厚度时，在水力和浮力等作用下，油膜脱落合并聚结成大的油滴或油珠从水中分离出来。

实现粗粒化的方式主要有 2 种，即润湿聚结和碰撞聚结。

① 润湿聚结理论是建立在亲油性粗粒化材料基础上的，亲油性粗粒化材料对

液体有着不同的润湿度，当液体中的两相在同一表面润湿角之差＞70°时，两相可以分离。含油废水润湿聚结除油材料有聚乙烯、聚丙烯塑料聚结板等。当含油废水流经由亲油性材料组成的粗粒化床时，分散油滴便在材料表面湿润附着并不断聚结扩大，最终形成油膜。在反方向水流的冲刷作用及浮力下，油膜逐渐脱落，材料表面进一步更新，脱落的油膜到水相中形成粒径较大的油滴，达到了粗粒化除油的目的。

② 碰撞聚结理论是建立在疏油材料基础上的，除油材料包括碳钢、不锈钢聚结板等。粗粒化床由粒状或纤维状的疏油材料组成，其空隙可以构成互相连续的通道，犹如无数根直径很小、相互交错的微管。当含油废水流经该床时，材料的疏油作用使小油滴与管壁碰撞或小油滴间相互碰撞，由此产生的动能足以使它们合并成为一个较大的油滴，进而达到粗粒化去除的目的。

粗粒化法在煤化工含油废水中具有广阔应用前景，尤其是可用于含乳化油废水的处理及回收，该技术的关键是粗粒化填充材料的选择和研发。此外，粗粒化废水的预处理非常关键，具体应用时对煤化工废水原水中的含尘量要求很高，因为较高的尘量会导致粗粒化床的堵塞，从而影响粗粒化效率及使用寿命。

（5）化学破乳法

化学破乳法主要是利用破乳剂改变油水界面性质或膜强度，打破乳化油的稳定状态，从而实现油水的分离。投加药剂使其与油水界面上的天然乳化剂发生物理或化学反应，吸附在油水界面上，降低水中油滴的表面张力和界面膜强度，使乳状液滴絮凝聚集，最终破乳，提高油水分离的效率。常用的无机乳化剂包括硫酸铝、聚合氯化铝、三氯化铁、硫酸亚铁、聚合氯化铁等，有机乳化剂包括聚醚型、聚酰胺型、聚丙烯酸型等，不同破乳剂的最佳 pH 值、最佳投药比例等使用范围不同，为增强絮凝效果，可以将两种或几种破乳剂复合使用。采用化学破乳法要充分考虑化学破乳剂对后续蒸氨、萃取脱酚等工序的影响，以及破乳剂的使用成本。

（6）吸附法

吸附法是利用多孔吸附剂对废水中的油分进行物理（范德华力）、化学（化学键力）、交换（静电力）等吸附作用，最终实现油水分离。常用的吸附剂包括活性炭（活性焦）、活性白土、磁铁砂、矿渣、纤维、高分子聚合物及吸附树脂等。

近年来，廉价、高效、来源广、适用范围宽的吸附剂不断被开发和研制，吸附法也逐渐成为一种很有前景的煤化工废水除油方法。以活性焦为例，它是以褐煤、长焰煤为主要原料，与无烟煤按照一定配比混掺，经特殊炭化、活化工艺生产出的一种新型活性炭类吸附材料。与活性炭相比，活性焦微孔少、中孔多，孔径分布主要集中在 4～20nm，其孔径分布与煤化工废水中大分子难降解有机污染物的分子直径相匹配，吸附容量大，吸附选择能力更强；COD_{Cr} 的静态吸附量≥500mg/g；价格低廉，为活性炭价格的 1/20～1/10；采用颗粒活性焦作为生化反应池内微生物生长的载体材料，比常规滤料具有更强的吸附能力，表面挂膜快速，有利于促进微生物的生长，可以极大地提高生物降解效率。活性焦吸附除油的缺点是回收焦油相对比较困难，适合低浓度含油废水的深度处理。

5.13.3 用于煤化工高浓度污水的复配破乳剂研究与应用

5.13.3.1 破乳剂的制备

本案例制备了新型破乳剂聚合物 H01，它是在起始剂和碱的作用下环氧丙烷和环氧乙烷共聚而形成的聚醚，然后在酯化催化剂的作用下，通过加入含功能性基团的单体得到酯化产物，最后加入引发剂进行聚合反应。

聚合物 H01 详细制备方法步骤如下：

① 向高压釜中加入 5g 丙二醇和 0.5g KOH，通入氮气除氧，加入 100g 环氧丙烷；当反应压力不再降低时再加入 200g 环氧乙烷，保温直至压力不再降低，制备得到两嵌段聚醚。

② 向反应器中加入①所得的聚醚 50g、含有功能性基团且含有双键的功能性单体丙烯酸 4.1g、酯化催化剂硫酸 0.18g，搅拌升温至 110℃，进行回流反应，得到酯化产物。

③ 取步骤 2 所得的酯化产物溶液，加入引发剂硫酸铵 2.7g，在氮气环境及 60℃下反应，蒸出溶剂得到聚合产物即为初级聚合物 H01。

对聚合物 H01、复合酸及有机助剂进行复配，可以制备新型复合除油破乳剂，并应用于煤化工高浓废水。聚合物 H01 含有大量亲油官能团，具有良好的亲油特性。复合酸含有大量正电荷，能够提供 H^+ 占据油分子 π 轨道上的氢键部位，从而破坏薄乳化层并降低水中油性物质表面活性的乳化作用，实现破乳的目的。有机助剂含有酰基、氨基官能团，有极强的絮凝作用。有机助剂与已形成的油滴絮凝物、固体悬浮颗粒之间形成架桥，或者通过电位中和作用使粒子凝聚成大的絮凝体而最终沉淀去除。

5.13.3.2 除油破乳剂配比及其处理效果

(1) 聚合物 H01 投加量

控制反应温度为 40℃，搅拌时间为 40min，复合酸和有机助剂的投加量分别为 5mg/L 和 1.0mg/L，聚合物 H01 投加量为 1～50mg/L，进行聚合物 H01 投加量对处理效果影响试验。结果表明，油类、COD、UV_{254}、UV_{410} 和悬浮物的去除率均随着聚合物 H01 投加量的增加而变大。当聚合物 H01 投加量为 15mg/L 时，处理效果是投加量为 5mg/L 的近 2 倍。这是因为随着聚合物投加量的增加，在复合酸的引发作用及有机助剂的加速聚集作用下，聚合物破乳效果随之增加，从而加速水中油发生聚合反应。

当聚合物 H01 投加量增加为 30mg/L 时，油的去除率由 75% 左右提高到 80% 左右，增幅变缓慢，这可能是由于聚合物投加量大于 15mg/L 时油水界面的表面活性物质达到饱和。因此，综合成本以及去除效果，本工艺中选择聚合物 H01 的最佳投加量为 15mg/L。

(2) 复合酸投加量

反应温度和搅拌时间如上所述，聚合物 H01 和有机助剂的投加量分别为 15mg/L 和 1.0mg/L，复合破乳剂投加量为 0.05～15mg/L，考察复合酸投加量对处理效果的影响。试验结果可知，油类、COD、UV_{254}、UV_{410} 和悬浮物的去除率随着复合酸投加量的增加而变大。这可能是因为复合酸引发水中油的聚合反应，其提供的 H^+ 占据油分子 π 轨道上的氢键部位，从而破坏乳化层，降低了水中油性物质表面活性乳化作用，从而达到破乳目的。但是，当复合酸投加量增加为 10mg/L 时，油的去除率增长缓慢，因此最终选择复合酸的最佳投加量为 5mg/L。

（3）有机助剂投加量

反应温度和搅拌时间如上所述，聚合物 H01 和复合酸的投加量分别为 15mg/L 和 5mg/L，有机助剂投加量在 0～1.5mg/L，考察有机助剂对处理效果的影响。由试验结果可知，油类、COD、UV_{254}、UV_{410} 和悬浮物的去除率随着有机助剂投加量的增加而有所增加，但整个变化趋势较为平缓。有机助剂中含有酰基官能团，能与分散在溶液中的悬浮粒子产生吸附架桥作用，有着极强的絮凝功能。有机助剂与油滴絮凝物之间通过吸附架桥或电位中和作用，使粒子逐渐凝聚成大的絮凝物，同时也可以与水中的固体悬浮颗粒吸附、凝聚，当达到一定体积后得以沉淀去除。有机助剂投加量在 1mg/L 以上，各项去除指标变化不显著。同时，过多的有机助剂可能会促使所形成的絮凝颗粒重新稳定，因此确定有机助剂剂的最佳投加量为 1mg/L。

通过除油破乳剂的配比实验，确定的破乳剂优化配比为聚合物 H01、复合酸、有机助剂的质量比为 15∶5∶1。

5.13.3.3 除油工艺运行参数的确定

（1）破乳剂投加量对处理效果的影响

控制反应时间为 40min，搅拌温度为 40℃，除油破乳剂聚合物 H01、复合酸、有机助剂按质量比 15∶5∶1 配制，破乳剂投加量 50～300mg/L，考察破乳剂投加量对污水处理效果的影响。由试验结果可知，随着破乳剂投加量的增加，油类、COD、UV_{254}、UV_{410} 及悬浮物的去除率呈现先升高再逐渐平缓的过程。这种现象是由液相吸附界面产生的物理化学作用引起的。试验中所使用的破乳剂油-水界面上的吸附量由界面上的吸附位置决定，而吸附量决定了最终的除油效果。破乳剂用量少时界面上有空缺的吸附位置，此时增加破乳剂用量可以增加其在界面上的吸附量，增加聚合强度，从而提高除油除浊效率。但当废水中的破乳剂达到一定浓度后，界面膜上的吸附位置已经基本被占据完全，此时再增加破乳剂用量，吸附量也不会有较大增加，除油除浊效率没有明显提高。试验中发现投加量在 200mg/L 以上时，污染物质去除效果趋于平缓，因此选择最佳破乳剂投加量为 200mg/L。

（2）温度对处理效果的影响

控制反应时间 40min，破乳剂投加量 200mg/L，温度为 30～70℃，考察温度对污水处理效果的影响。试验结果可知，随着温度的升高，油类、COD、UV_{410}、UV_{254} 及悬浮物的去除率呈现先升高后降低的趋势。这是因为水温较低时不利于破乳剂的水解，同时，水温低时水的黏度大，致使水分子的布朗运动减弱，不利于水中油滴和固体悬浮颗粒的脱稳和聚集，因而絮凝体不易形成；但是水温也不能过高，因为高温状态下热对流的作用使废水处于不稳定状态，吸附架桥形成的聚合物可能从另一胶粒的表面脱开，从而又重新卷回到原来所在的胶粒表面，造成再次稳定的状态，经过试验分析，最终选取最佳温度为 40℃。

（3）搅拌时间对处理效果的影响

破乳剂投加量 200mg/L，反应温度控制在 40℃，搅拌时间为 0～60min，考察搅拌时间对污水处理效果的影响。试验结果发现，搅拌时间为 40min 时，油类、COD、UV_{254}、UV_{410} 和悬浮物的去除率均为最高值。在 0～30min 的搅拌时间内，污水的各项指标去除率逐渐上升，这可能是随着时间的推移，破乳剂均匀地扩散到水中，与水中的油滴絮凝物及悬浮物接触后形成类似矾花的大颗粒，并发生絮凝。絮凝阶段通常要求水流的紊流程度适当，为细小矾花提供相碰接触和互相吸附的机会。同时，随着矾花的凝聚变大，应调节这种紊流状态，使其逐渐减弱，搅拌时间过长会破坏已经形成的矾花大颗粒，所以优化后得到的最佳搅拌时间为 40min。

5.13.3.4　除油工艺优化条件验证

通过除油破乳配比试验及除油工艺运行参数试验，得出本工艺的优化运行条件：新型复合除油破乳剂的配方为聚合物 H01、复合酸、有机助剂的质量比 15：5：1；在除油工艺优化参数中，破乳剂投加量为 200mg/L、反应温度 40℃、搅拌反应时间 40min 时，油类、COD、UV_{254}、UV_{410} 和 SS 的去除率分别为 87%、28.2%、50.18%、87.62% 和 93.11%。

参考文献

[1]　任源，韦朝海，吴超飞，等.生物流化床 A/O_2 工艺处理焦化废水过程中有机组分的 GC/MS 分析 [J].环境科学学报，2006，26（11）：1785-1791.

[2]　武恒平，韦朝海，任源，等.焦化废水预处理及其特征污染物的变化分析 [J].化工进展，2017，36（10）：3911-3920.

[3]　Yu X，Xu R，Wei C，et al. Removal of cyanide compounds from coking wastewater by ferrous sulfate：Improvement of biodegradability [J]. Journal of Hazardous Materials，2016，302：468-474.

[4]　Lin C，Liao J，Wei C. Modeling andoptimization of the coagulation of highly concentrated coking wastewater by ferrous sulfate using a response surface methodology [J]. Desalination and water treatment，2015，56（12）：3334-3345.

[5]　李登勇，潘霞霞，吴超飞，等.氧化/吸附/混凝协同工艺处理焦化废水生物处理出水的过程及效果分析 [J].环境工程学报，2010（8）：1719-1725.

[6]　秦君.A_2-O_2 生物滤池工艺处理焦化废水及其 GC-MS 分析 [D].太原：山西大学，2009.

[7]　贾银川.水解/MBR 工艺处理低浓度煤化工废水的研究 [D].哈尔滨：哈尔滨工业大学，2008.

[8]　杜子威.支撑液膜萃取回收高浓度煤气化含酚废水研究 [D].哈尔滨：哈尔滨工业大学，2013.

[9]　姚杰，李琦，刘帅，等.支撑液膜萃取处理煤气化含酚废水中试装置 [J].哈尔滨商业大学学报（自然科学版），2017，33（1）：22-28.

[10]　肖俊霞，吴贤格.焦化废水外排水的 TiO_2 光催化氧化深度处理及有机物组分分析 [J].环境科学研究，2009，22（9）：1049-1055.

[11]　曹臣.难降解废水高效生物除碳过程的实现及生物出水 COD 组成研究 [D].广州：华南理工大学，2011.

[12]　唐传罡，蔡昌凤.GC-MS 法分析 Fenton 法处理焦化废水难降解有机物规律 [J].安徽工程大学学报，2012，27（2）：16-19.

[13]　郑辉东.支撑液膜传质及其不稳定性研究 [D].杭州：浙江大学，2010.

[14]　Zidi C，Tayeb R，Dhahbi M. Extraction of phenol from aqueous solutions by means of supported liquid mem-

煤化工废水无害化处理技术研究与应用

brane (MLS) containing tri-*n*-octyl phosphine oxide (TOPO) [J]. Journal of Hazardous Materials, 2011, 194: 62-68.

[15] Badgujar V, Rastogi N K. Extraction of phenol from aqueous effluent using triglycerides in supported liquid membrane [J]. Desalination and Water Treatment, 2011, 36 (1-3): 187-196.

[16] 王璠, 张全胜. 高浓度有机废水超临界水氧化技术应用 [J]. 水运工程, 2017, (8): 82-85.

[17] 孙体昌, 边朋沙, 谷启源, 等. 浮动床膜生物反应器去除焦化废水中间甲酚研究 [J]. 环境工程, 2013, 31 (S1): 208-211.

[18] 崔兵, 周正胜, 韦丽敏. 含 N, N-二甲基甲酰胺废水的处理方法研究 [J]. 广东化工, 2017, 44 (17): 120-121.

[19] 高虹, 王志. 城市污水处理技术研究 [J]. 环境科学与管理, 2017, 42 (4): 100-105.

[20] 胡成. 流域氨氮污染控制技术及对策建议 [J]. 环境保护与循环经济, 2011, 31 (4): 11-13.

[21] 刘艳梅, 苏志峰. 煤制油含盐废水分质结晶技术的探索与建议 [J]. 煤炭加工与综合利用, 2017 (6): 21-25.

[22] 李成, 魏江波. 高效反渗透技术在煤化工废水零排放中的应用 [J]. 煤炭加工与综合利用, 2017 (6): 26-31.

[23] 周洪政, 刘平, 张静, 等. 微气泡臭氧催化氧化-生化耦合处理难降解含氮杂环芳烃 [J]. 中国环境科学, 2017, 37 (8): 2978-2985.

[24] 刘春, 周洪政, 张静, 等. 微气泡臭氧催化氧化-生化耦合工艺深度处理煤化工废水 [J]. 环境科学, 2017, 38 (8): 3362-3368.

[25] Huang Y, Hou X, Liu S, et al. Correspondence analysis of bio-refractory compounds degradation and microbiological community distribution in anaerobic filter for coking wastewater treatment [J]. Chemical Engineering Journal, 2016, 304: 864-872.

[26] Yang W, Li X, Pan B, et al. Effective removal of effluent organic matter (EfOM) from bio-treated coking wastewater by a recyclable aminated hyper-cross-linked polymer [J]. Water Research, 2013, 47 (13): 4730-4738.

[27] Zheng T L, Wang Q H, Zhang T, et al. Microbubble enhanced ozonation process for advanced treatment of wastewater produced in acrylic fiber manufacturing industry [J]. Journal of Hazardous Materials, 2015, 287: 412-420.

[28] 武珍明, 常明, 赵阳丽. 无终端双循环 (NDC) 反应器脱氮技术及工程应用 [J]. 工业用水与废水, 2015, 46 (4): 33-37.

[29] 杨晓明, 耿长君, 苗磊. 高氨氮及高浓度难降解化工废水处理技术进展 [J]. 化工进展, 2011 (S1): 825-827.

[30] 罗瑞春, 于永胜, 李凯军. UASB 双循环设计及其在煤化工废水处理中的应用 [J]. 工业用水与废水, 2016 (5): 36-39.

[31] 武珍明, 常明, 赵阳丽. NDC 脱氮工艺及运行效果分析 [J]. 环保科技, 2015, 21 (3): 52-55.

[32] 张涛, 闫晓芳. 基于西门子 PLC 与 Kingview 的水处理控制系统 [J]. 自动化应用, 2012 (7): 57-59.

[33] 陈连文. 生姜食品污水处理工程的设计与运行 [J]. 化学工程与装备, 2011 (6): 224-227.

[34] 周永奎. 新型厌氧污水处理工艺-平流厌氧污水处理工艺 [C]. 中国环境科学学会学术年会论文集 (第三卷), 中国环境科学学会, 2010.

[35] 张庆芳. 利用序批式活性污泥法处理生活污水 [J]. 北方环境, 2012, 24 (4): 54-56.

[36] 刘晓慧. 采用 SBR 工艺处理煤矿生活污水的优越性 [J]. 科技情报开发与经济, 2011, 21 (32): 204-206.

[37] 雷震东. 哈尔滨肉联厂肉类加工废水处理的生产性试验研究 [D]. 哈尔滨: 哈尔滨工业大学, 2007.

[38] 袁志宇, 程赟林. UASB 处理垃圾渗滤液内循环运行试验研究 [J]. 武汉理工大学学报, 2006, 28 (1): 85-88.

[39] 方战强, 陈中豪, 胡勇有, 等. 外循环 UASB 的结构与设计方法 [J]. 工业水处理, 2003, 23 (4): 71-75.

[40] 马文成. 水解酸化——两级厌氧工艺处理甲醇废水的试验研究 [D]. 哈尔滨: 哈尔滨工业大学, 2008.

[41] 刘音颂. 生物强化技术处理煤制气废水中长链烷烃的效能及机理研究 [D]. 哈尔滨: 哈尔滨工业大学, 2014.

[42] Zhang X J, Yue S Q, Zhong H H, et al. A diverse bacterial community in an anoxic quinolone -degrading bioreactor determined by using pyrosequencing and clone library analysis [J]. Applied Microbiology and Biotechnology, 2011, 91 (2): 425-434.

[43] 刘咏菊, 张鑫, 张姗. 膜生物工艺在铁路机务工段废水处理中的应用 [J]. 中国资源综合利用, 2007, 25 (12): 34-35.

[44] 张哲. MBR 工艺处理高盐废水的试验研究 [D]. 青岛: 青岛大学, 2009.

[45] 蒋文化. PTFE-MBR 在煤化工废水处理中的应用 [J]. 煤炭加工与综合利用, 2016 (10): 59-62.

[46] 齐麟. 膜吸收法废水脱氨过程的研究 [D]. 天津: 天津工业大学, 2008.

[47] 黄冬兰. 膜法分离丙烯和氯化氢混合气 [D]. 大连: 大连理工大学, 2004.

[48] 郝卓莉, 王爱军, 朱振中, 等 膜吸收法处理焦化厂剩余氨水中氨氮及苯酚 [J]. 水处理技术, 2006, 32 (6): 16-20.

[49] Zhu Z Z, Hao Z L, Shen Z S, et al. Modified modeling of the effect of pH and viscosity on the mass transfer in hydrophobic hollow fiber membrane contactors [J]. Journal of Membrane Science, 2005, 250 (1): 269-276.

[50] 吕晓龙. 聚偏氟乙烯中空纤维疏水膜及其初步应用 [J]. 化工环保, 2008, 28 (5): 377-382.

[51] 贾悦, 齐麟, 吕晓龙, 等. 膜吸收法处理工业废水过程中 PVDF 膜及组件优化 [J]. 高分子材料科学与工程, 2010, 26 (7): 143-146.

[52] 齐麟, 吕晓龙, 贾悦. 膜吸收从废水中脱氨的研究 [J]. 水处理技术, 2008, 34 (5): 7-10.

[53] 赵军令, 杨蕾, 张雪华. 膜生物反应器的发展及应用 [J]. 河南科技, 2009 (2): 46-47.

[54] 杨崇豪, 高志永. MBR 技术在水资源保护中的应用与展望 [J]. 人民黄河, 2006 (8): 46-47.

[55] 王冠平, 方喜玲, 施汉昌, 等. 膜吸收法处理高氨氮废水的研究 [J]. 环境污染治理技术与设备, 2002, 3 (7): 56-60.

[56] 黄洁慧, 周宝昌, 吴俊, 等. 城市黑臭水体的整治: 以牛首山河为例 [J]. 污染防治技术, 2017, 30 (2): 16-19.

[57] 宜利萍, 祝秀梅. 浅析油田污水处理技术 [J]. 企业技术开发, 2011, 30 (18): 179-180.

[58] 高伟明. 工业园区污水处理厂工艺优选研究 [J]. 绿色环保建材, 2017 (4): 178-179.

[59] 舒晓. 浅谈河道污染的生物治理 [J]. 现代园艺, 2017 (2): 162-163.

[60] 章祖良. MBR 膜生物反应器在污水处理中的发展及应用 [J]. 科技资讯, 2011 (4): 148-150.

[61] 吕金玲. 纤维素纳米晶体复合膜的制备、表征及其性能研究 [D]. 大连: 大连理工大学, 2018.

[62] 王卓. 甲基正丁基甲酮萃取煤化工高浓含酚废水实验研究与过程模拟 [D]. 广州: 华南理工大学, 2015.

[63] 章莉娟, 冯建中, 杨楚芬, 等. 煤气化废水萃取脱酚工艺研究 [J]. 环境化学, 2006, 25 (4): 488-490.

[64] 吴雅琴, 杨波, 申屠勋玉, 等. 膜集成技术在高含盐废水资源化中的应用 [J]. 水处理技术, 2016 (7): 118-120.

[65] 毕可军, 王瑞, 闫杰栋, 等. 煤化工废水除油技术探讨 [J]. 化肥设计, 2015, 53 (6): 5-8.

[66] 张小艳. 粗粒化技术处理含油废水试验研究 [D]. 武汉: 武汉理工大学, 2007.

[67] 谷和平. 陶瓷膜处理含油乳化废水的技术开发及传递模型研究 [D]. 南京: 南京工业大学, 2003.

[68] 周建. 聚结技术处理含油污水的实验研究 [D]. 北京: 中国石油大学, 2009.

[69] 王敏. 一种波纹板聚结油水分离器的研制 [D]. 武汉: 华中科技大学, 2004.

[70] 池波. 新型一体化装置处理油田采出水的试验研究 [D]. 武汉: 武汉理工大学, 2006.

[71] 洪磊, 陆曦, 梁文, 等. 用于煤化工高浓污水的复配除油破乳剂及工艺研究 [J]. 水处理技术, 2016 (3): 56-59.

[72] Puspita P, Roddick F A, Porter N A. Decolourisation of secondary effluent by UV-mediated processes [J]. Chemical Engineering Journal, 2011, 171 (2): 464-473.

[73] Shen Q, Zhu J, Cheng L, et al. Enhanced algae removal by drinking water treatment of chlorination coupled with coagulation [J]. Desalination, 2011, 271 (1-3): 236-240.

［74］ 汪锦明.纳米 ZrO_2 改性氧化铝微滤膜分离含油废水的实验研究 ［D］.景德镇：景德镇陶瓷大学，2010.

［75］ 余敏.1，3 亚脲基二（二硫代氨基甲酸盐）的制备及其性能研究 ［D］.福州：福州大学，2006.

［76］ 吕晓龙.聚偏氟乙烯中空纤维疏水膜及其初步应用 ［J］.化工环保，2008，28（5）：377-382.

［77］ 王卓，王慧敏，刘东，等.煤化工高浓含酚废水萃取脱酚实验研究 ［J］.化学工程，2016，44（2）：7-11.

［78］ 赵玉良，吕江，谢凡，等.煤热解废水的气浮除油技术 ［J］.煤炭加工与综合利用，2019（3）：68-72.

［79］ 骆俏榕.高效化工废水零排放膜技术集成应用新工艺 ［J］.低碳世界，2019，9（4）：11-12.

［80］ 陈佳毅，于琪.煤化工废水深度处理过程中膜技术的应用 ［J］.资源节约与环保，2018（12）：70-71.

［81］ 赵兴龙，付道鹏，刘丽军.辛醇废碱液除油工艺研究 ［J］.精细石油化工进展，2012，13（4）：43-46.

［82］ 王煜民.膜浓缩工艺在电厂脱硫废水零排放中的应用 ［J］.热电技术，2019（1）：47-49.

［83］ 赵兴龙，付道鹏，左旭辉.辛醇废碱液除油工艺研究 ［J］.石油化工安全环保技术，2012，28（3）：50-54.

［84］ 叶锐.船舶油水分离器结构设计 ［J］.交通节能与环保，2009（4）：10-17.

［85］ 李方文.赤泥质多孔陶瓷滤料表面改性及其在水处理中的应用研究 ［D］.武汉：武汉理工大学，2008.

［86］ 王景悦，梅永贵，屈丽彬，等.煤层气田含乳化油污水聚结法处理技术研究 ［J］.中国煤层气，2018，15（6）：25-28.

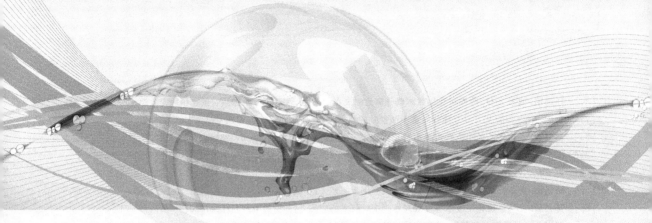

第6章 煤化工废水无害化处理技术集成与应用

随着煤化工行业的工业化程度不断提升，各种高浓度、难降解的煤化工废水的排放不断增加，采用单一的方法处理废水，常常难以达到排放标准。各种污水处理技术有自身的优势，也有自身的不足，通过对多种技术的优化组合，能更好地将这些废水进行无害化处理。目前，预处理＋生物预处理＋生化处理＋深度处理集成处理技术是煤化工废水处理技术的必然发展趋势。当煤化工废水中难降解污染物或有机氮含量较高时，单纯生物处理工艺将难以稳定达标。采用物化预处理工艺能够减少废水中难降解有机物的含量和改善废水可生化性，并回收其中的资源物质，产生附加值；同时，减轻生物工艺的处理负荷。而深度处理工艺的补充可以进一步去除难降解有毒有害污染物，为废水达标排放或回用奠定良好的基础条件。

6.1 焦化废水无害化处理技术集成与应用

6.1.1 气浮-A²/O-氧化絮凝-BAF 组合工艺应用

6.1.1.1 进出水水量与水质

该厂焦化废水主要为焦化剩余氨水、含酚废水、甲醇废水、大机油水，排放量分别为 $35m^3/h$、$115m^3/h$、$80m^3/h$、$20m^3/h$，设计处理量为 $250m^3/h$。其中比例最大的焦化废水组分复杂、NH_4^+-N 量高、油类多、有机物含量高且可生化性差，属于难生物降解的高浓度有机废水。污水水质指标为 COD、SS、油类、酚类、NH_4^+-N、氰化物和其余微量污染物等。设计出水水质应满足《污染物综合排放标准》（GB 8978—1996）中的一级排放标准。进、出水水质如表 6-1 所列。

表 6-1 进、出水水质指标

指标	pH 值	COD	SS	油类	酚	NH_4^+-N	氰化物
进水	6～9	1300	200	670	200	150	10
出水	6～9	<100	<70	<5	<0.5	<15	<0.5

注：除 pH 值外，其余进出水水质指标单位均为 mg/L。

6.1.1.2 工艺流程

根据该焦化废水水质复杂、有机污染物和油类浓度高等特点，确定气浮-A²/O-氧化絮凝-BAF 的深度处理工艺，具体工艺流程如图 6-1 所示。

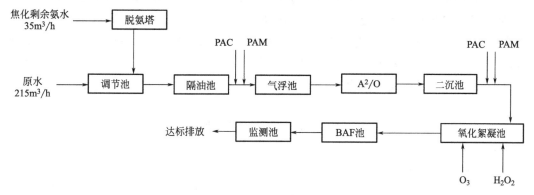

图 6-1 工艺流程

6.1.1.3 主要构筑物及设备参数

主要构筑物设备均为钢混凝土结构。其参数见表 6-2。

表 6-2 主要构筑物设备参数

构筑物	数量	尺寸规格	有效水深	停留时间
平流隔油池	2 座	12m×1.8m×5.3m	5m	4.3h
斜板隔油池	1 座	5.0m×1.8m×4.3m	4m	1.4h
气浮池	1 座	12m×1.8m×2.8m	2.5m	1.7h
厌氧反应池	1 座	27.7m×25.8m×5.8m	5.5m	7.1h
缺氧反应池	1 座	54.6m×25.8m×5.3m	5m	5.0h
推流曝气池	1 座	40m×3.8m×5.1m	4.8m	6.0h
二沉池	2 座	DN20m×6m	3.7m	1.8h
氧化絮凝池	1 座	21m×6m×5.8m	4.5m	2.3h
BAF 池	1 座	32m×21m×5.6m	5.3m	10.8h

（1）隔油池

隔油池设碳钢防腐液面除油装置 4 套，$DN700mm×1800mm$；罐底安装蛇形加热管的碳钢防腐污油罐 2 台，$DN4200mm×5717mm$。废水中含有浮油、乳化油及重油等油脂，采用两级隔油处理的工艺，可以很好地分离焦油及浮油，油脂去除效果较好。

（2）气浮池

气浮池设碳钢防腐压力容器罐 1 台，$DN1800mm×5840mm$；溶气水泵 2 台，$Q＝100m^3/h$，$H＝55m$，$n＝2900r/min$，$N＝55kW$。通过投加絮凝剂、助凝剂对废水中的溶解油、乳化油类进行破乳，采用溶气气浮的方式，分离废水中的残油，同时可将悬浮物、胶体等物质去除。

（3）A^2/O 生化池

A^2/O 生化池包括厌氧反应池、缺氧反应池（工作水量 1415t/h）、推流曝气池（工作水量 1215t/h）。设内循环硝化液回流泵 2 台，$Q=300m/h$，$H=7m$，$n=2900r/min$，$N=15kW$；外循环污泥回流泵 2 台，$Q=300m/h$，$H=11m$，$n=2900r/min$，$N=22kW$；离心鼓风机 1 台，$Q=45m^3/min$，$P=68kPa$，$N=22kW$。原水 NH_4^+-N 含量较高，采用 A^2/O 的处理工艺，在保证 COD 的去除效果的同时，通过污泥回流、硝化液回流，使好氧池形成的 NO_3^--N 和 NO_2^--N，回流至厌氧池、缺氧池，在反硝化菌作用下转化为 N_2，从水中分离出来，保证废水处理后 NH_4^+-N 达标排放。

（4）二沉池

二沉池，工作水量 1365m³/h；每池设周边转动刮泥机 1 台，$L=10mm$，$N=1.5kW$，碳钢防腐。

（5）氧化絮凝池

在 A^2/O 工艺后端，接氧化絮凝工艺，设有高级氧化反应段、混凝段和分离段，通过投加复合氧化剂将使部分难以生物降解的有机化合物开环断链为易于生物降解的小分子有机化合物，调整废水的 BOD/COD 值，改善可生化性，提高后续生物处理单元的处理效果，同时去除废水中重力沉降难以除去的微小悬浮物及胶体微粒。设不锈钢臭氧发生器 3 套，$Q=1000g/h$；不锈钢双氧水储罐 1 台，$DN\ 800mm×1000mm$，配套的双氧水加药泵 2 台，$Q=60L/h$，$H=7m$，$N=0.18kW$。

（6）BAF 池

设碳钢防腐 BAF 布水器 8 台，$DN7000mm×7000mm$；碳钢防腐 BAF 反冲洗布气器 8 台，$DN7000mm×7000mm$。设 BAF 反冲洗泵 2 台，$Q=792m^3/h$，$H=32.2m$，$n=2900r/min$，$N=100kW$；反冲洗回水泵 2 台，$Q=250m^3/h$，$H=11m$，$n=2900r/min$，$N=15kW$。经过前面工序的高级氧化处理，使剩余的难降解大分子有机物氧化为易被微生物降解的小分子有机物，经过 BAF 池的微生物代谢后能够被大量去除，出水可达准排放。

6.1.1.4 处理效果及运行成本

（1）处理效果

该厂投入生产运行以来，设备运转稳定，对较高浓度 COD、NH_4^+-N 等物质均有很好的处理效果。运行数据如表 6-3 所列。

表 6-3 废水处理效果

日期	pH 值		COD		SS		油		酚		NH_4^+-N		氰化物	
	进水	出水	进水	出水	进水	出水	进水	出水	进水	出水	进水	出水	进水	出水
7.01	7	6	1271	73	140	10	570	5	232	0.3	138	11	10	0.41
7.02	8	7	1250	70	130	8	600	6	230	0.3	143	12	13	0.46
7.03	9	8	1262	72	123	7	520	7	200	0.2	150	15	15	0.51
7.04	8	7	1249	70	127	8	605	5	260	0.4	145	12	12	0.43
7.05	7	8	1310	79	135	8	590	7	250	0.4	138	11	10	0.41

日期	pH 值		COD		SS		油		酚		NH_4^+-N		氰化物	
	进水	出水	进水	出水	进水	出水	进水	出水	进水	出水	进水	出水	进水	出水
7.06	8	7	1290	77	120	6	610	6	240	0.3	140	11	11	0.41
7.07	8	7	1250	71	126	7	622	7	198	0.2	148	12	15	0.51
7.08	7	7	1276	75	128	8	570	5	220	0.3	148	12	13	0.46
7.09	9	8	1249	70	123	6	588	6	225	0.3	146	12	10	0.41
7.10	8	9	1260	72	122	6	590	5	227	0.3	155	16	14	0.50
7.11	7	7	1277	74	126	7	610	6	230	0.3	150	15	12	0.43
7.12	8	7	1275	75	123	7	560	5	200	0.3	147	12	13	0.46
7.13	8	7	1265	72	133	8	613	6	263	0.4	143	12	10	0.41
7.14	8	8	1268	72	130	8	606	5	258	0.4	138	11	12	0.43
7.15	9	8	1270	73	136	8	622	6	198	0.2	137	11	10	0.41

注：除 pH 值外，其余进出水水质指标单位均为 mg/L。

（2）运行成本

① 电费：总装机容量为 973.08kW，常用负荷 496.02kW，按当地电价 0.43 元/（kW·h）计，则每日电费为 0.5119 万元，每吨水耗电费为 0.624 元。

② 药剂费：如表 6-4 所列。

表 6-4　药剂费用

药剂	投加量/(g/m³)	市场价/(万元/t)	吨水费用/元
聚合氯化铝（PAC）	130	0.17	0.221
聚丙烯酰胺（PAM）	5	1.80	0.09
$NaHPO_4$	8	0.18	0.0144
Na_2CO_3	130	0.21	0.273
H_2O_2	20	0.14	0.028
药剂总费用	—	—	0.626

③ 人工费：该操作站定员 4 人，每人每月工资 2000 元，折合吨水人工费为 0.044 元。

④ 运行成本费用：污水处理的运行费＝电费＋药剂费＋人工费＝0.624＋0.626＋0.044＝1.294（元/t）。

6.1.2　3T-AF/BAF-MBR-RO 组合工艺中试案例

6.1.2.1　进水水质

进水来源主要为焦炭生产废水，具体水质指标设计值如表 6-5 所列。目前在中试的基础上设计了日处理量为 7200t 的焦化废水处理脱盐水工程，其中一期日处理量 3600t 焦化废水处理工程生化部分已投运，膜生物反应器和反渗透部分正在调试中。

表 6-5 进水水质指标设计值 单位：mg/L

指标	COD	NH_4^+-N	挥发酚	总盐
设计值	约 4000	200～400	≤30	约 4000

6.1.2.2 工艺流程及技术特点

生产装置排放的废水首先进入蒸氨塔进行预处理，出水进入调节池，调节水量和水质，以保证后续系统的稳定运行。出调节池的废水用泵提升进入高效微生物厌氧滤池（3T-AF 池）进行厌氧处理，将废水中的难降解有机物进行酸化水解和甲烷化，提高可生化性，并通过回流，在厌氧池内实现反硝化，去除废水中的 NO_3^--N 和 NO_2^--N，生成 N_2 从水中脱除。3T-AF 池出水自流进入高效微生物曝气滤池（3T-BAF 池），进行好氧处理，在反应池内进行碳化和硝化，COD 及 NH_4^+-N 等污染物浓度在此大幅度降低。3T-BAF 池出水自流进入膜生物反应器（MBR），分离生化出水水中的悬浮物、难以生化的有机物和活性污泥，出水进入反渗透（RO）系统进行脱盐处理，达标处理出水最终回用锅炉。

工艺流程如图 6-2 所示，具体设计参数如表 6-6 所列。

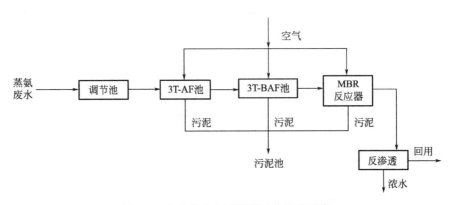

图 6-2 焦化废水中试处理工艺流程示意

表 6-6 中试试验设计参数

3T-AF/BAF 单元							
有效容积/m^3	水力停留时间/h	表面水力负荷/[m^3/(m^2·h)]	回流比	处理水量/(m^3/h)	有效接触时间/h	气水比	载体用量/m^3
70	70～116	1.0(含回流)	2:1	0.6～1.0	40～80	80:1	48

MBR 单元		RO 单元		
水力停留时间/h	通量/[L/(m^2·h)]	过滤通量/[L/(m^2·h)]	系统脱盐水/%	产水率/%
4～6	15～20	14～20	≥98	≥70

此中试工艺的主要技术特点是：

① 采用能承受高 NH_4^+-N 和高盐分负荷的生化处理工艺，即高效微生物曝气滤池

工艺，废水无需稀释；

②采用先进的膜生物反应器工艺，可发挥生化反应的后处理和反渗透的双重处理作用；

③在现有焦化废水处理回用技术的基础上，采用了反渗透技术脱盐，中水用于锅炉给水；

④本项目结合了多种先进水处理技术；

⑤中水回用，节省水量，可分担项目新技术带来的投资和运行费用的压力。

6.1.2.3 运行效果

试验自2007年1月开始运行，至同年11月结束。废水来自工厂的剩余氨水，首先经此试验配套的蒸氨装置进行蒸氨处理，然后进入各级试验设备，采集各主要试验出水测定水质数据。

试验表明，采用组合工艺处理焦化废水，具有无需稀释就可制得脱盐水等特点。其中，3T-AF/BAF工艺处理蒸氨后的原焦化废水，COD去除率可达90.23%，NH_4^+-N去除率可达98.87%。MBR系统在膜通量14~20L/(m^2·h)下能稳定获得SDI均值≤3，对COD去除率可达到30%~70%。通过RO系统后，水回收率（产水率）可达75%，系统出水水质可达COD_{Cr}≤20mg/L、挥发酚≤0.012mg/L、NH_4^+-N≤5mg/L和电导率≤250μS/cm。经混合床后，其水质完全满足锅炉进水要求。

具体工艺指标见表6-7。

表6-7 3T-AF/BAF-MBR-RO组合工艺处理焦化废水主要工艺指标

3T-AF/BAF		MBR		RO	
COD/(mg/L)	NH_4^+-N/(mg/L)	COD 去除率/%	SDI	脱盐率/%	一级处理电导率/(μS/cm)
进水≤4000 出水≤400	进水≤300 出水≤5	30~70	≤3	98	≤250

（1）固定化高效微生物滤池（3T-AF/BAF）系统

试验处理水量0.6m^3/h，水力停留时间116h，有效接触时间80h。试验期间3T-AF/BAF系统对COD、NH_4^+-N和酚的处理效果分别见表6-8~表6-10。

表6-8 COD处理效果

蒸氨后出水/(mg/L)			3T-AF/BAF 出水/(mg/L)			去除率/%
最大值	最小值	平均值	最大值	最小值	平均值	
3945	3249	3461	375	310	338	90.23

表6-9 NH_4^+-N处理效果

蒸氨后出水/(mg/L)			3T-AF/BAF 出水/(mg/L)			去除率/%
最大值	最小值	平均值	最大值	最小值	平均值	
423	251	353	7	3	4	98.87

表 6-10 酚处理效果

蒸氨后出水/(mg/L)			3T-AF/BAF 出水/(mg/L)			去除率/%
最大值	最小值	平均值	最大值	最小值	平均值	
36.1	37.6	30.07	0.016	0.007	0.010	99.97

（2）膜生物反应器（MBR）系统

MBR 在此工艺中，一方面可在生化处理不稳定产生波动时，起到一定后处理作用；另一方面起到 RO 的前处理作用，减小反渗透膜的污染负荷。

试验采用的中试装置在现场完成组装，其中 MBR 膜分离装置和 RO 装置都是一体化设备，能够选择手动和自动两种运转方式。

MBR 采用沉没式中空纤维膜负压操作，RO 采用专用抗污染膜组件。装置配套附属设备和在线检测全部自动化运行，采集固定化高效微生物装置出水，其典型试验水质分析数据见表 6-11。

表 6-11 试验中 MBR 进水水质分析

指标	S^{2-} /(mg/L)	总碱度[①] /(mg/L)	SP/(mg/L)	COD_{Cr} /(mg/L)	Fe /(mg/L)	Mn /(mg/L)	Al /(mg/L)
数值	0.115	279.7	13.3	395	1.72	0.059	0.520
指标	Ca/(mg/L)	Mg/(mg/L)	Ba/(mg/L)	Sr/(mg/L)	F^-/(mg/L)	SO_4^{2-}/(mg/L)	Cl^-/(mg/L)
数值	4.61	2.67	0.029	0.039	70	1730	1131

① 以 $CaCO_3$ 计。

试验中，RO 进水为 MBR 系统出水，实验期间 MBR 系统膜通量 14～20L/(m² · h)，受生化处理水质变化影响，其出水 SDI 值会出现波动，基本可控制在 3（反渗透系统进水推荐值）以下，说明此工艺中 MBR 系统对 RO 起到了很好的前处理保护作用。

（3）反渗透（RO）系统

经过 MBR 生化处理后的焦化废水 COD 浓度在 200～300mg/L 之间，同时盐浓度升高，硬度和 F^- 等结垢离子的浓度上升将增大膜构件的结垢倾向。为了模拟工业系统的实际状况，RO 系统采用浓水循环的方式运行，实验期间在保持 70%～75% 的水回收率条件下，RO 系统产水水质情况见表 6-12。

表 6-12 RO 系统产水水质

检测项目	COD_{Cr}/(mg/L)	挥发酚/(mg/L)	NH_4^+-N/(mg/L)	硫化物/(mg/L)
检测平均值	<20	0.012	<5	0

RO 系统进水 COD 值波动会影响产水 COD 浓度，系统对 COD 去除率基本可达到 98% 以上。RO 系统在通量从 400L/h 提升到 600L/h 的各运行周期内，均未发现明显污堵现象，产水量非常稳定，无水质冲击的进水条件下，出水水质可达到预期目标；再经过混床之后，其电导率为 0.35～1.93μS/cm，满足锅炉脱盐水要求。

6.1.3 A²/O＋BAF集成技术应用

6.1.3.1 废水情况简介

陕西黄陵煤化工有限责任公司（以下简称黄陵煤化工）是以生产经营煤炭、焦炭、化工产品等产、运、销一体化，多元产业并存全方位发展的企业。公司建有年200万吨焦化，配套建设年30万吨甲醇以及年10万吨液氨项目。为响应国家"三同时"政策，避免工业污水对环境造成影响，黄陵煤化工建成焦化、甲醇、合成氨生产及生活污水的污水处理系统。项目产生的污水主要有剩余氨水、生产过程废水、生活污水，共计约160t/h，污水情况见表6-13。

表 6-13　黄陵煤化工需处理污水水量、水质情况

序号	车间或工段名称	排水量/(m³/h)		温度/℃	余压/MPa	使用情况	排水水质/(mg/L)
		正常	最大				
1	生活化验及其他	8.0	12.0	20	0	间断	COD 400；TN 35
2	地面冲洗水	7.5	15.0	20	0	间断	COD 500；挥发酚 0.79；硫化物 2；NH_4^+-N 100～150
3	焦炉气气柜水封水	1.2	2.0	40	0	连续	COD 1500；硫化物 150；NH_4^+-N 300；挥发酚 500
4	冷鼓电捕洗涤水	15.0	15.0	40	0	连续	COD 1500
5	炼熄焦水封水	18.9	20.2	45	0.2	连续	COD 3500；NH_4^+-N 300；硫化物 220；挥发酚 900
6	甲醇精馏工艺废水	8.7	12.0	40	0.5	连续	COD 300；
7	脱硫及硫回收蒸氨废水	65.6	78.0	43	0.2	连续	COD 1500；硫化物 150；NH_4^+-N 300；挥发酚 600
8	湿法脱硫排污	0.5	1.0	80	0.4	连续	COD 500；硫化物 60；
9	合成氨工艺废水	3.0	4.0			连续	COD 30；NH_4^+-N 150；
	小计	128.4	159.2				

6.1.3.2 污水处理工艺及方案

黄陵煤化工全厂每小时废水产量约160t，预留富余量考虑在内，整个系统设计处理量为200t/h，分为两套处理能力为100t/h的单独并列运行系统，为满足检修或事故状态下，单套系统可短时间内运行处理。其中隔油池、调节池、二沉池、混凝反应池、沉淀池、污泥浓缩池和曝气生物滤池系统作为公用系统。

A²/O＋BAF污水处理流程示意见图6-3。

生产装置排放的废水首先进入蒸氨塔进行预处理，经斜管隔油池除去重油、轻油，出水进入调节池，调节水量和水质等，以保证后续系统的稳定运行。调节池的废水经泵搅拌均匀后进入吸水井，用泵提升进入高效微生物厌氧池进行进行厌氧处理，将废水中的难降解有机物进行酸化水解和甲烷化，提高可生化性，厌氧池的出水和二沉池回流液

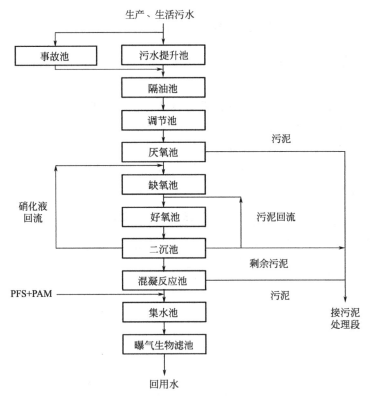

图 6-3 A²/O＋BAF 污水处理流程示意

混合后，通过泵进入缺氧池的布水器，在缺氧池内实现反硝化，去除废水中的 NO_3^--N 和 NO_2^--N，生成 N_2 从水中脱除。

缺氧池出水自流进入高效微生物好氧池，进行好氧处理，在反应池内进行碳化和硝化，COD 及 NH_4^+-N 等污染物浓度在此大幅度降低。之后经二沉池重力沉淀，使泥水分离，流出的上清液一部分内循环回流到缺氧池，二沉池的污泥部分返回好氧池参与硝化反应，剩余污泥进入污泥浓缩池，将压缩脱水后的污泥用于掺混炼焦。二沉池清液经混凝反应后进入混凝沉淀池，再进入曝气生物滤池，处理达标的中水进入回用水池作熄焦用水。

6.1.3.3 运行效果

该项目于 2012 年 6 月 1 日开始正式进水调试，在整个调试期间各项污染指标逐步下降，出水可达到排放标准。污水系统调试阶段和运行阶段测试结果见表 6-14。

表 6-14 污水系统调试阶段和运行阶段测试结果

阶段	日期	NH_4^+-N /(mg/L)	COD_{Cr} /(mg/L)	硫化物 /(mg/L)	氰化物 /(mg/L)	挥发酚 /(mg/L)	备注
调试阶段	06-01	136.26	1351.84	3.08	38.80	20.53	好氧池出口
	06-30	121.84	1121.46	2.05	28.57	10.55	二沉池
	07-05	127.51	983.91	2.42	14.32	3.02	好氧池出口

阶段	日期	NH_4^+-N /(mg/L)	COD_{Cr} /(mg/L)	硫化物 /(mg/L)	氰化物 /(mg/L)	挥发酚 /(mg/L)	备注
调试阶段	07-12	79.34	787.92	1.84	9.72	7.82	二沉池
	07-30	55.93	396.00	1.61	7.09	17.42	二沉池
	08-03	43.82	284.00	1.52	6.88	6.33	二沉池
	08-20	35.74	257.12	1.53	4.30	3.18	二沉池
运行阶段	08-31	12.87	145.10	2.08	3.87	2.59	二沉池
	09-12	9.32	89.28	0.82	2.37	1.98	二沉池
	09-22	7.31	89.28	1.18	1.08	0.84	二沉池
	10-06	5.01	84.76	0.87	0.62	0.87	二沉池
	10-12	4.91	78.40	0.85	0.57	0.69	二沉池
	10-15	4.72	48.21	1.01	0.55	0.53	二沉池
	10-20	4.25	39.02	0.82	0.44	0.47	回用水池

6.2 兰炭废水无害化处理技术集成与应用

6.2.1 除油-微电解-吹氨-高效菌种生化技术-混凝沉淀-催化氧化联合工艺处理兰炭废水

6.2.1.1 进水水质

兰炭生产工序主要由备煤、炼焦、煤气净化回收和熄焦等组成。炼焦生产过程中产生大量兰炭废水，废水水质见表6-15。

表 6-15 兰炭废水水质

项目	COD /(mg/L)	pH 值	BOD_5 /(mg/L)	NH_4^+-N /(mg/L)	挥发酚 /(mg/L)	石油类 /(mg/L)	色度/倍
数值	15000～30000	8～10	3000～4000	3000～5000	2000～4000	500～1000	100000

由表中数据可知，兰炭废水含有大量酚类、石油类物质，COD/BOD_5值较高，可生化性较差。在实施生物法处理之前必须进行预处理，以降低难生化污染物浓度，提高生物可降解性。

6.2.1.2 工艺流程

兰炭废水处理工艺分为预处理、生化处理和深度处理3个阶段。预处理段利用气浮除油、微电解及吹氨的物化工艺去除废水中高浓度的油类、酚类和NH_4^+-N等污染物，提高可生化性，使其尽量满足后续生化处理要求；生化处理段采用好氧/厌氧/好氧工艺并利用高效生物技术强化去除废水中的污染物；深度处理段采用混凝沉淀＋催化湿式氧化技术来进一步去除污染物，提高出水质量，工艺流程见图6-4。

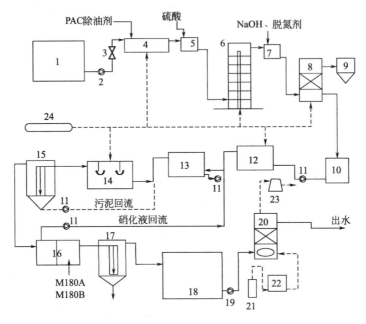

图 6-4　工艺流程

1—原水槽；2—计量泵；3—流量计；4—气浮除油槽；5—溶酸槽；6—微电解塔；7—溶碱槽；
8—吹氨塔；9—氨气吸收槽；10—生化调节槽；11—蠕动计量泵；12—好氧槽Ⅰ；13—缺氧槽；
14—好氧槽Ⅱ；15—二沉池；16—混合搅拌池；17—混凝沉淀池；18—混凝出水槽；19—计量泵；
20—催化湿式氧化塔；21—氧气钢瓶；22—臭氧发生器；23—臭氧吸收瓶；24—空压机

6.2.1.3　处理工艺及运行效果

（1）除油

兰炭废水含有大量乳化油，会抑制生化单元中的微生物代谢活性，显著影响生化处理效果。乳化油一旦破乳会形成黏稠状固形物，会堵塞后续工序的管道，严重危害废水处理系统。首先采用自然沉降方法去除水中的重质焦油渣等固体颗粒或胶状杂质，然后添加PAC除油剂并结合气浮方法去除水中的乳化油和浮在水面的轻质油。其中，PAC除油剂为辽宁奥克化学股份有限公司生产的 OX-912 和 OX-985，其主要公开成分为聚氧乙烯、聚氧丙烯醚类有机物，添加量为 300～500mg/L，OX-912 和 OX-985 除油率分别为 90％和93％，COD 去除率分别为 29％和 33％。以进水 COD 浓度为 20000mg/L、油类 500mg/L左右为例，经除油工艺处理后出水 COD 浓度为 14000mg/L，油类下降至 50mg/L 以下。

（2）微电解

兰炭废水经除油后其 COD/BOD$_5$ 值依然较高，难以直接进行生化处理，为此采用微电解方法来提高可生化性。试验过程为间歇式，废水经除油后将 pH 值调节为 2～5，自流进入装有两块铁炭微电解填料微电解塔，电解过程中持续曝气，保持温度在 30～45℃，水力停留时间为 4～6h。微电解工艺 COD 的去除率为 50％左右，COD/BOD$_5$ 值显著提高，改善了废水可生化性，色度去除率达 60％～80％。最终微电解工艺出水

COD 可控制在 7000mg/L 以下。

自制的铁炭微电解填料主要利用了铁的还原性、铁的电化学性、铁离子的絮凝吸附三方面的协同作用来处理兰炭废水。在酸性条件下，废水通过填料时，铁为阳极，炭为阴极，并有电子移动，形成无数个小电池发生氧化还原反应，进而使有机物官能团参与化学反应；Fe 失去电子产生的 Fe^{2+} 可以进一步生成 $Fe(OH)_2$、$Fe(OH)_3$，具有较强的吸附及絮凝的能力，使废水进一步澄清；在阴极 H^+ 得到电子，产生的 H_2 具有还原性，可还原有机物进而降低废水毒性，提高其可生化性。

（3）吹氨

在碱性条件下不断鼓入空气，使废水中的 NH_4^+-N 等挥发物质不断由液相转移到气相中，从而达到从废水中吹脱 NH_4^+-N 的目的。传统的吹脱工艺 NH_4^+-N 去除率很难达到 90％以上，其原因主要是氨在水中的平衡溶解度受温度影响；另外，溶解于水中的 NH_3 和 H_2O 由于氢键的作用显著增加了之间的结合力，所以溶解度范围内的氨难以用传统吹脱法从水中分离出来。而脱氮剂则能够破坏 H_2O 与 NH_3 之间的结合力，促使 NH_3 几乎全部从废水中脱离出来。

该工艺的 NH_4^+-N 吹脱条件为：进水 NH_4^+-N 含量为 3000mg/L，调整 pH 值至 12，温度控制在 31℃，气液比为 $1500m^3/m^3$，添加高效复合型脱氮剂（长沙东旭环保科技有限公司提供，含有大量离子活性基团），投加量为 50mg/L。并且在此过程中采用了两段式高效吹氨技术：第一阶段为加药阶段，将脱氮剂加入高 NH_4^+-N 废水中，在微负压条件下持续搅拌；第二阶段为吹脱阶段，剩余含氨废水送入吹氨塔，补充脱氮剂并鼓风吹脱，最终 NH_4^+-N 去除率可达 90％以上。吹出含氨的废气以稀硫酸吸收生产硫铵或者回收他用。最终，经过物化预处理工艺后出水 COD 浓度下降至 6000mg/L 以下，NH_4^+-N 浓度为 200～300mg/L，BOD/COD 值可提高 3～6 倍。

（4）生化处理

预处理后废水中含有一些硫氰化物和高浓度有机物，会影响随后的脱氮效果，因此需对废水进行初步生物强化处理，采用好氧/厌氧/好氧工艺对兰炭废水进行生化处理。通过添加高效优势菌种可以针对性地强化降解污染物，并且其承受污染物负荷能力将大大提高，可减少稀释水或不加稀释水，降低废水处理后的出水总量和整个处理装置的运行负荷，从而使出水水质、水量稳定。取杭钢焦化厂普通活性污泥作为菌种进行第一段好氧处理，目的是去除废水中的硫氰酸盐和高浓度酚类，为接下来的厌氧/好氧工艺稳定运行创造良好的生化水环境基础；利用韩国 SK 化工提供的编号为 307 的高效菌种（该菌种由 SK 化工中央研究所从焦化厂生化污泥中筛选、分离、扩培获得）接入第二段好氧Ⅱ工艺，主要是进行生物硝化脱氮和进一步去除残留 COD。

采用高效菌种结合好氧/厌氧/好氧工艺降解预处理后的兰炭废水，其对 COD 浓度的最高耐受能力可达 6000mg/L。试验过程中控制进水 COD 浓度为 2000～3000mg/L，COD 去除率高达 90％以上，NH_4^+-N 去除率达 80％以上。而且，高效菌种在降解废水中的污染物时排泥量很少，SV_{30} 可控制在 11％以下。

（5）混凝处理

兰炭废水经预处理及 O/A/O 生化处理后 COD 含量在 400mg/L 左右，仍不能满足排放标准，其中含有一些可生化性差的有机物，悬浮物较多，色度依然较重，需采用混凝法进一步处理。混凝剂中含有大量能与各种有机官能团络合的金属阳离子，能与有机污染物分子的基团发生络合反应，形成结构复杂的大分子络合物，降低其水溶性，使其聚集程度增大从而被混凝沉降下来。同时混凝剂在混凝过程中形成大量氢氧化物絮体沉淀，可有效吸附污染物，COD 去除率可以达到 50% 以上，出水 COD 浓度为 150～200mg/L。

(6) 催化氧化

为了使处理后的废水达到排放标准或回用标准，设计了一套催化氧化设备，并以氧化铝为载体、铜为活性组分自制了催化剂，对前段工艺出水进行深度处理，这样可解决废水的污染问题，实现废水资源化，减少新鲜水资源用量。

在反应器中均匀投放 240～270g 铜系催化剂，废水由水泵从底部打入催化氧化塔，其流量为 0.07L/min，臭氧投加量为 15～20g/m³，从氧化塔底部的微孔曝气器进入，反应 30～45min 后 COD 去除率为 60% 以上，最终出水 COD 浓度低于 100mg/L。在连续反应的前 20d 内催化剂的催化效果较好，COD 去除率可维持在 60% 以上，在此之后催化效果显著下降，因此当催化剂反应 20d 后应及时更换及再生。

6.2.2 兰炭废水资源化回收及深度处理组合技术

6.2.2.1 进水水质

兰炭废水普遍具有污染物浓度较高，油类含量较大，色度深，并常伴有刺激性气味等特点。典型废水水质详见表 6-16。

表 6-16　兰炭废水水质

项目名称	COD /(mg/L)	pH 值	BOD /(mg/L)	NH_4^+-N /(mg/L)	挥发酚质量浓度/(mg/L)	石油类质量浓度/(mg/L)	色度/倍
指标	25000	9～10	2800	3000～5000	5000	1000	100000

6.2.2.2 工艺流程

整个处理工艺主要分为预处理、生化处理和深度处理三大工艺段。其中，预处理工艺利用复合除油技术消除油类污染，同时回收废水中绝大部分的的焦油类物质；采用脱酸脱氨技术去除废水中 NH_4^+-N，同时回收 NH_4^+-N 副产品；通过离心萃取脱酚技术实现酚类污染物的去除，同时回收大量工业粗酚；引入高级氧化技术处理废水中残留的难降解复杂环链有机物，实现分子结构层面的破坏，进而大幅度提高废水可生化性能。

应用技术成熟、成本低廉的生化处理工艺添加煤化工废水专用高效菌种进一步去除废水中污染物，以符合排放标准。为了实现兰炭行业废水零排放，与膜处理技术相结合，实现最终出水达到循环冷却水标准，具体工艺流程如图 6-5 所示。

6.2.2.3 处理工艺及运行效果

(1) 复合除油

采用重力沉降与化学破乳相结合的复合式除油工艺，一方面实现废水中重焦油渣等

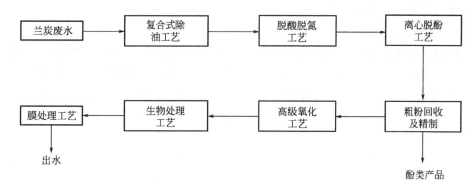

图 6-5 兰炭废水资源化回收及深度处理组合技术工艺流程

固体颗粒或胶状杂质的分离回收；另一方面通过添加专用破乳剂去除水中的乳化油和浮在水面的轻质油并回收。复合除油工艺的采用使除油效果达到以上 90%，COD 去除率达到 30% 左右。

（2）脱酸脱氨

采取脱酸脱氨工艺，目的是将废水中含有的大量氨回收，产生附加值较高的浓氨水，并且为后续生物脱氮处理做准备。与传统的蒸氨技术相比，高效的两段式脱酸脱氨技术蒸汽消耗量更低、NH_4^+-N 去除率更高，而且可以回收得到高浓度的氨水。氨水可以作为企业氨法脱硫或者短程脱硝的原料，可资源化回用。同时，废水脱酸脱氨后，有利于后续脱酚效率的提高。经过该工艺过程，废水中的 NH_4^+-N 去除率可达 90%～99%。

（3）离心脱酚及粗酚精制

离心萃取在液-液高速离心机内进行，利用酚类物质在水中与在有机溶剂中的溶解度差异，将酚类物质从水中萃取至有机溶剂中，两相快速充分混合并利用离心力代替重力实现快速分离。与传统脱酚工艺相比，具有停留时间短、分离纯度高、适应能力强等特点，并且脱酚效率高达 92%～98%，萃取剂损耗低。完成离心萃取工艺后，再利用酚类物质与有机溶剂沸点不同，通过一系列精馏操作即可实现酚的分离及有机溶剂的循环再生。经过离心萃取工艺后获得的工业粗酚继续采用连续、间歇相结合的减压蒸馏，进一步精制，可以生产苯酚、邻甲酚、间/对甲酚、二甲酚、吡啶等高附加值的化工原料，延长产品产业链。

（4）高级氧化

经过前面的酚氨回收处理后，废水中污染物浓度虽然大幅度降低，但仍然残留部分难降解的环链化合物，特别是稠环类污染物，它们的生物毒性依然较高，通过高级氧化技术产生的羟基自由基进攻难降解污染物，实现污染物分子的开环断链，甚至部分有机物完全矿化为 H_2O 及 CO_2，从而提高其可生化性。

采用兰炭废水专用高效催化剂在 80～150℃、0.1～3MPa 的温和条件下激发空气、氧气及双氧水等常见氧化剂迅速产生大量羟基自由基，对残留污染物进行高级氧化，从而保证出水 COD 浓度在 1500mg/L 左右，BOD/COD 值由 0.1 提高至 0.5 左右，控制酚类化合物浓度低于 300mg/L。

（5）生化处理

通过前述处理工艺后，兰炭废水中污染物浓度显著降低，并且可生化性有效提高，但仍需经济高效的好氧-厌氧组合生化处理工艺才能满足排放标准要求。采用高效菌种结合厌氧-好氧工艺降解预处理后的半焦废水，控制进水 COD 浓度为 1000～1500mg/L，COD 的去除率高达 90％以上，对 NH_4^+-N 的去除率达 80％以上。

（6）膜处理

为了进一步实现兰炭废水"零排放"及资源化回用，采用组合膜工艺对生化出水继续进行深度过滤处理，进一步降低出水盐含量，以超滤和纳滤作为反渗透的预处理工艺，截留大颗粒物质，之后采用高压反渗透进一步控制浓盐水产量，实现对兰炭废水的高精度过滤，使最终出水水质满足工业循环冷却水处理设计规范要求。

6.2.3 新型兰炭企业生产废水"零排放"工艺

6.2.3.1 进水水质

该企业生产废水主要源自煤气净化工段的剩余循环水、熄焦废水以及厂区生活污水，其水量分别为 18.5t/h、2.6t/h 和 1.7t/h。废水处理站所处理的废水主要包括生产废水、生活污水，以及前 10min 初期雨水收集池的雨水（约为 624.6m³/次），按 3d 处理排放，处理量达 8.97m³/h。再考虑供水不连续、后期预留等因素，确定污水处理站的处理规模为 40m³/h。

具体需处理废水水质见表 6-17。

表 6-17 污水处理废水水质

项目	污染物浓度/(mg/L)				
	COD_{Cr}	挥发酚	氰化物	NH_4^+-N	硫化物
原水水质	32300	2470	0.01	4081	19.4
进生化处理水质	<2000	<200	0.01	150～300	19.4

6.2.3.2 处理工艺流程

由于生产废水中 NH_4^+-N 和挥发酚的浓度较高，直接进入生化单元会严重抑制微生物的代谢活性。为保证生化处理工艺段进水水质，在废水进入生化处理单元前设置蒸氨再脱酚的物化预处理单元。其流程如图 6-6 所示。

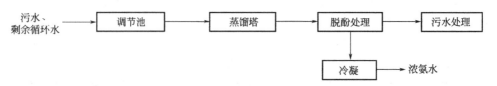

图 6-6 兰炭生产废水预处理单元流程

设计蒸氨单元采用络合萃取法，选用磷酸三丁酯（TBP）-煤油溶液为萃取剂，可以有效脱除废水中的高浓度酚，并可通过碱洗反萃的方式进行再生（再生萃取剂性能稳定），同时经疲劳实验，能满足循环使用需求。在已建成的企业实际运行中，蒸氨萃酚预处理后的水质可满足 $COD \leqslant 2000mg/L$、挥发酚 $\leqslant 200mg/L$、NH_4^+-N $\leqslant 300mg/L$ 的要求，可满足后续生化处理进水要求，保证其稳定运行。

兰炭生产废水处理单元流程如图 6-7 所示。

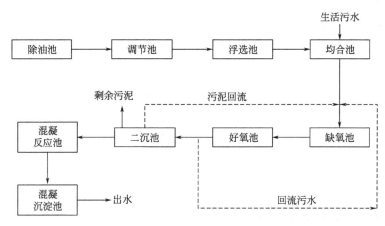

图 6-7　兰炭生产废水处理单元流程

如图 6-7 所示，废水后处理工艺主要由除油池、浮选池、缺氧池、好氧池、二沉池、混凝反应池、混凝沉淀池等组成。废水预处理后首先进入除油池进行隔油处理，除去贫油及轻油后进入浮选池，除去水中乳化油，然后在均合池同生活污水混合，调节水质、水量并进行预曝气，随后进入缺氧池及好氧池除去 NH_4^+-N 及大部分 COD、BOD_5 等污染物。经 A/O 处理后，废水仍有 8% 左右的溶解性有机物难以生化去除。结合实际情况，采取将出水经二沉池沉淀后进入混凝反应池进行深度处理的方法，以进一步除去水中污染物质，经混凝沉淀后出水送熄焦回用作为补充水。

6.2.3.3　处理效果

该类似工艺在攀钢焦化场已投入使用，运行一直比较稳定。从春季至冬季 10 个月共计 20 次的监测结果表明：该焦化废水中污染物 COD、挥发酚、NH_4^+-N 排放浓度分别为 220mg/L、1.20mg/L、4.3mg/L，去除率分别为 93.7%、99.9%、98.5%，除 COD 外，其余出水水质均达到了《钢铁工业水污染物排放标准》（GB 13456—92）（现行版本为 GB 13456—2012）中焦化生产工艺一级标准（COD 排放浓度满足二级标准），该系统对污染物去除效果相对较好。

6.2.3.4　环保投资可行性分析

经工程经济类比分析，初步确定该兰炭废水"零排放"处理工艺建设一次投资为 1000 万元，约占项目总投资的 9.26%；项目年运行费用约为 154 万元（含 15 年折旧费 74 万元），约占该工业设计产值的 0.484%。处理工艺投资和年运行费用均略低于类似企业的设计项目，可被大部分同等生产规模兰炭企业所接受。

6.3　煤气化废水无害化处理技术集成与应用

6.3.1　鲁奇工艺煤气化冷凝废水处理工程实例

6.3.1.1　废水设计水量和水质

该企业废水处理站设计规模为 $4320\text{m}^3/\text{d}$（$180\text{m}^3/\text{h}$）。其接纳的废水主要有工艺生产产出的煤气化冷凝废水（$140\text{m}^3/\text{h}$）以及厂区生活污水（$40\text{m}^3/\text{h}$）。废水处理后执行 GB 8978—1996 一级排放标准，具体设计进水水质及排放指标见表 6-18。

表 6-18　设计进水水质及排放指标

项目	色度/倍	COD/(mg/L)	BOD/(mg/L)	NH_4^+-N/(mg/L)	总酚/(mg/L)	油类/(mg/L)	氰化物/(mg/L)
工艺废水	200	5500	2500	400	1500	200	15
排放标准	≤50	≤100	≤30	≤15	≤0.5	≤10	≤0.5

6.3.1.2　废水处理工艺流程

实际生产中，该厂会先将废水中的轻油、焦油分离，酚、氨回收，然后再将废水送入废水处理站。进入废水处理站的工艺废水在生物处理前先进行厌氧处理，将废水中的大分子有机物水解酸化为小分子有机物或 CO_2 和 H_2O，提高 COD/BOD 值，改善其可生化性。厌氧处理后的工艺废水一部分进入主体处理工序-IMC 反应池，另一部分进入 BioDopp 反应池，BioDopp 池为 IMC 池辅助设施，水量不稳定。废水中的大部分 NH_4^+-N、氰化物、总酚、石油类等有机物在该主体处理工序得到去除。经生物处理的工艺废水与经格栅、隔油沉淀处理的生活污水相互混合，调节水量、水质、温度后进入接触氧化池，废水中的有机物含量显著降低。经沉淀、气浮后废水中的酚类、SS、石油类基本被去除。最后经氧化消毒后废水色度减小，出水满足排放标准。

气化厂废水处理工艺流程见图 6-8。

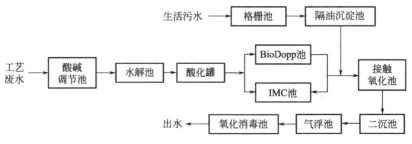

图 6-8　气化厂废水处理工艺流程

6.3.1.3　主要处理构筑物与设计参数

主要构筑物设备均为地上式钢筋混凝土结构，其参数见表 6-19。

表6-19　主要构筑物设备参数

构筑物	数量	尺寸规格	运行参数控制
酸碱调节池	2格	15.0m×5.0m×2.5m	pH值:5.5~7.5 水温:25~35℃ HRT:2.5h
水解池 (池内设搅拌器)	4座,每座3格	A、B座:10.0m×12.0m×7.0m C、D座:10.0m×8.0m×7.0m	HRT:44.6h
酸化罐	2个	Φ16.0m、h15.0m、容积3000m³ Φ12.0m、h14.8m、容积1500m³	HRT:16.6h HRT:8.3h
IMC反应池 (出水采用浮筒溇水器)	4格	A、B格:55.5m×7.0m×7.0m C、D格:44.0m×18.0m×7.0m	pH值:7.0~8.5 水温:25~38℃ 污泥浓度:7000mg/L 曝气DO:3~5mg/L 搅拌DO:<0.5mg/L
BioDopp反应池	1座	55.0m×14.0m×7.0m	污泥浓度:8~10g/L DO:<0.5mg/L
接触氧化池	2格	55.5m×7.5m×4.0m	HRT:16.5h DO:3mg/L
平流式二沉池	4格	10.0m×4.5m×7.0m	HRT:6.5h 表面负荷:1m³/(m²·h)
气浮池	4格	15.0m×5.0m×2.5m	HRT:3.5h 加压溶气压:0.3~0.5MPa
氧化消毒池	3格	A、B、C格:15.0m×2.5m×2.5m D格:5.0m×5.0m×2.5m	HRT:1.2h ClO₂消毒

格栅宽1500mm,倾角为75°,栅条间隙为20mm,变化系数为1.2,设计流量为40m³/h,过栅流速为0.6~1.0m/s。其中一个酸化罐内填料总体积为810m³,高4.0m,酸化罐内填料总体积为454m³,高4.0m。

BioDopp池内采用一体化设计,将调节池、溶气气浮池、斜板沉淀池与生物反应池连成一体。BioDopp池池底布设曝气软管,采用鼓风机供气。

接触氧化池内安装射流曝气器,采用鼓风机供气,供气量为2000m³/h,池中填料材质为PP,填料总体积为2080m³。

6.3.1.4　运行效果

该废水处理项目于2009年建成及运营,期间经过多次改进。2012年改建成功后,出水水质达到《废水排放标准》(GB 8978—1996)中一级排放标准的要求。水质监测数据见表6-20。

表6-20　各单元处理效果

项目	系统 进水	水解酸 化出水	IMC 出水	BioDopp 出水	二沉池 出水	氧化消 毒出水
色度/倍	255	400	420	413	440	49

项目	系统进水	水解酸化出水	IMC出水	BioDopp出水	二沉池出水	氧化消毒出水
COD_{Cr}/(mg/L)	4536	3211	311	167	77	35
BOD_5/(mg/L)	1235	980	90	50	12	9
NH_4^+-N/(mg/L)	256	220	4	2	3.5	3.5
总酚/(mg/L)	1160	799	70	41	30	0.5
石油类/(mg/L)	219	210	55	22	15	6
氰化物/(mg/L)	13	13	1.2	1.1	0.4	0.4

6.3.2　煤气化废水处理工程设计实例

6.3.2.1　设计规模及进、出水水质

煤气化过程中，对粗煤气进行冷却、洗涤时产生大量废水，经酚氨回收装置处理后进入该处理装置，废水规模为 $215m^3/h$，考虑生产废水的波动性及企业今后的发展预留，处理装置设计规模取 $360m^3/h$。该废水处理装置进水主要为化肥生产过程中产生的生产废水，出水水质要求达到《循环冷却水用再生水水质标准》（HG/T 3923—2007）中再生水用作循环冷却水的水质要求（除 TDS 外）。

设计进、出水水质指标见表 6-21。

表 6-21　设计进、出水水质

项目	pH 值	COD_{Cr}/(mg/L)	BOD_5/(mg/L)	NH_4^+-N/(mg/L)	SS/(mg/L)	油/(mg/L)
进水	6.5~7.5	3500	1000	150	200	100
出水	6~9	≤60	≤5	≤15	≤20	≤0.5

6.3.2.2　工艺流程及设计特点

（1）工艺流程

废水处理工艺流程见图 6-9。

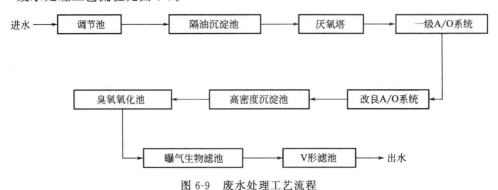

图 6-9　废水处理工艺流程

酚氨回收废水通过泵送至废水处理装置，经隔油沉淀池去除轻油和焦油后进入后续生物处理。经预处理的废水在投配池混合后，加压送至厌氧塔，在塔内完成厌氧共代谢过程，在改善酚氨回收废水水质的同时，实现部分有机物的羧化和苯酰化的转变过程，利用厌氧细菌将部分污染物转化成甲烷，同时将部分难降解有机物转化为易降解有机物，并为后续好氧生物工艺降低处理难度和减轻运行负担。

厌氧塔出水进入一级 A/O 系统，通过在池中投加一定量的炭粉提高污泥浓度，控制特定的水力条件、高污泥浓度、低溶解氧（DO＝0.3～0.5mg/L）等水力、水质参数，为同时实现短程硝化反硝化、同步硝化反硝化的脱氮过程和有机物的有效去除。

一级 A/O 系统出水进入改良 A/O 池，其通过控制反应池内的溶解氧浓度，实现兼氧与好氧交替运行，可以提高难降解污染物的可生化性，降低废水中的 COD 值和 NH_4^+-N 含量，改良 A/O 池出水进入二沉池进行泥水分离。

二沉池上清液进入高密度沉淀池，通过吸附剂进一步吸附去除废水中难降解的有机污染物，有效地降低了废水中色度和 COD 含量，同时使得吸附剂和废水中的杂质一同沉淀，部分吸附剂回流到吸附段的初始段继续参与废水处理，部分吸附剂被排出，出水效果良好。

高密度沉淀池出水进入臭氧氧化池，利用多相催化臭氧氧化技术产生·OH 等强活性自由基进一步去除废水的色度，同时废水中难以降解的有机物通过高级氧化作用开环变为链状化合物，链长的化合物断链为链短的化合物，提高了废水的可生化性。

臭氧氧化池出水进入曝气生物滤池，利用滤料的吸附、截滤和生物膜中微生物代谢的功能，去除废水中残留的有机污染物和 NH_4^+-N 等物质，曝气生物滤池出水排入 V 形滤池过滤后进入回用水处理装置。

（2）设计特点

① 针对常规气浮工艺能耗较高，且增大水体中溶解氧浓度，将氧化中间产物导致醌类物质产生，增加废水毒性。该项目预处理选用隔油沉淀工艺，其能耗低、基建费用低、操作简便、维护容易，良好的除油效果可为后续生物处理提供保障。

② 生化处理采用厌氧-两级生化的多级生化处理工艺，通过两个方面改进，大幅提高生化处理效果：一是在一级 A/O 池中投加炭粉、严格控制溶解氧浓度实现同步脱碳脱氮；二是在改良 A/O 系统内，根据好氧硝化和厌氧反硝化的需要）调控 A/O 氧化池回流比。

③ 深度处理选用臭氧氧化-曝气生物滤池工艺，该工艺在众多工程上均有良好处理效果，稳定性较强。

6.3.2.3　主要构筑物及设计参数

主要构筑物设备均为地上式钢筋混凝土结构，其参数见表 6-22。

表 6-22　主要构筑物设备参数

构筑物	数量	尺寸规格	运行参数控制
调节池 （搅拌器 2 台、提升泵 3 台）	1 座	31.0m×30.0m×7.9m	有效水深：7.1m HRT：18.3h

构筑物	数量	尺寸规格	运行参数控制
隔油沉淀池 （刮油刮泥机 2 台、 絮凝搅拌机 2 台）	2 座	23.0m×4.5m×3.5m	有效水深：2.5m HRT：1.4h
厌氧塔	8 座	Φ12.0m×7.0m、 有效容积 700m³	污泥浓度：20000mg/L 污泥负荷：0.15kgCOD$_{Cr}$/(kgMLSS·d)
一级 A/O 系统 （搅拌机 12 台、潜水推流 器 4 台、潜水回流泵 4 台）	2 座	45.0m×31.0m×6.8m	有效水深：6.0m HRT：46.5h 污泥浓度：5000mg/L 污泥负荷：0.30kgCOD$_{Cr}$/(kgMLSS·d) 污泥龄：＞100d
改良 A/O 系统 （潜水搅拌机 8 台、 潜水回流泵 4 台）	2 座	41.0m×31.0m×6.8m	有效水深：6.0m HRT：42.3h 污泥浓度：2500mg/L 污泥负荷：0.20kgCOD$_{Cr}$/(kgMLSS·d) 污泥龄：＞100d
高密度沉淀池	2 座	12.0m×12.0m×8.3m	有效水深：7.3m HRT：5.8h
臭氧制备间 （臭氧发生器 3 台）	1 座	19.0m×8.0m×5.0m	—
曝气生物滤池	4 格	7.0m×7.0m×7.3m	HRT：3.5h 滤料高度：3.5m
V 形滤池	2 格	7.0m×7.4m×4.9m	HRT：1h 滤料高度：1.2m

设厌氧塔设备 8 套，包括三相分离设备 8 套，变速旋流水设备 8 套，废气收集设备 8 套，废气稳压罐 2 套；无火焰废气燃烧装置 1 台，循环污水泵 4 台。一级 A/O 系统采用鼓风曝气，离心风机 4 台（与改良 A/O 池共用），管式曝气器 2504 根，厌氧沉淀池刮泥机 2 台。改良 A/O 系统同样采用鼓风曝气，设管式曝气器 2160 根，二沉池刮泥机 2 台，污泥泵 4 台，消泡水泵 8 台。

高密度沉淀池设潜水搅拌机 1 台，提升式刮泥机 2 台，提升式搅拌机 2 台，混合搅拌机 2 台，回流污泥泵 3 台，剩余污泥泵 2 台，污水提升泵 3 台。曝气生物滤池采用火山岩滤料，体积为 686m³；承托层 58.8m³；滤板 196 块；长柄滤头 9604 个；单孔膜扩散器 7740 个；曝气风机 4 台，反洗风机 3 台（与 V 形滤池共用），反洗水泵 3 台（与 V 形滤池共用）。V 形滤池中均粒滤料 100.8m³；承托层 8.4m³；滤板 98 块；长柄滤头 4704 个。

6.3.2.4　运行效果

该工程 2014 年 5 月开始调试运行，经过 3 个月调试运行后出水水质稳定达到设计指标。

工程进、出水监测结果见表 6-23。

表 6-23　工程进、出水监测结果

项目	pH 值	$COD_{Cr}/(mg/L)$	$BOD_5/(mg/L)$	NH_4^+-N/(mg/L)	SS/(mg/L)	油/(mg/L)
进水	6.5~7.5	2000~3000	500~1060	50~150	150~200	50~100
出水	6~9	≤50	≤5	≤10	≤10	≤0.5

6.3.3　BGL 气化煤化工废水"零排放"工艺系统的应用

中煤图克煤制化肥项目位于内蒙古自治区鄂尔多斯市乌审旗境内,一期工程(100万吨/年合成氨,175 万吨/年尿素项目)于 2014 年 2 月投入试生产,2015 年达到设计产能,通过性能考核。图克化肥废水"零排放"系统投资 13.5 亿元,2013 年 9 月开始调试,2014 年 1 月顺利接收生产废水、生活污水投入运行,运行稳定,未向外界排放任何废水,实现了真正意义上的废水"零排放"。

6.3.3.1　进、出水水质

表 6-24 给出了图克化肥项目废水的水量及水质。

表 6-24　图克化肥项目废水水量及水质

污水来源	排水量/(m³/h)	污水成分
污水处理厂进水	170	COD≤4000mg/L,总酚≤700mg/L,pH=6~7.5,硫化物≤50mg/L,TN≤350mg/L,油≤100mg/L
循环水系统排污水	300	COD=93mg/L,BOD=40mg/L,pH=8.21,SS=110mg/L,总溶解固体 2900mg/L
脱盐水站	400	pH=8.21,总溶解固体 3500~4000mg/L
锅炉装置	20	pH=8.21,总溶解固体 3500~4000mg/L
小计	890	—

采用 BGL (British Gas/Lurgi) 煤气化工艺,该工艺是 Lurgi 气化工艺的改进型,具有更高的温度、在底部布设了喷嘴、较低的需氧量和较高的产气效率,其产生的废水与 Lurgi 工艺产生的废水性质类似,但水量减少了 1/2。BGL 煤气化排放的废水中含有大量酚类和 NH_4^+-N 物质,还有一些多环芳香族化合物、杂环化合物和油类等有毒的难降解物质。

6.3.3.2　工艺流程

项目所在地水资源严重匮乏,外调黄河水水质较差,难以满足进水标准,需进一步处理,煤化工用水价格按 10 元/吨设计。

因此,项目采取了多种节水措施,尽可能提高水的回用率。而且,项目所在地生态环境比较脆弱,环境容量非常有限,环保要求相当严格。煤化工项目设计时不设废水外排水口,因此,项目废水处理按"近零排放"设计。

中煤图克煤制化肥项目污水"近零排放"工艺配置见图 6-10。

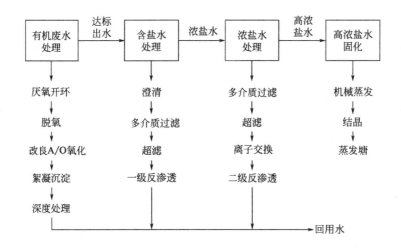

图 6-10　中煤图克煤制化肥项目污水"近零排放"工艺

有机废水处理、浓盐水再提浓、高浓盐水固化三个环节的工艺配置分别见图 6-11、图 6-12 及图 6-13。有机废水处理的设计参数见表 6-25。高浓盐水固化处理采用"机械蒸发＋蒸发塘"组合模式。

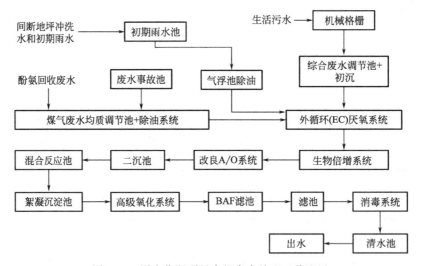

图 6-11　图克化肥项目有机废水处理工艺配置

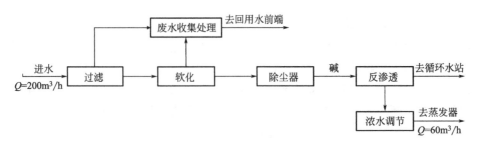

图 6-12　图克化肥项目浓盐水再提浓工艺配置

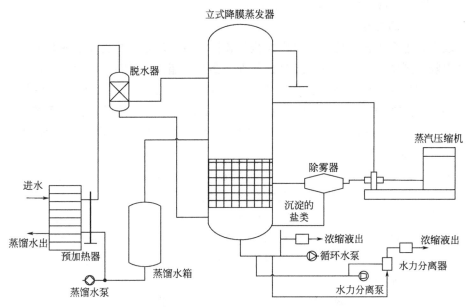

图 6-13　图克化肥项目高浓度盐水固化处理工艺配置

表 6-25　图克化肥项目有机废水处理的设计参数

项目	设计脱除率/%	设计出水值/(mg/L)
COD	95	70～100
总酚	97	5～10
挥发酚	99.9	0～0.2
NH_4^+-N	90	5～15

6.3.3.3　运行效果

（1）有机废水处理

气化装置粗煤气洗涤产生的含尘煤气水、煤气变换冷却装置产生的含油煤气水被送到煤气水分离装置，经过减压闪蒸脱除溶解气，再经自然沉降将焦油、中油和煤尘从废水中分离出去，得到洁净煤气水。约60%的洁净煤气水被送回煤气洗涤系统和变换冷却系统循环利用；约40%的洁净煤气水送至酚氨回收装置，采用侧线加碱脱酸脱氨及MIBK溶剂萃取技术，分离出 NH_4^+-N 和粗酚类物质。COD 脱去除率为83%，出水 COD≤3000mg/L。酚氨回收率为84%，出水 NH_4^+-N 和酚类分别控制在 150mg/L 和 1000mg/L 以下。该工艺不仅可有效地回收废水中的酚类和 NH_4^+-N 物质，且出水指标显著低于后续生化处理的进水标准，稳定的出水水质，有效保障后续废水处理的进行。

气化废水脱除酚氨后的排水、生活污水和气化循环水排污水等约为250m³/h，经过综合调节池调节水量、水质后进入多级生化组合处理系统，经过厌氧、多级厌氧/好氧、高级氧化、BAF 生化等处理单元，废水中 COD、总酚、挥发酚和 NH_4^+-N 的去除率分别达到94%、99%、99%和98%以上，生化处理后排放废水平均浓度分别为 90mg/L、5mg/L、0.1mg/L、1.8mg/L，各项污染物排放指标均已达到《合成氨工业水污染物排放标准》（GB 13458—2001）排放标准要求。

（2）含盐水的处理

多级生化组合工艺处理后的出水含盐量较高，与循环水站排污水、脱盐水站排污水等含盐水收集到中水回用装置，经过预处理、多介、超滤（UF）、反渗透（OR）、浓水反渗透等工艺处理，净水满足脱盐水要求，盐回收率达到 76.6%，浓水溶解性总固体（TDS）浓度为 20000mg/L。中水回用装置产生的浓盐水送至浓盐水提浓系统，经过高效反渗透、MVR 降膜式蒸发处理，净水平均回收率为 90%，浓盐水溶解性总固体（TDS）＞200000mg/L。

高浓盐水固化处理是煤化工废水"零排放"系统的关键。图克化肥借鉴传统海盐晒盐场的蒸发工艺设计开发建设了蒸发塘装置，蒸发面积为 32hm²，有效容积为 69 万立方米，年均蒸发量约为 27 万立方米。原设计 20m³/h 的浓盐水（含盐量为 20%～25%）去蒸发塘蒸发；同时调试期间冲洗水和化学清洗水，突发状态时的高盐水也会输送至蒸发塘暂存，待生产正常后返回中水回用装置再处理。同时，图克化肥在煤化工行业率先开发建设了浓盐水蒸发结晶装置，采用双效顺流蒸发结晶技术，浓盐水依次经过闪蒸器、缓冲罐、上料泵、一效蒸发、二效蒸发、出料泵、稠厚器、离心机形成结晶盐。废水完全满足"零排放"的设计要求。

6.4　煤液化废水无害化处理技术集成与应用

6.4.1　煤制油高浓度废水处理工程设计

6.4.1.1　工程概况

煤制油高浓度废水指经汽提、脱酚装置处理后的出水，主要包括煤液化、加氢精制、加氢裂化及硫磺回收等装置排出的含硫、含酚废水。此废水水质的特点是油类和悬浮物的含量较少，COD 含量高达 9000～10000mg/L，已经超出了一般生物处理的上限；盐含量低，阴、阳离子的成分及浓度接近新鲜水，硫化物和挥发酚的浓度均约为 50mg/L。废水设计出水水质要求达到《中国石油化工集团公司暨股份公司工业水管理制度中推荐回用作循环冷却系统补充水的水质标准（试行）》中的相应指标。

该废水处理工程服务于 2006 年在内蒙古建成的第一条年产成品油 100 万吨的煤制油生产线。其废水的特点是"废水水量大、浓度高、排放要求高"，在国内是首例煤制油废水处理项目，废水排放量远高于国外该类项目，无类似废水处理项目经验可借鉴，加之废水处理后还需回用，因此工艺选择和确定具有较高的难度。

6.4.1.2　设计规模及进出水水质

该工程为先期工程，设计规模为 150m³/h。废水水质参数如表 6-26 所列。生化池进水设计温度为 35～45℃。根据水质报告可知，溶解性总固体的质量浓度为 2000mg/L 左右，但 Ca^{2+}、Mg^{2+}、SO_4^{2-} 及 Cl^- 等离子浓度不高，很难确定经汽提、脱酚后水中阴、阳离子的组成。

表 6-26 煤制油高浓度废水的水质

水质项目	设计水质	水质项目	设计水质
ρ_{COD}/(mg/L)	9000~10000	$\rho_{硫化物}$/(mg/L)	50
$\rho_{石油类}$/(mg/L)	100	$\rho_{挥发酚}$/(mg/L)	50
$\rho_{NH_4^+-N}$/(mg/L)	100	$\rho_{氯离子}$/(mg/L)	120
ρ_{TSS}/(mg/L)	50	$\rho_{二异丙基醚}$/(mg/L)	80
pH 值	7.0~9.0		

煤液化项目要求废水处理后大部分回用于循环水补充水，水质达到《中国石油化工集团公司暨股份公司工业水管理制度中推荐回用作循环冷却系统补充水的水质标准（试行）》的要求，具体水质要求见表 6-27，其中总硬度和总碱度以 CaCO₃ 计。

表 6-27 回用于循环水系统的净化废水水质

水质项目	设计水质	水质项目	设计水质
ρ_{COD}/(g/L)	≤50.0	ρ_{Cl^-}/(mg/L)	≤250
ρ_{BOD_5}/(mg/L)	≤10.0	$\rho_{SO_4^{2-}}$/(mg/L)	≤300
$\rho_{石油类}$/(mg/L)	≤5.0	$\rho_{总硬度}$/(mg/L)	50~300
$\rho_{NH_4^+-N}$/(mg/L)	≤5.0	$\rho_{总碱度}$/(mg/L)	50~300
$\rho_{悬浮物}$/(mg/L)	≤10.0	浊度/NTU	≤10.0
$\rho_{硫化物}$/(mg/L)	≤0.10	pH 值	6.5~9.0
$\rho_{酚}$/(mg/L)	≤1.0		

6.4.1.3 工艺流程

根据高浓度废水的水质特点及废水回用的要求，该工艺设计先将废水进行气浮，初步去除轻油，然后进入含有生物填料的生化池，分别进行厌氧、缺氧、好氧充分反应，降解包括酚类在内的有机物和硫化物，对于可生化较难的有机物和硫化物等污染物质，采取活性炭吸附、混凝及多介质-活性炭过滤等组合工艺进行物化处理，从而保证出水达到设计要求。经上述工艺进行处理后，合格水排入回用水池，经消毒后回用，不合格水送至不合格排放水池，排入渣场。具体工艺流程如图 6-14 所示。其中 AF1 生化池为厌氧生物滤池；AF2 生化池为兼氧生物滤池；BAF 生化池为好氧生物滤池。

由于石油类物质大部分在汽提装置中去除，进入废水处理场的高浓度废水中油类的浓度低于 100mg/L，因此采用一级涡凹气浮处理后可以将油类的浓度减少至 10mg/L以下，同时可以去除部分 SS、挥发酚及 10% 的 COD。高浓度废水进入涡凹气浮，在进水端投加聚合氯化铝（PAC）及聚丙烯酰胺（PAM），在混合反应设备内与进水充分反应后，进入气浮分离段。微气泡吸附油珠，将油珠浮起，将油类从水中分离。气浮池中设有链条式刮沫机，刮除表面浮渣，出水油类（含乳化油）浓度保证小于 10mg/L。

一级涡凹气浮出水自流进入生化吸水池，然后经泵加压送至匀质罐，在此调节废水水量、水质，防止对后续生化处理产生大的冲击，保证其稳定运行。匀质罐出水自流进入生化处理系统。生化处理系统设置为厌氧（AF1）、兼氧（AF2）和好氧（BAF）

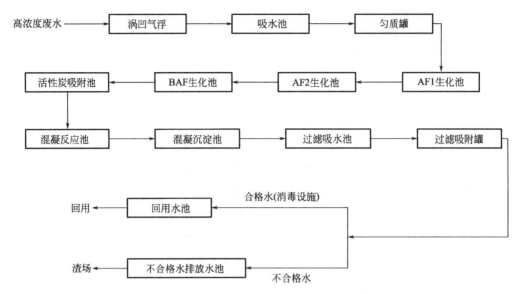

图 6-14 煤制油高浓度废水处理工艺流程

3 段，进水考虑配水设施，每组生化池进水管两侧增加两道宽顶溢流堰。

AF1 厌氧生物滤池的主要作用是通过厌氧处理，对废水中的难降解有机物进行酸化水解和甲烷化，改善废水可生化性，同时去除部分有机物。AF1 池共分八组五级并联运行，各级采用底部进水上部出水逐级溢流方式布水。底部设置曝气管供开工期间使用，池顶设置密闭混凝土盖，将甲烷气体收集后送入沼气处理设施焚烧处理。为防止爆炸发生，平时运行时严禁曝气，避免氧气与甲烷气体接触。底部设置排泥管用于排泥及放空。为保证厌氧池的最低表面负荷，防止污泥沉积，厌氧池出水经厌氧回流泵回流，回流比按 2:1 设计。厌氧段出水通过配水槽进入兼氧段。

AF2 兼氧生物滤池是厌氧和好氧的过渡段，在实际运行过程中，可根据水量水质的变化调节兼氧池每级的溶解氧浓度，以保证系统的最佳处理效果。AF2 兼氧生物滤池共分八组五级并联运行，各级采用下进水上出水的逐级溢流方式布置。底部设置曝气管用于搅拌和反冲洗，运行气水比为 20:1，底部同样设置排泥管用于排泥及放空。

AF2 池出水自流进入 BAF 好氧池，在此降解废水中的有机物并发生 NH_4^+-N 硝化。BAF 池分八组五级并联运行，各级采用下进水上出水逐级溢流方式布水。池内安装载体支架 3 层，装填高效悬浮专用载体 2 层。底部安装曝气系统用于曝气，气水比为40:1，底部同样设置排泥管。BAF 池内设 4 组溶解氧在线仪表，控制 DO 的质量浓度在 2~4mg/L，以保证好氧生物处理的效果。池内设置消泡设施，以避免曝气池内产生过多泡沫。

BAF 出水经泵提升回流至 AF2 之前，作为调试和进水浓度较高时的稀释水源，回流比为 1:1。回流水进入兼氧池后，控制 DO 的质量浓度 <1mg/L，在反硝化细菌作用下，利用池中的碳源，将硝态氮还原为氮气，同时中和来水的酸度，减少额外碱量的添加，还可以防止厌氧产生硫化氢气体。

经过生物处理后的出水，进入粉末活性炭吸附池。粉末活性炭先在配炭池中制配为悬浮状后,经螺杆泵加压打入混合池与生物处理后出水充分混合,然后进入吸附池。

粉末活性炭吸附池出水进入混凝反应池,在混凝反应池中投加 PAM 在机械混合搅拌机作用下充分混合、板框式反应搅拌机作用下絮凝反应,出水进入混凝沉淀池,进行泥水分离,去除大部分悬浮物及少量可生化差的有机物,以提高出水效果。

混凝沉淀池出水自流至过滤吸水池,由提升泵加压进入过滤吸附罐。该装置管路控制采用气动蝶阀,现场 PLC 控制。可通过设定进出口压差或时间周期实现自动反冲洗。

经过滤器处理后的合格出水经二氧化氯消毒灭菌后作为循环水场的补充水。不合格水切换排入不合格水排放水池,用泵提升送至渣场蒸发处理。

6.4.1.4 主要构筑物及设备设计参数

该工艺主要构筑物及设备设计参数见表 6-28。

表 6-28 主要构筑物及设备设计参数

构筑物	尺寸规格	运行参数控制
涡凹气浮 (钢结构,地上式)	10.7m×2.4m×2.4m	处理水量:150m³/h HRT:16min
匀质罐 (钢结构)	Φ20.0m×17.8m 有效容积 5000m³	HRT:20h
AF1 厌氧生物滤池 (钢混结构,半地下式)	5.0m×5.0m×5.5m	有效水深:4.5～4.9m 有效容积:5000m³ HRT:33.33h 回流比 $R=2$ COD 容积负荷:7.875kg/(m³·d) NH_4^+-N 容积负荷:0.113kg/(m³·d)
AF2 兼氧生物滤池 (钢混结构,半地下式)	5.0m×5.0m×5.5m	有效水深:4.4～4.8m 有效容积:4900m³ HRT:32.67h 气水比:20:1 COD 容积负荷:4.645kg/(m³·d) NH_4^+-N 容积负荷:0.116kg/(m³·d)
BAF 生化池 (钢混结构,半地下式)	5.0m×5.0m×5.5m	有效水深:4.3～4.7m 有效容积:4800m³ HRT:32.0h 气水比:40:1 COD 容积负荷:2.4kg/(m³·d) NH_4^+-N 容积负荷:0.12kg/(m³·d)
配炭池 混合池 吸附池	4.0m×2.7m×3.9m 3.4m×2.7m×3.9m 18.0m×6.3m×3.9m	— — HRT:2.7h
混凝反应池	10.6m×2.7m×3.9m	
混凝沉淀池	Φ25.0m×2.9m	HRT:2h 表面负荷:0.3m³/(m²·h) 有效水深:2.5m

构筑物	尺寸规格	运行参数控制
多介质过滤器	Φ3.0m×5.5m	滤速：7m/h 反洗时间：<10～15min
生物炭罐	Φ3.6m×5.5m	滤速：3.7m/h 反洗时间：<10～15min

混凝反应池，混合阶段设机械混合搅拌机 1 台，浆叶直径 1000mm，浆叶宽度 200mm，搅拌机转速 51r/min，功率 2.2kW，浆叶外缘线速 2.4m/s，搅拌器中心离池底 750mm。反应阶段设板框式反应搅拌机 3 台，每间反应池尺寸为 2.2m×2.2m× 3.0m，容积为 14.5m³，反应时间 5.8min。反应搅拌机设计参数：一级 Φ1700m× 2300mm，$n=8r/min$，线速度 $v=0.71m/s$；二级 Φ1700m×2300mm，$n=5.2r/min$，线速度 $v=0.47m/s$；三级 Φ1700m×2300mm，$n=3.4r/min$，线速度 $v=0.31m/s$。

过滤吸附罐由多介质过滤罐和生物炭吸附罐串联组成，二者反冲洗均为气水共洗。

生化池总有效容积 14700m³，水力停留时间 98 h。生化池均设载体支架 3 层，装填高效悬浮专用载体 2 层，AF1 厌氧生物滤池、AF2 兼氧生物滤池、BAF 生化池设载体装填量分别为 2400m³、2480m³、2550m³，高效专用兼氧微生物投加量分别为 1920kg、1984kg、2040kg，载体有效接触时间分别为 21.33h、20.67h、20.0h。

AF1 厌氧生物滤池表面水力负荷为 10.8m³/(m²·d)（含回流）。兼氧池严格控制溶解氧，池内设 4 组量程为 0～10mg/L 的溶解氧在线仪表。BAF 生化池底部安装曝气系统和排泥管。池内安装 4 组溶解氧在线仪表，量程为 0～10mg/L。

6.4.1.5　处理效果

经过多级构筑物处理后，各处理单元的出水水质情况也各不相同，最终处理出水效果见表 6-29。

表 6-29　煤制油高浓度废水各单元处理效果

水质项目	进水	涡凹气浮		AF1 池		AF2 池		BAF 池		混凝沉淀池		过滤吸附罐		总去除率
		出水	去除率	出水	去除率	出水	去除率	出水	去除率	出水	去除率	出水	去除率	
S^{2-}	50	4.5	91	3	33	2	33	≤0.5	≥75	≤0.1	≥80	≤0.1		≥99.9
NH_4^+-N	100	100	0	100	0	90	10	≤3	≥97	≤3		≤3		≥97
油	100	11	89	5.5	50	2.8	49	≤1.5	≥46	≤1	≥33	≤0.5	50	≥99.5
挥发酚	50	45	10	30	33	10	67	≤0.5	≥95	≤0.1	≥80	≤0.1		≥99.8
COD	10000	9010	10	4000	56	1950	51	≤98	≥95	≤68	≥31	≤49	28	≥99.5

注：浓度单位 mg/L；去除率单位%。

6.4.2　煤直接液化污水深度处理工程运行研究

6.4.2.1　设计进出水水质指标

（1）设计进水水质指标

进入深度处理系统的废水由含油废水处理系统出水、高浓度废水预处理系统出水、生活污水三部分组成。水量、水质数据见表 6-30，确定深度处理系统的进水设计指标：
pH6～9，$COD_{Cr} \leqslant 200mg/L$，$NH_4^+$-N $\leqslant 50mg/L$，水温 15～38℃。

表 6-30　废水水质

废水来源	水量/(m³/h)	pH 值	COD_{Cr}/(mg/L)	NH_4^+-N/(mg/L)
含油废水处理系统出水	200	6～9	≤150	15
高浓度废水预处理系统出水	90	7～8	150～250	50～100
生活污水	60	6～9	≤500	20

（2）设计出水水质

各用水单位水质要求及装置设计出水水质指标见表 6-31。

表 6-31　设计出水水质指标

水质要求	单元	pH 值	COD_{Cr}/(mg/L)	NH_4^+-N/(mg/L)	水温/℃	电导率/(μS/cm)	SiO_2/(mg/L)
用水单位水质要求	循环水补水	6～9	≤50	5	38	—	—
	电厂除盐水站补水	6～9	≤10	—	—	5	≤5
设计出水水质	MBR 装置	6～9	50	2	38	—	—
	RO 装置	6～9	5	—	—	2	2

6.4.2.2　工艺设计技术方案

（1）生化系统

进入 A/O 生化池的混合水，首先进入厌氧生化池（A 池）。废水在 A 池中与 MBR 膜池回流来的活性污泥进行充分混合，反硝化菌利用有机碳源作为电子受体，将硝态氮 NO_x-N（NO_2^--N、NO_3^--N）转化为 N_2，部分有机碳和 NH_4^+-N 也会合成生物质。

A 池出水进入好氧生化池（O 池）。O 池的处理依靠异养型细菌去除进水中的生化有机物（BOD），同时自养型硝化菌以无机碳为碳源，将氨态氮（NH_4^+-N）氧化成硝态氮。

（2）MBR 膜分离系统

在 MBR 膜池中，MBR 膜将 A/O 生化池来活性污泥中的菌胶团和游离细菌、无机颗粒等全部截留在 MBR 膜池内，实现了水力停留时间与活性污泥泥龄的彻底分离，滤过的水汇入集水管中由 MBR 产水泵抽出，膜组件的高效截流作用使得泥水彻底分离。MBR 处理后的出水输送至循环水系统。

（3）UF 膜分离系统

MBR 出水进入超滤（UF）装置，以进一步截留水中的悬浮物。

（4）RO 膜分离系统

UF 出水进入 RO 进水罐，经过保安过滤器过滤、高压泵加压后进入反渗透装置。通过反渗透作用，将盐类或大分子物质与水分离，脱盐水可满足电厂用水水质要求，输送至电厂除盐水站。

6.4.2.3 工程试验运行分析

（1）A/O-MBR 系统工程试验运行分析

1）A/O-MBR 系统工程试验 COD 去除率分析

A/O-MBR 组合工艺系统进水 COD 平均含量为 94.9mg/L，出水 COD 平均含量为 27.2mg/L，COD 平均去除率为 71.3%，该系统总体运行稳定，基本达到最初的工程设计要求。为了测试 A/O 生化池的耐 COD 负荷冲击的能力，经过调整，A/O-MBR 进水水质 COD 平均值上调至 289.9mg/L。在达到目标浓度后继续运行 5d，观察其 NH_4^+-N 处理效果。A/O 生化池和 MBR 膜系统出水水质稳定，MBR 出水 COD 平均浓度低于 23.1mg/L，COD 平均去除率为 92.0%。因为试验期间高浓度废水预处理系统和含油废水处理系统的来水中 NH_4^+-N 的比较低，A/O-MBR 总的进水 NH_4^+-N 含量变化不大，所以 NH_4^+-N 没有对 A/O-MBR 的运行没有造成大的影响。

2）A/O-MBR 系统工程试验 NH_4^+-N 去除率分析

为了测试 A/O-MBR 综合工艺系统对 NH_4^+-N 的处理能力和耐受能力，将 A/O-MBR 进水 NH_4^+-N 提高到 75mg/L。通过 5d 的试运行和观察，A/O-MBR 出水 NH_4^+-N 的平均浓度为 0.5mg/L，A/O-MBR 系统的平均 NH_4^+-N 去除率为 99.3%。A/O-MBR 组合工艺系统对 NH_4^+-N 有很好的去除效果，且耐受力高，处理运行稳定。

（2）UF 系统工程试验运行分析

在稳定运行阶段，UF 进水的浊度平均值为 1.41 NTU 时，出水浊度可控制在 0.58 NTU 左右，浊度去除率可达 58.9%；当进水的悬浮物平均浓度为 4.8mg/L、出水的悬浮物可控制在 0.54mg/L 左右，对悬浮物的去除率可达 88.8%。UF 膜对浊度和悬浮物具有较好的处理效果。

（3）RO 系统工程试验脱盐率分析

在稳定运行阶段，RO 进水的电导率平均值为 39.3μS/cm、其出水电导率可控制在 0.54μS/cm 左右，RO 系统的脱盐率可达 98.6%，大于 RO 出水的电导率控制指标（>97%）。由此可以看出 RO 膜对具有优良的脱盐效果。

6.4.3 煤直接液化示范工程废水处理工艺分析

6.4.3.1 煤液化废水的特点

煤制油生产过程中排放大量的废水，每生产 1t 产品的废水排放量均在 10t 以上，因此，随着煤制油工业的迅速发展，将有大量的煤制油生产废水排放量。煤制油废水具有色度大、乳化度程度高、可生化性差等特点，煤制油废水的主要特征为：有机物浓度高且成分复杂、NH_4^+-N 及酚类的浓度高、毒性大、色度大及可生化性差等特点，是一种典型的难处理的煤化工废水。煤制油废水中无机化合物主要为硫化物、NH_4^+-N、氰化物等，有机化合物主要为芳香族化合物及含氮、氧、硫的杂环化合物等。通常煤制油废水的 COD_{Cr} 浓度为 4000～6500mg/L、NH_4^+-N 浓度为 180～210mg/L、酚类浓度为 40～50mg/L 等。煤制油废水的大量排放及废水成分复杂、难以生物降解的特点成为困扰我国煤制油行业的一个重大难题。

6.4.3.2 煤液化废水无害化处理工艺流程分析

通过对进水水质的分析,以及处理技术的综合比较和前期的验证,确定本工艺采用 MBR＋UF＋RO 深度处理系统工艺流程简图如图 6-15 所示。煤液化高浓度污水首先进入 A/O 系统,对原水中的 COD_{Cr} 和 NH_4^+-N 进行降解,并尽可能提高生化系统的反硝化效率;最后污水进入 MBR 膜池进行泥水分离,出水进入 MBR 产水池,MBR 产水池的水部分回用,另一部分进入超滤单元,超滤出水达到 RO 反渗透进水水质条件后送入 RO 反渗透系统进行进一步脱盐处理,反渗透的产水进入工艺单元代替新鲜水。

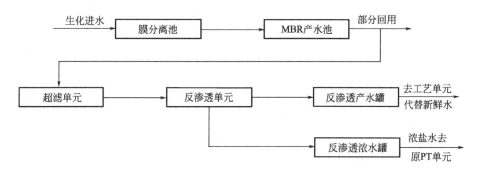

图 6-15　煤制油项目低浓度含油废水处理工艺流程

煤液化污水处理系统开车运行一年多时间,实际进水运行数据与原设计存在部分偏差,水量水质与原设计不符造成系统不匹配,出水不能稳定回用。主要表现在:含油污水 COD 平均值为 1100mg/L,远远高出 COD_{Cr} 设计值 500mg/L,有一部分含油污水 A/O 池不能进行处理。本深度处理工艺实施后将提高直接液化污水的处理深度,改善回用水的水质,把 COD 浓度从 60mg/L 降到 50mg/L,NH_4^+-N 浓度从 15mg/L 降到 10mg/L,SS 浓度从 20mg/L 降到 10mg/L;扩大回用水的用户范围,进而实现污水全部回用("零排放"),提高污水处理系统运行的可靠性与稳定性,降低对环境的潜在污染风险。

6.4.3.3 低浓度废水水质水量状况

低浓度废水包括含油污水、煤制氢气化水、生活污水。含油污水主要为各装置内塔、容器、机泵排水、冲洗地面水、围堰内含油雨水及罐区切水、洗罐水等;生活污水来自办公楼、化验楼、食堂、浴室等生活用水的排水,以及厕所排水经过化粪池处理后排水。煤制氢气化水来自煤制氢气化过程排水。低浓度废水进污水处理场含油污水处理系统进行生化处理后进入深度处理部分进一步处理。

6.4.3.4 高浓度废水水质水量

高浓度污水是来自煤液化装置、加氢稳定、加氢改质等装置高、低压分离器排水及硫磺回收尾气急冷塔排水。

6.4.3.5 含盐废水的水质水量

含盐污水主要包括循环水场排污水、煤制氢装置气化废水及水处理站排水,其中循环水场排污水占水量的 1/2。其污水特点为污水中 COD_{Cr} 含量不高,但盐含量达到新鲜水的 5 倍以上。

6.4.3.6 深度处理系统对生化出水中有机污染物的去除效果

（1）COD_{Cr} 处理效果

将深度系统稳定运行 30 天，每天对出水水质进行检测，A/O 生化后的出水 COD_{Cr} 浓度为 55～70mg/L，无法达到回用作循环冷却系统补充水的水质要求，但生化出水经 MBR 系统处理后，膜池出水 COD_{Cr} 为 8～46mg/L，平均出水 COD_{Cr} 为 21.6mg/L。开始阶段，出水的 COD_{Cr} 浓度变化幅度较大，经过一段时间的稳定运行后膜出水 COD_{Cr} 较为稳定，受水质波动影响较小，可见，膜本身的分离、截留能力比较强，可以实现稳定的处理效果。反渗透系统对污水中的有机污染物也具有极好的处理效果，经 RO 系统处理后，产水的 COD_{Cr} 和 TOC 值多次检测为 0，连续稳定运行 35d 后平均产水 COD_{Cr} 为 0.1mg/L，平均产水 TOC 为 0.4mg/L，而且出水水质波动较小，能够稳定运行不受进水水质影响。

（2）NH_4^+-N 的处理效果

连续稳定运行 30 天，经生化系统处理后污水的 NH_4^+-N 浓度为 8～16mg/L，未能达到回用水的水质标准，将生化出水经 MBR 系统处理后，出水 NH_4^+-N 浓度为 0～7.8mg/L，平均 NH_4^+-N 浓度为 1.1mg/L。运行期间，出水 NH_4^+-N 浓度波动较小，MBR 系统保持较好的去除效果，主要是由于系统污泥浓度高和膜组件的截留作用，使得生长缓慢的硝化细菌容易积累，表现出很强的硝化作用，保证了系统具有较好的 NH_4^+-N 去除效果和抗冲击负荷能力。

（3）RO 对污水中盐度和硬度的去除效果

经深度处理系统处理后，产水平均电导率低于 $100\mu S/cm$，平均电导率为 $34.73\mu S/cm$，污水中 Ca^{2+} 的浓度低于 5mg/L，SiO_2 的浓度更是小于 0.05mg/L。

生化系统出水的盐度得到了很大程度上的去除，极大地提高了产品水水质，产生的优质再生水稳定回用于锅炉原水；而且在整个运行阶段，反渗透出水水质稳定，没有出现膜通量明显下降。

（4）高浓度污水的处理量和出水水质比较

原有 A/O 处理工艺无法达到排放标准要求，出水更无法满足回用要求，通过对原有工艺的改造，采用膜生物反应器(MBR)＋超滤(UF)＋反渗透(RO)组合工艺，稳定运行数月后可发现，工艺改造前后高浓度污水无论是在处理能力上还是在处理深度上都得到了很大程度的提升。进水 COD 均值为 322mg/L，NH_4^+-N 均值为 43.6mg/L，水质波动较大，出水水质较差，除存储在污水罐中污水，排放率为 100%，污水的回用率极低；工艺改进后高浓度污水实现了"零排放"，产品水的 COD 的平均值达到 21.9mg/L，NH_4^+-N 均值仅为 1.1mg/L，水质得到较大提高，并且波动较小，污水回用率达到 95%以上。

参考文献

[1] 蒙小俊，于广民，张家利，等. A1-A2-O 生物法处理焦化废水 [J].环境工程，2014，32 (7)：16-19.
[2] 蒙小俊，李海波，曹宏斌，等. A^2/O 工艺处理焦化废水过程中有机污染物迁移转化研究 [J].给水排水，2015 (s1)：237-240.

[3] 童三明，刘永军，杨义普，等.兰炭废水中氨氮去除效果现场试验研究 [J].工业水处理，2014，34 (11)：48-50.

[4] 杨义普.兰炭废水中挥发酚去除效果现场试验研究 [D].西安：西安建筑科技大学，2014.

[5] 张红涛，刘永军，张云鹏.高酚焦化废水萃取脱酚预处理 [J].环境工程学报，2013，7 (11)：4427-4430.

[6] 周璐，刘永军，段婧琦，等.兰炭废水中酚类有机物的去除及遗传毒性分析 [J].水处理技术，2017 (2)：102-106.

[7] 刘姗姗，刘永军，黎兵.固定化活细胞苯酚生物降解特性研究 [J].水处理技术，2012，38 (9)：30-33.

[8] 黎兵，刘永军，刘姗姗.活细胞固定化技术在焦化废水处理中的应用研究 [J].水处理技术，2012，38 (5)：109-111.

[9] 高剑，刘永军，童三明，等.兰炭废水中有机污染物组成及其去除特性分析 [J].安全与环境学报，2014，14 (6)：196-201.

[10] 王宝莲，杨帆.MBR 工艺对煤制油废水污染物去除效果研究 [J].工业水处理，2019，39 (02)：75-77.

[11] 韩雪冬，江成广.BGL 气化废水处理"零排放"工艺系统开发与应用 [J].煤炭加工与综合利用，2017 (10)：54-58.

[12] 苏志强.煤液化高浓度污水 BAF 法影响硝化反应的试验研究 [J].神华科技，2016，14 (05)：72-76.

[13] 刘艳明，高存荣，魏江波，等.煤化工高含盐废水蒸发处理技术进展 [J].环境工程，2016，34 (S1)：432-436.

[14] 薛宇.煤气化废水处理工程设计实例 [J].工业用水与废水，2016，47 (04)：67-70.

[15] 徐春艳.生物增浓—改良 A/O 工艺处理煤制气废水的效能研究 [D].哈尔滨：哈尔滨工业大学，2016.

[16] 魏长河.化工废水处理污泥中有机污染物累积与分布特征 [D].邯郸：河北工程大学，2015.

[17] 徐春艳，韩洪军，李琨.EBA 生物组合技术在煤化工废水处理工程中的应用 [J].中国给水排水，2015，31 (06)：36-38.

[18] 郝艳娜.焦化废水处理工程设计及运行控制技术研究 [D].石家庄：河北科技大学，2014.

[19] 徐春艳，韩洪军，姚杰，等.煤化工废水处理关键问题解析及技术发展趋势 [J].中国给水排水，2014，30 (22)：78-80.

[20] 来肖.A^2/O+BAF 集成技术处理煤化工污水研究与应用 [J].煤化工，2014，42 (5)：53-56.

[21] 安路阳，李超，孟庆锐，等.半焦废水资源化回收及深度处理技术 [J].煤炭加工与综合利用，2014 (10)：42-46.

[22] 刘茂轩.煤直接液化污水深度处理工程运行研究 [J].中国煤炭，2014 (s1)：399-402.

[23] 李海松，董亚勇，王敏.鲁奇工艺煤气化冷凝废水处理工程实例 [J].工业用水与废水，2014，45 (04)：68-70.

[24] 徐振刚，孙晋东.中煤集团煤化工污水处理思考与实践 [J].煤炭加工与综合利用，2014 (08)：28-32，14.

[25] 郭学会，董亚勇，任晓杰.IMC 工艺在煤气化废水处理中的应用 [J].河南科技，2014 (15)：21-22.

[26] 靳博.某煤化工废水生物增浓与改良 A/O 工艺调试及调试中泡沫污染研究 [D].哈尔滨：哈尔滨工业大学，2014.

[27] 孟庆锐，李超，安路阳，等.兰炭废水处理工艺的试验研究 [J].工业水处理，2013，33 (12)：35-38.

[28] 韩洪军，徐鹏，贾胜勇，等.厌氧/生物增浓/改良 AO/BAF 工艺处理煤化工废水 [J].中国给水排水，2013，29 (16).

[29] 周从文.煤液化高浓度污水处理工艺中 3T-IB 固定化微生物技术的应用 [J].能源化工，2013，34 (3)：17-20.

[30] 韩洪军，王伟，袁敏，等.外循环厌氧多级生化工艺处理煤制气废水应用实例 [J].水工业市场，2012 (02)：62-66.

[31] 范树军.煤液化高浓度污水生化处理工程技术研究 [J].工程建设，2011，43 (3)：17-19.

[32] 杨艳.煤制油低浓度含油废水处理工艺研究 [D].包头：内蒙古科技大学，2011.

[33] 王清涛，丁心悦，张洪涛，等.3T-AF/BAF-MBR-RO 组合工艺处理焦化废水中试研究 [J].煤化工，2011，39 (2)：13-16.

[34] 侯海坤.化工企业污水处理改造工艺流程分析 [J].黑龙江科技信息，2011 (10)：70.

[35] 刘利军.鲁奇气化炉废水生化处理的中试实验研究 [D].北京：华北电力大学，2011.

[36] 郝志明，郑伟，余关龙.煤制油高浓度废水处理工程设计 [J].工业用水与废水，2010，41 (03)：76-79.

[37] 徐杰峰，王敏，卓悦.新型兰炭企业生产污水 "零排放" 工艺研究 [J].地下水，2009，31 (5)：143-146.

[38] 段婧琦，刘永军，周璐，等.一种污泥活性炭的制备及其在兰炭废水处理中的应用 [J].环境工程学报，2016，10 (11)：6337-6342.

[39] Liu Y J，Zhang A N，Wang X C. Biodegradation of phenol by using free and immobilized cells of *Acinetobacter* sp. XA05 and *Sphingomonas* sp. FG03. [J]. Journal of Environmental Science & Health Part A Toxic/hazardous Substances & Environmental Engineering，2009，44 (2)：130-136.

[40] Liu Z Q，You L H，Xiong X J，et al. Potential of the integration of coagulation and ozonation as a pretreatment of reverse osmosis concentrate from coal gasification wastewater reclamation [J]. Chemosphere，2019，222：696-704.

[41] Wang Z，Xu X，Jie C，et al. Treatment of Lurgi coal gasification wastewater in pre-denitrification anaerobic and aerobic biofilm process [J]. Journal of Environmental Chemical Engineering，2013，1 (4)：899-905.

[42] Li H Q，Han H J，Du M A，et al. Removal of phenols，thiocyanate and ammonium from coal gasification wastewater using moving bed biofilm reactor [J]. Bioresour Technol，2011，102 (7)：4667-4673.

[43] Wang Z，Xu X，Gong Z，et al. Removal of COD，phenols and ammonium from Lurgi coal gasification wastewater using A^{2}O-MBR system. [J]. Journal of Hazardous Materials，2012，235-236 (20)：78-84.

[44] Ohtomo A，Muller D A，Grazul J L，et al. Epitaxial growth and electronic structure of LaTiOx films [J]. Applied Physics Letters，2002，80 (21)：3922-3924.

[45] Jia S，Han H，Hou B，et al. Advanced treatment of biologically pretreated coal gasification wastewater by a novel integration of three-dimensional catalytic electro-Fenton and membrane bioreactor [J]. Bioresour Technol，2015，189 (4-5)：426-429.

[46] Cheng X，Shi Z，Nancy，et al. A review of PEM hydrogen fuel cell contamination：Impacts，mechanisms，and mitigation [J]. Journal of Power Sources，2007，165 (2)：739-756.

[47] Yuan X，Sun H，Guo D，et al. The removal of COD from coking wastewater using extraction replacement – biodegradation coupling [J]. Desalination，2012，289 (1)：45-50.

[48] Li J，Zhang Y，Peng J，et al. The effect of dissolved organic matter on soybean peroxidase-mediated removal of triclosan in water. [J]. Chemosphere，2017，172：399.

[49] Zhang Z，Han Y，Xu C，et al. Microbial nitrate removal in biologically enhanced treated coal gasification wastewater of low COD to nitrate ratio by coupling biological denitrification with iron and carbon micro-electrolysis [J]. Bioresource Technology，2018，262：65.

[50] Su L，Hou P，Song M，et al. Synergistic and Antagonistic Action of Phytochrome (Phy) A and PhyB during Seedling De-Etiolation in Arabidopsis thaliana [J]. International Journal of Molecular Sciences，2015，16 (6)：12199-12212.

[51] Shin D H，Shin W S，Kim Y H，et al. Application of a combined process of moving-bed biofilm reactor (MB-BR) and chemical coagulation for dyeing wastewater treatment. [J]. Water Science & Technology A Journal of the International Association on Water Pollution Research，2006，54 (9)：181.

[52] Zhuang H，Han H，Shan S. Treatment of British Gas/Lurgi coal gasification wastewater using a novel integration of heterogeneous Fenton oxidation on coal fly ash/sewage sludge carbon composite and anaerobic biological process [J]. Fuel，2016，178：155-162.

[53] Zhuang H，Han H，Jia S，et al. Advanced treatment of biologically pretreated coal gasification wastewater using a novel anoxic moving bed biofilm reactor (ANMBBR) -biological aerated filter (BAF) system [J]. Bioresource Technology，2014，157 (4)：223-230.

[54] 刘永.MBR＋UF＋RO工艺深度处理煤液化废水 [J].科技资讯，2017，(30)：95-99.

附　录

附录1　《污水综合排放标准》（GB 8978—1996）

为贯彻《中华人民共和国环境保护法》、《中华人民共和国水污染防治法》和《中华人民共和国海洋环境保护法》，控制水污染，保护江河、湖泊、运河、渠道、水库和海洋等地面水以及地下水水质的良好状态，保障人体健康，维护生态平衡，促进国民经济和城乡建设的发展，特制定本标准。

1. 主题内容与适用范围

1.1　主题内容

本标准按照污水排放去向，分年限规定了 69 种水污染物最高允许排放浓度及部分行业最高允许排水量。

1.2　适用范围

本标准适用于现有单位水污染物的排放管理，以及建设项目的环境影响评价、建设项目环境保护设施设计、竣工验收及其投产后的排放管理。

按照国家综合排放标准与国家行业排放标准不交叉执行的原则，造纸工业执行《造纸工业水污染物排放标准》（GB 3544—92），船舶执行《船舶污染物排放标准》（GB 3552—83），船舶工业执行《船舶工业污染物排放标准》（GB 4286—84），海洋石油开发工业执行《海洋石油开发工业含油污水排放标准》（GB 4914—85），纺织染整工业执行《纺织染整工业水污染物排放标准》（GB 4287—92），肉类加工工业执行《肉类加工工业水污染物排放标准》（GB 13457—92），合成氨工业执行《合成氨工业水污染物排放标准》（GB 13458—92），钢铁工业执行《钢铁工业水污染物排放标准》（GB 13456—92），航天推进剂使用执行《航天推进剂水污染物排放标准》（GB 14374—93），兵器工业执行《兵器工业水污染物排放标准》（GB 14470.1～14470.3—93 和 GB 4274～4279—84），磷肥工业执行《磷肥工业水污染物排放标准》（GB 15580—95），烧碱、聚氯乙烯工业执行《烧碱、聚氯乙烯工业水污染物排放标准》（GB 15581—95），其他水污染物排放均执行本标准。本标准颁布后，新增加国家行业水污染物排放标准的行业，按其适用范围执行相应的国家水污染物行业标准，不再执行本标准。

2. 引用标准

下列标准所包含的条文，通过在本标准中引用而构成为本标准的条文：

《海水水质标准》（GB 3097—82）；

《地面水环境质量标准》（GB 3838—88）；

《地面水环境质量标准》（GB 8703—88）；

《辐射防护规定》（GB 8703—88）。

3. 定义

3.1　污水：指在生产与生活活动中排放的水的总称。

3.2　排水量：指在生产过程中直接用于工艺生产的水的排放量。不包括间接冷却水、厂区锅炉、电站排水。

3.3　一切排污单位：指本标准适用范围所包括的一切排污单位。

3.4　其他排污单位：指在某一控制项目中，除所列行业外的一切排污单位。

4. 技术内容

4.1　标准分级

4.1.1　排入 GB 3838 Ⅲ类水域（划定的保护区和游泳区除外）和排入 GB 3097 中二类海域的污水，执行一级标准。

4.1.2　排入 GB 3838 中Ⅳ、Ⅴ类水域和排入 GB 3097 中三类海域的污水，执行二级标准。

4.1.3　排入设置二级污水处理厂的城镇排水系统的污水，执行三级标准。

4.1.4　排入未设置二级污水处理厂的城镇排水系统的污水，必须根据排水系统出水受纳水域的功能要求，分别执行 4.1.1 和 4.1.2 的规定。

4.1.5　GB 3838 中Ⅰ、Ⅱ类水域和Ⅲ类水域中划定的保护区，GB 3097 中一类海域，禁止新建排污口，现有排污口应按水体功能要求，实行污染物总量控制，以保证受纳水体水质符合规定用途的水质标准。

4.2　标准值

4.2.1　本标准将排放的污染物按其性质及控制方式分为两类。

4.2.1.1　第一类污染物，不分行业和污水排放方式，也不分受纳水体的功能类别，一律在车间或车间处理设施排放口采样，其最高允许排放浓度必须达到本标准要求（采矿行业的尾矿坝出水口不得视为车间排放口）。

4.2.1.2　第二类污染物，在排污单位排放口采样，其最高允许排放浓度必须达到本标准要求。

4.2.2　本标准按年限规定了第一类污染物和第二类污染物最高允许排放浓度及部分行业最高允许排水量，分别为：

4.2.2.1 1997年12月31日之前建设（包括改、扩建）的单位，水污染物的排放必须同时执行附表1、附表2、附表3的规定。

4.2.2.2 1998年1月1日起建设（包括改、扩建）的单位，水污染物的排放必须同时执行附表1、附表4、附表5的规定。

附表1　第一类污染物最高允许排放浓度　　　　　单位：mg/L

序号	污染物	最高允许排放浓度
1	总汞	0.05
2	烷基汞	不得检出
3	总镉	0.1
4	总铬	1.5
5	六价铬	0.5
6	总砷	0.5
7	总铅	1.0
8	总镍	1.0
9	苯并[a]芘	0.00003
10	总铍	0.005
11	总银	0.5
12	总α放射性	1Bq/L
13	总β放射性	10Bq/L

附表2　第二类污染物最高允许排放浓度

（1997年12月31日之前建设的单位）　　　　　单位：mg/L

序号	污染物	适用范围	一级标准	二级标准	三级标准
1	pH值	一切排污单位	6～9	6～9	6～9
2	色度（稀释倍数）	染料工业	50	180	—
		其他排污单位	50	80	—
3	悬浮物（SS）	采矿、选矿、选煤工业	100	300	—
		脉金选矿	100	500	—
		边远地区砂金选矿	100	800	—
		城镇二级污水处理厂	20	30	—
		其他排污单位	70	200	400
4	五日生化需氧量（BOD$_5$）	甘蔗制糖、苎麻脱胶、湿法纤维板工业	30	100	600
		甜菜制糖、酒精、味精、皮革、化纤浆粕工业	30	150	600
		城镇二级污水处理厂	20	30	—
		其他排污单位	30	60	300

序号	污染物	适用范围	一级标准	二级标准	三级标准
5	化学需氧量（COD）	甜菜制糖、焦化、合成脂肪酸、湿法纤维板、染料、洗毛、有机磷农药工业	100	200	1000
		味精、酒精、医药原料药、生物制药、苎麻脱胶、皮革、化纤浆粕工业	100	300	1000
		石油化工工业（包括石油炼制）	100	150	500
		城镇二级污水处理厂	60	120	—
		其他排污单位	100	150	500
6	石油类	一切排污单位	10	10	30
7	动植物油	一切排污单位	20	20	100
8	挥发酚	一切排污单位	0.5	0.5	2.0
9	总氰化合物	电影洗片（铁氰化合物）	0.5	5.0	5.0
		其他排污单位	0.5	0.5	1.0
10	硫化物	一切排污单位	1.0	1.0	2.0
11	氨氮	医药原料药、染料、石油化工工业	15	50	—
		其他排污单位	15	25	—
12	氟化物	黄磷工业	10	20	20
		低氟地区（水体含氟量＜0.5mg/L）	10	20	30
		其他排污单位	10	10	20
13	磷酸盐（以P计）	一切排污单位	0.5	1.0	—
14	甲醛	一切排污单位	1.0	2.0	5.0
15	苯胺类	一切排污单位	1.0	2.0	5.0
16	硝基苯类	一切排污单位	2.0	3.0	5.0
17	阴离子表面活性剂（LAS）	合成洗涤剂工业	5.0	15	20
		其他排污单位	5.0	10	20
18	总铜	一切排污单位	0.5	1.0	2.0
19	总锌	一切排污单位	2.0	5.0	5.0
20	总锰	合成脂肪酸工业	2.0	5.0	5.0
		其他排污单位	2.0	2.0	5.0
21	彩色显影剂	电影洗片	2.0	3.0	5.0
22	显影剂及氧化物总量	电影洗片	3.0	6.0	6.0
23	元素磷	一切排污单位	0.1	0.3	0.3
24	有机磷农药（以P计）	一切排污单位	不得检出	0.5	0.5
25	粪大肠菌群数	医院[①]、兽医院及医疗机构含病原体污水	500 个/L	1000 个/L	5000 个/L

序号	污染物	适用范围	一级标准	二级标准	三级标准
		传染病、结核病医院污水	100个/L	500个/L	1000个/L
26	总余氯(采用氯化消毒的医院污水)	医院[1]、兽医院及医疗机构含病原体污水	<0.5[2]	>3(接触时间≥1h)	>2(接触时间≥1h)
		传染病、结核病医院污水	<0.5[2]	>6.5(接触时间≥1.5h)	>5(接触时间≥1.5h)

① 50个床位以上的医院;

② 加氯消毒后需进行脱氯处理,达到本标准。

附表3 部分行业最高允许排水量
(1997年12月31日之前建设的单位)

序号	行业类别			最高允许排水量或最低允许水重复利用率
1	矿山工业	有色金属系统选矿		水重复利用率75%
		其他矿山工业采矿、选矿、选煤等		水重复利用率90%(选煤)
		脉金选矿	重选	16.0m³/t(矿石)
			浮选	9.0m³/t(矿石)
			氰化	8.0m³/t(矿石)
			碳浆	8.0m³/t(矿石)
2	焦化企业(煤气厂)			1.2m³/t(焦炭)
3	有色金属冶炼及金属加工			水重复利用率80%
4	石油炼制工业(不包括直排水炼油厂) 加工深度分类: A. 燃料型炼油; B. 燃料+润滑油型炼油厂; C. 燃料+润滑油型+炼油化工型炼油厂;(包括加工高含硫原油页岸油和石油添加剂生产基地的炼油厂)			A>500万吨,1.0m³/t(原油) 250万~500万吨,1.2m³/t(原油) <250万吨,1.5m³/t(原油)
				B>500万吨,1.5m³/t(原油) 250万~500万吨,2.0m³/t(原油) <250万吨,2.0m³/t(原油)
				C>500万吨,2.0m³/t(原油) 250万~500万吨,2.5m³/t(原油) <250万吨,2.5m³/t(原油)
5	合成洗涤剂工业	氯化法生产烷基苯		200.0m³/t(烷基苯)
		裂解法生产烷基苯		70.0m³/t(烷基苯)
		烷基苯生产合成洗涤剂		10.0m³/t(产品)
6	合成脂肪酸工业			200.0m³/t(产品)
7	湿法生产纤维板工业			30.0m³/t(板)
8	制糖工业	某蔗制糖		10.0m³/t(甘蔗)
		甜菜制糖		4.0m³/t(甜菜)
9	皮革工业	猪盐湿皮		60.0m³/t(原皮)
		牛干皮		100.0m³/t(原皮)
		羊干皮		150.0m³/t(原皮)

序号	行业类别			最高允许排水量或最低允许水重复利用率
10	发酵酿造业	酒精工业	以玉米为原料	150.0 m³/t(酒精)
			以薯类为原料	100m³/t(酒精)
			以糖蜜为原料	80.0m³/t(酒)
		味精工业		600.0m³/t(味精)
		啤酒工业(排水量不包括麦芽水部分)		16.0m³/t(啤酒)
11	铬盐工业			5.0 m³/t(产品)
12	硫酸工业(水洗法)			15.0 m³/t(硫酸)
13	苎麻脱胶工业			500m³/t(原麻)或750m³/t(精干麻)
14	化纤浆粕			本色:150m³/t(浆)漂白:240m³/t(浆)
15	黏胶纤维工业(单纯纤维)	短纤维(棉型中长纤维、毛型中长纤维)		300 m³/t(纤维)
		长纤维		800 m³/t(纤维)
16	铁路货车洗刷			5.0m³/辆
17	电影洗片			5m³/1000m(35mm 的胶片)
18	石油沥青工业			冷却池的水循环利用率95%

附表4　第二类污染物最高允许排放浓度
(1998 年 1 月 1 日后建设的单位)

序号	污染物	适用范围	一级标准	二级标准	三级标准
1	pH 值	一切排污单位	6~9	6~9	6~9
2	色度(稀释倍数)	一切排污单位	50	80	—
3	悬浮物(SS)	采矿、选矿、选煤工业	70	300	—
		脉金选矿	70	400	—
		边远地区砂金选矿	70	800	—
		城镇二级污水处理厂	20	30	—
		其他排污单位	70	150	400
4	五日生化需氧量(BOD₅)	甘蔗制糖、苎麻脱胶、湿法纤维板、染料、洗毛工业	20	60	600
		甜菜制糖、酒精、味精、皮革、化纤浆粕工业	20	100	600
		城镇二级污水处理厂	20	30	—
		其他排污单位	20	30	300

序号	污染物	适用范围	一级标准	二级标准	三级标准
5	化学需氧量(COD)	甜菜制糖、合成脂肪酸、湿法纤维板、染料、洗毛、有机磷农药工业	100	200	1000
		味精、酒精、医药原料药、生物制药、苎麻脱胶、皮革、化纤浆粕工业	100	300	1000
		石油化工工业(包括石油炼制)	60	120	—
		城镇二级污水处理厂	60	120	500
		其他排污单位	100	150	500
6	石油类	一切排污单位	5	10	20
7	动植物油	一切排污单位	10	15	100
8	挥发酚	一切排污单位	0.5	0.5	2.0
9	总氰化合物	一切排污单位	0.5	0.5	1.0
10	硫化物	一切排污单位	1.0	1.0	1.0
11	氨氮	医药原料药、染料、石油化工工业	15	50	—
		其他排污单位	15	25	—
12	氟化物	黄磷工业	10	15	20
		低氟地区(水体含氟量<0.5mg/L)	10	20	30
		其他排污单位	10	10	20
13	磷酸盐(以P计)	一切排污单位	0.5	1.0	—
14	甲醛	一切排污单位	1.0	2.0	5.0
15	苯胺类	一切排污单位	1.0	2.0	5.0
16	硝基苯类	一切排污单位	2.0	3.0	5.0
17	阴离子表面活性剂(LAS)	一切排污单位	5.0	10	20
18	总铜	一切排污单位	0.5	1.0	2.0
19	总锌	一切排污单位	2.0	5.0	5.0
20	总锰	合成脂肪酸工业	2.0	5.0	5.0
		其他排污单位	2.0	2.0	5.0
21	彩色显影剂	电影洗片	1.0	2.0	3.0
22	显影剂及氧化物总量	电影洗片	3.0	3.0	6.0
23	元素磷	一切排污单位	0.1	0.1	0.3
24	有机磷农药(以P计)	一切排污单位	不得检出	0.5	0.5

序号	污染物	适用范围	一级标准	二级标准	三级标准
25	乐果	一切排污单位	不得检出	1.0	2.0
26	对硫磷	一切排污单位	不得检出	1.0	2.0
27	甲基对硫磷	一切排污单位	不得检出	1.0	2.0
28	马拉硫磷	一切排污单位	不得检出	5.0	10
29	五氯酚及五氯酚钠(以五氯酚计)	一切排污单位	5.0	8.0	10
30	可吸附有机卤化物(AOX)(以Cl计)	一切排污单位	1.0	5.0	8.0
31	三氯甲烷	一切排污单位	0.3	0.6	1.0
32	四氯化碳	一切排污单位	0.03	0.06	0.5
33	三氯乙烯	一切排污单位	0.3	0.6	1.0
34	四氯乙烯	一切排污单位	0.1	0.2	0.5
35	苯	一切排污单位	0.1	0.2	0.5
36	甲苯	一切排污单位	0.1	0.2	0.5
37	乙苯	一切排污单位	0.4	0.6	1.0
38	邻-二甲苯	一切排污单位	0.4	0.6	1.0
39	对-二甲苯	一切排污单位	0.4	0.6	1.0
40	间-二甲苯	一切排污单位	0.4	0.6	1.0
41	氯苯	一切排污单位	0.2	0.4	1.0
42	邻-二氯苯	一切排污单位	0.4	0.6	1.0
43	对-二氯苯	一切排污单位	0.4	0.6	1.0
44	对-硝基氯苯	一切排污单位	0.5	1.0	5.0
45	2,4-二硝基氯苯	一切排污单位	0.5	1.0	5.0
46	苯酚	一切排污单位	0.3	0.4	1.0
47	间-甲酚	一切排污单位	0.1	0.2	0.5
48	2,4-二氯酚	一切排污单位	0.6	0.8	1.0
49	2,4,6-三氯酚	一切排污单位	0.6	0.8	1.0
50	邻苯二甲酸二丁脂	一切排污单位	0.2	0.4	2.0
51	邻苯二甲酸二辛脂	一切排污单位	0.3	0.6	2.0
52	丙烯腈	一切排污单位	2.0	5.0	5.0
53	总硒	一切排污单位	0.1	0.2	0.5
54	粪大肠菌群数	医院[①]、兽医院及医疗机构含病原体污水	500个/L	1000个/L	5000个/L
		传染病、结核病医院污水	100个/L	500个/L	1000个/L

序号	污染物	适用范围	一级标准	二级标准	三级标准
55	总余氯(采用氯化消毒的医院污水)	医院[①]、兽医院及医疗机构含病原体污水	<0.5[②]	>3(接触时间≥1h)	>2(接触时间≥1h)
		传染病、结核病医院污水	<0.5[②]	>6.5(接触时间≥1.5h)	>5(接触时间≥1.5h)
56	总有机碳(TOC)	合成脂肪酸工业	20	40	—
		苎麻脱胶工业	20	60	—
		其他排污单位	20	30	—

① 50个床位以上的医院;

② 加氯消毒后须进行脱氯处理,达到本标准。

注:其他排污单位指除在该控制项目中所列行业以外的一切排污单位。

附表5 部分行业最高允许排水量(1998年1月1日后建设的单位)

序号	行业类别			最高允许排水量或最低允许排水重复利用率
1	矿山工业	有色金属系统选矿		水重复利用率75%
		其他矿山工业采矿、选矿、选煤等		水重复利用率90%(选煤)
		脉金选矿	重选	16.0m³/t(矿石)
			浮选	9.0m³/t(矿石)
			氰化	8.0m³/t(矿石)
			碳浆	8.0m³/t(矿石)
2	焦化企业(煤气厂)			1.2m³/t(焦炭)
3	有色金属冶炼及金属加工			水重复利用率80%
4	石油炼制工业(不包括直排水炼油厂) 加工深度分类: A 燃料型炼油厂 B 燃料+润滑油型炼油厂 C 燃料+润滑油型+炼油化工型炼油厂 (包括加工高含硫原油页岩油和石油添加剂生产基地的炼油厂)	A	>500万吨,1.0m³/t(原油) 250万~500万吨,1.2m³/t(原油) <250万吨,1.5m³/t(原油)	
		B	>500万吨,1.5m³/t(原油) 250万~500万吨,2.0m³/t(原油) <250万吨,2.0m³/t(原油)	
		C	>500万吨,2.0m³/t(原油) 250万~500万吨,2.5m³/t(原油) <250万吨,2.5m³/t(原油)	
5	合成洗涤剂工业	氯化法生产烷基苯		200.0m³/t(烷基苯)
		裂解法生产烷基苯		70.0m³/t(烷基苯)
		烷基苯生产合成洗涤剂		10.0m³/t(产品)
6	合成脂肪酸工业			200.0m³/t(产品)
7	湿法生产纤维板工业			30.0m³/t(板)

序号	行业类别			最高允许排水量或最低允许排水重复利用率
8	制糖工业	甘蔗制糖		10.0m³/t
		甜菜制糖		4.0m³/t
9	皮革工业	猪盐湿皮		60.0m³/t
		牛干皮		100.0m³/t
		羊干皮		150.0m³/t
10	发酵、酿造工业	酒精工业	以玉米为原料	100.0m³/t
			以薯类为原料	80.0m³/t
			以糖蜜为原料	70.0m³/t
		味精工业		600.0m³/t
		啤酒行业(排水量不包括麦芽水部分)		16.0m³/t
11	铬盐工业			5.0m³/t(产品)
12	硫酸工业(水洗法)			15.0m³/t(硫酸)
13	苎麻脱胶工业			500m³/t(原麻)
				800.0m³/t(纤维)
14	黏胶纤维工业单纯纤维	短纤维(棉型中长纤维、毛型中长纤维)		300.0m³/t(纤维)
		长纤维		800.0m³/t(纤维)
15	化纤浆粕			本色:150m³/t(浆);漂白:240m³/t(浆)
16	制药工业医药原料药	青霉素		4700m³/t(氰霉素)
		链霉素		1450m³/t(链霉素)
		土霉素		1300m³/t(土霉素)
		四环素		1900m³/t(四环素)
		洁霉素		9200m³/t(洁霉素)
		金霉素		3000m³/t(金霉素)
		庆大霉素		20400m³/t(庆大霉素)
		维生素 C		1200m³/t(维生素 C)
		氯霉素		2700m³/t(氯霉素)
		新诺明		2000m³/t(新诺明)
		维生素 B1		3400m³/t(维生素 B1)
		安乃近		180m³/t(安乃近)
		非那西汀		750m³/t(非那西汀)
		呋喃唑酮		2400m³/t(呋喃唑酮)
		咖啡因		1200m³/t(咖啡因)

序号	行业类别		最高允许排水量或最低允许排水重复利用率
17	有机磷农药工业^①	乐果^②	700m³/t(产品)
		甲基对硫磷(水相法)^②	300m³/t(产品)
		对硫磷(P_2S_5法)^②	500m³/t(产品)
		对硫磷($PSCl_3$法)^②	550m³/t(产品)
		敌敌畏(敌百虫碱解法)	200m³/t(产品)
		敌百虫	40m³/t(产品)(不包括三氯乙醛生产废水)
		马拉硫磷	700m³/t(产品)
18	除草剂工业	除草醚	5m³/t(产品)
		五氯酚钠	2m³/t(产品)
		五氯酚	4m³/t(产品)
		2甲4氯	14m³/t(产品)
		2,4-D	4m³/t(产品)
		丁草胺	4.5m³/t(产品)
		绿麦隆(以 Fe 粉还原)	2m³/t(产品)
		绿麦隆(以 Na_2S 还原)	3m³/t(产品)
19	火力发电工业		3.5m³/(MW·h)
20	铁路货车洗刷		5.0m³/辆
21	电影洗片		5m³/1000m(35mm 胶片)
22	石油沥青工业		冷却池的水循环利用率 95%

① 产品按 100% 浓度计。

② 不包括 P_2S_5、$PSCl_3$、PCl_3 原料生产废水。

4.2.2.3 建设(包括改、扩建)单位的建设时间,以环境影响评价报告书(表)批准日期为准划分。

4.3 其他规定

4.3.1 同一排放口排放两种或两种以上不同类别的污水,且每种污水的排放标准又不同时,其混合污水的排放标准按附录 1-A 计算。

4.3.2 工业污水污染物的最高允许排放负荷量按附录 1-B 计算。

4.3.3 污染物最高允许年排放总量按附录 1-C 计算。

4.3.4 对于排放含有放射性物质的污水,除执行本标准外,还必须符合《辐射防护规定》(GB 8703—88)。

5. 监测

5.1 采样点

采样点应按 4.2.1.1 及 4.2.1.2 第一、二类污染物排放口的规定设置,在排放口必须设置排放口标志污水水量计量装置和污水比例采样装置。

5.2 采样频率

工业污水按生产周期确定监测频率。生产周期在8h以内的，每2h采样一次；生产周期大于8h的，每4h采样一次。其他污水采样24h不少于2次。最高允许排放浓度按日均值计算。

5.3 排水定额

以最高允许排水量或最低允许水重复利用率来控制，均以月均值计。

5.4 统计

企业的原材料使用量、产品产量等，以法定月报表或年报表为准。

5.5 测定方法

本标准采用的测定方法见附表6。

附表6 测定方法

序号	项目	测定方法	方法来源
1	总汞	冷原子吸收光度法	GB 7468—87
2	烷基汞	气相色谱法	GB/T 14204—93
3	总镉	原子吸收分光光度法	GB 7475—87
4	总铬	高锰酸钾氧化-二苯碳酰二肼分光光度法	GB 7466—87
5	六价铬	二苯碳酰二肼分光光度法	GB 7466—87
6	总砷	二乙基二硫代氨基甲酸银分光光度法	GB 7485—87
7	总铅	原子吸收分光光度法	GB 7485—87
8	总镍	火焰原子吸收分光光度法 丁二酮肟分光光度法	GB 11912—89 GB 19910—89
9	苯并[a]芘	纸层析-荧光分光光度法 乙酰化滤纸层析荧光分光光度法	GB 5750—87 GB 11895—89
10	总铍	活性炭吸附-铬天菁S光度法	①
11	总银	火焰原子吸收分光光度法	GB 11907—89
12	总α	物理法	②
13	总β	物理法	③
14	pH值	玻璃电极法	GB 6920—86
15	色度	稀释倍数法	GB 11903—89
16	悬浮物	重量法	GB 11901—89
17	生化需氧量 （BOD₅）	稀释与接种法 重铬酸钾紫外光度法	GB 7499—87 待颁布
18	化学需氧量(COD)	重铬酸钾法	GB 11914—89
19	石油类	红外光度法	GB/T 16488—1996
20	动植物油	红外光度法	GB/T 16488—1996

序号	项目	测定方法	方法来源
21	挥发酚	蒸馏后用 4-氨基安替比林分光光度法	GB 7490—87
22	氰化物	硝酸银滴定法	GB 7486—87
23	硫化物	亚甲兰分光光度法	GB/T 16489—1996
24	氨氮	蒸馏和滴定法	GB 7478—87
25	氟化物	离子选择电极法	GB 7484—87
26	磷酸盐	钼蓝比色法	①
27	甲醛	乙酰丙酮分光光度法	GB 13197—91
28	苯胺类	N-(1-萘)乙二胺偶氮分光光度法	GB 11889—89
29	硝基苯类	还原-偶氮比色法或分光光度法	①
30	阴离子表面活性剂	亚甲蓝分光光度法	GB 7494—87
31	总铜	原子吸收分光光度法 二乙基二硫化铵基甲酸钠分光光度法	GB 7475—87 GB 7475—87
32	总锌	原子吸收分光光度法 双硫腙分光光度法	GB 7475—87 GB 7472—87
33	总锰	火焰原子吸收分光光度法 高碘酸钾分光光度法	GB 11911—89 GB 11906—89
34	彩色显影剂	169 呈色剂法	③
35	显影剂及氧化物总量	碘-淀粉比色法	③
36	元素磷	磷钼蓝比色法	③
37	有机磷农药(以 P 计)	有机磷农药的测定	GB 13192—91
38	乐果	气相色谱法	GB 13192—91
39	对硫磷	气相色谱法	GB 13192—91
40	甲基对硫磷	气相色谱法	GB 13192—91
41	马拉硫磷	气相色谱法	GB 13192—91
42	五氯酚及五氯酚钠 (以五氯酚计)	气相色谱法 藏红 T 分光光度法	GB 8972—88 GB 9803—88
43	可吸附有机卤化物 (AOX)(以 Cl 计)	微库仑法	GB/T 15959—95
44	三氯甲烷	气相色谱法	待颁布
45	四氯化碳	气相色谱法	待颁布
46	三氯乙烯	气相色谱法	待颁布
47	四氯乙烯	气相色谱法	待颁布
48	苯	气相色谱法	GB 11890—89
49	甲苯	气相色谱法	GB 11890—89
50	乙苯	气相色谱法	GB 11890—89

序号	项目	测定方法	方法来源
51	邻-二甲苯	气相色谱法	GB 11890—89
52	对-二甲苯	气相色谱法	GB 11890—89
53	间-二甲苯	气相色谱法	GB 11890—89
54	氯苯	气相色谱法	待颁布
55	邻二氯苯	气相色谱法	待颁布
56	对二氯苯	气相色谱法	待颁布
57	对硝基氯苯	气相色谱法	GB 13194—91
58	2,4-二硝基氯苯	气相色谱法	GB 13194—91
59	苯酚	气相色谱法	待颁布
60	间-甲酚	气相色谱法	待颁布
61	2,4-二氯酚	气相色谱法	待颁布
62	2,4,6-三氯苯酚	气相色谱法	待颁布
63	邻苯二甲酸二丁酯	气相、液相色谱法	待制定
64	邻苯二甲酸二辛酯	气相色谱法	待制定
65	丙烯腈	气相色谱法	待制定
66	总硒	2,3-二氨基萘荧光法	GB 11902—89
67	粪大肠菌群数	多管发酵法	①
68	余氯量	N,N-二乙基-1,4-苯二胺分光光度法 N,N-二乙基-1,4-苯二胺滴定法	GB 11898—89 GB 11897—89
69	总有机碳(TOC)	非色散红外吸收法 光催化氧化-电导法	GB 13193—91 待制定

①《水和废水监测分析方法（第三版）》，中国环境科学出版社，1989 年。
②《环境监测技术规范（放射性部分）》，国家环境保护局。
③ 详见附录 1-D。
注：暂采用下列方法，待国家方法标准发布后，执行国家标准。

6. 标准监督实施

6.1　本标准由县级以上人民政府环境保护行政主管部门负责监督实施。

6.2　省、自治区、直辖市人民政府对执行国家水污染物排放标准不能保证达到水环境功能要求时，可以制定严于国家水污染物排放标准的地方水污染物排放标准，并报国家环境保护行政主管部门备案。

附录 1-A

　　关于排放单位在同一个排污口排放两种或两种以上工业污水，且每种工业污水中同一污染物的排放标准又不同时，可采用如下方法计算混合排放时该污染物的最高允许排放浓度（$C_{混合}$）。

$$C_{混合} = \frac{\sum\limits_{i=1}^{n} C_i Q_i Y_i}{\sum\limits_{i=1}^{n} Q_i Y_i} \tag{1}$$

式中　$C_{混合}$——混合污水某污染物最高允许排放浓度，mg/L；

　　　C_i——不同工业污水某污染物最高允许排放浓度，mg/L；

　　　Q_i——不同工业的最高允许排水量，m^3/t(产品)（本标准未作规定的行业，其最高允许排水量由地方环保部门与有关部门协商确定）；

　　　Y_i——某种工业产量，t/d，以月平均计算。

附录 1-B

工业污染物最高允许排放负荷计算：

$$L_{负} = C \times Q \times 10^{-3} \tag{2}$$

式中　$L_{负}$——工业污水污染物最高允许排放符合，kg/t(产品)；

　　　C——某污染物最高允许排放浓度，mg/L；

　　　Q——某工业的最高允许排水量，m^3/t(产品)。

附录 1-C

某污染物最高允许年排放总量的计算：

$$L_{总} = L_{负} \times Y \times 10^{-3} \tag{3}$$

式中　$L_{总}$——某污染物最高允许年排放量，t/a；

　　　$L_{负}$——某污染物最高允许排放负荷，kg/t(产品)；

　　　Y——核定的产品年产量，t(产品)/a。

附录 1-D

D1　彩色显影剂总量的测定——169 成色剂法

洗片的综合废水中存在的彩色显影剂很难检测出来，国内外介绍的方法一般都仅适用于显影水洗水中的显影剂检测。本方法可以快速地测出综合废水中的彩色显影剂。当废水中同时存在多种彩色显影剂时，用此法测出的量是多种彩色显影剂的总量。

D1.1　原理

电影洗片废水中的彩色显影剂可被氧化剂氧化，其氧化物在碱性溶液中遇到水溶性成色剂时，立即偶合形成染料。不同结构的显影剂（TSS，CD-2，CD-3）与 169 成色剂偶合成染料时，其最大吸收的光谱波长均在 550nm 处，并在 0～10mg/L 范围内符合比耳定律。

以 TSS 为例，反应如下：

(TSS)　　(169成色剂)　　(品红染料)

D1.2　仪器及设备

721 型或类似型号分光光度计及 1cm 比色槽，50mL、100mL 及 1000mL 的容量瓶。

D1.3　试剂

D1.3.1　0.5%成色剂：称取 0.5g169 成色剂置于有 100mL 蒸馏水的烧杯中。在搅拌下，加入 1～2 粒氢氧化钠，使其完全溶解。

D1.3.2　混合氧化剂溶液：将 $CuSO_4 \cdot 5H_2O$ 0.5g，Na_2CO_3 5.0g，$NaNO_2$ 5.0g 以及 NH_4Cl 5.0g 依次溶解于 100mL 蒸馏水中。

D1.3.3　标准溶液：精确称取照相级的彩色显影剂（生产中使用最多的一种）100mg，溶解于少量蒸馏水中。其已溶入 100mgNa_2SO_3 作保护剂，移入 1L 容量瓶中，并加蒸馏水至刻度。此标准溶液相当 0.1mg/mL，必须在使用前配制。

D1.4　步骤

D1.4.1　标准曲线的制作

在 6 个 50mL 容量瓶中，分别加入以下不同量的显影剂标准液。

编号	加入标准液的毫升数	相当显影剂含量/（mg/L）
0	0	0
1	1	2
2	2	4
3	3	6
4	4	8
5	5	10

以上 6 个容量瓶中皆加入 1mL 成色剂溶液，并用蒸馏水加至刻度。分别加入 1mL 混合氧化剂溶液，摇匀。在 5min 内在分光光度计 550nm 处测定其不同试样生成染料的

光密度（以编号 0 为零），绘制不同显影剂含量的相应光密度曲线。横坐标为 2mg/L，4mg/L，6mg/L，8mg/L，10mg/L。

D1.4.2　水样的测定

取 2 份水样（一般为 20mL）分别置于两个 50mL 的容量瓶中。一个为测定水样，另一个为空白试验。在前者测定水样中加 1mL 成色剂溶液。然后分别在两个瓶中加蒸馏水至刻度，其他步骤同标准曲线的制作。以空白液为零，测出水样的光密度，在标准曲线中查出相应的浓度。

D1.5　计算

$$\text{从标准曲线中查出的浓度} \times \frac{50}{a} = \text{废水中彩色显影剂的总量（mg/L）} \tag{4}$$

式中　a——废水取样的体积，mL。

D1.6　注意事项

D1.6.1　生成的品红染料在 8min 之内光密度是稳定的，故宜在染料成生后 5min 之内测定。

D1.6.2　本方法不包括黑白显影剂。

D2　显影剂及其氧化物总量的测定方法

电影洗印废水中存在不同量的赤血盐漂白液，将排放的显影剂部分或全部氧化，因此废水中一种情况是存在显影剂及其氧化物，另一种情况是只存在大量的氧化物而无显影剂。本方法测出的结果在第一种情况下是废水中显影剂及氧化物的总量，在第二种情况下是废水中原有显影剂氧化物的含量。

D2.1　原理

通常使用的显影剂，大都具有对苯二酚、对氨基酚、对苯二胺类的结构。经氧化水解后都能得到对苯二醌。利用溴或氯溴将显影剂氧化成显影剂氧化物，再用碘量法进行碘-淀粉比色法测定。

以米吐尔为例：

醌是较强的氧化剂。在酸性溶液中，碘离子定量还原对苯二醌为对苯二酚。所释出的当量碘，可用淀粉发生蓝色进行比色测定。

D2.2　仪器和设备

721 或类似型号分光光度计及 2cm 比色槽，恒温水浴锅，50mL 容量瓶，2mL、

5mL 及 10mL 刻度吸管。

D2.3　试剂

D2.3.1　0.1mol/L 溴酸钾-溴化钾溶液：称取 2.8g 溴酸钾和 4.0g 溴化钾，用蒸馏水稀释至 1L。

D2.3.2　1:1 磷酸：磷酸加 1 倍蒸馏水。

D2.3.3　饱和氯化钠溶液：称取 40g 氯化钠，溶于 100mL 蒸馏水中。

D2.3.4　20% 溴化钾溶液：称取 20g 溴化钾，溶于 100mL 蒸馏水中。

D2.3.5　5% 苯酚溶液：取苯酚 5mL，溶于 100mL 蒸馏水中。

D2.3.6　5% 碘化钾溶液：称取 5g 碘化钾，溶于 100mL 蒸馏水中。（用时配制，放暗处）。

D2.3.7　0.2% 淀粉溶液：称 1g 可溶性淀粉，加少量水搅匀，注入沸腾的 500mL 水中，继续煮沸 5min。夏季可加水杨酸 0.2g。

D2.3.8　配制标准液：准确称取对苯二酚（分子量为 110.11）0.276g，如果是照相级米吐尔（分子量为 344.40）可称取 0.861g，照相级 TSS（分子量为 262.33）可称取 0.656g，（或根据所使用药品的分子量及纯度另行计算），溶于 25mL 的 6NHCl 中，移入 250mL 容量瓶中，用蒸馏水加至刻度。此溶液浓度为 0.0100M。

D2.4　步骤

D2.4.1　标准曲线的制作

D2.4.1.1　取标准液 25mL，加蒸馏水稀释至 1000mL，此液浓度为 0.00025mol/L，即每毫升含对苯二酚 0.25μmol（甲液）。

D2.4.1.2　取甲液 25mL 用蒸馏水稀释至 250mL，此溶液浓度为 0.000025mol/L，即每毫升含对苯二酚 0.025μmol（乙液）。

D2.4.1.3　取 6 个 50mL 容量瓶，分别加入标准稀释液（乙液）0、0.1μmol、0.2μmol、0.3μmol、0.4μmol、0.5μmol 对苯二酚（即 4.0mL、8.0mL、12.0mL、16.0mL、20.0mL 乙液），加入适量蒸馏水，使各容量瓶中大约有 20mL 溶液。

D2.4.1.4　用刻度吸管加入 1:1 磷酸 2mL。

D2.4.1.5　用吸管取饱和氯化钠溶液 5mL。

D2.4.1.6　用吸管取 0.1mol/L 溴酸钾-溴化钾溶液 2mL，尽可能不要沾在瓶壁上。用极少量的水冲洗瓶壁并摇匀。溶液应是氯溴的浅黄色。放入 35℃ 恒温水浴锅内，放置 15min。

D2.4.1.7　吸取 20% 溴化钾溶液 2mL，沿瓶壁周围加入容量瓶中。摇匀后放在 35℃ 水浴中 5～10min。

D2.4.1.8　用滴管快速加入 5% 苯酚溶液 1mL，立即摇匀，使溴的颜色退去。（如慢慢加入则易生成白色沉淀，无法比色）。

D2.4.1.9　降温：放自来水中降温 3min。

D2.4.1.10　用吸管加入新配制的 5% 碘化钾溶液 2mL，冲洗瓶壁；放入暗柜 5min。

D2.4.1.11　吸取 0.2％淀粉指示剂 10mL，加入容量瓶中，用蒸馏水加至刻度，加盖摇匀后，放暗柜中 20min。

D2.4.1.12　将发色试液分别放入 2cm 比色槽中，在分光光度计 570nm 处，以试剂空白为零，分别测出 5 个溶液的光密度，并绘制出标准曲线。横坐标为 $0.1\mu mol/50mL$、$0.2\mu mol/50mL$、$0.3\mu mol/50mL$、$0.4\mu mol/50mL$、$0.5\mu mol/50mL$。

D2.4.2　水样的测定

取水样适量（1～10mL）放入 50mL 容量瓶中，并加蒸馏水至 20mL 左右，于另一个 50mL 容量瓶中加 20mL 蒸馏水作试剂空白。以下按步骤 D2.4.1.4～D2.4.1.12 进行，测出水样的光密度，在曲线上查出 50mL 中所含微克分子数。

D2.4.3　需排除干扰的水样测定

当水样中含有六价铬离子而影响测定时，可用 $NaNO_2$ 将 Cr^{+6} 还原成 Cr^{+3}，用过量的尿素去除多余的 NaO_2 对本实验的干扰，即可达到消除铬干扰的目的。

准确取适量的水样（1～10mL），放入 50mL 容量瓶中，加入蒸馏水至 20mL 左右，加入 1∶1 磷酸 2mL，再加 3 滴 10％$NaNO_2$，充分振荡，放入 35℃恒温水浴中 15min。再加入 20％尿素 2mL，充分振荡，放入 35℃水浴中 10min。以下操作按步骤 D2.4.1.5～D2.4.1.12 进行，测出光密度，在曲线上查出 50mL 中所含微克分子数。

D2.5　计算

水样中显影剂及氧化物总量 C（以对苯二酚计）按式(5) 计算：

$$C(mg/L) = \frac{50mL \text{ 中微摩尔数} \times 110}{\text{取样体积}(mL)} \times 1000 \qquad (5)$$

D2.6　注意事项

D2.6.1　本试验步骤多，时间长，因此要求操作仔细认真。

D2.6.2　所用玻璃器皿必须用清洁液洗净。

D2.6.3　水浴温度要准确在 35℃±1℃，每个步骤反应时间要准确控制。

D2.6.4　加入溴酸钾-溴化钾后，必须用蒸馏水冲洗容量瓶壁，否则残留溴酸钾与碘化钾作用生成碘，使光密度增加。

D2.6.5　在无铬离子的废水中，水样可不必处理，直接进行测定。

D2.6.6　水样如太浓，则预先稀释再进行测定。

D3　元素磷的测定——磷钼蓝比色法

D3.1　原理

元素磷经苯萃取后氧化形成的钼磷酸为氯化亚锡还原成蓝色铬合物。灵敏度比钒钼磷酸比色法高，并且易于富集，富集后能提高元素磷含量小于 0.1mg/L 时检测的可靠性，并减少干扰。

水样中含砷化物、硅化物和硫化物的量分别为元素磷含量的 100 倍、200 倍和 300 倍时，对本方法无明显干扰。

D3.2 仪器和试剂

D3.2.1 仪器：分光光度计；3cm 比色皿。

D3.2.2 比色管：50mL。

D3.2.3 分液漏斗：60mL、125mL、250mL。

D3.2.4 磨口锥形瓶：250mL。

D3.2.5 试剂：以下试剂均为分析纯：苯、高氯酸、溴酸钾、溴化钾、甘油、氯化亚锡、钼酸铵、磷酸二氢钾、乙酸丁酯、硫酸、硝酸、无水乙醇、酚酞指示剂。

D3.3 溶液的配制

D3.3.1 磷酸二氢钾标准溶液：准确称取 0.4394g 干燥过的磷酸二氢钾，溶于少量水中，移入 1000mL 容量瓶中，定容。此溶液 PO_4^{3-}-P 含量为 0.1mg/mL。取 10mL 上述溶液于 1000mL 容量瓶中，定容，得到 PO_4^{3-}-P 含量为 1μg/mL 的磷酸二氢钾标准溶液。

D3.3.2 溴酸钾-溴化钾溶液：溶解 10g 溴酸钾和 8g 溴化钾于 400mL 水中。

D3.3.3 2.5％钼酸铵溶液：称取 2.5g 钼酸铵，加 1:1 硫酸溶液 70mL，待钼酸铵溶解后再加入 30mL 水。

D3.3.4 2.5％氯化亚锡甘油溶液：溶解 2.5g 氯化亚锡于 100mL 甘油中（可在水浴中加热，促进溶解）。

D3.3.5 5％钼酸铵溶液：溶解 12.5g 钼酸铵于 150mL 水中，溶解后将此液缓慢地倒入 100mL1:5 的硝酸溶液中。

D3.3.6 1％氯化亚锡溶液：溶解 1g 氯化亚锡于 15mL 盐酸中，加入 85mL 水及 1.5g 抗坏血酸。（可保存 4～5 天）。

D3.3.7 1:1 硫酸溶液、1:5 硝酸溶液、20％氢氧化钠溶液。

D3.4 测定步骤

D3.4.1 废水中元素磷含量大于 0.05mg/L 时，采取水相直接比色，按下列规定操作。

D3.4.1.1 水样预处理

a) 萃取：移取 10～100mL 水样于盛有 25mL 苯的 125mL 或 250mL 的分液漏斗中，振荡 5min 后静置分层。将水相移入另一盛有 15mL 苯的分液漏斗中，振荡 2min 后静置，弃去水相，将苯相并入第一支分液漏斗中。加入 15mL 水，振荡 1min 后静置，弃去水相，苯相重复操作水洗 6 次。

b) 氧化：在苯相中加入 10～15mL 溴酸钾-溴化钾溶液，2mL1:1 硫酸溶液振荡 5min，静置 2min 后加入 2mL 高氯酸，再振荡 5min，移入 250mL 锥形瓶内，在电热板上缓缓加热以驱赶过量高氯酸和除溴（勿使样品溅出或蒸干），至白烟减少时，取下冷却。加入少量水及 1 滴酚酞指示剂，用 20％氢氧化钠溶液中和至呈粉红色，加 1 滴 1:1 硫酸溶液至粉红色消失，移入容量瓶中，用蒸馏水稀释至刻度（据元素磷的含量确定稀释体积）。

D3.4.1.2 比色

移取适量上述的稀释液于 50mL 比色管中，加 2mL2.5％钼酸铵溶液及 6 滴 2.5％氯化亚锡甘油溶液，加水稀释至刻度，混匀，于 20～30℃放置 20～30min，倾入 3cm 比色皿中，在分光光度计 690nm 波长处，以试剂空白为零，测光密度。

D3.4.1.3　直接比色工作曲线的绘制

a）移取适量的磷酸二氢钾标准溶液：使 PO_4^{3-}-P 的含量分别为 0、1μg、3μg、5μg、7μg、…、17μg 于 50mL 比色管中，测光密度。

b）以 PO_4^{3-}-P 含量为横坐标，光密度为纵坐标，绘制直接比色工作曲线。

D3.4.2　废水中元素磷含量小于 0.05mg/L 时，采用有机相萃取比色。按下列规定操作。

D3.4.2.1　水样预处理

萃取比色：移取适量的氧化稀释液于 60mL 分液漏斗已含有 3mL 的 1∶5 硝酸溶液中，加入 7mL15％钼酸铵溶液和 10mL 乙酸丁酯，振荡 1min，弃去水相，向有机相加 2mL1％氯化亚锡溶液，摇匀，再加入 1mL 无水乙醇，轻轻转动分液漏斗，使水珠下降，放尽水相，将有机相倾入 3cm 比色皿中，在分光光度计 630nm 或 720nm 波长处，以试剂空白为零测光密度。

D3.4.2.2　有机相萃取比色工作曲线的绘制

a）移取适量的磷酸二氢钾标准溶液，使 PO_4^{3-}-P 含量分别为 1μg、2μg、3μg、4μg、5μg 于 60mL 分液漏斗中加入少量的水，以下按上节萃取比色步骤进行。

b）以 PO_4^{3-}-P 含量为横坐标，光密度为纵坐标，绘制有机相萃取比色工作曲线。

D3.5　计算

用式（6）计算直接比色和有机相萃取比色测得 1L 废水中元素磷的毫克数。

$$P = \frac{G}{\frac{V_1}{V_2} \times V_3} \tag{6}$$

式中　G——从工作曲线查得元素磷量，μg；

　　　V_1——取废水水样体积，mL；

　　　V_2——废水水样氧化后稀释体积，mL；

　　　V_3——比色时取稀释液的体积，mL。

D3.6　精确度

平行测定两个结果的差数，不应超过较小结果的 10％。

取平行测定两个结果的算术平均值作为样品中元素磷的含量，测定结果取两位有效数字。

D3.7　样品保存

采样后调节水样 pH 值为 6～7，可于塑料瓶或玻璃瓶储存 48h。

附录 2　《炼焦化学工业污染物排放标准》（GB 16171—2012）

1. 适用范围

本标准规定了炼焦化学工业水污染物排放限值；

本标准适用于现有和新建焦炉生产过程备煤、炼焦、煤气净化、炼焦化学产品回收和热能利用等工序水污染物的排放管理；

钢铁等工业企业炼焦分厂污染物排放管理执行本标准；

本标准规定的水污染物排放控制要求适用于企业直接或间接向其法定边界外排放水污染物的行为。

2. 炼焦废水来源及特点

焦化生产过程中排放出大量含酚、氰、油、氨氮等有毒、有害物质的废水。焦化废水主要来自炼焦和煤气净化过程及化工产品的精制过程，其中以蒸氨过程中产生的剩余氨水为主要来源。

3. 其他规定

（1）自 2012 年 10 月 1 日起至 2014 年 12 月 31 日止，现有企业执行附表 7 规定的水污染物排放限值（现有企业：本标准实施之日前，已建成投产或环境影响评价文件已通过审批的炼焦化学工业企业或生产设施）。

（2）自 2015 年 1 月 1 日起，现有企业执行附表 7 规定的水污染物排放限值。

附表 7　现有企业水污染物排放限值　单位：mg/L（pH 值除外）

序号	污染物项目	限值		污染物排放监控位置
		直接排放	间接排放	
1	pH 值	6～9	6～9	独立焦化企业废水总排放口或钢铁联合企业焦化分厂废水排放口
2	悬浮物	70	70	
3	化学需氧量（COD_{Cr}）	100	150	
4	氨氮	15	25	
5	五日生化需氧量（BOD_5）	25	30	
6	总氮	30	50	
7	总磷	1.5	3.0	
8	石油类	5.0	5.0	
9	挥发酚	0.50	0.50	
10	硫化物	1.0	1.0	
11	苯	0.10	0.10	
12	氰化物	0.20	0.20	
13	多环芳烃（PAHs）	0.05	0.05	车间或生产设施废水排放口
14	苯并[a]芘	0.03μg/L	0.03μg/L	
	单位产品基准排水量/（m³/t 焦）	1.0		排水量计量位置与污染物排放监控位置相同

（3）自 2012 年 10 月 1 日起，新建企业执行附表 8 规定的水污染物排放限值（本标准实施之日起，环境影响评价文件通过审批的新、改、扩建的炼焦化学工业建设项目）。

序号	污染物项目	限值		污染物排放监控位置
		直接排放	间接排放	
1	pH值	6～9	6～9	独立焦化企业废水总排放口或钢铁联合企业焦化分厂废水排放口
2	悬浮物	50	70	
3	化学需氧量（COD$_{Cr}$）	80	150	
4	氨氮	10	25	
5	五日生化需氧量（BOD$_5$）	20	30	
6	总氮	20	50	
7	总磷	1.0	3.0	
8	石油类	2.5	2.5	
9	挥发酚	0.30	0.30	
10	硫化物	0.50	0.50	
11	苯	0.10	0.10	
12	氰化物	0.20	0.20	
13	多环芳烃（PAHs）	0.05	0.05	车间或生产设施废水排放口
14	苯并[a]芘	0.03μg/L	0.03μg/L	
	单位产品基准排水量/（m³/t焦）	0.4		排水量计量位置与污染物排放监控位置相同

（4）根据环境保护工作的要求，在国土开发密度较高、环境承载能力开始减弱，或水环境容量较小、生态环境脆弱，容易发生严重水环境污染问题而需要采取特别保护措施的地区，应严格控制企业的污染物排放行为，在上述地区的企业执行附表9规定的水污染物特别排放限值。执行水污染物特别排放限值的地域范围、时间，由国务院环境保护主管部门或省级人民政府规定。

附表9　水污染物特别排放限值　单位：mg/L（pH值除外）

序号	污染物项目	限值		污染物排放监控位置
		直接排放	间接排放	
1	pH值	6～9	6～9	独立焦化企业废水总排放口或钢铁联合企业焦化分厂废水排放口
2	悬浮物（SS）	25	50	
3	化学需氧量（COD$_{Cr}$）	40	80	
4	氨氮	5.0	10	
5	五日生化需氧量（BOD$_5$）	10	20	
6	总氮	10	20	
7	总磷	0.50	1.0	
8	石油类	1.0	1.0	
9	挥发酚	0.10	0.10	
10	硫化物	0.20	0.20	

序号	污染物项目	限值		污染物排放监控位置
		直接排放	间接排放	
11	苯	0.10	0.10	独立焦化企业废水总排放口或钢铁
12	氰化物	0.20	0.20	联合企业焦化分厂废水排放口
13	多环芳烃(PAHs)	0.05	0.05	车间或生产设施废水排放口
14	苯并[a]芘	0.03μg/L	0.03μg/L	
单位产品基准排水量 /(m³/t 焦)		0.30		排水量计量位置与污染物 排放监控位置相同